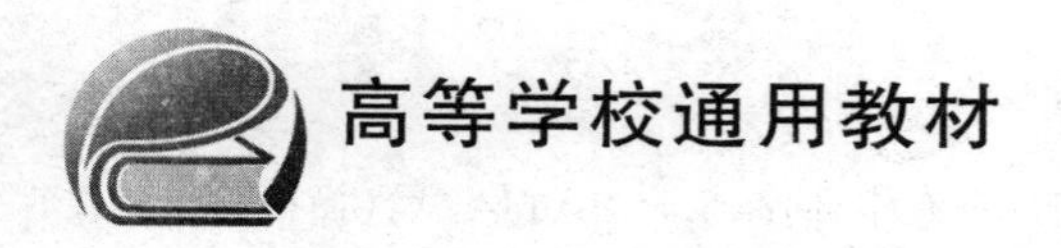

CAD 技术及其应用
(MATLAB 版)

刘 浩 刘胜兰 张 臣 编著
王小平 审校

北京航空航天大学出版社

内 容 简 介

本书基于 MATLAB 编程训练，对 CAD 建模的基本理论进行介绍，同时结合 CATIA 软件操作介绍其在工程中的应用。第 1 章，介绍 CAD 建模技术的发展历史；第 2 章，讲述工件的三维几何模型在计算机内存储的基本方式，包括基本原理、数据结构和典型存储方式（STL 网格）；第 3～8 章，讲述自由曲线曲面造型的相关理论和算法，并在每个算法后都给出了 MATLAB 程序；第 9～11 章，介绍特征建模、参数化建模的基本概念和 CATIA 软件的相关功能；附录，介绍 MATLAB 编程的入门知识。

本书既可以作为机械工程类专业本科高年级 CAD 课程的教材，也可以作为 CAD、CAGD 和计算机图形学领域学习者和研究者的参考书。

图书在版编目(CIP)数据

CAD 技术及其应用：MATLAB 版 / 刘浩，刘胜兰，张臣编著. -- 北京 ：北京航空航天大学出版社，2018.12

ISBN 978-7-5124-2876-8

Ⅰ. ①C… Ⅱ. ①刘… ②刘… ③张… Ⅲ. ①计算机辅助设计—AutoCAD 软件 Ⅳ. ①TP391.72

中国版本图书馆 CIP 数据核字(2018)第 261925 号

CAD 技术及其应用(MATLAB 版)

刘 浩 刘胜兰 张 臣 编著

王小平 审校

责任编辑 王 实

*

北京航空航天大学出版社出版发行

北京市海淀区学院路 37 号(邮编 100191) http://www.buaapress.com.cn

发行部电话：(010)82317024 传真：(010)82328026

读者信箱：goodtextbook@126.com 邮购电话：(010)82316936

涿州市新华印刷有限公司印装 各地书店经销

*

开本：787×1 092 1/16 印张：15 字数：384 千字

2019 年 2 月第 1 版 2019 年 2 月第 1 次印刷 印数：3 000 册

ISBN 978-7-5124-2876-8 定价：48.00 元

若本书有倒页、脱页、缺页等印装质量问题，请与本社发行部联系调换。联系电话：(010)82317024

前言

1. 编写背景

本书是为飞行器设计与制造专业的本科课程编写的，同时也适用于船舶、汽车及其他复杂外形工业产品的设计与制造的相关专业。它包含三个部分：CAD 建模基础理论、MATLAB 编程实验和 CATIA 软件相关功能的介绍。编者在 CAD 课程多年的教学过程中发现，仅仅讲述算法原理很难让学生理解，特别是机械类专业的学生，因为这类专业的学生在学习中很少接受数值计算类的思维训练和专业训练。因此，我们迫切需要一本把数值计算编程训练和 CAD 基础理论教学两个内容融汇在一起的教材，同时该教材也应该体现飞行器设计与制造专业的特点，这正是编写本书的初衷。

2. 基本内容

从各级各类学校开设的各种以“CAD 技术”为主题的课程来看，我们认为其讲授内容可以分为两类：第一类是针对某一款软件（如 CATIA、UG、Solidworks 等）围绕本专业的应用需求讲述该软件的操作方法；第二类是讲述 CAD 建模的基本原理和基础技术，以便学生能初步具备 CAD 软件的研发能力和对 CAD 基础理论深入学习的能力。本教材面向的使用对象是第二类的学习者，但也可以作为所有 CAD 学习者的参考书。

本书论述的核心内容是经典自由曲线曲面造型理论，这部分内容也是 CAGD（Computer Aided Geometric Design）的基础性内容。笔者认为，这种关于算法的学习内容具有很强的实践性，即需要学习者编程实现所学算法才能更好地理解这些算法，对于初学者更是如此。因此，本书在每个算法后均给出了其 MATLAB 语言程序，以供读者参考。这样，读者在学习 CAD 几何建模基础理论的同时，也学习了 MATLAB 语言，提高了自己的编程能力。

对应于罗列的几何建模基础理论，本书还介绍了 CATIA 软件的相关功能，以便让读者体会到这些基础理论在 CAD 软件中的应用。与介绍专业 CAD 软件用法的书籍不同，本书对软件功能的介绍是围绕所罗列的基础理论进行的，目的是让读者根据软件操作更好地理解基础理论体系中的基本概念和算法。

3. 教学建议

本书的内容应该尽量在多媒体教室讲授。其中所有算例的计算结果（包括数据和图形）都应该尽量在教学现场实时产生，以便学生能亲眼目睹教师的操作，感受操作过程；对于涉及 MATLAB 内容较多的章节，不宜采用 PowerPoint 制作的幻灯片作为电子讲稿，编者建议学生直接阅读课本，听教师讲解其中的程序结构和语句，并观看教师的程序操作演示；学习本书的每个学生都应该在计算机上亲手演练其中的算例。在掌握和理解算法原理的基础上，要特别重视调试程序的技巧和方法。

全书的理论授课时间为 28～36 小时,教师编程辅导时间为 8 小时左右,学生独立编程训练时间不少于 20 小时。

课程考核以基础理论考试为主,学生须全面掌握这些基础知识,为后续学习打下基础。本书在有关自由曲线曲面造型内容的每章后给出了练习题,教师应让学生独立完成,使其把握基础理论的重点和相关解题方法。

4. 致　谢

为了编写本书,张丽艳、刘胜兰、张臣老师提供了他们多年教学用的幻灯片以及在教学过程中使用的相关资料,刘浩、刘胜兰和张臣老师拟定了本书的内容和章节安排,刘浩老师根据给定的章节安排对教学幻灯片和相关资料进行了分析和整理,重新编写了理论内容、MATLAB 程序和 CATIA 软件操作的内容。王小平老师对本书的内容进行了审校。本书的初稿先后在五年的教学中使用,并根据教学效果进行了修改和补充。在编写和修改的过程中,本课程的教师与学生以及其他相关课程的教师提出了宝贵意见。硕士研究生刘睿、刘磊对全书的内容进行了初步排版和查错。本书在编写过程中,先后得到江苏高校品牌专业建设工程资助项目(Top-notch Academic Programs Project of Jiangsu Higher Education Institutions,英文简称:TAPP,项目号 PPZY2015A021)、校级"十三五"重点教材建设项目、机电学院 2017 年课程与教材资源建设项目的支持。

感谢北京航空航天大学出版社对本书的支持!北京航空航天大学出版社联合 MATLAB 中文论坛(http://www.iLoveMatlab.cn)为本书设立了在线交流板块,地址:http://www.ilovematlab.cn/forum-273-1.html 欢迎广大读者在此交流!编者会第一时间在 MATLAB 中文论坛勘误(地址 http://www.ilovematlab.cn/thread-562063-1-1.html),也会根据读者要求陆续上传更多的示例程序和相关知识链接。希望这本不断"成长"的书能最大限度地解决您在学习、研究和工作中遇到的 CAD 几何建模算法和编程问题。

由于编者的阅历、水平和时间有限,书中难免有疏漏和不足之处,敬请广大读者不吝指正。

编　者

2018 年 9 月

常用符号说明

斜体：普通变量。

黑斜体：矩阵或者向量。在本教材中，我们认为点的坐标是向量(或称矢量)，表示坐标原点与该点连接形成的有向线段。在很多文献中，也用 $\vec{\cdot}$ 表示向量，例如，$\vec{r}$。本书约定，在手写条件下，例如，练习题、考卷或者教师板书中向量用 $\vec{\cdot}$ 表示。如果是矩阵，在手写条件下，斜体字符前面用“矩阵”二字说明，例如，矩阵 M。

$\boldsymbol{r}(\cdot),\boldsymbol{r}(\cdot,\cdot)$：曲线或者曲面的参数矢量方程，如 $\boldsymbol{r}(u),\boldsymbol{r}(u,v)$，其中 u,v 表示参数变量，即参变量。

s：曲线的弧长参数。

$\dot{\boldsymbol{r}},\ddot{\boldsymbol{r}}$：曲线的弧长参数矢量方程对弧长的一阶导数和二阶导数(特指参数是弧长)。

$\boldsymbol{r}',\boldsymbol{r}''$：曲线的一般参数矢量方程对参数的一阶导数和二阶导数(一般参数可以是弧长，也可以不是弧长)。

$\boldsymbol{t}$ 或 $\boldsymbol{T}$：曲线或者曲面的切矢量。

$\boldsymbol{n}$ 或 $\boldsymbol{N}$：曲线或者曲面的法矢量。

$\boldsymbol{B}$：曲线的副法矢量。

κ(希腊字母)：曲线的曲率。

τ(希腊字母)：曲线的挠率。

$B_{i,n}(u)$：Bernstein 基函数。

$N_{i,k}(u)$：B 样条基函数。

$N_{i,k}^{J}(u)$：均匀 B 样条基函数。在本书中，最常用的是 $N_{i,3}^{J}(u)$，其次是 $N_{i,2}^{J}(u)$。这个符号是本书特别提出的，主要是方便初学者从理论证明的角度理解“$N_{i,k}^{J}(u)$是 $N_{i,k}(u)$的特例”这个事实。

$\boldsymbol{U}=[u_0,u_1,\cdots,u_n],\boldsymbol{V}=[v_0,v_1,\cdots,v_n]$：递推定义中 B 样条基函数用到的节点向量。通常把 $\boldsymbol{U}$ 作为定义 B 样条曲线和 NURBS 曲线的基函数的节点矢量，$\boldsymbol{U}$、$\boldsymbol{V}$ 作为定义 B 样条曲面和 NURBS 曲面的基函数的节点矢量。

$\boldsymbol{V}_0,\boldsymbol{V}_1,\cdots,\boldsymbol{V}_n$：Bézier 曲线和曲面、B 样条曲线和曲面、NURBS 曲线和曲面的控制顶点。在本书和很多文献中，曲面的节点矢量和控制顶点都用到 $\boldsymbol{V}$，其含义是比较容易区分的。在表示控制顶点时，$\boldsymbol{V}$ 带有下标。如果没有下标，通常是节点矢量。

ω：NURBS 曲线和曲面控制顶点的权因子。

目录

第1章　绪　论

本章在论述CAD技术内涵的基础上，详细介绍了国内外CAD技术的发展历史以及在数字化设计制造技术体系中CAD技术与其他相关技术的联系。通过本章的学习，读者不但可以了解本书的学习内容和学习要求，还可以了解CAD技术的发展历程以及在相关工程领域中的应用。

1.1　CAD技术的内涵

CAD (Computer Aided Design)是面向产品设计或者工程设计，使用计算机系统辅助设计者进行建模、修改、分析和优化的技术。它是随着计算机的出现而兴起的一门多学科综合应用的技术，主要包含以下两个方面：

(1) 产品或者工程几何外形的计算机描述、编辑和显示。例如，在计算机内部采用某种方式表示和显示一个立方体，或某个零件的外形，或某架飞机的外形；采用一定的方法对工件的外形根据需要进行修改；对于计算机中的几何模型，以某种方式显示在计算机屏幕上使得用户以最直观的视觉方式获得关于零件的尽可能多的信息，包括零件的显示颜色、放置方位和尺寸标注等。

这方面的内容为CAD软件的研发人员和相关科研人员所重视。他们通常在工程应用需求的基础上，综合相关学科的知识(例如，微分几何、解析几何、计算几何、数学分析、线性代数，以及某些特定学科的专业知识)，设计一定的算法(例如曲线和曲面的构造算法)，再用相关计算机语言写成程序模块，最后在诸多程序模块的基础上形成面向某些特定领域的CAD软件或者通用CAD软件。

目前，CAD软件的研发分工已经非常精细，一般可以划分为两个主要领域：几何核心的开发和面向工程需求的软件开发。几何核心开发的一个主要内容是基于几何造型理论设计相关算法(例如曲线、曲面的等距，求交和裁剪的算法)，再用计算机语言编程形成函数库。现在常用的几何核心有：Parasolid、ACIS和OpenCASCADE。Parasolid为UG、SolidWorks、CAXA等CAD软件所用；ACIS为AutoCAD、CATIA等软件所用；与前两款几何核心相比，OpenCASCADE是开源、免费的函数库，可以用来开发中、小型软件。几何核心是CAD软件最重要的组成部分，决定着CAD软件的性能。面向工程需求的CAD软件运行的基本过程是：通过用户交互构造几何核心中相关函数所需要的运行条件，再调用这些函数进行计算，从而建立和修改所需要的工程对象的几何模型。

(2) 以描述某个具体有形的对象(如工件、建筑物、服饰、动画形象等)为目的，利用相关的软件进行绘图或者建立三维的几何模型。例如，利用AutoCAD绘制工程图，利用CATIA软件建立某个零件的三维模型，利用3D MAX软件建立某个动画形象的三维模型等。

这方面的内容是某些特定领域的工程技术人员需要掌握的技能。例如，机械工程领域的相关人员可能需要熟练掌握UG或者CATIA的用法，土木工程领域的技术人员则需要利用

AutoCAD软件绘制工程图,服装设计师则可能需要利用Dress Assistant软件完成某款时装的设计和修改。这些特定工程技术领域的人员通常不需要掌握软件几何核心的基础理论,也无须编写开发软件,他们只需要掌握这些软件的用法,完成他们所构想的几何模型的设计即可。

1.2 CAD技术的产生和发展

1.2.1 CAD技术的诞生

CAD技术最基本的任务是在计算机系统中建构和修改产品的几何模型,因此,CAD技术起源于计算机交互式图形学。1946年研制成功的第一台电子计算机ENIAC仅仅以数值运算为目的,而将计算机应用于生成图形和精密加工则滞后了一段时间。1950年,美国麻省理工学院(简称MIT)在旋风Ⅰ型计算机显示器上生成了简单图形,接着又参与了美国国防部战术防空系统SAGE的研制。为了保护美国本土不受敌方远程轰炸机携带核弹的突然侵袭,设想在美国各地布置一百多个雷达站,将监测到的敌机进袭航迹用通信网迅速传送到空军总部。空军指挥员从总部的计算机显示器上跟踪敌机的行踪,命令就近军分区进行拦袭。SAGE系统有很多公司参与开发,整个技术方案由MIT林肯实验室负责制定,于1957年投入试运行。当时使用的显示器是19英寸阴极射线管,即在大屏幕真空管中用加热的灯丝发射电子束,经过聚焦和加速,轰击屏幕上的荧光粉涂层,产生亮点。该显示器用两对偏转线圈分别控制电子束沿水平和垂直方向的偏移。将需要在屏幕上显示的飞机航迹的各点坐标通过显示处理器转换成两对偏转线圈的控制电压,就可以精确制导电子束在屏幕上的落点位置,画出航迹线。当时还设计了一种人机交互工具,称作光笔。用手握住光笔对准屏幕上的某一显示线条或标注的字符,光信号脉冲就进入笔端镜头,通过光导纤维束传向主机,发出中断申请,同时冻结显示处理器中对应光点在屏幕上的坐标位置,就可以进一步查询屏幕上某一显示对象的其他信息或向计算机输送指令。这种交互操作方式很像我们现在使用鼠标来选择菜单和拾取图形。

SAGE计划并未完全实施,到了20世纪60年代中期就下马了,但是它的研究成果却在民用工业中得到发扬,使传统的工程设计绘图方法发生了革命性变化。将SAGE计划中的光笔交互图形技术应用到工程绘图中来,要归功于伊凡·萨瑟兰德(Ivan E. Sutherland)。他在MIT进一步完善了光笔系统,并于1963年完成了题为《Sketchpad:人机图形通信系》的博士论文,提出了使用键盘和光笔在计算机屏幕上进行交互设计绘图的一系列操作技术,以及将图形分解为子图和图元的层次数据结构,为60年代中至70年代末计算机辅助绘图技术的大发展奠定了原型示范基础。

1964年秋,IBM公司着手开发交互图形终端的第一代产品IBM2250,采用刷新式随机扫描原理,用光笔作为交互输入手段,并且配有一组32个功能键,以便执行画直线、圆弧、虚线、标注尺寸、提取子图等宏命令。IBM公司还与美国通用汽车公司合作,开发出DAC-1计算机辅助设计系统。洛克希德飞机公司和麦克唐纳飞机公司也各自独立在IBM2250上开发了二维绘图系统,前者称为CADAM,后者称为CADD。从20世纪60年代末起,相关公司逐渐在这些系统中增加曲线和曲面功能、数控加工编程功能等,形成了最早的计算机辅助设计/制造(简称CAD/CAM)系统。从1974年起,CADAM正式作为商品向外界转让,成为20世纪

70年代至80年代中期IBM主机上应用最广的第一代CAD/CAM软件产品[1]。

1.2.2　制造工业对复杂曲线曲面造型技术的需求

当光笔图形显示器和数控绘图机、数控机床应用于设计和加工规则形状的产品时,现有的三角、代数等数学工具已经足以应付编程中的算法设计需要。直线、圆、圆柱面、圆锥面和球面等的计算方法已经相对定型。而对于飞机、汽车、船舶、叶轮等的复杂外形曲面设计,恰好是最能体现CAD/CAM技术优越性的领域,20世纪80年代以前还缺乏一种新的数学表达工具,以改变当时生产中普遍采用的利用模线、样板、主模型、标准样件等一整套物理模型来保证曲面外形准确度和相关零部件装配协调性的手工操作。

现以飞机制造为例来说明模线、样板和主模型的概念。用小比例尺绘制设计的图纸只能粗略决定飞机的外形轮廓线和重要的剖面线,这些曲线必须以实际尺寸画到由大张铝板拼成的桌面上。把图纸上的一条曲线放样成实际尺寸曲线的大致过程是:首先在图纸上采集该曲线的一批样点,测出样点坐标,把这些样点刻画在铝板上。再取一根样条(扁木条或塑料条)和数块压铁,用压铁在样点的位置固定样条,使样条成为通过样点的光顺曲线,即样条曲线。然后用刻刀将样条曲线刻画到铝板上,成为飞机外形的最终标准依据,称作模线。有了飞机外形的完整理论模线后,再在外形轮廓内绘制飞机的内部结构,称作结构模线,按照结构模线锉出样板以供生产零件使用。样板的品种很多,提供外形、内形、切面等标准依据,以便制造各种工艺装备,即成形模、加工夹具、检验夹具、装配夹具和型架等。标准工艺装备中还有一类表面标准样件,是用硬木或可塑树脂制造的1∶1飞机局部外形,用来翻制蒙皮的成形模。在汽车工业中往往制作1∶1的整车外形模型,称为主模型,也是用来翻制外表面钣金件(称为覆盖件)冲压模的型面。

根据以上简单介绍,我们来总结一下,这种建立在模线、样板、标准样件之上的生产方法有哪些缺点?第一是生产周期长。因为标准工艺装备必须从模线定型开始,一环扣一环的逐步投产。有了理论模线才能绘制结构模线,有了结构模线才能制造样板,有了成套样板才能启动标准样件的制造。机翼、机身、尾翼等所有样件和量规必须配套检查,这是一个复杂而庞大的协调体系。因此,一架新设计的飞机,从开始研制到投入稳定的成批生产,一般需要数年时间。第二是零部件之间的协调精度低。模线绘制以及样板和标准样件加工都是手工劳动,外形的复制环节多,误差积累大,导致部件铆接中经常使用垫片来消除缝隙。在20世纪80年代美国汽车制造业首先提出"5毫米工程",力求提高车身冲压件的制造质量,使装配中的最大缝隙从原来的十多毫米降低到5毫米以内。90年代后又提出"2毫米工程"和"亚毫米工程",获得成功,并在汽车工业推广应用这些新的技术措施。不过,只有从根本上改变原来的外形协调体系,全面推行产品数字化定义和数控技术,才有可能达到零件之间的配合要求。第三是设计差错多,改型困难。传统的设计绘图技术很难表达三维空间的几何关系。新机型研制中要用木料搭出模拟真实飞机的样机来布置驾驶员座舱内的仪表和操纵系统,铺设机身内的电缆、管道等。即使这样,图纸中的设计差错仍难以避免,经常发生尺寸不协调,零件、组合件相互干涉等问题。这种刚性的工艺装备结构和刚性的协调体系不利于飞机进行改型,而一种成功的飞机型号,必然会有多种衍生的改型机种,由此更加重了生产组织、管理上的困难。另外,全部生产工装占用了大量生产面积,而且很笨重,搬运和使用起来都很费力。一个飞机工厂一般都同时有两三个以上型号在生产,增加了仓库保管和使用周转中的负担[1]。为了克服上述困难,研究以复杂曲线曲面造型方法为基础的 CAD 几何建模技术,必须把实物模型改为数字化模型。

1.2.3 曲线曲面造型方法的探索

早在第二次世界大战期间,为了适应大批量生产战斗机的需要,国外飞机制造厂设计了一种用二次代数曲面构造飞机机身外形的方法。一般形式的三元二次代数方程可以写成:

$$Ax^2+By^2+Cz^2+Dxy+Eyz+Fzx+Hx+Iy+Jz=1$$

式中包含了 9 个独立系数。这些系数的几何含义很难解释清楚,曲面形状无法显式控制,也不便于局部修改,所以后来发展了一种更直观的作图方法。如图 1.1(a)所示,首先构造二次曲线段。曲线 AEC 的首末点通过$\triangle ABC$ 的底边端点,并与三角形的其他两边相切。D 是底边的中点,曲线的拱高用肩点 E 通过 h 值控制。已知三角形底边的两点、两腰的斜率和二次曲线的拱高 h 这 5 个条件,就可以写出二次曲线的代数方程。在此基础上可以用分段二次曲线来逼近光滑曲线,图 1.1(b)中两条二次曲线的首末切边共线,这两条二次曲线形成一条光滑的曲线。从第二次世界大战中后期到 20 世纪 50 年代末,飞机工厂就是用这种方法建立飞机的数学模型来提高外形设计和模线绘制的精度和效率的。当时只有手摇计算器,整个计算方法很烦琐,通用性很差,因此还需要寻求更灵活简洁的曲线表达形式。

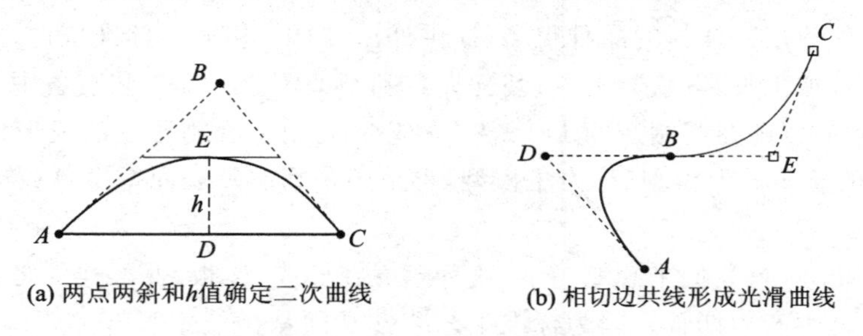

(a) 两点两斜和h值确定二次曲线　　(b) 相切边共线形成光滑曲线

图 1.1　构造二次曲线段

1963 年,美国工程师弗格森(J. C. Ferguson)在波音公司进行飞机外形构造时首先使用了参数三次曲线和曲面,这是 CAD 几何建模技术中里程碑式的工作。在弗格森使用的曲线和曲面表达式中,每个系数都具有了明显的几何意义。此外,美国麻省理工学院教授孔斯(Steven A. Coons)和法国雷诺汽车制造公司的工程师贝齐埃(Pierre Bézier)的工作也是奠基性的。孔斯原来在 MIT 机械系执教,从事工程制图和画法几何的教学、研究工作,在很多飞机公司参与过飞机外形设计和曲面构造的工程实践,积累了丰富的经验。1964 年,他在 MIT 发表了《空间图形(Space figure)CAD 曲面》的研究报告,提出了构造曲面的几种方法,引起了国际学术界的重视。1967 年,英国飞机公司用孔斯方法来描述机翼、机身、螺旋桨的外形,开发出 NMG(数值主几何)的曲面造型软件,之后这套软件经过扩展后还应用于英国当时的船舰设计。美国麦克唐纳飞机公司将孔斯方法纳入到他们开发的“计算机辅助设计与绘图”CADD 系统中,不断充实曲线曲面操作功能,并逐步应用于 F15 战斗机的研制和生产中。1967 年,孔斯发表了另一篇题为《空间形状(Space form)CAD 曲面》的报告,发展了 1964 年的研究成果。此后,陆续出现了大量对于这一方法应用和推广的文献。1974 年 3 月在美国盐湖城犹他大学召开了第一届计算机辅助几何设计国际大会。大会的主题是“图形学与数学”,集中展示了计算机图形学的最新研究、开发和应用成果。建立在犹他州盐湖城的 Evans&Sutherland 公司也展出了他们的高档计算机图形显示器产品。这次大会发言中,被引用最多的开拓性研究成果有两方面,即孔斯曲面和贝齐埃曲线。大会公认孔斯和贝齐埃在计算机辅助几何设计中起了奠基性作用[1]。

1.2.4 三维形体表示方法的发展

1968—1973 年,CAD 中的二维绘图和曲面造型已经取得了突破性进展,形成了公认的比较满意的技术体系,并开发了相应软件,已经小规模运用于生产中。于是,人们的注意力开始转入怎样才能更完整地表达产品的三维几何形状,使计算机能够"理解"产品数据的意义,从而获得一定程度的智能化分析和计算能力。线框模型是当时比较有代表性的三维零件表示方法,可以理解为用空间线条搭成铁丝笼状的框架。在计算机辅助设计中,为了方便设计人员的交互输入,需要首先定义一个工作平面,在工作面上构造二维图形,然后通过坐标变换,将画在工作面局部坐标系中的二维线条变换成产品总体坐标系中的三维线条。通过二维构图与三维变换相结合,在计算机里建立起零件的三维模型。这种建模方法原始而粗糙,没有脱离传统画法几何的范畴,完全靠人来一步一步操作。在计算机辅助设计中,计算机所起的作用与在二维绘图系统中相近,基本上处于同一水平。

在线框模型发展的同时,人们也在分别尝试使用曲面和基本体素(立方体、圆柱、圆锥等)表示三维形体的方法。在曲面表示三维形体方面,比较有代表性的工作是日本的 TIPS(技术信息处理系)。TIPS 用代数方程表示机械零件的规则曲面形状。例如,若判别一个空间点是在曲面之外、之内还是之上,只要将点的(x, y, z)坐标值代入曲面的代数方程中,计算方程的值是大于零、小于零,还是等于零即可得知。又如,用垂直于 x、y、z 坐标轴的三组密集平面去切割零件模型的所有表面,将求得的交线消除隐藏部分后就可得到零件立体图。当时的 TIPS 系统已是一个 CAD/CAM 集成系统的原型,可以自动计算零件的质量、惯性矩,自动生成有限元网格,产生数控加工的粗铣和精铣走刀轨迹。在基本体素表示三维形体方面,比较有代表性的工作是美国的 PADL 系统(零件与装配描述语言)。PADL 系统通过基本体素两两相加或相减来产生规则形状的机械零件,这种方法发展成为现在通称的 CSG(构造实体几何)表示法。

1973 年前后,剑桥大学 CAD 实验室开发了用体素表面求交的方法建立几何形体的边界表示法(Boundary Representation,简称 B-rep),并开发了试验系统。B-rep 表示法就是显式表示拼合形体的每张表面的有效边界范围,在体素拼合过程中,求出各个相交表面的交线,并沿交线将参与运算的两个体素的表面进行组合,从而形成一个整体。从 1968 年起至今,在实体造型技术几十年的发展历程中,世界各国曾经提出了各种各样的实现方案,也涌现出品种繁多的商品系统,但是经过应用实践的筛选,B-rep 和 CSG 成为两种非常有代表性的表示法,尤其是 B-rep 表示法,在具有复杂曲面外形的几何形体表示方面具有极大的优势[1]。

1.2.5 参数化建模和特征建模

在几何建模的过程中,人们发现交互式的绘图方式很不利于几何模型的快速生成,而且几何模型一旦形成,修改起来也很不方便。为了克服这种困难,在 1987 年美国参数化技术公司

(简称 PTC)推出了参数化特征造型软件 Pro/Engineer,这在当时的 CAD 界引起了轰动。这种参数化设计方法是先在某一基准面上进行二维草图设计,可以随意设定和修改尺寸标注值,让计算机自动生成正规图;然后通过拉伸命令,将二维轮廓提升为三维柱体;再不断更换作图基准面,以二维轮廓为构架,最后扫成各种曲面形状。这时,设计零件的组成单元不再是单纯的几何体,而是赋以工程语义,例如箱体、凸缘、螺孔、销钉孔等,统称为特征(feature)。

与最初出现的 CSG 表示法中的构成几何模型的基本体素相比,基于参数化技术所设计的特征建模技术具有诸多优点,主要体现在:

(1) 突出了基准面的概念。因为一切尺寸标注都需要有计量的参考点,例如在零件图上标注尺寸公差和形位公差,在加工机床上定位毛坯和测量加工精度,在装配中分析装配尺寸链误差和检查工作面配合精度,都要用基准作为参照依据。设计过程中使用的基准面都要明确记录下来,并且给以唯一的标识号。

(2) 特征造型的建模过程实际上是让设计人员在工作面上绘制二维图,再让计算机自动产生三维边界模型。前者继承和发展了线框造型的人机界面优点,后者则隐蔽了实体的拼合过程。凡是添加凸台,一定是加法运算;凡是开出凹槽,一定是减法运算,这是由特征的语义所约定的。

(3) 通过详细记录设计对象的交互构建过程,可以方便地对三维模型进行修改。设计人员可以修改某些尺寸参数,让计算机自动生成更改尺寸后的零件形状。

参数化建模技术和特征建模技术不但为几何模型的修改提供了方便,使设计人员从烦琐的几何元素的形状调整中摆脱出来,而专注于零件的整体形状和性能的构思,而且极大地拓展了 CSG 表示法中基本体素的内涵,扩大了基本体素的范围,为构成几何模型的几何单元赋予了工程含义,使零件的建模过程更加符合工程技术人员的思维习惯。因此,这两种技术已经为现有 CAD 建模软件所普遍接受,成为 CAD 几何建模技术的重要组成部分[1]。

1.3 CAD 技术在我国的应用和发展

我国 20 世纪 70 年代初以苏步青先生为代表,深入船厂开展数学放样和曲线光顺的应用研究,以中国科学技术大学常庚哲先生和北京航空学院熊振翔先生为代表,深入飞机工厂从事飞机外形曲面数学模型构造的研究,为我国 CAD 技术的研究和发展奠定了基础。1972 年,我国一些大学的教师先后到日本北海道大学冲野教郎教授的实验室访问,得到了 TIPS 源程序磁带和全套手册的馈赠,并成功地移植到 IBM 主机上运行。不过,我国 70 年代的计算机应用尚处于萌芽阶段,二维 CAD 图纸设计是我国最早应用的 CAD 技术。从 80 年代初,我国 CAD 技术应用经历了“六五”初步探索,“七五”技术攻关,“八五”普及推广,“九五”深化应用四个阶段[2-3]。

“七五”期间机械工业部组织一些大学和科研院所分别开发了四套 CAD 通用支撑软件,并由相关厂、所、校合作开发了 24 种重点产品的 CAD 应用系统。1983 年 8 个部委在南通联合召开首届 CAD 应用工作会议,会上高校要求自主开发软件的呼声很高。1986 年我国启动 863 高技术计划,其中提到进一步深入研究 CAD 的可实施计划。1991 年,当时的国务委员宋健提出“甩掉绘图板”(后被简称为“甩图板”)的号召,我国政府开始重视 CAD 技术的应用推广,并促成了一场在工业各领域轰轰烈烈的企业革新。“甩图板”工程推动了二维 CAD 的普及和应用。该工程的推广不仅大大提高了设计质量、生产效率,而且通过多方案的比选优化,一般可节约基建投资3%～5%[2]。图1.2所示为20世纪80年代某研究所绘制传统工程图的一个场景。

图1.2 绘制传统工程图的场景[2]

虽然从“七五”到“九五”，一些学校和研究单位已经开发了一些CAD通用支撑软件，但在当时的环境下没有很好地进行商品化和市场推广。随着国外推出个人电脑上的CAD，国内涌现了一大批基于国外产品的二次开发商，他们在AutoCAD平台上开发专业应用软件。也正是这些二次开发商推动了甩图板的工程，同时也将国外的产品引入中国。

由于国外软件公司不断并购，与二次开发商形成直接竞争，从而使二次开发商的生存越来越艰难。例如Autodesk公司收购了德国的GENIUS机械软件后，一些制造业的二次开发商自己的产品因此逐步退出市场，也有一些开发商最终成为Autodesk的经销商。20世纪90年代中后期，一些学校也逐步将自己的研究成果商品化，形成了一批国产软件，如高华CAD、武汉的开目CAD、北航的CAXA、南航的超人系统等。但是，由于国际国内市场竞争激烈，只有极少数CAD软件能存活下来。

自从我国加入世贸组织以后，国家对保护知识产权更加重视，国外软件厂商开始以打击“盗版”名义向一些企业递送律师函，由此，越来越多的企业将目光转向了性价比相对较好的国产软件上。2001年以后，中望、浩辰陆续推出了自己的二维CAD平台，到2006年，国内更是推出了十余种二维国产CAD。这些产品中大多数是以加盟IntelliCAD获取其内核起步的，但由于开发和市场投入不足，有些厂商几年后逐步退出市场。现在仍在持续开发和更新版本的企业主要是浩辰、中望和CAXA。目前，国产CAD软件以其较高的性价比在CAD市场所占有的份额不断提升[2]。

近年来，由于对基础研究的重视，我国CAD领域的研究水平不断提高，很多研究者在CAD、CAGD、ACM Transactions on Graphics和SIGGRAPH等本领域高水平的学术刊物和学术会议上发表文章。这些基础研究工作极大地促进了我国CAD基础技术的积累，为我国CAD技术的发展提供了理论和技术支持。相信随着我国CAD企业坚持不懈的努力，以及政府的扶持，用户和科技工作者的支持，国产CAD软件会有更大的发展。

1.4 CAD的相关技术

CAD技术是数字化设计制造技术的基础。数字化设计的内涵就是支持产品的开发全过程,支持产品的创新设计,支持产品相关数据管理,支持产品开发流程的控制与优化等,归纳起来就是:产品建模是基础,优化设计是主体,数据管理是核心。数字化制造是指对制造过程进行数字化描述,并由此驱动相关硬件设备(如数控机床)进行产品的加工。数字化制造离不开数字化模型,即采用CAD技术建立的模型。

总的来说,数字化设计制造技术所涵盖的内容都是CAD的相关技术,主要包括:

CAM(Manufacture):计算机辅助制造,利用电子数字计算机通过各种数值控制机床和设备,自动完成离散产品的加工、装配、检测和包装等制造过程。

CAE(Engineering):计算机辅助工程,以工程和科学问题为背景,建立计算模型并进行计算机仿真分析。一方面,CAE技术的应用,使许多过去受条件限制无法分析的复杂问题,通过计算机数值模拟得到满意的解答;另一方面,计算机辅助分析使大量繁杂的工程分析问题简单化,使复杂的过程层次化,节省了大量的时间,避免了低水平重复的工作,使工程分析更快、更准确,在产品的设计、分析、新产品的开发等方面发挥了重要作用。同时,CAE这一数值模拟分析技术在国外得到了迅猛发展,从而推动了许多相关的基础学科和应用科学的进步。

CAPP(Process Planning):计算机辅助工艺规划,通过向计算机输入被加工零件的原始数据、加工条件和加工要求,由计算机自动进行编码、编程直至最后输出经过优化的工艺规程卡片的过程。这项工作需要有丰富生产经验的工程师进行复杂的规划,并借助计算机图形学、工程数据库以及专家系统等计算机科学技术来实现。计算机辅助工艺规划常是连接计算机辅助设计(CAD)和计算机辅助制造(CAM)的桥梁。

PDM(Product Data Management):产品数据管理,管理所有与产品相关的信息(包括零件信息、配置、文档、CAD文件、结构、权限信息等)和过程(包括过程定义和管理)的技术。

上述相关技术的联系如图1.3所示。

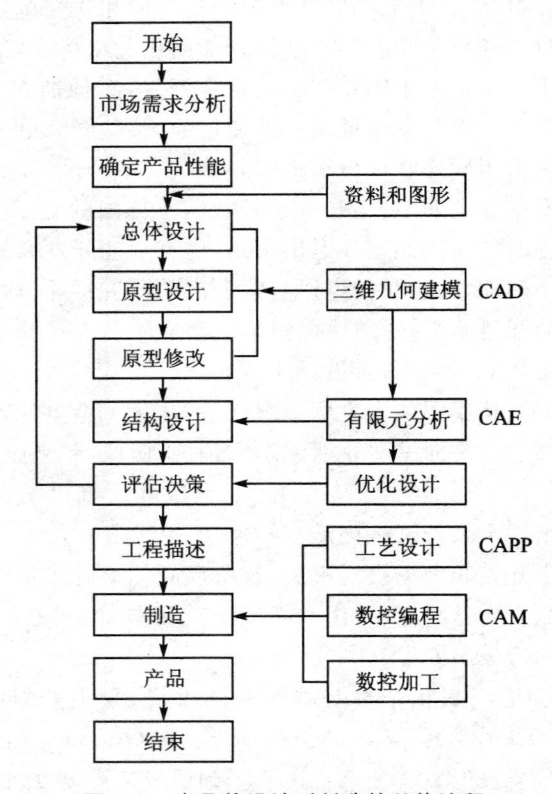

图1.3 产品从设计到制造的总体流程

1.5 数字化设计制造软件之间的数据交换

采用一个 CAD 软件设计出一个产品的几何模型后，需要在磁盘上保存这个几何模型才能为生产的各个环节所用。那么，应该采用何种方式把这个几何模型的数据“写”在磁盘上呢？通常要求磁盘上的数据文件不但能为设计这个模型的 CAD 软件识别，而且也能为其他的 CAD 软件、CAM 软件或者 CAE 软件识别。这就是不同软件之间的数据交换问题，或者说是软件的标准化问题，如图 1.4 所示。

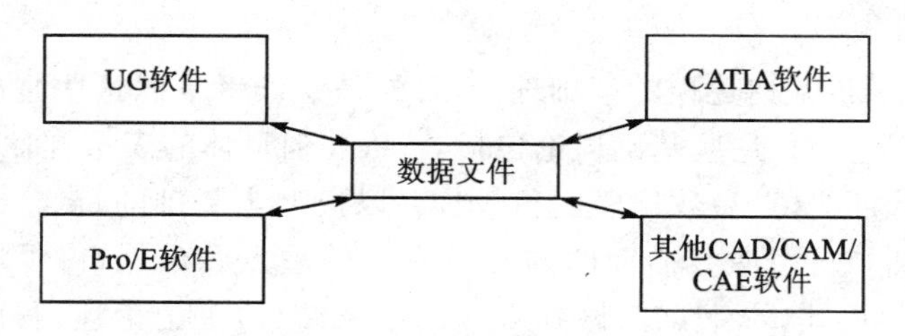

图 1.4 不同软件之间的数据交换

从本质上说，几何模型就是二维图形或者三维图形，因此几何模型的数据标准也就是图形数据标准。图形数据标准是一组由基本图素（点、线、面）与图形属性（线型和颜色）构成的描述几何模型的数据组织规范。图 1.5 就是一个几何模型的数据文件内容。这个数据文件表示这个几何模型由一条自由曲线组成，还记录着绘制这条曲线所需要的几何信息。只有按照一定图形数据标准组织的数据文件才能为其他同类软件所读取。目前，国际上有两种常用的图形数据标准，即 IGES 标准和 STEP 标准。

```
START RECORD GO HERE.                                                   S      1
1H,,1H;,20HCNEXT - IGES PRODUCT,9HPartd.igs,44HIBM CATIA IGES - CATIA VeG      1
rsion 5 Release 17 ,27HCATIA Version 5 Release 17 ,32,75,6,75,15,5HPart1G      2
,1.0,2,2HMM,1000,1.0,15H20090104.131515,0.001,10000.0,13HAdministrator, G      3
6HLIUHAO,11,0,15H20090104.131515,;                                      G      4
126       1       0       0  10000       0       0       000000001D     1
126       0       0       4      0               3D CuI_.       0D     2
126,2,2,0,0,1,0,0.0,0.0,0.0,338.1642164,338.1642164,338.1642164,       1P      1
1.0,1.0,1.0,144.0167436,-94.99267276,0.0,-62.28775916,                 1P      2
-144.1337734,0.0,-141.1165811,-45.72566118,0.0,0.0,338.1642164,        1P      3
0.0,0.0,0.0,0.0,0,0;                                                   1P      4
S      1G      4D      2P      4                                        T      1
```

图 1.5 一个简单的 IGES 文件

IGES(The Initial Graphics Exchange Specification)即初始图形交换规范。IGES 标准是美国国家标准，在美国有着广泛的应用，许多著名大公司如麦道公司、波音公司、通用电器公司等都积极参加了该图形数据标准的研究，从 1981 年的 IGES 1.0 版本到 1991 年的 IGES 5.1 版本，以及后来的 IGES 5.3 版本，IGES 逐渐成熟，覆盖了 CAD/CAM 数据交换越来越多的应用领域。作为较早颁布的标准，IGES 被许多 CAD/CAM 系统接受，成为应用最广泛的数据交换标准。

STEP 是“工业自动化和集成”标准中的“产品数据表达和交换”部分，是非正式名称 Standard for the Exchange of Product Model Data 的缩写，现在正式命名为 Product Data

Representation and Exchange。它是由国际标准化组织(ISO)于 1983 年开始制定的一个关于产品数据的表达与交换的国际标准。1993 年,第一个 STEP 标准正式发表,并于 1994 年正式将它确定为产品数据模型的国际标准(ISO－10303)。此后,STEP 被广泛应用于 CAD 系统,实现了不同 CAD 系统间的数据共享。STEP 标准非常庞大,它涉及机械、航空、造船和汽车等多个工业领域。应该注意的是,无论哪种图形数据交换标准,都需要具备一定的几何建模基础理论知识才能理解和应用它们。

1.6 本书的内容及特点

本书主要讲授 CAD 几何建模的基础理论,目的是让读者掌握这些基础理论,以便在数字化设计和制造中应用它们。这些基础理论包括:三维几何形体的表示、曲线曲面的微分几何基础、自由曲线曲面、特征建模、参数化建模和 MBD(以模型为基础的定义)技术等。其中,曲线曲面的微分几何基础和自由曲线曲面的内容是本书的重点和难点,占了本书的大部分篇幅。对于自由曲线曲面的论述,本书试图做到三者的紧密结合:理论论述、程序实现和应用介绍。对于书中论述的每个算法,均给出了相应的 MATLAB 代码供读者学习和参考。同时,书中还将基础理论的介绍与 CATIA 软件相关功能的介绍相联系,以便读者结合 CAD 软件的相关功能学习基础理论。

本书的读者应具有理工科院校本科高年级水平,并且已经学完了高等数学、线性代数、C 语言或数据结构等基础课程。由于本书是面向本科学生而编写的,考虑到读者没有 CAD 几何建模理论的知识基础,因此把一个完善而严谨的理论体系呈现在读者面前并不是本书的目的。本书的目的是使读者对 CAD 几何建模的基础理论有一定的了解,同时掌握一些几何建模的基本方法和原理。因此,本书在内容的编排和撰写上尽可能做到浅显易懂。

思考与练习

1. CAD 技术的学习主要包括哪些内容?
2. 为什么说几何建模问题是 CAD 理论中的基础性问题?
3. 与 CAD 相关的数字化设计与制造技术有哪些?分别写出其中英文名称,并简要描述其含义。
4. 什么是数字化设计与制造软件之间的数据交换?为什么在数字化设计制造领域要规定软件的数据交换标准?简要介绍现在有哪些数据交换标准。

第2章　几何模型的计算机表示

本章介绍计算机表示几何模型的几种典型的方法，这是CAD基础理论学习和CAD技术研发必须了解和掌握的内容。通过本章的学习，读者应该了解到几何建模所采用的基本数据结构以及曲线曲面造型方法对CAD几何建模技术的重要性。一般来说，曲线曲面造型方法是几何建模技术的基础，而几何建模技术又是CAD理论中最基础、最重要的内容。

2.1　三维形体的计算机表示

在CAD的发展历程中，三维形体的几何模型经历了线框模型、表面模型和实体模型三个阶段。这三个阶段展示了人们以计算机为工具对客观实物的表示从不完备到完备的过程，这既是计算机的计算能力和存储能力不断提高的结果，也是人们对几何建模理论不断探索和不断完善的结果。下面通过这三种模型来了解几何模型的表示方法以及本章后续内容学习的必要性。

2.1.1　线框模型

线框模型在计算机内仅存储几何模型的顶点和边的信息，通常采用的数据组织方式如表2.1和表2.2所列。在线框模型显示时，人们通过绘制边表中的各条曲线来表示三维几何模型。显然，线框模型没有表面的信息，这样的模型无法进行面的绘制，也就无法用来显示图形的真实感。而且，线框模型也无法用于数控加工，因为零件的加工通常是加工出零件的表面，没有表面信息就无法生成走刀轨迹。

表2.1　线框模型的数据组织方式——顶点表

点　号	坐　标		
	x	y	z
0	x_0	y_0	z_0
1	x_1	y_1	z_1
2	x_2	y_2	z_2
3	x_3	y_3	z_3
4	x_4	y_4	z_4
5	x_5	y_5	z_5
…	…	…	…

表2.2　线框模型的数据组织方式——边表

线　号	起　点	终　点	曲线方程
0	0	2	$\boldsymbol{r}_0(t)$
1	1	7	$\boldsymbol{r}_1(t)$
2	3	6	$\boldsymbol{r}_2(t)$
3	2	4	$\boldsymbol{r}_3(t)$
4	3	5	$\boldsymbol{r}_4(t)$
5	4	7	$\boldsymbol{r}_5(t)$
6	5	6	$\boldsymbol{r}_6(t)$
…	…	…	…

虽然线框模型在工程中的应用还存在诸多缺陷，但是线框模型的提出和应用为三维几何模型的进一步完善提供了很好的经验积累和理论积累。例如，我们可以对表2.1和表2.2中所表示的数据组织方式进行理论抽象。表2.1中的第一列列出的顶点编号可以认为是拓扑信

息,是计算机内每个点的唯一标识;后三列列出的是几何信息,是每个点在三维空间中的唯一位置。表 2.2 的前三列列出的是拓扑信息,表示线段和点之间的关联方式;最后一列是边的几何信息,表示边在三维空间中的位置、大小和形状。采用拓扑信息的优点是可以建立边与边之间、边与顶点之间的邻接关系,以方便几何模型的修改。例如,编辑几何模型时,如果改动了其中一条边(如第 0 条边)的方程,那么整个几何模型应该如何变化?此时,就需要明确其他的几条边是否发生变化,如何变化。而这就涉及了边与边、边与顶点的邻接关系,也就是几何元素之间的拓扑信息。

2.1.2 表面模型

表面模型认为客观世界中的物体是由一系列曲面片或曲面围成的实体。如果能够准确地表示围成实体的这些曲面,这个实体的外形就能准确表示。例如,一个立方体具有六个面,如果能够在计算机内准确表示和绘制这六个面,这个立方体的外形就能准确地表示和绘制。代码 2.1 就是基于表面模型的原理给出的立方体绘制代码。

代码 2.1　绘制立方体表面

```
function DrawCubicSurf()
%本程序绘制一个立方体的表面
for i = 1:15
    u = (i - 1)/14; %取参数 u 在[0,1]区间上
    for j = 1:15
        v = (j - 1)/14; %取参数 v 在[0,1]区间上
        %以下六个语句表示分别在六个面上取样点
        [x(i,j,1),y(i,j,1),z(i,j,1)] = PlanParaEquat1(u,v);
        [x(i,j,2),y(i,j,2),z(i,j,2)] = PlanParaEquat2(u,v);
        [x(i,j,3),y(i,j,3),z(i,j,3)] = PlanParaEquat3(u,v);
        [x(i,j,4),y(i,j,4),z(i,j,4)] = PlanParaEquat4(u,v);
        [x(i,j,5),y(i,j,5),z(i,j,5)] = PlanParaEquat5(u,v);
        [x(i,j,6),y(i,j,6),z(i,j,6)] = PlanParaEquat6(u,v);
        %以上六个语句表示分别在六个面上取样点
    end
end
%以下代码绘制图形
axis([-1.5,1.5,-1.5,1.5,-1.5,1.5]) %定义显示范围
hold on
k = 1; %下面使用的颜色规定是[r,g,b]真彩着色,每种颜色的变化范围从 0 到 1
mesh(x(:,:,k),y(:,:,k),z(:,:,k),'edgecolor',[0,1,1],'facecolor',[0,1,1])
k = 2;
mesh(x(:,:,k),y(:,:,k),z(:,:,k),'edgecolor',[0.2394,0.9020,0.9688],'facecolor',[0.2394,
0.9020,0.9688])
k = 3;
mesh(x(:,:,k),y(:,:,k),z(:,:,k),'edgecolor',[0.0,0.8078,0.4353],'facecolor',[0.0,0.8078,
0.4353])
k = 4;
```

```
mesh(x(:,:,k),y(:,:,k),z(:,:,k),'edgecolor',[1.0,0.3569,0.8275],'facecolor',[1.0,0.3569,
0.8275])
k = 5;
mesh(x(:,:,k),y(:,:,k),z(:,:,k),'edgecolor',[0.5098,0.6039,0.7333],'facecolor',[0.5098,
0.6039,0.7333])
k = 6;
mesh(x(:,:,k),y(:,:,k),z(:,:,k),'edgecolor',[0.67,0.67,1],'facecolor',[0.67,0.67,1])
hold off
% 以上代码绘制图形
```

上述代码运行的结果如图 2.1(a)所示。

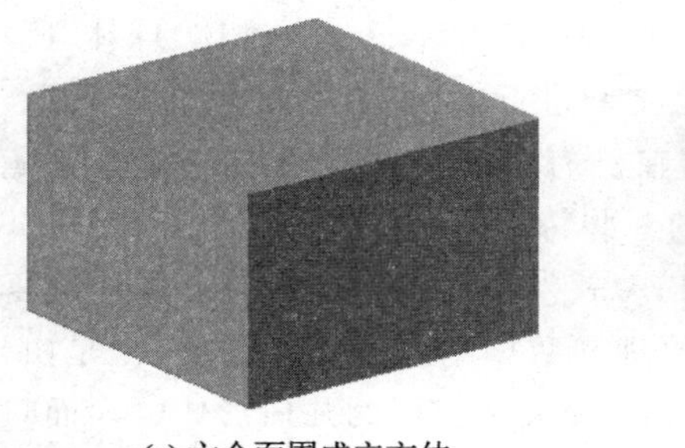

(a) 六个面围成立方体

(b) 改变其中的一个面

图 2.1　立方体的表面模型

从几何模型的表示来看，表面模型仅仅认为实体是一系列没有拓扑关联的面的集合(其数据组织方式如表 2.3 所列)。这就导致了改动其中的一个面，其他的面不会发生变化，从而在面与面之间出现空隙(如图 2.1(b)所示)，因此这些面不再围成一个封闭的空间，这些面的集合也就不再表示一个实体。这种情况非常不利于几何模型的修改。从模型编辑的角度来说，我们需要改动一个面以后，其他的面也随之发生变化，这些面始终围成一个封闭的空间，如图 2.2 所示。

表 2.3　表面模型的数据组织方式

面　号	面的方程
0	$\boldsymbol{r}_0(u,v)$
1	$\boldsymbol{r}_1(u,v)$
2	$\boldsymbol{r}_2(u,v)$
3	$\boldsymbol{r}_3(u,v)$
…	…

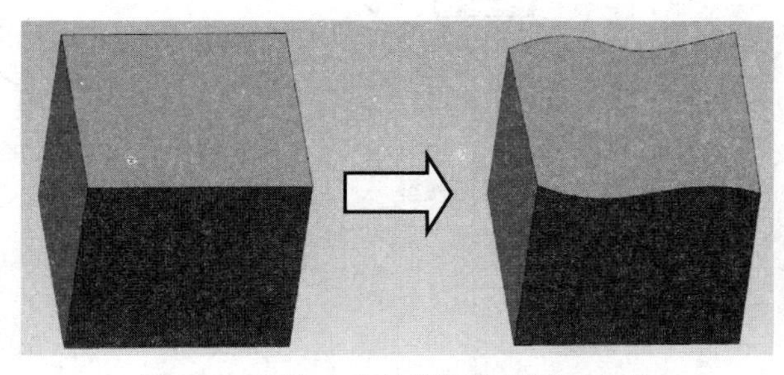

图 2.2　更改立方体的面得到新几何体

从应用的角度来看，表面模型可以用于图形的真实感显示和数控加工。但是，表面模型没有解决的问题是形体的材质究竟在表面的哪一侧。因此，它难以表示几何模型的材料属性，而材料属性对于几何模型的仿真分析是必不可少的。实体模型解决了表面模型的缺陷，它在定义形体表面拓扑结构和表面方向的同时，还可以表示模型的材料属性，因此可以用于计算模型的重心和转动惯量，并进行有限元分析。

2.1.3 实体模型

一般来说,实体有 CSG(Constructive Solid Geometry)和 B-rep(Boundary Representation)两种常用的表示方法。CSG 表示法从几何模型设计直观、便捷的角度给出,其建模过程的每个步骤具有特定的工程含义。B-rep 表示法从具有复杂外形曲面的工件设计的角度给出,容易进行几何模型的局部修改。下面分别对这两种表示方法进行论述。为方便讨论,本书把用 CSG 方法表示的几何模型称为 CSG 模型,用 B-rep 方法表示的几何模型称为 B-rep 模型。

1. CSG 表示法

CSG 即构造实体几何,它由简单体素依次经过布尔运算逐渐形成复杂几何形体。这些简单的体素就是预先定义好的一些基本的几何体,如长方体、柱体、锥体、球体等。布尔运算就是把几何体看成空间中点的集合,在两个集合之间进行求交、求差和求并的运算。采用商用软件(如 CATIA)的特征建模功能时,我们能够在已有形体的基础上添加软件工具箱中放置的特征,工具箱中的特征就是设计中经常用到的一些特定的形状。图 2.3 给出了 CSG 方法表示实体构造过程的示意图。图 2.4 给出了 CATIA 软件中采用基本几何形体构造复杂几何形体的过程。虽然 CSG 表示法的几何形体构造原理和数据结构都比较简单,但是由于 CSG 方法利用基本几何形体形成复杂几何形体,因此用 CSG 方法表示的几何形体的表面只能是简单形体表面的组合,而不可能是任意的复杂曲面。例如,图 2.5 中涡轮的叶扇就不能用 CSG 方法表示。这是因为叶扇表面是一个复杂的自由曲面,无法表示为一个简单的特征。另外,由于 CSG 方法的数据记录过于简单,对用这种方法构造的复杂几何形体进行显示和分析操作时,需要实时地进行大量的布尔运算,这大大降低了系统的运行效率。因此,在 CAD 软件开发时,通常将 CSG 方法与另一种实体表示方法——B-rep 方法相结合。

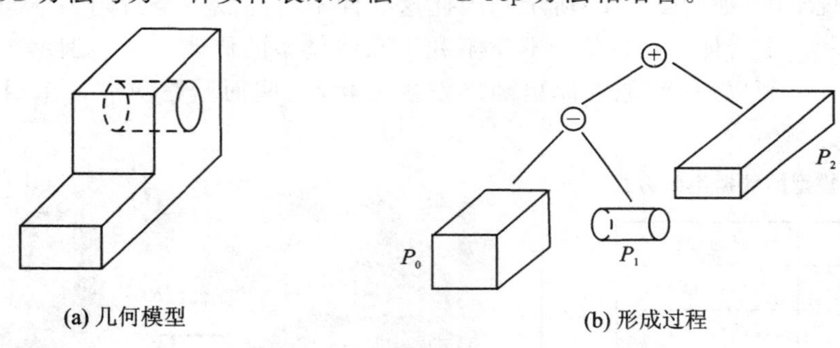

(a) 几何模型　　(b) 形成过程

图 2.3 几何模型的 CSG 表示法

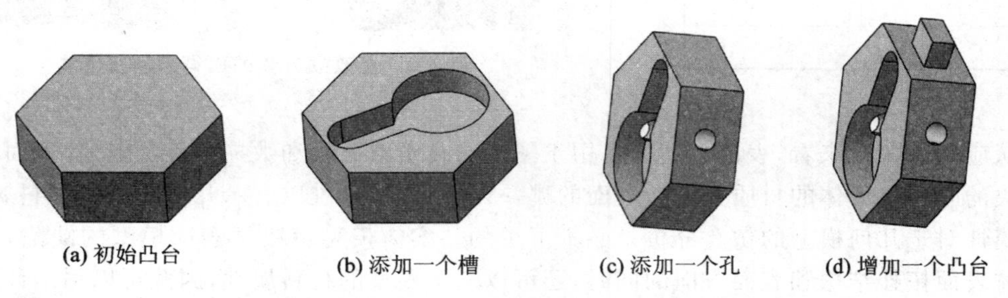

(a) 初始凸台　(b) 添加一个槽　(c) 添加一个孔　(d) 增加一个凸台

图 2.4 通过简单形体的布尔运算逐渐形成一个复杂形体

(a) 涡轮整体造型

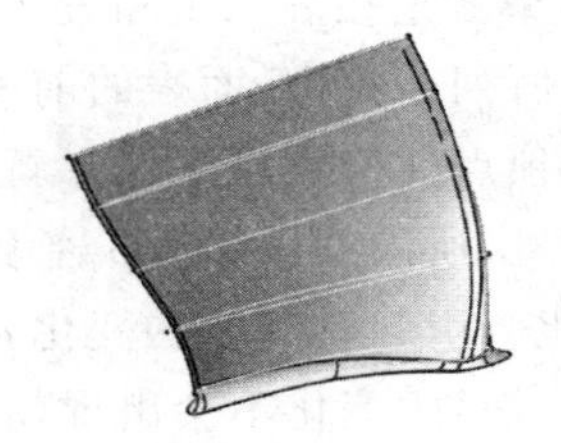

(b) 插值于给定截面线的叶扇

图 2.5　涡轮及其叶扇曲面

2. B-rep 表示法

B-rep 即边界表示法，它是几何造型中最成熟、无二义的表示法，目前大多数商业造型器都采用这种表示方法。在 B-rep 表示法中，实体的边界通常用面的并集表示，而每个面又由它所在的曲面定义加上其边界来表示。面的边界又可以表示为边的并集，边可以通过边的端点和相应的曲线方程来表示。这就是说，在 B-rep 表示法中通过对线框模型和表面模型的改进得到。这种改进包括两个方面：①建立面与面之间的拓扑邻接关系；②为每个面定义正侧（外侧）和负侧（内侧），一般来说，与正侧邻接的空间中没有工件材质，而与负侧邻接的空间具有空间材质，如图 2.6 所示。为了弄清楚这两个方面的改进，我们从 B-rep 表示法的数据组织方式入手。

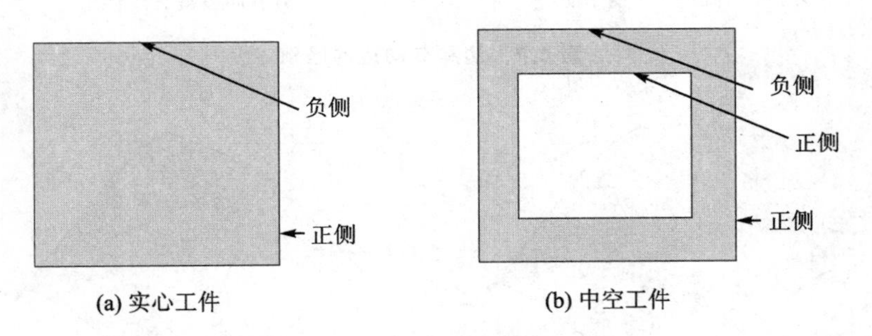

(a) 实心工件　　(b) 中空工件

图 2.6　工件表面的内侧和外侧

表 2.4　B-rep 表示法的一种简单数据组织方式——顶点表

点　号	坐　标		
	x	y	z
0	x_0	y_0	z_0
1	x_1	y_1	z_1
2	x_2	y_2	z_2
3	x_3	y_3	z_3
4	x_4	y_4	z_4
5	x_5	y_5	z_5
…	…	…	…

表 2.5　B-rep 表示法的一种简单数据组织方式——边表

线号	起点	终点	曲线方程
0	0	2	$\boldsymbol{r}_0(t)$
1	1	7	$\boldsymbol{r}_1(t)$
2	2	4	$\boldsymbol{r}_2(t)$
3	4	7	$\boldsymbol{r}_3(t)$
4	5	6	$\boldsymbol{r}_4(t)$
5	3	8	$\boldsymbol{r}_5(t)$
…	…	…	…

表 2.6　B-rep 表示法的一种简单数据组织方式——面表

面　号	面的边号	曲面方程
0	0,1,2,7	$\boldsymbol{r}_0(u,v)$
1	1,6,8	$\boldsymbol{r}_1(u,v)$
2	3,9,4,0	$\boldsymbol{r}_2(u,v)$
3	2,6,5	$\boldsymbol{r}_3(u,v)$
4	4,9,8,5,10	$\boldsymbol{r}_4(u,v)$
5	7,10,11,13	$\boldsymbol{r}_5(u,v)$
…	…	…

简单地说,B-rep 模型就是在表 2.1 和表 2.2 所列数据的基础上再增加面的拓扑信息和几何信息,如表 2.4～2.6 所列。其中,面表的前两列是拓扑信息,最后一列是几何信息。因为曲线方程可以根据曲线段顶点的变化自动计算新边的几何信息,曲面方程可以根据边的变化自动计算新曲面的几何信息,所以编辑 B-rep 模型时需要明确,一个顶点的变化会引起哪些边和面的变化,一条边的变化会引起哪些面的变化,一个面的变化会导致哪些边和顶点的变化,从而确保几何元素(点、边、面)的变化不会出现如图 2.1(b)所示的缝隙。换句话说,要明确几何元素之间的邻接关系,即拓扑关系。实践表明,根据表 2.4～2.6 中的拓扑邻接关系可以查找这种几何元素之间的变化关联。但是表 2.6 中的信息依然没有指出面的哪一侧是正侧。为了明确面的哪一侧是正侧,还需要有向边的概念。表 2.5 中的信息认为 AB 和 BA 是同一条边,每条边可以属于两个面。但是,在有向边的情形下,$\overrightarrow{AB}$ 和 $\overrightarrow{BA}$ 是两条不同的边,一条有向边仅属于一个面,如图 2.7 所示。这样,一系列的有向边就可以形成具有特定走向的环,即有向环。把有向环作为面的边界就可以区分面的正侧,还可以表示面上的孔洞,如图 2.8 所示。

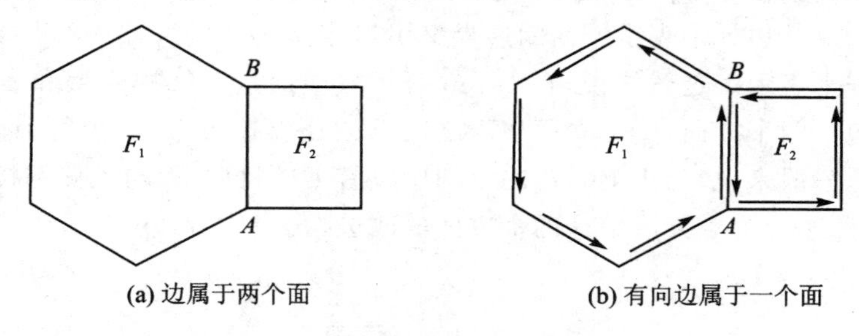

(a) 边属于两个面　　(b) 有向边属于一个面

图 2.7　边和有向边的区别

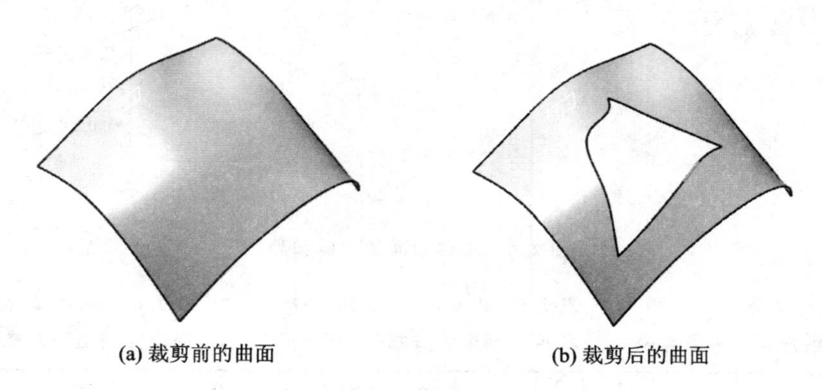

(a) 裁剪前的曲面　　(b) 裁剪后的曲面

图 2.8　曲面的裁剪

与有向边组合成环类似,面的组合就可以形成壳。壳就是三维形体的表面。一个三维形体可能含有多个壳,这些壳互不相交。例如,某个铸造件内部含有很多气泡形成的空腔,精确表示这个铸造件时,该形体就有多个壳。铸造件的外表面是一个壳,每个气泡的表面又形成一个壳。最简单的,一个内部为空腔的球,这个球有两个壳,如图 2.9 所示。由此可见,多个壳组合在一起就可以形成一个三维实体[4]。实体可以采用图 2.10 所示的数据组织方式来存储,即 B-rep 表示方法下的体可以认为是由一系列定义了内外侧的壳围成,而壳是由一系列定义了正侧和负侧的面组成,面由一系列的环在给定的曲面上围成,而环则是由有向边组成,有向边由两个顶点按照曲线方程由起点到终点连线而形成。

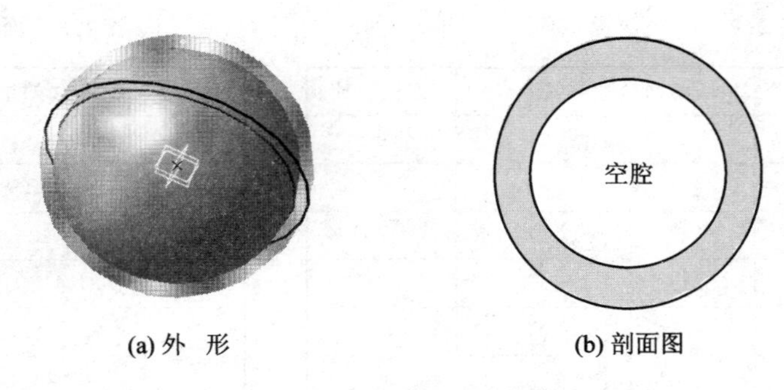

(a) 外　形　　　　(b) 剖面图

图 2.9　内部带有空腔的球

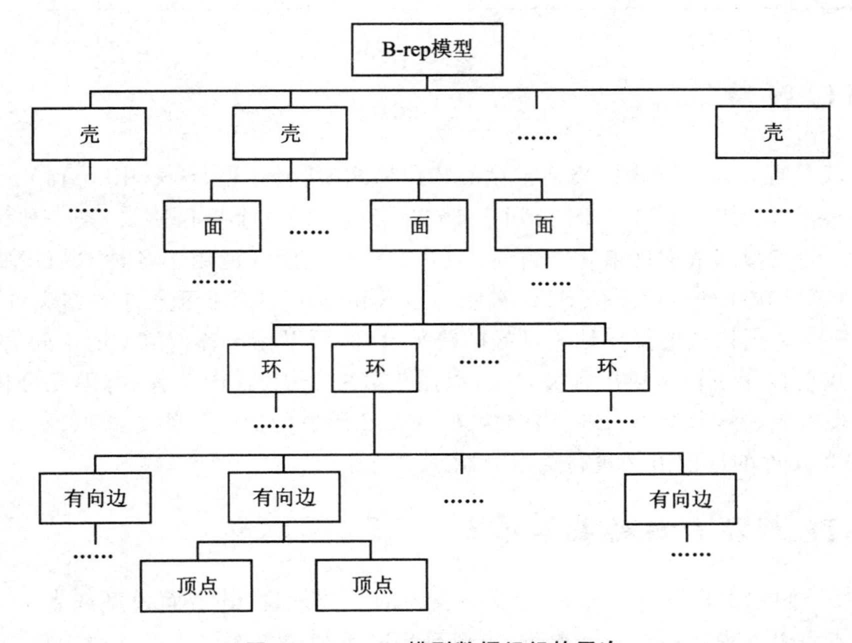

图 2.10　B-rep 模型数据组织的层次

从图 2.10 可以发现，面、有向边和顶点需要有几何信息，即定义面需要有曲面，定义有向边需要有曲线，定义顶点需要有坐标。在构造复杂外形产品时，几何建模需要的曲面和曲线的形状远比我们以前在解析几何中学习的曲线和曲面复杂，曲线曲面的造型方法是本书论述的重要内容。

2.1.4　半边数据结构

有向边通常被称为半边。在引进了半边以后，需要对表 2.4～2.6 所列的数据组织方式进行改进。为此，把一个边分裂出的两个半边分别称为对方的对偶半边。为了使计算机内存中关于 B-rep 模型的数据完备且检索方便，首先对表 2.5 所列的边表和表 2.6 所列的面表中的拓扑信息做如表 2.7 和表 2.8 所列的改进。在 C++语言编程时，对应于表 2.7 和表 2.8 中各种编号的是指针或者数组中的序号。在以半边结构为核心的数据组织中，壳和环（参见图 2.10）的信息可以不存储，需要时可以从已有拓扑信息中快速提取。

表 2.7 半边数据组织

半边号	起　点	终　点	所属的面号	对偶半边号	方程编号
0	0	2	2	5	0
1	5	3	9	4	1
2	3	6	6	3	2
3	6	3	13	2	2
4	3	5	7	1	1
5	2	0	4	0	0
…	…	…	…	…	…

表 2.8 面的数据组织

面　号	组成面的半边	方程编号
0	3,27,8,6	0
1	4,36,5	1
2	0,22,13,7,9	2
3	31,1,10,2	3
4	5,11,17,19	4
5	13,20,14	5
…	…	…

2.2 STL 网格

STL 格式是现有表示三角网格最常见的数据格式,其全称是 stereolithography(光固化立体造型术)。它是由 3D SYSTEMS 公司于 1988 年制定的一个接口协议,是一种为快速原型制造技术服务的三维图形文件格式。目前,STL 文件格式已广泛用于各种 CAD 平台中,很多主流商用的 CAD 软件平台都支持 STL 文件的输入和输出。相比于其他数据文件,此类文件主要的优势在于数据格式的简单性和良好的跨平台性,可以输出各种类型的空间表面。因此,STL 文件不仅可以用于快速成形领域,还可以用于数控加工、逆向工程、有限元分析及运动仿真等其他诸多领域。本节对 STL 网格的含义、ASCII 码下的数据组织方式以及 MATLAB 对 ASCII 码 STL 文件的读取方法进行简单介绍。

2.2.1 STL 网格数据的基本格式

从图 2.10 可以发现,对于一个具有复杂表面的工件来说,其表面模型或者 B-rep 模型需要用到曲线或曲面方程。在有些情况下,可以采用一系列简单的多边形来逼近复杂曲面,这时用到的边是直线段,面是平面。例如,图 2.11(a)用三角形逼近曲面,图 2.11(b)用四边形逼近曲面,图 2.11(c)用六边形逼近曲面。由于三角形是最简的多边形,而且一个三角面片一定是一个平面片(四边形和六边形则不一定是平面片),因此人们通常用三角网格来逼近复杂的曲面。现在由于计算机性能的不断提高,用计算机处理常用数据量三角网格已达到实时要求,因此三角网格模型已经成为一种广泛使用的复杂形体表面表示方法。例如,Geomagic 软件就具有强大的三角网格的处理功能,CATIA 软件中也具有实用的三角网格处理功能。在正向设计中,人们可以采用设计软件(CATIA,Pro-E, SolidWork 等)形成三维模型后再离散成三角网格输出。在逆向工程中,人们使用三维扫描技术得到实物工件表面。由于三维扫描技术已经非常成熟,所以人们可以用足够多的三角片来使三角网格对复杂形体的逼近达到满足一般应用需求的精度。图 2.12 表示三维扫描设备得到的点云形成三角网格的样例。

按照数据储存形式的不同,STL 文件可以分为 Binary 码和 ASCII 码两种形式。Binary 格式文件以二进制形式储存信息,具有文件小(只有 ASCII 码格式文件的 1/5 左右)、读入速度快等特点;ASCII 码格式文件则具有阅读和修改方便,信息表达直观等特点。因此,两者都

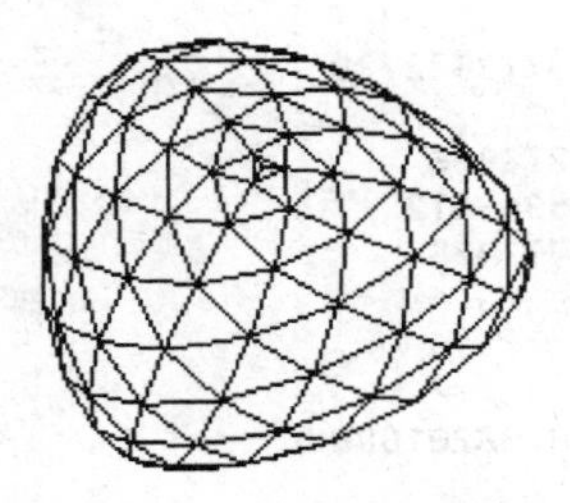
(a) 用三角形网格表示曲面

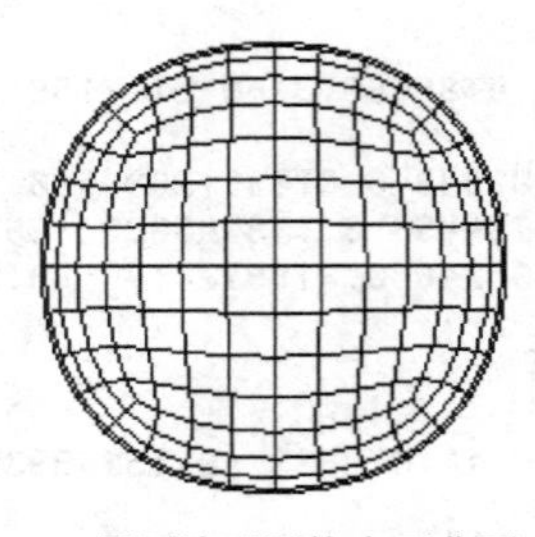
(b) 用四边形网格表示曲面

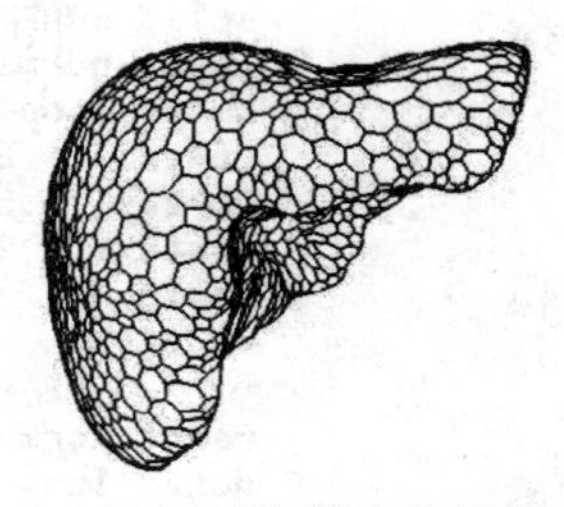
(c) 用六边形网格表示曲面

图 2.11　表示曲面的不同网格单元

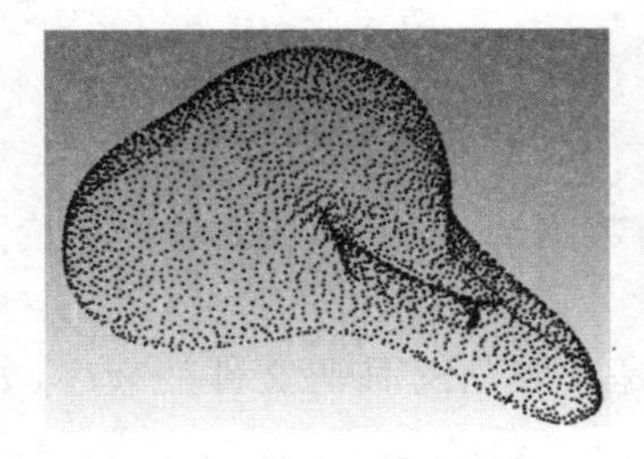
(a) 点云数据

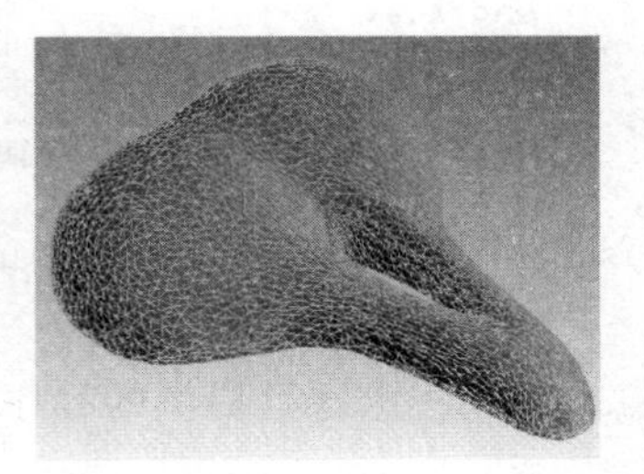
(b) 由点云数据生成的三角网格

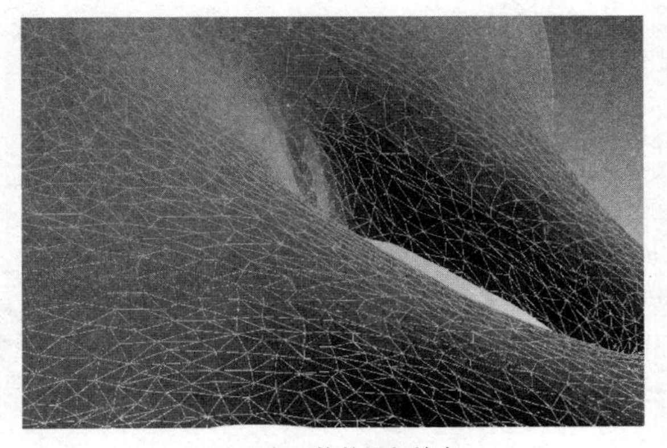
(c) 三角网格的局部放大

图 2.12　点云数据及由其生成的三角网格

是目前使用较为广泛的文件格式。图 2.13 所示的 STL 文件是 ASCII 码格式，用 Windows 操作系统的"记事本"功能可以打开。在本书的配套资料中，提供了一些 STL 文件和打开 STL 文件的 MATLAB 程序，供读者练习。

2.2.2　STL 网格数据的 MATLAB 程序读取和显示

本小节给出一个读取和显示 STL 网格数据的 MATLAB 程序。通过学习，不但可以了解 STL 数据的基本结构，还可以了解 MATLAB 打开文件的基本方式、读取 ASCII 码文件的基本方式和显示多边形的基本方式等。需要指出的是，本程序只是一个 MATLAB 示例程序，不是 MATLAB 编程语言学习的全部。例如，本小节关于把字符转换为浮点型数据的方法，只是诸多转换方法中的一种。读者也可以尝试采用其他方法把数据文件中的字符串转换为浮点型

```
solid WRAP
facet normal 0.478408979 -0.511715913 0.713632730
outer loop
vertex -6.092282943 0.676631269 -38.195278436
vertex -5.516473445 -0.179748629 -39.195366612
vertex -3.904365240 0.319972617 -39.917771436
endloop
endfacet
……//省略了多个三角片的信息
facet normal -0.111074583 -0.152699353 0.982010868
outer loop
vertex 1.439318427 -0.584064592 -37.235818349
vertex 2.440598827 0.236206374 -36.995014855
vertex -0.832570756 0.850707027 -37.269688083
endloop
endfacet
endsolid WRAP
```

图 2.13　ACSII 码写的 STL 文件示例

数据,例如,采用 fscanf 函数读取数据文件中的数据或者用 sscanf 函数把读入的字符串转换为浮点型数据。

(1) 读取 STL 文件,注意这里提供的程序是读取 ASCII 码文件的程序,如代码 2.2 所示。

代码 2.2　读取 ASCII 码的 STL 文件

```
function VerMat = ReadSTLFile()
 % 读取 STL 文件代码
filename = 'model1or.stl';                    % 指定要打开的文件名
fid = fopen(filename,'r');                    % 打开文件得到操作柄
VerMat(1,:) = [0 0 0];                        % 初始化保存顶点的数组
k = 0;
while(feof(fid) == 0)
    line = fgetl(fid);                        % 读取文件的一行
matchev = findstr(line,'vertex');             % 检查该行中的数据是否包含顶点数据
    if(matchev)
        k = k + 1;
        VerMat(k,:) = OpenVertexCode(line);   % 提取顶点坐标
    end
end
fclose(fid);
```

(2) 在代码 2.2 中,OpenVertexCode 是本书作者编写的子程序,不是系统提供的函数,如代码 2.3 所示。

代码 2.3　识别字符串中的数字并转化为浮点型数据

```
function vec = OpenVertexCode(line)
% 输入变量 line 是一个字符串该字符串中包含一个坐标
% 本程序将这个用字符存储的坐标转换为浮点型数据
% 输出变量是一个数组表示顶点坐标
n = length(line);
k = 0;
```

```
BlSp(1) = 0;                          % 初始化保存空格位置的数组
for i = 1:n
    if(line(i) == 32)                 % 发现空格
        k = k + 1;
        BlSp(k) = i;
    end
end
Pos1 = BlSp(1) + 1;
Pos2 = BlSp(2) - 1;
N = Pos2 - Pos1 + 1;
NumCode = line(Pos1:Pos2);            % 提取表示 x 坐标的字符
vec(1) = OpenNumCode(NumCode,N);      % 将字符转换为浮点型数据
Pos1 = BlSp(2) + 1;
Pos2 = BlSp(3) - 1;
N = Pos2 - Pos1 + 1;
NumCode = line(Pos1:Pos2);            % 提取表示 y 坐标的字符
vec(2) = OpenNumCode(NumCode,N);      % 将字符转换为浮点型数据
Pos1 = BlSp(3) + 1;
Pos2 = n;
N = Pos2 - Pos1 + 1;
NumCode = line(Pos1:Pos2);            % 提取表示 z 坐标的字符
vec(3) = OpenNumCode(NumCode,N);      % 将字符转换为浮点型数据
```

(3) 在代码 2.3 中，OpenNumCode 是本书作者编写的代码，见代码 2.4。

代码 2.4　把一个字符型数组转化为浮点型数据

```
function ab = OpenNumCode(NumCode,N)
% 将字符转换为浮点型数据
is = 1;
if(NumCode(1) == 45) % 发现 - 号
    is = 2;
end
for i = 1:N
    if(NumCode(i) == 46) % 发现小数点
        ip = i;
        break;
    end
end
isf = ip - 1;
ise = ip + 1;
af = 0;
posnum = 1/10;
for i = isf: - 1:is
    posnum = posnum * 10;
    af = af + (NumCode(i) - 48) * posnum;
end
```

```
bf = 0;
posnum = 1.0;
for i = ise:N
    posnum = posnum/10;
    bf = bf + (NumCode(i) - 48) * posnum;
end
ab = af + bf;
if(is == 2)
    ab = - ab;
end
```

(4) 构造三角网格拓扑。在这里的代码中,矩阵 VerMat 中每一行表示三个顶点,每三个顶点一组,形成一个三角形的顶点。这个子函数的作用就是建立顶点表和面表。VerMat 中有很多冗余,也就是说,有很多顶点是重复的。去除冗余顶点是建立拓扑的一个基础性工作。这里为了便于初学者理解,没有编写去除冗余点的程序。因此,代码 2.5 建立的拓扑信息是有缺陷的,本书把编写程序去除冗余点的任务留给读者。

代码 2.5　根据输入的顶点序号构造三角形

```
function [pt,pgon] = ConstrucTopology(VerMat)
% 构建拓扑结构
N = length(VerMat(:,1));
Num = N/3;
for i = 1:Num
    pgon{i} = [3 * (i - 1) + 1 3 * (i - 1) + 2 3 * (i - 1) + 3];
end
pt = VerMat;
```

(5) 显示三角网格如代码 2.6 所示。

代码 2.6　显示三角网格

```
function showpgon(pt,pgon)
% 显示三角网格
view(3); % 设置默认的三维视角, AZ =- 37.5,EL = 30
pat = zeros(1,length(pgon));
hold on
for i = 1:length(pgon)
    ptpgoni = pt(pgon{i},:);
    pat(i) = patch(ptpgoni(:,1) ,ptpgoni(:,2) , ptpgoni(:,3),[1.000 0.7000 0.3000],
'facelighting','flat','edgecolor',... % 省略号表示续下行
        [0 1.00 1.00], 'edgelighting','flat');
end
hold off
axis equal
```

(6) 组合读取 STL 文件、构造拓扑和显示网格三个子函数,如代码 2.7 所示。

代码 2.7　读取和显示 STL 文件

```
function ReadSTLTest()
%读取和显示 STL 文件
VerMat = ReadSTLFile();
[pt,pgon] = ConstrucTopology(VerMat);
showpgon(pt,pgon);
```

运行这个代码得到如图 2.14 所示的效果。

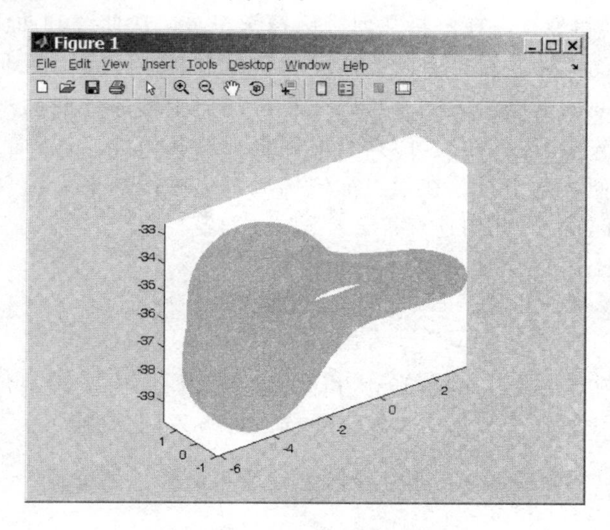

图 2.14　STL 文件读取结果显示

虽然采用 STL 文件表示工件的表面数据结构简单，但是这种方法毕竟只是一种工件表面的近似方法，而且这种表示方法的数据量比较大，对工件几何模型的局部修改也不方便。因此，在工件几何模型的设计中，通常需要采用 CSG 方法或者 B-rep 方法来表示工件的几何模型。特别是，对于具有复杂表面工件的几何模型的表示，B-rep 方法具有很多优点。要使用 B-rep，就需要学习曲线和曲面的方程及其相关知识。因此，复杂曲线曲面的造型方法是 CAD 技术的重要理论基础。

思考与练习

1. 从计算机表示几何形体的发展历程简要介绍计算机表示几何形体的几种方法。

2. 对于计算机表示的几何形体而言，什么是实体模型？计算机表示实体模型有哪几种方法？其优缺点分别是什么？

3. 为什么说曲线曲面造型问题是 CAD 几何建模理论中的基础性问题？

4. 什么是几何形体的 STL 模型？什么是几何形体的多边形模型？简要论述 STL 模型、多边形模型和 B-rep 模型的优缺点。

第3章　自由曲线曲面造型的数学基础

通过第2章的学习已经知道，形成一个几何模型的基本元素最终可以归结为曲线和曲面。自由曲线曲面（插值曲线曲面、样条曲线曲面、NURBS曲线曲面的统称）是以前没有接触到的内容，也是本书的重点和难点。在解析几何中已经学习过二次曲线和曲面，明确了方程和方程参数与曲线曲面形状的关联。在自由曲线曲面的学习中，将以方程的不同类型为基础，明确方程和方程参数与曲线曲面形状的关联。与以往解析几何中的曲线曲面不同的是，这里的方程参数（如点的坐标、切矢量、边界曲线等）具有更加直观的几何意义，从而为工业产品的外形设计提供了更加直接和便捷的工具。在学习如何构造自由曲线曲面之前，需要掌握一些基本的数学概念，如参数方程、曲率、几何连续等。

3.1　参数方程和矢量

现在重新关注代码2.1所示的绘制立方体表面的代码。为了绘制每个面，需要在各个面上采集一系列的点。代码3.1给出了在第一个面上计算点的代码。

代码3.1　通过参数方程取平面片上的样点

```
function [x,y,z] = PlanParaEquat1(u,v)
%立方体的一个平面的参数方程
%输入一对参数的值,输出点的坐标
%(u,v)在[0,1]×[0,1]之间取值
x = -1;
y = 2 * (u - 0.5);
z = 2 * (v - 0.5);
```

代码3.1使用了曲面的参数方程

$$[x,y,z]=\boldsymbol{r}(u,v) \tag{3.1}$$

使用这样的参数方程的好处是：这个方程把一个矩形区域$[0,1]\times[0,1]$映射成一个曲面片，如图3.1所示。正是因为这样的映射关系，才能通过代码3.1中的循环语句采集到曲面上的样点，进而通过矩阵型的样点绘制出曲面。为应用和讨论的方便，本书约定使用的曲面片是正则曲面片[9]。因此，参数方程在曲面片与正方形区域之间建立起可逆映射，在曲面上的许多操作就可以转换到矩形区域内进行，这样可使复杂的几何操作变得简单。例如，在曲面上裁剪出一个三角形的洞，就可以先在参数区域内裁剪，然后映射到曲面上，如图3.1所示。

对于曲线，使用参数方程也是必要的。既然参数方程在曲面片与矩形区域之间建立双射，那么参数方程也可以在曲线段与数轴上的直线段之间建立双射。因此，在采集曲线上的样点时，可以采用与代码3.1类似的方式，首先在直线段上取参数，然后映射到曲线上。另外，曲线采用参数方程，会使曲线的表达形式变得直观。在采用隐式方程$F(x,y,z)=0$或者显示方程$z=f(x,y)$时，空间中的曲线通常需要表示为两个曲面的交：

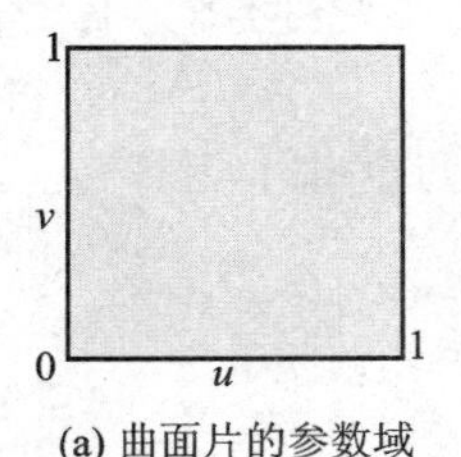

(a) 曲面片的参数域

(b) 四边域曲面片

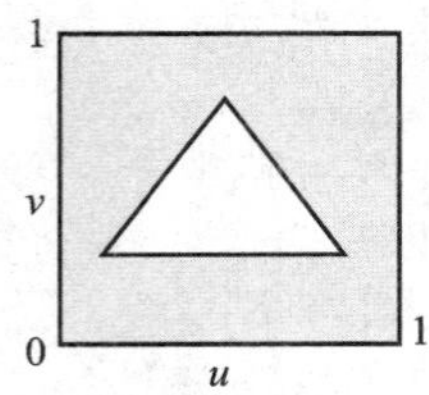

(c) 参数域上的裁剪

(d) 曲面片上的裁剪

图 3.1　参数曲面片及其裁剪

$$\begin{cases} F_1(x,y,z)=0 \\ F_2(x,y,z)=0 \end{cases}$$

即使对于一个简单的空间直线，通常也需要表示为两个平面的交。但是，如果采用参数方程就简单得多。例如，直线可以表示为

$$\begin{cases} x=a_x t+b_x \\ y=a_y t+b_y \\ z=a_z t+b_z \end{cases} \tag{3.2}$$

式中：$t\in(-\infty,+\infty)$，$\boldsymbol{a}=[a_x,a_y,a_z]$是给定的数，它就是该直线的方向；$\boldsymbol{b}=[b_x,b_y,b_z]$则表示直线上的一点，如图 3.2 所示。

图 3.2　位置矢量和方向矢量

再观察方程(3.1)，表达式 $\boldsymbol{r}(u,v)$的计算结果是一个矢量形式$[x,y,z]$。这就是说，矢量形式的表达式 $\boldsymbol{r}(u,v)$具有三个分量：

$$\boldsymbol{r}(u,v)=[x(u,v),y(u,v),z(u,v)]$$

这样，方程(3.1)就可以写为

$$[x,y,z]=[x(u,v),y(u,v),z(u,v)]=\boldsymbol{r}(u,v) \tag{3.3}$$

因此，与参数方程的形式

$$\begin{cases} x=x(u,v) \\ y=y(u,v) \\ z=z(u,v) \end{cases}$$

相比，方程(3.1)或方程(3.3)仅仅是改变了一种写法。在本书中，把这种矢量形式的参数方程称为参数矢量方程，以示与传统参数方程的区别。既然已弄清楚在参数方程的形式下，曲线段可以映射成直线段，曲面片可以映射成矩形域，那么曲线段的参数矢量方程可以写为

$$\boldsymbol{r}(t)=[x(t),y(t),z(t)],\quad t\in[t_0,t_1] \tag{3.4}$$

曲面片的参数矢量方程可以写为

$$\boldsymbol{r}(u,v)=[x(u,v),y(u,v),z(u,v)],\quad (u,v)\in[u_0,u_1]\times[v_0,v_1] \tag{3.5}$$

方程(3.1)左端的$[x,y,z]$具有两个方面的含义：①是曲面上点的坐标；②是一个矢量。那么，曲线和曲面上点的坐标和矢量是什么关系呢？实际上，点的坐标就是一个矢量，这个矢量的起始点在坐标原点。因此，$[x,y,z]$是点(x,y,z)的位置矢量，与点的坐标(x,y,z)等价，如图

3.2 所示的 $\boldsymbol{b}=[b_x, b_y, b_z]$。除了位置矢量外,还有方向矢量,如图 3.2 所示的 $\boldsymbol{a}=[a_x, a_y, a_z]$就是一个方向矢量,表示该直线的方向。该矢量的起点可以是坐标空间中的任意一点。此时,该矢量与直线平行。

矢量是本书中经常用到的一个基本工具,这里介绍关于矢量的两个基本运算:点积和叉积。点积又称为数性积,可以写为

$$\boldsymbol{r}_1 \cdot \boldsymbol{r}_2 = [x_1 \quad y_1 \quad z_1] \begin{bmatrix} x_2 \\ y_2 \\ z_2 \end{bmatrix}$$

在几何意义上,它表示 $\boldsymbol{r}_2$ 在 $\boldsymbol{r}_1$ 所在方向上投影的有向长度,即

$$\boldsymbol{r}_1 \cdot \boldsymbol{r}_2 = |\boldsymbol{r}_1| \, |\boldsymbol{r}_2| \cos\theta$$

其几何意义如图 3.3 所示。

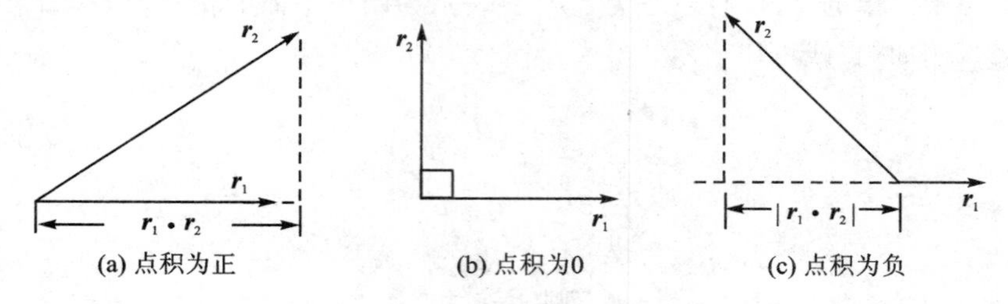

图 3.3 点积的几何意义

矢量的叉积又称为矢性积,其计算结果是一个矢量。该矢量垂直于两个做叉积的矢量所在的平面,其方向可以按照右手法则确定:让右手的大拇指、食指、中指形成一个笛卡儿坐标系,如图 3.4 所示。大拇指指向第一个矢量的方向,食指指向第二个矢量的方向,那么中指所指的方向就是这两个矢量叉积的方向。叉积的大小是两个做叉积的向量所形成的平行四边形的面积,如图 3.4(c)所示。矢量叉积的计算公式如下:

$$\boldsymbol{r}_1 \times \boldsymbol{r}_2 = \begin{vmatrix} \boldsymbol{i} & \boldsymbol{j} & \boldsymbol{k} \\ x_1 & y_1 & z_1 \\ x_2 & y_2 & z_2 \end{vmatrix}$$

其模长是$|\boldsymbol{r}_1| \cdot |\boldsymbol{r}_2| \sin\theta$。利用矢量叉积的计算公式可以知道,当两矢量平行时,这两个矢量的叉积为 0。

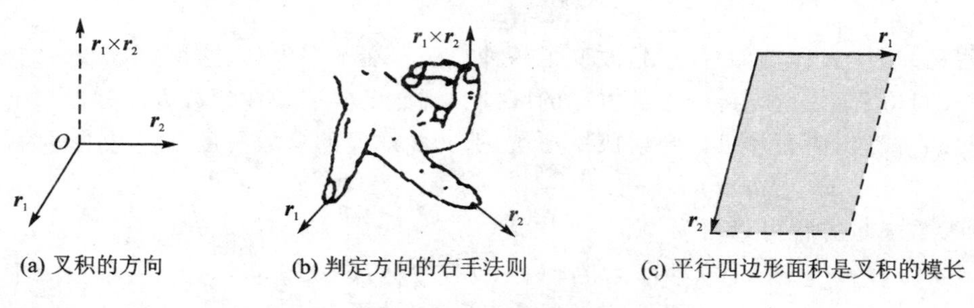

图 3.4 两个矢量的叉积

3.2　曲线曲面的 MATLAB 绘制

本节从曲线的计算机绘制原理讲述 MATLAB 中曲线的绘制方法，最后通过 MATLAB 绘制圆周的实例讲述 CAD 造型理论中采用参数方程的必要性。

3.2.1　曲线的绘制原理和方法

两点确定一个线段。很多编程语言把这个公理制成固定的绘图函数。例如，在 MATLAB 中，就采用 line([x_A，x_B]，[y_B，y_B])作为一个绘制线段的基本函数，供编程者调用。其中 $\boldsymbol{A}=[x_A, y_A]$表示线段的起点，$\boldsymbol{B}=[x_B, y_B]$表示线段的终点。对于一条曲线，可以把它离散成多个点，得到一个点列 $\boldsymbol{p}_1, \boldsymbol{p}_2, \cdots, \boldsymbol{p}_n$，然后在 $\boldsymbol{p}_i, \boldsymbol{p}_{i+1}(i=1,\cdots,n-1)$之间构造曲线段，得到一个折线。计算机绘制图形时，就采用这个折线来代替曲线。本书称 $\boldsymbol{p}_1, \boldsymbol{p}_2, \cdots, \boldsymbol{p}_n$ 为密化点。n 在一定的范围内，这样的密化点愈多，绘制曲线的真实感就愈强。当 n 大到一定程度时，肉眼已经不能体会折线对曲线逼近程度的提高所带来的真实感增强的效果，因此在这种情况下增加 n 只会增加程序的计算量，而对提高曲线的真实感已没有意义。图 3.5 给出了密化程度与曲线真实感的联系。

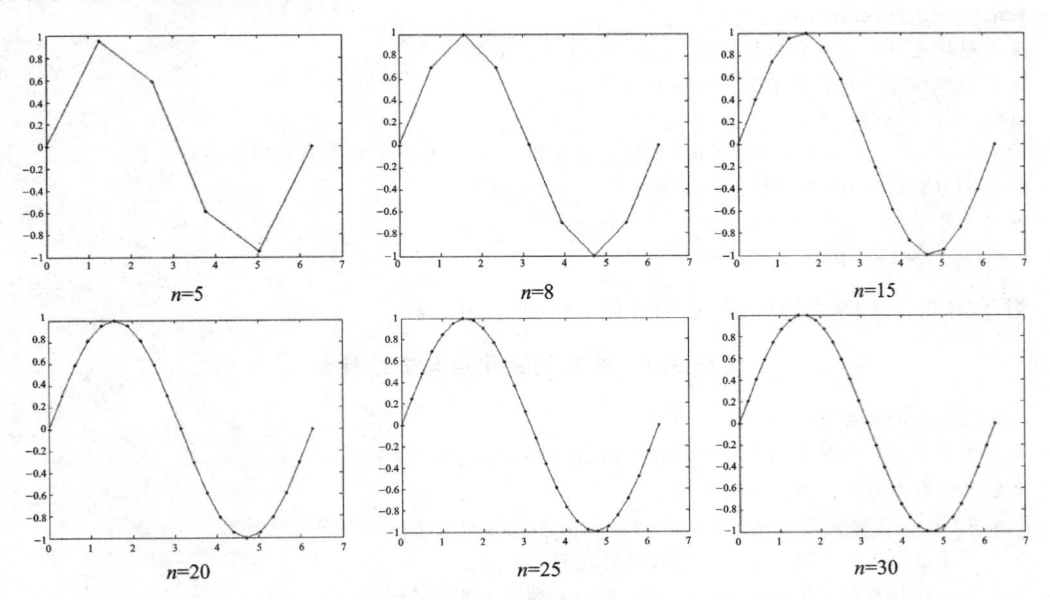

图 3.5　不同的密化点数目对绘制曲线真实感的影响

为了方便编程者，很多编程语言也固化了折线的绘制功能，即采用一个固定的函数对给定的点列 $\boldsymbol{p}_1, \boldsymbol{p}_2, \cdots, \boldsymbol{p}_n$ 绘制折线。虽然 MATLAB 中的函数 line(…)具有这个功能，但是为了让读者尽快掌握 MATLAB 绘图的基本方法，这里仅介绍 MATLAB 中的函数 plot(…)。这个函数调用的基本方式是 plot(X,Y)。这里 $\boldsymbol{X}=[x_1, x_2, \cdots, x_n]$是点列 $\boldsymbol{p}_1, \boldsymbol{p}_2, \cdots, \boldsymbol{p}_n$ 的横坐标形成的向量，$\boldsymbol{Y}=[y_1, y_2, \cdots, y_n]$是点列 $\boldsymbol{p}_1, \boldsymbol{p}_2, \cdots, \boldsymbol{p}_n$ 的纵坐标形成的向量。代码 3.2 给出了一个调用 plot 函数绘制曲线的简单实例。

代码 3.2　plot 函数的调用示例

```
function SimplePlotExample()
% 本程序是一个绘制正弦曲线在[0,2 * pi]上的部分实例
% 这是演示 plot 基本使用方法的一个例子
for i = 1:31 % 采用包含 31 个点的多边形逼近曲线
    a = (i-1) * 2 * pi/30; % 取自变量的值.既然[0,2 * pi]上有 31 个间隔点,那么就有 30 个间隔线段
    % 第一个自变量的值是 0,然后按照 2 * pi/30 的步长递增
    X(i) = a; % 把第 i 次循环得到的自变量 a 存入横坐标数组的第 i 个位置
    Y(i) = sin(a); % 把 a 代入表达式 sin(x)得到的函数值存入纵坐标数组的第 i 个位置
end
plot(X,Y) % 调用 plot 函数绘制曲线
```

在这个例子中,采用循环语句为数组 $\boldsymbol{X}=[x_1,x_2,\cdots,x_n]$和 $\boldsymbol{Y}=[y_1,y_2,\cdots,y_n]$赋值。这是为了让初学者容易理解的一种简单方法。为了让程序简洁,可以采用 $\boldsymbol{X}=x_{\text{start}}$:step:$x_{\text{end}}$ 的语句为向量 $\boldsymbol{X}$ 赋值。x_{start} 表示取值区间的起点,x_{end} 表示终点,step 表示取值步长。代码 3.3 给出了这种赋值方法的示例。

代码 3.3　等步长元素向量的取值

```
function SimplePlotExamp2()
% 本程序是一个绘制正弦曲线在[0,2 * pi]上的部分实例
% 这是演示等间隔标量形成向量的赋值语句
step = 2 * pi/30; % 确定取值步长
X = 0:step:2 * pi; % 在[0,2 * pi]内等间隔取值,得到一系列等间隔的数形成一个向量
Y = sin(X); % MATLAB 中提供的函数可以对向量直接运算
% 也就是对向量的每个分量进行运算得到一个新的向量
plot(X,Y) % 调用 plot 函数绘制曲线
```

对于图 3.5 中曲线的绘制,采用代码 3.4 所示的函数。

代码 3.4　曲线的密化点与曲线绘制

```
function DrawSinCurve(N)
% 本程序是一个绘制正弦曲线在[0,2 * pi]上的部分实例
% 输入参数 N 是密化点的大致个数
M = N+1; % 注意表达式 a = (i-1) * 2 * pi/N,把 N 当成了线段上间隔的数目
% 为了让这个表达式进行最后一次计算时得到 2 * pi
% 也就是说让数组 x 中的最后一个值是 2 * pi,所以采用这个语句
for i = 1:M
    a = (i-1) * 2 * pi/N;
    x(i) = a;
    y(i) = sin(a);
end
plot(x,y,'b') % 'b' 表示指定曲线的颜色
% 调用 plot 就在当前的绘图窗口中建立了一个坐标轴
hold on % 向当前坐标轴添加图元的功能打开
% 如果不用这个语句,下一个 plot 语句建立新的坐标轴,而且连同其中绘制的图元将被覆盖
```

```
%前一个 plot 语句建立的坐标系和相关图元
plot(x,y,'k.','MarkerSize',8) %'k.'表示用黑点来标记[x,y]表示的折线上的密化点
%"'MarkerSize',8"表示黑点的大小
hold off %关闭图元添加功能
```

3.2.2　曲线的参数方程与曲线绘制

现在考虑如何绘制圆心在坐标原点的单位圆 $x^2+y^2=1$。根据代码 3.2～3.4 所示的程序，需要把这个隐式方程变为显示方程：

$$y=\pm\sqrt{1-x^2} \tag{3.6}$$

然后在定义域 $x\in[-1,1]$上等间隔取自变量，对自变量采用方程(3.6)进行运算，得到因变量 y 的值。所有自变量形成向量 X，所有因变量形成向量 Y，我们对(X,Y)采用 plot(x,y)绘图即可。代码 3.5 给出了采用方程(3.6)绘制圆的代码，图 3.6 给出了绘制效果。

代码 3.5　采用显式方程绘制圆心在原点的整个单位圆

```
function DrawCircl1(N)
%采用显式方程绘制圆心在坐标原点的单位圆
M = N+1;                          %把 N 当成了线段上间隔的数目,M 就是密化点的数目
step = (1-(-1))/N;                %注意步长就是间隔的长度
X = -1:step:1;
Yup = sqrt(1-X.*X);               %X.*X 表示向量中对应的元素相乘
Ydown = -sqrt(1-X.*X);            %X*.X 表示向量中对应的元素相乘
plot(X,Yup,'r');                  %绘制上半圆,把曲线绘制成红色
hold on                           %把当前坐标轴中添加图元的功能打开
plot(X,Yup,'k.','MarkerSize',8)   %'k.'表示用黑点来标记[X,Yup]表示的折线上的密化点
plot(X,Ydown);                    %绘制下半圆,采用默认的颜色绘制曲线.MATLAB 默认颜色是蓝色
plot(X,Ydown,'k.','MarkerSize',8)
hold off                          %把当前坐标轴中添加图元的功能关闭
axis equal                        %x 和 y 轴上的单位长度等比例
%如果没有这个语句,MATLAB 按照默认最优的比例绘制
%x 和 y 轴上的单位长度一般不是等比例,这对于圆的绘制效果是不理想的
%通常会把圆绘制成椭圆
```

从代码 3.5 可以发现，为了绘制整圆，需要在上下两个半圆上分别计算密化点，然后分别调用 plot 函数绘制。这样处理使得本来简单的问题用程序实现变得复杂。从图 3.6 可以发现，密化点的间隔不均匀，这使得密化点形成的折线对半圆的逼近效果不好，从而导致绘制的曲线真实感不强。为了克服这个问题，考虑使用参数方程

$$\begin{cases}x=\cos\theta\\ y=\sin\theta\end{cases},\quad \theta\in[0,2\pi]$$

来计算密化点。其代码如代码 3.6 所示，绘制效果如图 3.7 所示。

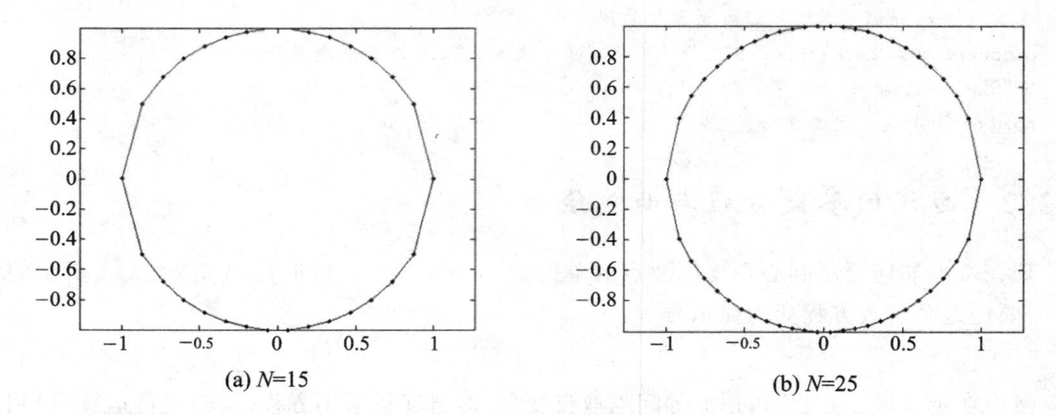

(a) N=15　　(b) N=25

图 3.6　采用显式方程绘制单位圆的效果(N 是半圆上点的个数)

代码 3.6　用参数方程绘制整圆的代码

```
function DrawCircl2(N)
%采用参数方程绘制圆心在坐标原点的单位圆
M = N+1;                          %把 N 当成了线段上间隔的数目,M 就是密化点的数目
step = 2*pi/N;                    %注意步长就是间隔的长度
xita= 0:step:2*pi;                %取等间隔的参变量
x = cos(xita);
y = sin(xita);                    %MATLAB 自带的函数可以直接对向量进行运算
plot(x,y);
hold on                           %把当前坐标轴中添加图元的功能打开
plot(x,y,'k.','MarkerSize',8)     %'k.'表示用黑点来标记[x,y]表示的折线上的密化点
hold off                          %把当前坐标轴中添加图元的功能关闭
axis equal                        %x 和 y 轴上的单位长度等比例
%如果没有这个语句,MATLAB 按照默认最优的比例绘制
%x 和 y 轴上的单位长度一般不是等比例,这对于圆的绘制效果是不理想的
%通常会把圆绘制成椭圆
```

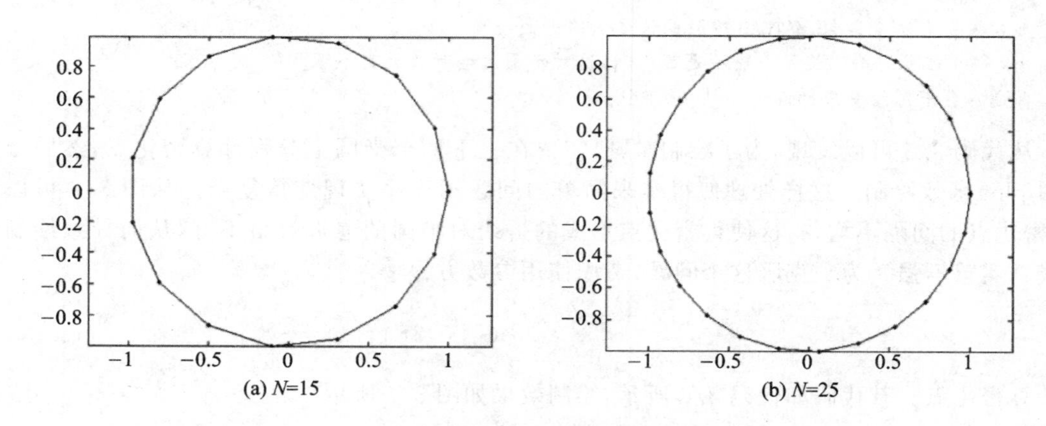

(a) N=15　　(b) N=25

图 3.7　采用参数方程绘制单位圆的效果

通过对代码 3.5 和代码 3.6 的比较可以发现,采用参数方程的代码只需要采集一次密化

点和一次曲线绘制函数的调用就可以得到整个圆周曲线，因此采用参数方程的代码比采用隐式方程的代码简洁。比较代码 3.6 和代码 3.5 的绘制效果(参见图 3.6 和图 3.7)可以发现，图 3.7 中密化点的间隔均匀，与采用隐式方程计算的密化点相比，采用参数方程构造密化点绘制曲线的真实感效果更好。因此，仅从绘制曲线的角度来看，在学习过程中必须采用参数方程。

3.2.3　曲面的 MATLAB 绘制

在 MATLAB 中，绘制曲面可以采用 surf(X,Y,Z)或者 mesh(X,Y,Z)。输入参数 X，Y,Z 的含义是拓扑矩阵型点列的坐标分量。拓扑矩阵型点列的含义是在曲面片上取得的点可以依次存储在矩阵中。对于一个矩形区域，假设其放置在 uOv 坐标系中，并且两条边分别置于 u 轴和 v 轴上，在矩形区域内绘制分别平行于 u 轴和 v 轴的线段(平行线段之间的间隔可以相等也可以不相等)，如图 3.8(a)所示；对线段与线段、线段与矩形边的交点，进行编号，如图 3.8(b)所示；此时，可以用矩阵存储这些点的位置，如图 3.8(c)所示。一般来说，如果一个点列中的各点排列如图 3.8(b)所示，并采用如图 3.8(c)所示的方式得到并存储，则这个点列$\{\boldsymbol{p}_{i,j}|i=1,\cdots,m;j=1,\cdots,n\}$就称为拓扑矩阵型点列，即无论点的实际位置如何，仅从拓扑结构来讨论，这些点就可以排列成矩阵形式。

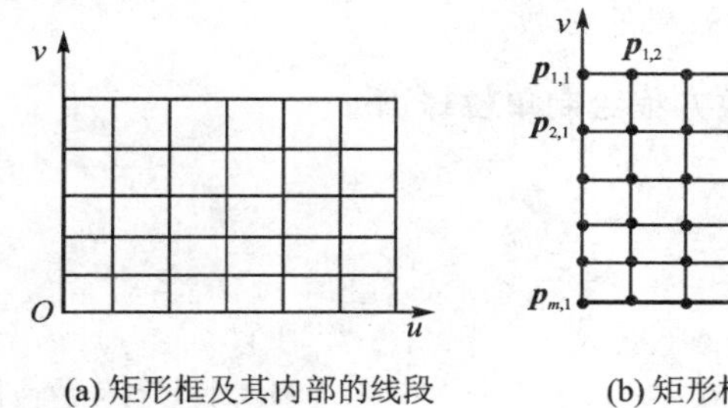

(a) 矩形框及其内部的线段

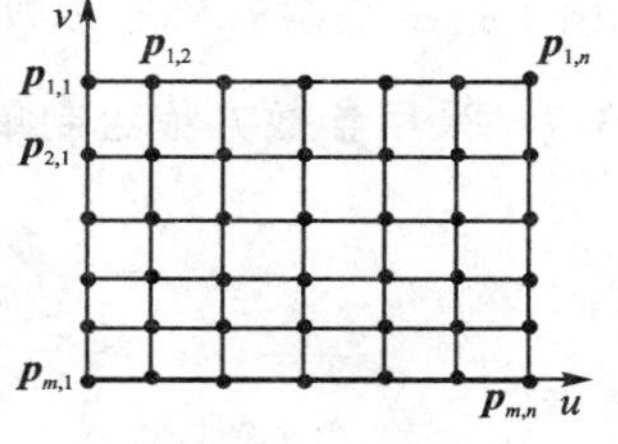

(b) 矩形框内线段的交点

$$\begin{bmatrix} \boldsymbol{p}_{1,1} & \boldsymbol{p}_{1,2} & \cdots & \boldsymbol{p}_{1,n} \\ \boldsymbol{p}_{2,1} & \boldsymbol{p}_{2,2} & \cdots & \boldsymbol{p}_{2,n} \\ \vdots & \vdots & & \vdots \\ \boldsymbol{p}_{m,1} & \boldsymbol{p}_{m,2} & \cdots & \boldsymbol{p}_{m,n} \end{bmatrix}$$

(c) 用矩阵保存点列的位置

图 3.8　拓扑矩阵型点列

从方程(3.1)、(3.3)和图 3.1(a)，(b)可以知道，参数矢量方程 $\boldsymbol{r}(u,v)$在矩形参数域$[a,b]\times[c,d]$与三维空间之间建立了一个连续的映射，这个映射的像是三维空间中一个连续的闭区域，也就是一个曲面片。因此，采用图 3.8 的方式在参数域$[a,b]\times[c,d]$中取到拓扑矩阵型点列$\{(u_j,v_i)|i=1,\cdots,m;j=1,\cdots,n\}$后，参数矢量方程 $\boldsymbol{r}(u,v)$会把这个点列映射成三维空间中的点列$\{\boldsymbol{p}_{i,j}=\boldsymbol{r}(u_j,v_i)|i=1,\cdots,m;j=1,\cdots,n\}$。既然$\{\boldsymbol{p}_{i,j}=\boldsymbol{r}(u_j,v_i)|i=1,\cdots,m;j=1,\cdots,n\}$中的点与$\{(u_j,v_i)|i=1,\cdots,m;j=1,\cdots,n\}$一一对应，那么$\{\boldsymbol{p}_{i,j}=\boldsymbol{r}(u_j,v_i)|i=1,\cdots,m;j=1,\cdots,n\}$也是拓扑矩阵型点列，如图 3.9 所示。

由于 $\boldsymbol{p}_{i,j}=\boldsymbol{r}(u_j,v_i)=[x_{i,j},y_{i,j},z_{i,j}]$是有三个坐标分量的向量，采用我们已有的知识(例如线性代数和 C++语言)，把一个向量作为矩阵的元素是不可能的。因此，在绘图时，把$[\boldsymbol{p}_{i,j}]$分为三个矩阵来存储：$\boldsymbol{X}=[x_{i,j}]$,$\boldsymbol{Y}=[y_{i,j}]$,$\boldsymbol{Z}=[z_{i,j}]$。这就是 surf(X,Y,Z)和 mesh(X,Y,Z)中三个输入参数的含义。

surf(X,Y,Z)和 mesh(X,Y,Z)的区别是，前者的含义是绘制曲面图，后者的含义是绘制网线图。为了论述的简洁，避免读者陷入编程语法的细节，在本书的示例中，仅仅使用 mesh(X,Y,Z)绘制曲面的网线图。下面讨论单位球面的绘制方法，既然已经知道在取绘图的密化

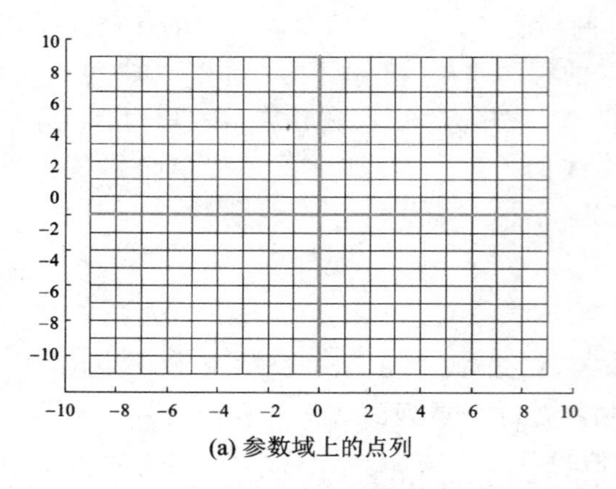

(a) 参数域上的点列

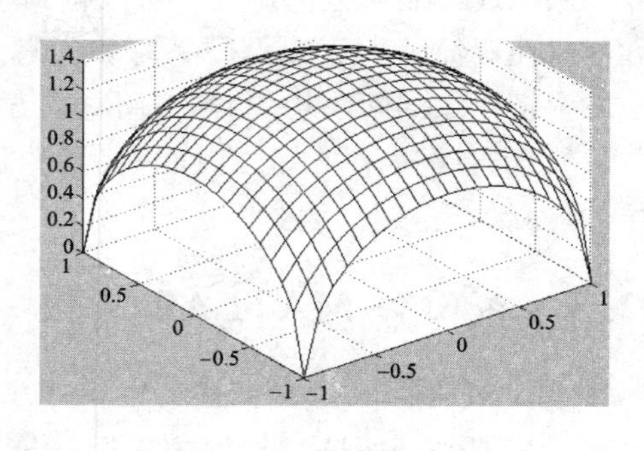

(b) 曲面片上的点列

图 3.9　曲面上的拓扑矩阵型点列(网线的交点，浅粗线表示 u 轴和 v 轴)

点方面,使用参数方程要比隐式方程方便,那么就直接使用单位球面的参数方程:

$$\begin{cases} x = \cos u \cos v \\ y = \sin u \cos v, \quad (u,v) \in [0,2\pi] \times [-\pi/2,\pi/2] \\ z = \sin v \end{cases}$$

根据这个参数方程,可以构造代码 3.7 以绘制单位球面,其绘制效果如图 3.10(a)所示。在代码 3.7 中,对 mesh()函数使用了指定绘制效果的参数。

代码 3.7　采用参数方程绘制单位球面

```
function DrawUnitSphere()
%采用球面参数方程绘制单位球面
M = 51;                           %在 u 参数的区域[0,2*pi]上取 51 个点
N = 26;                           %在 v 参数的区域[-pi/2,pi/2]上取 26 个点
stepu = 2*pi/(M-1);               %u 参数方向的步长,也就是两个邻近参数之间的间隔
stepv = pi/(N-1);                 %v 参数方向的步长,也就是两个邻近参数之间的间隔
fori = 1:N                        %这是 i 方向,就是 v 向,也就是参数域的纵向
    v = -pi/2 + (i-1)*stepv;
    for j = 1:M                   %这是 j 方向,就是 u 向,也就是参数域的横向
        u = (j-1)*stepu;
        x(i,j) = cos(u)*cos(v);
        y(i,j) = sin(u)*cos(v);
        z(i,j) = sin(v);
    end
end
mesh(x,y,z,'edgecolor','k','facecolor','w')
axis equal
```

现在考虑显式函数 $z=f(x,y)$ 的图形绘制方法。具体的,如函数 $z=\sqrt{x^2+y^2}$,其中$(x,y)\in[-4,4]\times[-4,4]$的绘制。显式方程最简单的参数化形式为

$$\begin{cases} x = u \\ y = v \quad, \quad (u,v) \in [-4,4] \times [-4,4] \\ z = \sqrt{u^2+v^2} \end{cases}$$

采用这个方程可以得到绘制曲面的代码 3.8,其绘制效果如图 3.10(b)所示。

代码 3.8　采用显式方程 $z=f(x,y)$ 绘制锥面

```
function DrawExplicitSurf()
%绘制显式曲面
M = 21;%在 u 参数的区域[-4,4]上取 21 个点
N = 21;%在 v 参数的区域[-4,4]上取 21 个点
stepu = 8/(M-1);%u 参数方向的步长,也就是两个邻近参数之间的间隔
stepv = 8/(N-1);%v 参数方向的步长,也就是两个邻近参数之间的间隔
for i = 1:M%这是 i 方向,就是 v 向,也就是参数域的纵向
    v = -4 + (i-1) * stepv;
    for j = 1:N%这是 j 方向,就是 u 向,也就是参数域的横向
        u = -4 + (j-1) * stepu;
        x(i,j) = u;
        y(i,j) = v;
        z(i,j) = sqrt(u*u+v*v);
    end
end
mesh(x,y,z,'edgecolor','k','facecolor','w')
axis equal
```

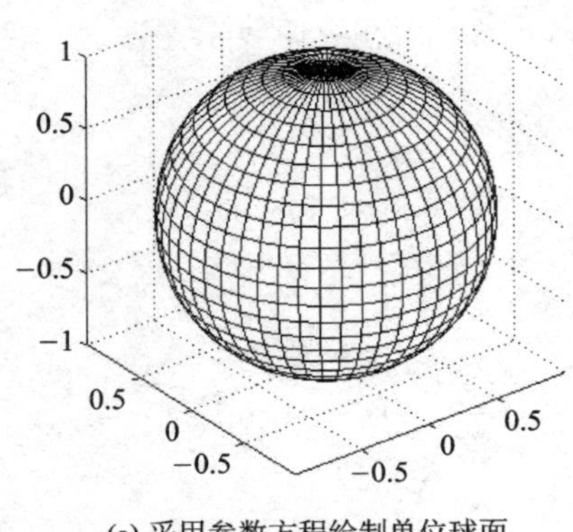

(a) 采用参数方程绘制单位球面

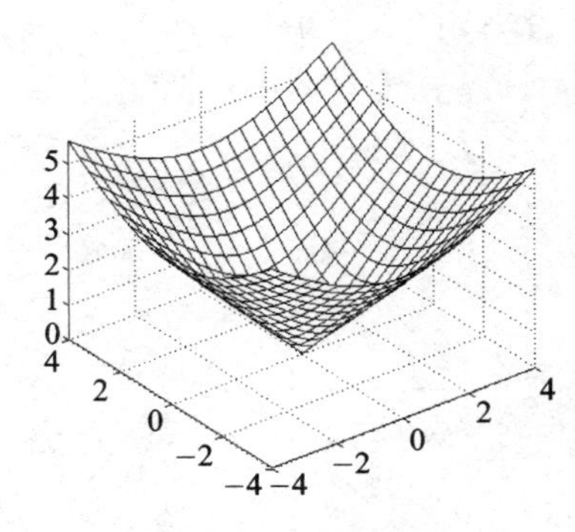

(b) 采用显式方程绘制锥面

图 3.10　采用不同的方程形式绘制曲面

下面再进行解释。在图 3.10 的网线图中,这些网线编织成了小的四边形面片。以上两个代码中的"'facecolor','w'"的含义就是指定这些小面片的颜色为白色,"'edgecolor','k'"就是指定网线的颜色为黑色。

3.3　矢函数的导数及其应用

前面两节明确了用参数矢量方程表示空间曲线的必要性以及参数矢量方程的形式。本节在参数矢量方程的形式下,讨论曲线的切矢量、法矢量和曲率等基本几何量的计算方法。对于这些几何量的计算方法,大部分高等数学教材是基于显示方式来论述的。例如,$y'=f'(x)$表

示曲线上一点处切线的斜率。本书则是基于参数矢量方程来论述。无论是基于显示方式论述曲线微分几何量的计算,还是基于参数矢量方程论述曲线微分几何量的计算,其数学本质都是一致的,只是表现方式不同而已。

矢量函数(简称矢函数)$\boldsymbol{r}(t)$的求导与标量函数 $f(x)$的求导有着完全相同的形式,即矢函数 $\boldsymbol{r}(t)$可以采用如下方式求导:

$$\begin{aligned}\boldsymbol{r}'(t) &= \lim_{\Delta t \to 0} \frac{\boldsymbol{r}(t+\Delta t)-\boldsymbol{r}(t)}{\Delta t} \\ &= \left[\lim_{\Delta t \to 0} \frac{x(t+\Delta t)-x(t)}{\Delta t}, \lim_{\Delta t \to 0} \frac{y(t+\Delta t)-y(t)}{\Delta t}, \lim_{\Delta t \to 0} \frac{z(t+\Delta t)-z(t)}{\Delta t}\right] \\ &= [x'(t), y'(t), z'(t)]\end{aligned}$$

如图 3.11 所示,矢函数求导的几何意义是:当曲线上的点 $\boldsymbol{p}_1$ 沿曲线趋近于 $\boldsymbol{p}$ 时,弦 $\boldsymbol{pp}_1$ 达到的极限位置。

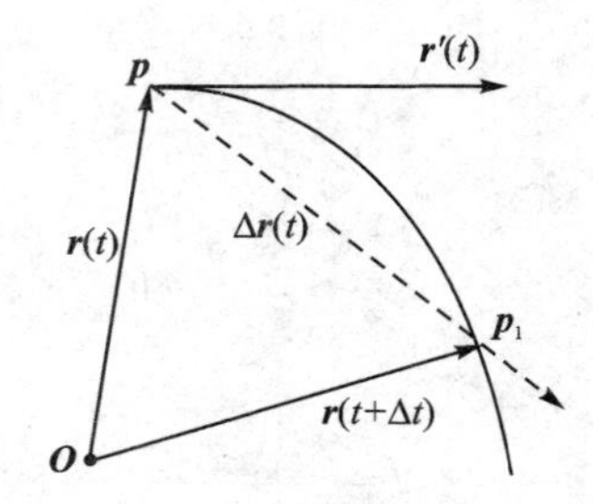

图 3.11 矢函数的求导

如果曲线在 $\boldsymbol{r}(t_0)$处有切矢量 $\boldsymbol{r}'(t_0)=[x'(t_0), y'(t_0), z'(t_0)]$,那么曲线在 $\boldsymbol{r}(t_0)$处的切线方程可以写为

$$\boldsymbol{\Gamma}=\boldsymbol{\Gamma}(\lambda)=\boldsymbol{r}(t_0)+\lambda \boldsymbol{r}'(t_0)$$

即

$$\begin{cases}\Gamma_x = x_0 + \lambda x'(t_0) \\ \Gamma_y = y_0 + \lambda y'(t_0) \\ \Gamma_z = z_0 + \lambda z'(t_0)\end{cases}$$

这里,$\boldsymbol{\Gamma}=(\Gamma_x, \Gamma_y, \Gamma_z)$。图 3.12 给出了曲线 $\boldsymbol{r}(t)$在 $\boldsymbol{p}_0$ 点的切线示意图。如图 3.13 所示,曲线 $\boldsymbol{r}(t)$是三维空间中的曲线。

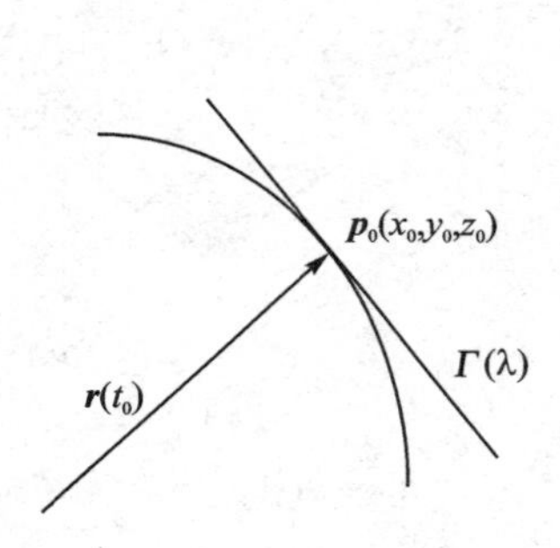

图 3.12 曲线的切线

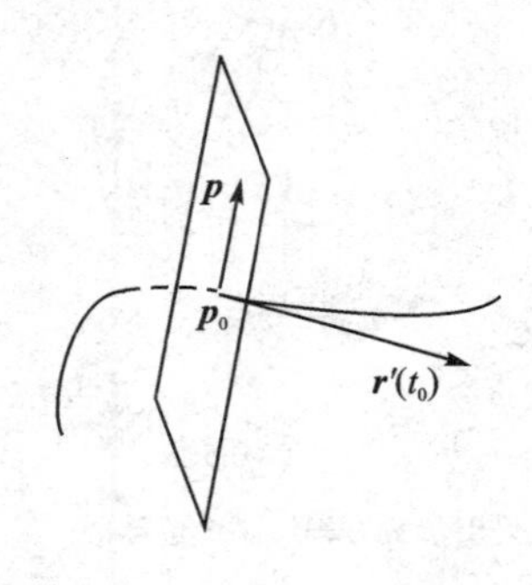

图 3.13 曲线的法平面方程

经过点 $\boldsymbol{r}(t_0)$且以 $\boldsymbol{r}'(t_0)$为法矢量的平面存在且唯一,这个平面称为曲线 $\boldsymbol{r}(t)$在 $\boldsymbol{r}(t_0)$处的法平面 Π。法平面方程可以写为

$$\boldsymbol{r}'(t_0) \cdot \overrightarrow{\boldsymbol{p}_0\boldsymbol{p}} = \boldsymbol{r}'(t_0) \cdot (\boldsymbol{p}-\boldsymbol{p}_0) = 0$$

设 p 点的坐标是(Π_x, Π_y, Π_z),上述方程等价于

$$x'(t_0)(\Pi_x - x_0) + y'(t_0)(\Pi_y - y_0) + z'(t_0)(\Pi_z - z_0) = 0$$

在二维空间内的曲线 $\boldsymbol{r}(t)$,经过 $\boldsymbol{r}(t_0)$只有一条法线,因为在二维空间(平面)内,经过 $\boldsymbol{r}(t_0)$且与 $\boldsymbol{r}'(t_0)$垂直的直线有且仅有一条。曲线的法线是构造等距曲线的基础,现通过下面的例子说明构造等距曲线的过程。

[例 3.1]　设曲线 Γ 的矢量参数方程是 $\boldsymbol{r}(t)=[x(t),y(t)]$，试求其等距曲线的方程。

解　如图 3.14 所示，讨论 Γ 的等距曲线 Γ_1。由

$$\overrightarrow{\boldsymbol{Op}_1}=\overrightarrow{\boldsymbol{Op}}+\overrightarrow{\boldsymbol{pp}_1}$$

可以知道：

$$\boldsymbol{R}(t)=\boldsymbol{r}(t)+a\boldsymbol{N}(t)$$

式中：$\boldsymbol{R}(t)$ 表示曲线 Γ_1 上点的位置矢量；$\boldsymbol{N}(t)$ 是 $\overrightarrow{\boldsymbol{pp}_1}$ 方向上的单位法矢量。既然 $\boldsymbol{N}(t)$ 与 $\boldsymbol{r}'(t)$ 垂直，它们满足条件：

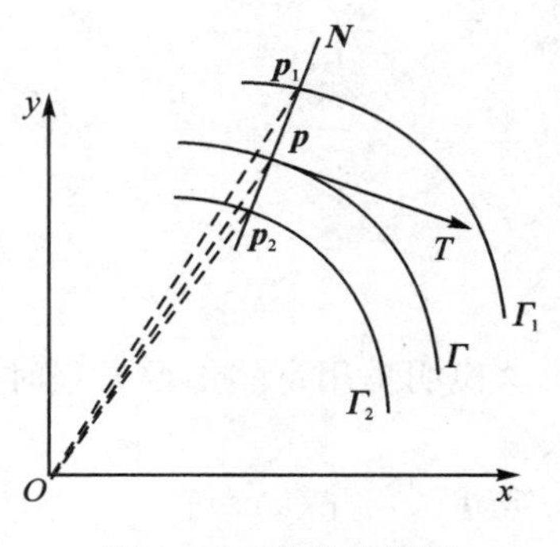

图 3.14　曲线的等距

$$\boldsymbol{N}(t)\cdot\boldsymbol{r}'(t)=0$$

即

$$x'(t)N_x(t)+y'(t)N_y(t)=0$$

这里，$\boldsymbol{N}(t)=[N_x(t),N_y(t)]$。考虑到 $\boldsymbol{N}(t)$ 是单位矢量，那么

$$N_x(t)=y'(t)\Big/\sqrt{[x'(t)]^2+[y'(t)]^2},\ N_y(t)=-x'(t)\Big/\sqrt{[x'(t)]^2+[y'(t)]^2}$$

或者

$$N_x(t)=-y'(t)\Big/\sqrt{[x'(t)]^2+[y'(t)]^2},\ N_y(t)=y'(t)\Big/\sqrt{[x'(t)]^2+[y'(t)]^2}$$

不妨设矢量 $[y'(t),-x'(t)]$ 是 $\overrightarrow{\boldsymbol{pp}_1}$ 的方向，则曲线 Γ_1 的方程可以写为

$$\begin{cases}R_x(t)=x(t)+ay'(t)\Big/\sqrt{[x'(t)]^2+[y'(t)]^2}\\R_y(t)=y(t)-ax'(t)\Big/\sqrt{[x'(t)]^2+[y'(t)]^2}\end{cases}$$

这里，$\boldsymbol{R}(t)=[R_x(t),R_y(t)]$，$\boldsymbol{r}(t)=[x(t),y(t)]$。按照矢量 $[y'(t),-x'(t)]$ 是 $\overrightarrow{\boldsymbol{pp}_1}$ 的方向的假设，曲线 Γ_2 的方程可以写为

$$\begin{cases}R_x(t)=x(t)-ay'(t)\Big/\sqrt{[x'(t)]^2+[y'(t)]^2}\\R_y(t)=y(t)+ax'(t)\Big/\sqrt{[x'(t)]^2+[y'(t)]^2}\end{cases}$$

3.4　曲线的自然参数方程和曲率

前面提到参数 t 可以有具体的物理含义或几何含义，例如参数 t 可以表示时间，也可以有任何含义。对于同一条曲线，由于参数选取的不同，所得到的曲线参数方程也可能不同。在曲线的理论分析中，曲线的弧长 s 经常被作为参数使用。弧参数又称为自然参数。采用弧长作为参数的方程称为自然参数方程。如图 3.15 所示，设 $\boldsymbol{p}_0$ 是参数为 0 的点，点 $\boldsymbol{p}$ 对应的弧参数是曲线从 $\boldsymbol{p}_0$ 到 $\boldsymbol{p}$ 的有向长度。

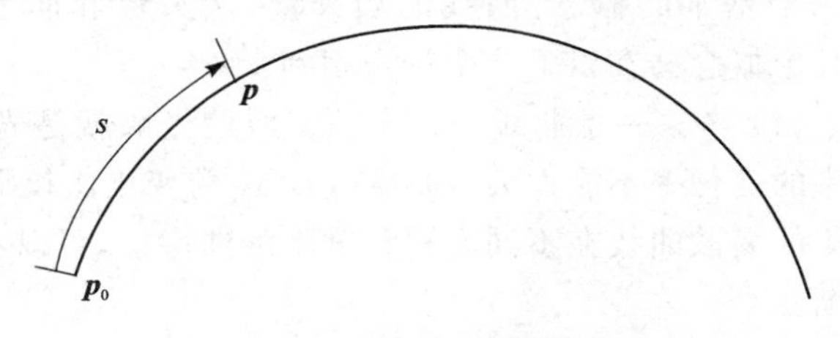

图 3.15　弧长参数的取法

采用弧参数的曲线矢量方程通常写

为 $\boldsymbol{r}(s)$,其一阶、二阶和三阶导数分别写为 $\dot{\boldsymbol{r}}(s)$, $\ddot{\boldsymbol{r}}(s)$, $\dddot{\boldsymbol{r}}(s)$。对于任意连续可导的曲线,采用弧参数时都有:

$$|\dot{\boldsymbol{r}}(s)|=1$$

事实上,

$$\dot{\boldsymbol{r}}(s)=\frac{\mathrm{d}\boldsymbol{r}}{\mathrm{d}s}=\frac{\mathrm{d}\boldsymbol{r}}{\mathrm{d}t}\frac{\mathrm{d}t}{\mathrm{d}s}=\boldsymbol{r}'(t)\frac{1}{|\boldsymbol{r}'(t)|}$$

因此

$$|\dot{\boldsymbol{r}}(s)|=|\boldsymbol{r}'(t)|\frac{1}{|\boldsymbol{r}'(t)|}=1$$

这说明采用自然参数方程时曲线的切矢量是单位矢量。利用这一性质可以进一步定义主法矢量。

令 $\boldsymbol{T}(s)=\dot{\boldsymbol{r}}(s)$,则

$$\boldsymbol{T}(s)\cdot\boldsymbol{T}(s)=|\boldsymbol{T}(s)|^2=1$$

由此有,$2\boldsymbol{T}(s)\dot{\boldsymbol{T}}(s)=0$。

注意到 $\dot{\boldsymbol{T}}(s)$不一定是单位矢量,令

$$\dot{\boldsymbol{T}}(s)=\kappa(s)\boldsymbol{N}(s) \tag{3.7}$$

式中:$\boldsymbol{N}(s)$是单位矢量,称为曲线 $\boldsymbol{r}(s)$在参数 s 处的主法矢量;$\kappa(s)$是一个实数,称为曲线 $\boldsymbol{r}(s)$在参数 s 处的曲率。由式(3.7)可知:

$$\kappa(s)=|\dot{\boldsymbol{T}}(s)|=|\ddot{\boldsymbol{r}}(s)|$$

令 $\rho(s)=1/|\kappa(s)|$为曲线 $\boldsymbol{r}(s)$在参数 s 处的曲率半径,而

$$\boldsymbol{r}_O(s)=\boldsymbol{r}(s)+\rho(s)\boldsymbol{N}(s)$$

为曲线 $\boldsymbol{r}(s)$在参数 s 处的曲率中心。图 3.16 所示为曲率的几何意义。

由图 3.16 可知,曲率的几何意义是切矢量相对于弧长的转动率,即

$$\kappa(s)=\lim_{\Delta s\to 0}\left|\frac{\Delta\theta}{\Delta s}\right|=\left|\frac{\mathrm{d}\theta}{\mathrm{d}s}\right|$$

曲率一般采用如下公式计算:

$$\kappa(s)=|\ddot{\boldsymbol{r}}(s)|=\frac{|\boldsymbol{r}'(t)\times\boldsymbol{r}''(t)|}{|\boldsymbol{r}'(t)|^3} \tag{3.8}$$

这里曲线 $\boldsymbol{r}(s)$采用参数 t 时其方程是 $\boldsymbol{r}(t)$。

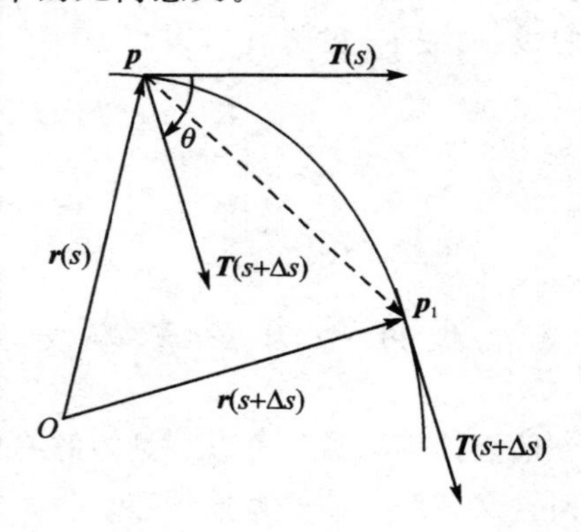

图 3.16　曲率的几何意义

经过诸多的推导,终于得到了在 CAD 中最常用的三个基本的概念:曲线的切矢量、法矢量和曲率。这几个概念会在以下几个场合用到:

(1) 考察一条曲线是否光顺。所谓光顺就是光滑、顺眼的意思。从曲率的角度描述就是曲率的变化率不能太大,即 $\Delta\kappa(s)/\Delta s$ 的变化比较平缓。图 3.17 给出了对某个形体截面轮廓采集的离散曲线在不同光顺程度下的曲率梳,可以看出随着光顺程度的增加,曲率的变化率在逐渐变小。

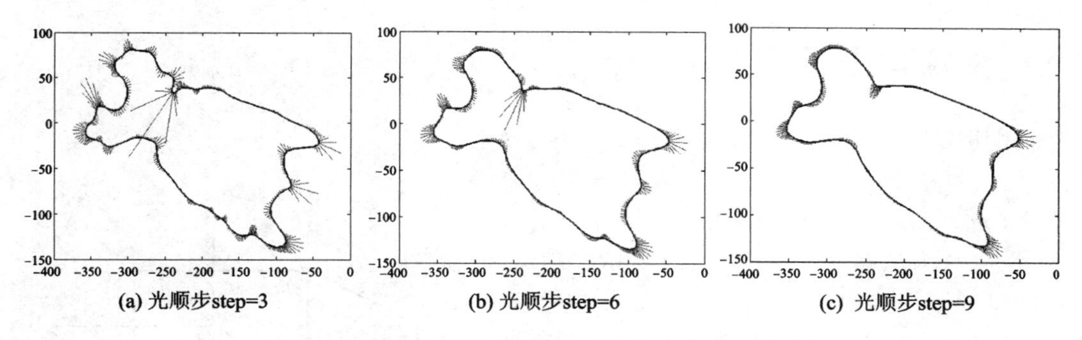

图 3.17　曲线在不同光顺程度下曲率大小分布的对比

图 3.18 所示为用 CATIA 显示的曲线的曲率梳。在曲率梳上，有向线段的方向是主法矢量 $\boldsymbol{N}(s)$的方向。有向线段的长度就是曲率的大小。注意，图 3.18 中的“mm－1”，表示图中显示的是曲率(mm^{-1})。当然，在分析过程弹出的菜单中，也可以用曲率半径显示，此时的单位就成了“mm”。

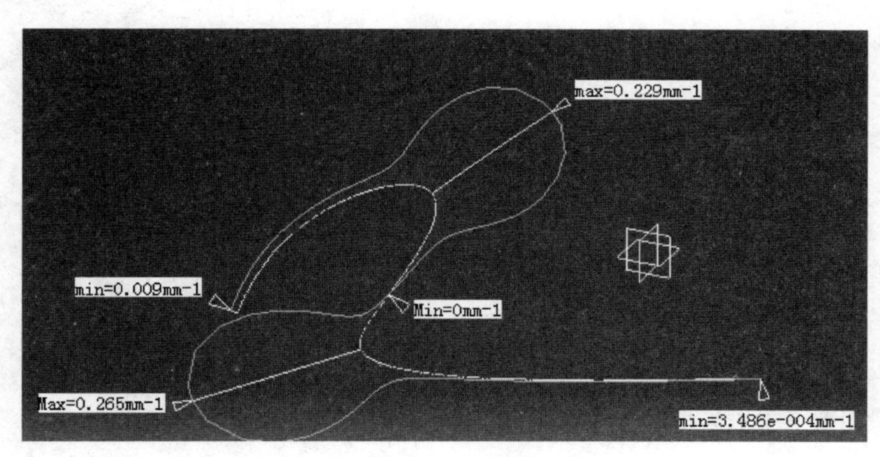

图 3.18　CATIA 曲线分析中的曲率梳

(2) 在后面构造插值三次样条(或 B 样条)曲线时，会用到二曲线段在拼合点处的曲率相等构造方程，以便计算出构造曲线段所需要的切矢量。

(3) 在对曲线进行修改，使不光顺的曲线变得光顺时，也需要用到曲率。例如，可以让曲线的应变能

$$E=\int \kappa(s)\,\mathrm{d}s$$

最小[5]。式中：$\kappa(s)$表示曲线在参数 s 处的曲；s 是弧长参数。

从上面的分析还可以看到，弧长参数 s 是一个具有很好性质的参数。后面讲述的累加弦长参数化方法，就可以认为是借鉴弧长参数化方法得到的。

既然在一般参数形式下曲率可以由式(3.8)求得，那么在一般参数形式下主法矢量 $\boldsymbol{N}$ 有计算公式吗？为了解决这个问题，下一节将引入一些基本概念。

3.5 曲线活动标架

利用切矢量 $\boldsymbol{T}(s)$和式(3.7)给出的主法矢量 $\boldsymbol{N}(s)$，定义

$$\boldsymbol{B}(s)=\boldsymbol{T}(s)\times\boldsymbol{N}(s)$$

为副法矢量。$\boldsymbol{T}(s)$、$\boldsymbol{N}(s)$和 $\boldsymbol{B}(s)$构成 Frenet 标架，这三个矢量称为基本矢量，如图 3.19 所示。$\boldsymbol{T}(s)$和 $\boldsymbol{N}(s)$定义的平面称为曲线 $\boldsymbol{r}(s)$在参数 s 处的密切面，$\boldsymbol{N}(s)$和 $\boldsymbol{B}(s)$定义的平面称为曲线 $\boldsymbol{r}(s)$在参数 s 处的法平面，$\boldsymbol{B}(s)$和 $\boldsymbol{T}(s)$定义的平面称为曲线$\boldsymbol{r}(s)$在参数 s 处的从切面。

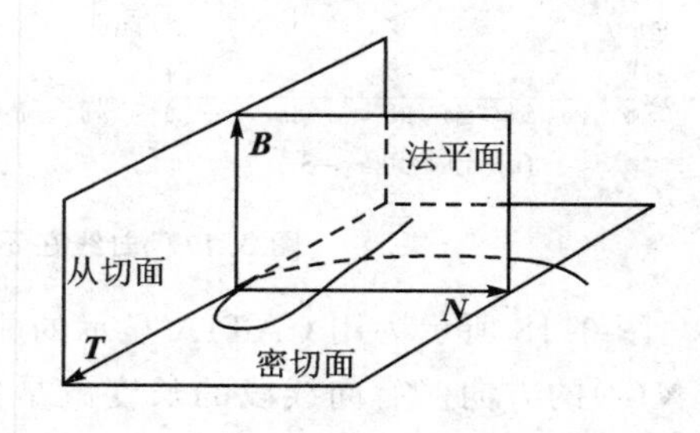

图 3.19 Frenet 标架

现在假设曲线 Γ 的一般参数方程是 $\boldsymbol{r}(t)$，弧长参数方程是 $\boldsymbol{r}(s)$，弧长参数和一般参数由下述方程联系：

$$s=s(t)$$

于是，

$$\boldsymbol{r}'(t)=\frac{\mathrm{d}\boldsymbol{r}}{\mathrm{d}s}\frac{\mathrm{d}s}{\mathrm{d}t}=\dot{\boldsymbol{r}}s'(t)$$

$$\boldsymbol{r}''(t)=\frac{\mathrm{d}[\dot{\boldsymbol{r}}s'(t)]}{\mathrm{d}t}=\frac{\mathrm{d}\dot{\boldsymbol{r}}}{\mathrm{d}t}s'(t)+\dot{\boldsymbol{r}}s''(t)=\ddot{\boldsymbol{r}}[s'(t)]^2+\dot{\boldsymbol{r}}s''(t)=k\boldsymbol{N}[s'(t)]^2+\boldsymbol{T}s''(t)$$

上式表明，$\boldsymbol{r}''(t)$位于密切平面上。因此，可以按下式计算主法矢量 $\boldsymbol{N}$：

$$\boldsymbol{B}=\boldsymbol{r}'(t)\times\boldsymbol{r}''(t)\Big/\left|\boldsymbol{r}'(t)\times\boldsymbol{r}''(t)\right|$$

$$\boldsymbol{N}=\boldsymbol{B}\times\boldsymbol{T}$$

这就是一般参数下主法矢量 $\boldsymbol{N}$ 的计算公式。

3.6 参数曲线段拼接的连续阶

曲线段或者曲面片的拼接在CAD外形设计中经常遇到。如图 3.20 所示的叶片表面就是由多个曲面片拼合而成的。曲面片拼接的理论基础是曲线段的拼接，因此，首先学习曲线段拼合的基础知识。

假设有两个曲线段 $\boldsymbol{r}_1(t)(t\in[\alpha_1,\beta_1])$和 $\boldsymbol{r}_2(t)(t\in[\alpha_2,\beta_2])$，再假设曲线段 $\boldsymbol{r}_1(t)$和 $\boldsymbol{r}_2(t)$在其内部是无限可微的，并且满足下列条件：

$$\lim_{t\to\beta_1^-}\boldsymbol{r}_1(t)=\lim_{t\to\alpha_2^+}\boldsymbol{r}_2(t)=\boldsymbol{p}_0$$

此时，称 $\boldsymbol{r}_1(t)$和 $\boldsymbol{r}_2(t)$在拼接点 $\boldsymbol{p}_0$ 处为 C^0 拼接，也称 $\boldsymbol{r}_1(t)$和 $\boldsymbol{r}_2(t)$合成的曲线是 C^0 连续，如图 3.21 所示。在这个基础上，讨论两种类型的连续阶：参数连续和几何连续。

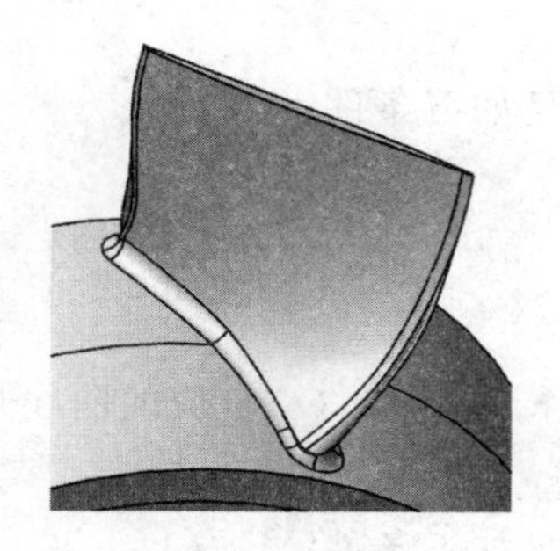

图 3.20　涡扇模型中的一个叶片

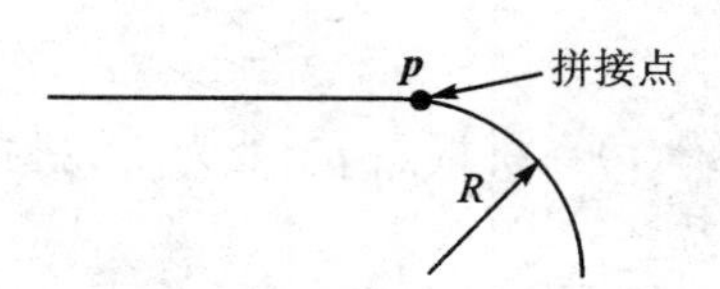

图 3.21　直线段和圆弧的拼接

● C^1 拼接

如果 $\boldsymbol{r}_1(t)$和 $\boldsymbol{r}_2(t)$为 C^0 拼接,并且满足条件:

$$\lim_{t\to\beta_1^-}\boldsymbol{r}'_1(t)=\lim_{t\to\alpha_2^+}\boldsymbol{r}'_2(t) \tag{3.9}$$

则称 $\boldsymbol{r}_1(t)$和 $\boldsymbol{r}_2(t)$在拼接点 $\boldsymbol{p}_0$ 处为 C^1 拼接,或者说 $\boldsymbol{r}_1(t)$和 $\boldsymbol{r}_2(t)$合成的曲线是 C^1 连续的。

● G^1 拼接

如果 $\boldsymbol{r}_1(t)$和 $\boldsymbol{r}_2(t)$为 C^0 拼接,并且满足条件:

$$\lim_{t\to\beta_1^-}\boldsymbol{r}'_1(t)=\lambda\lim_{t\to\alpha_2^+}\boldsymbol{r}'_2(t) \tag{3.9$'$}$$

则称 $\boldsymbol{r}_1(t)$和 $\boldsymbol{r}_2(t)$在拼接点 $\boldsymbol{p}_0$ 处为 G^1 拼接,或者说 $\boldsymbol{r}_1(t)$和 $\boldsymbol{r}_2(t)$合成的曲线是 G^1 连续的。

现在举一个例子满足 G^1 拼接的条件却不满足 C^1 拼接的条件。为方便讨论,在后面的论述中,将 $\lim\limits_{t\to\alpha^+}\boldsymbol{r}_i^{(k)}(t)$或者 $\lim\limits_{t\to\alpha^-}\boldsymbol{r}_i^{(k)}(t)$简记为 $\boldsymbol{r}_i^{(k)}(\alpha)$。

假设,

$$\boldsymbol{r}_1(t)=\boldsymbol{p}_{-1}+t(\boldsymbol{p}_0-\boldsymbol{p}_{-1}),\quad t\in[0,1]$$
$$\boldsymbol{r}_2(t)=\boldsymbol{p}_0+(t-1)(\boldsymbol{p}_1-\boldsymbol{p}_0),\quad t\in[1,2]$$

其中,$\boldsymbol{p}_{-1},\boldsymbol{p}_0,\boldsymbol{p}_1$ 三点共线,而且$|\boldsymbol{p}_{-1}\boldsymbol{p}_0|\neq|\boldsymbol{p}_0\boldsymbol{p}_1|$,如图 3.22 所示。

$\boldsymbol{p}_{-1}$　　　　$\boldsymbol{p}_0$　　　　$\boldsymbol{p}_1$

图 3.22　曲线段拼合参数连续依赖于曲线段的方程

显然,$\boldsymbol{r}'_1(t)=\lambda\boldsymbol{r}'_2(t)(\lambda\neq1)$。这说明此时的 $\boldsymbol{r}_1(t)$和 $\boldsymbol{r}_2(t)$是 G^1 拼接的而不是 C^1 拼接的。现在对函数 $\boldsymbol{r}_1(t)$作如下改变:

$$\boldsymbol{r}_1(t)=\boldsymbol{p}_{-1}+t\frac{|\boldsymbol{p}_0\boldsymbol{p}_1|}{|\boldsymbol{p}_{-1}\boldsymbol{p}_0|}(\boldsymbol{p}_0-\boldsymbol{p}_{-1}),\quad t\in\left[0,\frac{|\boldsymbol{p}_{-1}\boldsymbol{p}_0|}{|\boldsymbol{p}_0\boldsymbol{p}_1|}\right]$$

这样,曲线段 $\boldsymbol{r}_1(t)$和 $\boldsymbol{r}_2(t)$在拼接点处是 C^1 拼接。由此可见,同样的两个曲线段是否是 C^1 拼接取决于曲线段的方程。而 G^1 拼接则不随方程形式的改变而改变。而且,如果两个曲线段 G^1 拼接,那么总可以调整两个曲线段的参数,使之 C^1 拼接[10]。在 CAD 设计中,一个复杂的产品表面通常是由多个曲面片和曲线段拼合而成的。因此,在几何设计中采用几何连续来描述合成曲线或者曲面的连续阶更加客观。

● C^2 连续

如果 $\boldsymbol{r}_1(t)(t\in[\alpha_1,\beta_1])$和 $\boldsymbol{r}_2(t)(t\in[\alpha_2,\beta_2])$满足如下条件:

$$\boldsymbol{r}_1(\beta_1)=\boldsymbol{r}_2(\alpha_2)$$
$$\boldsymbol{r}'_1(\beta_1)=\boldsymbol{r}'_2(\alpha_2)$$
$$\boldsymbol{r}'_1(\beta_1)=\boldsymbol{r}'_2(\alpha_2)$$

则称 $\boldsymbol{r}_1(t)$和 $\boldsymbol{r}_2(t)$在拼接点 $\boldsymbol{p}_0$ 处为 C^2 拼接,或者说 $\boldsymbol{r}_1(t)$和 $\boldsymbol{r}_2(t)$合成的曲线是 C^2 连续的。

● G^2 连续

如果 $\boldsymbol{r}_1(t)(t\in[\alpha_1,\beta_1])$和 $\boldsymbol{r}_2(t)(t\in[\alpha_2,\beta_2])$满足如下条件:

$$\boldsymbol{r}_1(\beta_1)=\boldsymbol{r}_2(\alpha_2)$$
$$\boldsymbol{r}'_1(\beta_1)=\lambda\boldsymbol{r}'_2(\alpha_2),\quad \lambda>0$$
$$\kappa_1(\beta_1)=\kappa_2(\alpha_2)$$

则称 $\boldsymbol{r}_1(t)$和 $\boldsymbol{r}_2(t)$在拼接点 $\boldsymbol{p}_0$ 处为 G^2 拼接,或者说 $\boldsymbol{r}_1(t)$和 $\boldsymbol{r}_2(t)$合成的曲线是 G^2 连续的。

这里 $\kappa_i(t)$表示曲线 $\boldsymbol{r}_i(t)$在参数 t 处的曲率。仅是 G^1 拼接而非 G^2 拼接的例子是常见的。如图 3.21 所示就是一个 G^1 拼接而非 G^2 拼接的例子。因为其中直线的曲率为 0,而圆弧的曲率则为它的半径的倒数。

3.7 曲面上的曲线

在 3.1 节中已经讲述了曲面的参数矢量方程:

$$\boldsymbol{r}(u,v)=[x(u,v),y(u,v),z(u,v)]$$

式中:$(u,v)\in[u_0,u_1]\times[v_0,v_1]$。这个方程在正方形区域与曲面片之间建立一个映射,如图 3.23 所示。

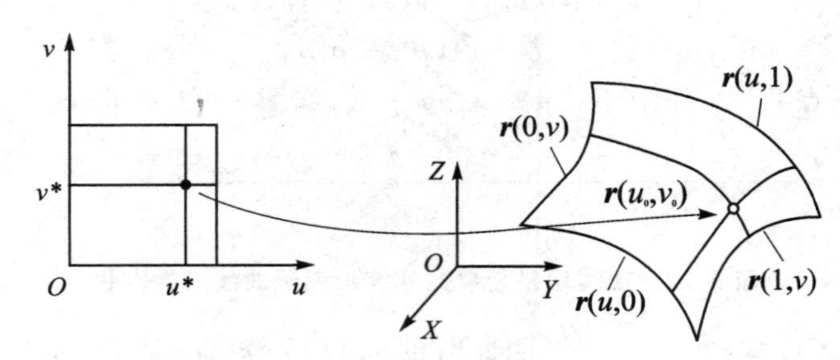

图 3.23 从参数域到曲面片的映射

显然,在这个正方形区域上与 v 轴平行的曲线

$$u=u_0$$

和与 u 轴平行的曲线

$$v=v_0$$

是两条特殊的曲线。在这样的曲线上,其中一个参数为常数,它们形成了曲面片 $\boldsymbol{r}(u,v)$上最简单的一类曲线:$\boldsymbol{r}(u,v_0)$——u 曲线和 $\boldsymbol{r}(u_0,v)$——v 曲线,分别简称为 u 线和 v 线。u 线和 v 线称为曲面片的等参数线(或坐标曲线),如图 3.24 所示。

正如 3.1 节所讲述的曲面片的裁剪那样,先在参数域内进行裁剪,然后映射到曲面片上。

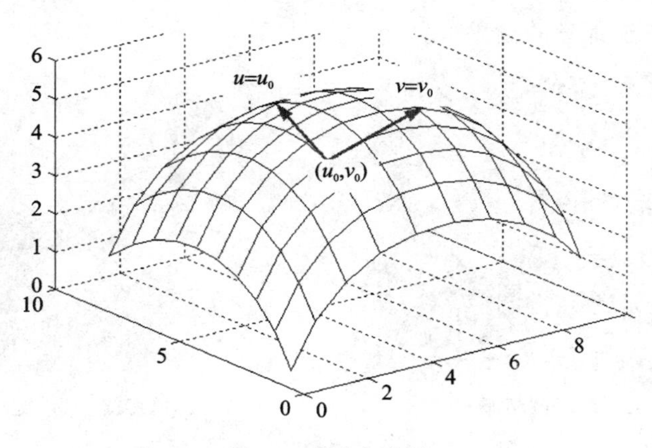

图 3.24　坐标曲线

这里的等参数线也可以认为是先在参数域内，然后映射到曲面片上。在大多数情况下，处理参数曲面片都遵循这个思路。例如，通常采用如下方式来定义曲面上的一般曲线：

$$\boldsymbol{r}(t)=\boldsymbol{r}[u(t),v(t)]=[x(t),y(t),z(t)] \tag{3.10}$$

式中：$t\in[t_0,t_1]$。

式(3.10)表示参数域内的曲线与曲面上的曲线之间的映射关系，如图 3.25 所示。

需要指出的是，曲面上的曲线并非是一种抽象的表示形式，曲面上曲线的理论在工程中有着非常重要的应用。例如，进行数控铣削的刀具轨迹就是曲面上的曲线，如图 3.26 所示。

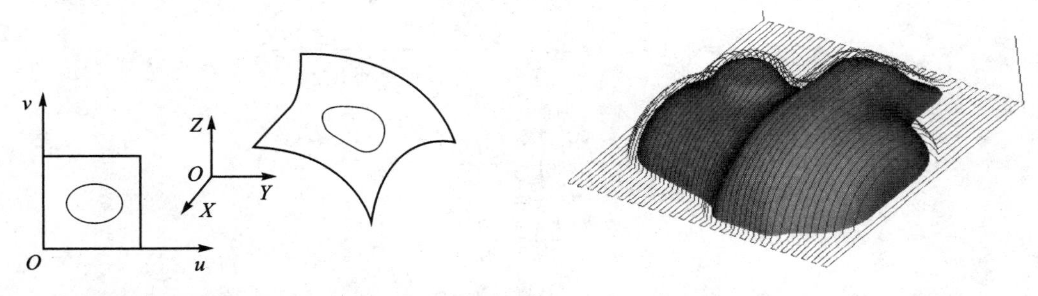

图 3.25　参数域内的曲线与曲面上的曲线之间的映射关系　　**图 3.26　曲面上的加工刀轨[6]**

下面看等参数线在数控加工中的应用。在诸多的刀具轨迹生成方法中，等参数线方法是一种比较重要的刀具轨迹生成方法。特点是切削行沿曲面的参数线分布，即切削行沿曲面的 u 线或 v 线分布，适用于曲面网格比较规整的参数曲面的加工。其基本思想是将加工表面沿参数线方向进行细分，生成的点位作为加工时刀具与曲面的切触点。参数线加工方法要求先确定一个参数线方向为切削的走刀方向(如 u 线)，相应的另一参数曲线 v 方向即为沿跨距方向的进给方向。因此，首先需要沿切削行的走刀方向对加工曲面进行离散分割，得到加工带，然后根据允许的残留高度计算加工带的宽度；并以此为基础，根据参数曲线的弧长计算刀具沿 v 参数曲线的走刀次数(即加工带的数量)；加工带在 v 参数曲线方向上按等参数步长(或局部等参数步长)分布。所谓加工带就是刀具沿切削行走刀时所覆盖的一个带状曲面区域。这样就可以把复杂的曲面处理问题转换为参数平面处理问题。

此外，复合材料的铺丝路经规划实际上就是根据一定的工艺要求来规划曲面上的曲线。

图 3.27 给出了两个管道铺丝的结果[7]。

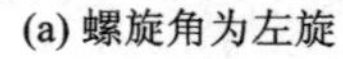

(a) 螺旋角为左旋

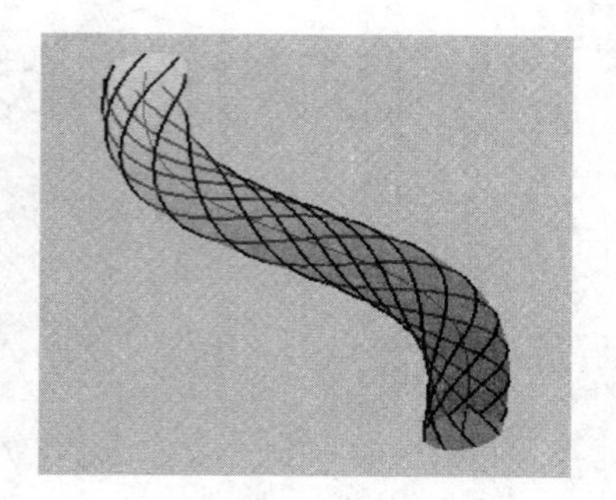

(b) 螺旋角为右旋

图 3.27 管道曲面上的铺丝[7]

3.8 曲面上的几何量

设曲面方程为

$$\boldsymbol{r}=\boldsymbol{r}(u,v)$$

式中:$(u,v)\in[u_0,u_1]\times[v_0,v_1]$。根据微分学可以知道,$\boldsymbol{r}$ 对 u 和 v 分别求偏导数为

$$\frac{\partial \boldsymbol{r}}{\partial u}=\boldsymbol{r}_u(u,v)=\lim_{\Delta u\to 0}\frac{\boldsymbol{r}(u+\Delta u,v)-\boldsymbol{r}(u,v)}{\Delta u}$$

$$\frac{\partial \boldsymbol{r}}{\partial v}=\boldsymbol{r}_v(u,v)=\lim_{\Delta v\to 0}\frac{\boldsymbol{r}(u,v+\Delta v)-\boldsymbol{r}(u,v)}{\Delta v}$$

继续对 u 和 v 求偏导数,可以得到:

$$\frac{\partial}{\partial u}\left(\frac{\partial \boldsymbol{r}}{\partial u}\right)=\frac{\partial^2 \boldsymbol{r}}{(\partial u)^2}=\boldsymbol{r}_{uu}$$

$$\frac{\partial}{\partial v}\left(\frac{\partial \boldsymbol{r}}{\partial u}\right)=\frac{\partial^2 \boldsymbol{r}}{\partial u\partial v}=\boldsymbol{r}_{uv}$$

$$\frac{\partial}{\partial u}\left(\frac{\partial \boldsymbol{r}}{\partial v}\right)=\frac{\partial^2 \boldsymbol{r}}{\partial v\partial u}=\boldsymbol{r}_{vu}$$

$$\frac{\partial}{\partial v}\left(\frac{\partial \boldsymbol{r}}{\partial v}\right)=\frac{\partial^2 \boldsymbol{r}}{(\partial v)^2}=\boldsymbol{r}_{vv}$$

式中:$\boldsymbol{r}_{uv}$ 和 $\boldsymbol{r}_{vu}$ 为二阶混合偏导数,在曲面表达式二阶可微时,二者相同。

根据 $\boldsymbol{r}_u$ 和 $\boldsymbol{r}_v$,可以计算曲面的单位法矢量为

$$\boldsymbol{n}=\frac{\boldsymbol{r}_u\times\boldsymbol{r}_v}{|\boldsymbol{r}_u\times\boldsymbol{r}_v|}$$

法矢量是曲面的最基本的几何量,在 CAD 中经常用到。如图 3.28 所示,要用计算机对曲面显示光照效果,就需要计算曲面上点的法矢量。

对曲面片拼合时,需要计算拼合边界处的法矢量,如图 3.29 所示。如果需要两个曲面达到 G^1 以上连续阶的拼合,那么至少需要沿拼合边界线上各点的法矢量相同。

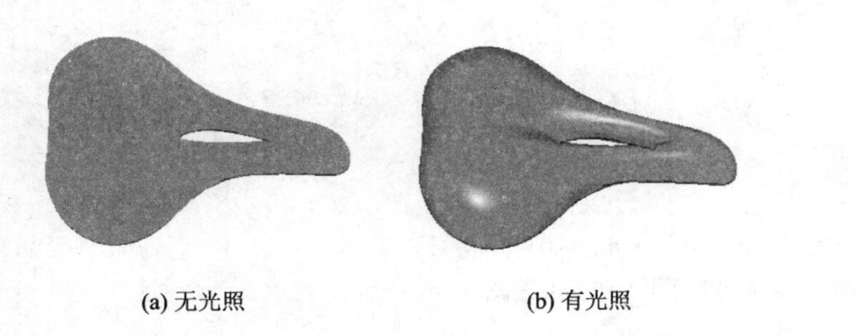

(a) 无光照　　(b) 有光照

图 3.28　绘制曲面有光照和无光照的效果比较

图 3.29　曲面片拼合时需要计算拼合边界线上的法矢量

二阶偏导和混合偏导也是经常用到的几何量。例如后面讲的双三次样条曲面片，其表达式为

$$\boldsymbol{r}(u,v)=[F_0(u),F_1(u)G_0(u)G_1(u)]\begin{bmatrix}\boldsymbol{r}_{i,j} & \boldsymbol{r}_{i,j+1} & \boldsymbol{r}_{vi,j} & \boldsymbol{r}_{vi,j+1}\\ \boldsymbol{r}_{i+1,j} & \boldsymbol{r}_{i+1,j+1} & \boldsymbol{r}_{v,i+1,j} & \boldsymbol{r}_{v,i+1,j+1}\\ \boldsymbol{r}_{ui,j} & \boldsymbol{r}_{ui,j+1} & \boldsymbol{r}_{uvi,j} & \boldsymbol{r}_{uvi,j+1}\\ \boldsymbol{r}_{u,i+1,j} & \boldsymbol{r}_{u,i+1,j+1} & \boldsymbol{r}_{uv,i+1,j} & \boldsymbol{r}_{uv,i+1,j+1}\end{bmatrix}\begin{bmatrix}F_0(v)\\ F_1(v)\\ G_0(v)\\ G_1(v)\end{bmatrix}$$

式中：$F_0(u)$、$F_1(u)$、$G_0(u)$、$G_1(u)$和 $F_0(v)$、$F_1(v)$、$G_0(v)$、$G_1(v)$是给定的两组基函数；$\boldsymbol{r}_{i+r,j+s}$、$\boldsymbol{r}_{u,i+r,j+s}$、$\boldsymbol{r}_{v,i+r,j+s}$、$\boldsymbol{r}_{uv,i+r,j+s}$ 是给定的关于曲面片角点的位置信息和相应导数，这里 $r=0,1;s=0,1$。换句话说，可以通过调整导数的值来调整曲面片的形状。在几何建模中，混合偏导矢量 $\boldsymbol{r}_{uv,i+r,j+s}(r=0,1;s=0,1)$又称为扭矢。图 3.30 给出了扭矢变化时曲面片形状的变化。

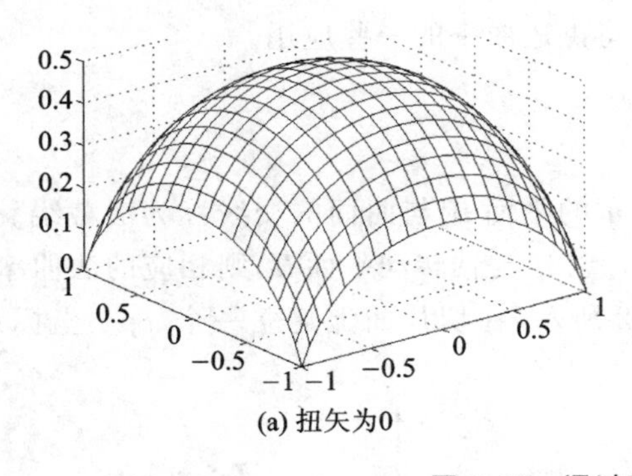

(a) 扭矢为0

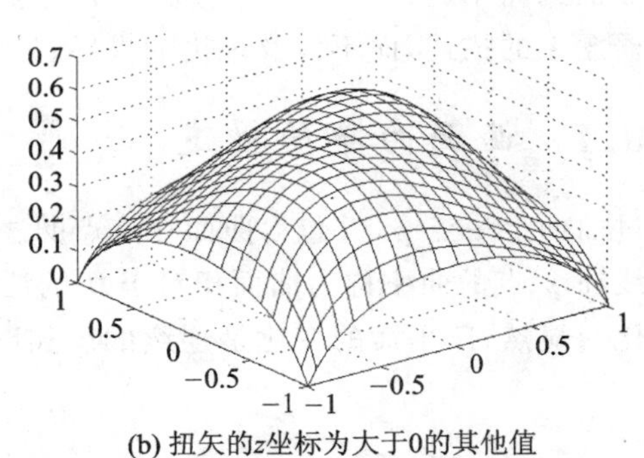

(b) 扭矢的z坐标为大于0的其他值

图 3.30　通过改变扭矢改变曲面形状

3.9　曲面的法线方程和切平面方程

对于 $\boldsymbol{r}(u_0,v_0)$点的法矢量，先求沿 u 和 v 坐标方向的两个切矢量 $\boldsymbol{r}_u(u_0,v_0)$，$\boldsymbol{r}_v(u_0,v_0)$，于是得到法矢量：

$$\boldsymbol{n}(u_0,v_0)=\frac{\boldsymbol{r}_u(u_0,v_0)\times\boldsymbol{r}_v(u_0,v_0)}{|\boldsymbol{r}_u(u_0,v_0)\times\boldsymbol{r}_v(u_0,v_0)|}$$

有了曲面的法矢量，即可写出过曲面上的点 $\boldsymbol{r}(u_0,v_0)$的法线方程和切平面方程，记 $\boldsymbol{r}(u_0,v_0)=$

$\boldsymbol{r}_0, \boldsymbol{n}(u_0, v_0) = \boldsymbol{n}_0$。

过 $\boldsymbol{r}_0$ 点的法线方程为

$$\boldsymbol{r} = \boldsymbol{r}_0 + \lambda \boldsymbol{n}_0$$

这里 λ 是参数,且 $\lambda \in (-\infty, +\infty)$。

过 $\boldsymbol{r}_0$ 点的切平面方程为

$$(\boldsymbol{r} - \boldsymbol{r}_0) \cdot \boldsymbol{n}_0 = 0$$

图 3.31 给出了曲面在一点处法矢量和切平面的示意图。

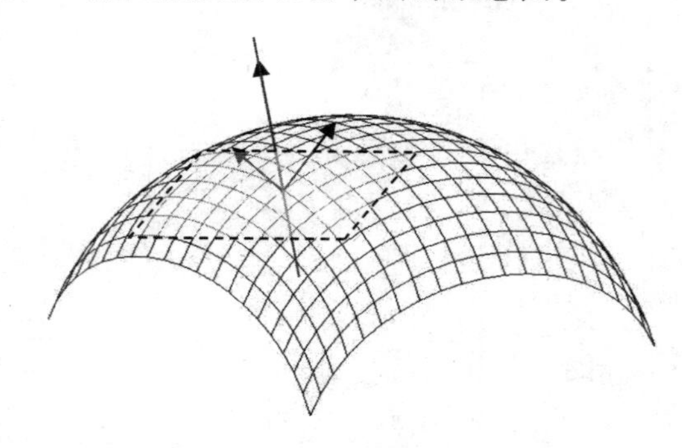

图 3.31　曲面的切平面和法线

3.10　曲面的曲率

曲面的曲率通常用 Gauss 曲率和平均曲率来描述。本节的任务是从直观的角度给读者一个概念上的描述,而不涉及理论的推导;另外,还将讲述曲率的一些应用。

3.10.1　曲面曲率的描述

过曲面上一点 $\boldsymbol{p}$,并包含曲面在该点的法矢量 $\boldsymbol{n}$ 的平面 Π 与曲面的交线称为法截线。该法截线在 $\boldsymbol{p}$ 点的曲率称为曲面相对于 Π 的法曲率。以 $\boldsymbol{n}$ 为轴转动平面 Π,则相应的法曲率随之变化。显然,Π 平面的变化是连续的。如图 3.32 所示,在切片面上建立一个 $x\boldsymbol{p}y$ 坐标系,

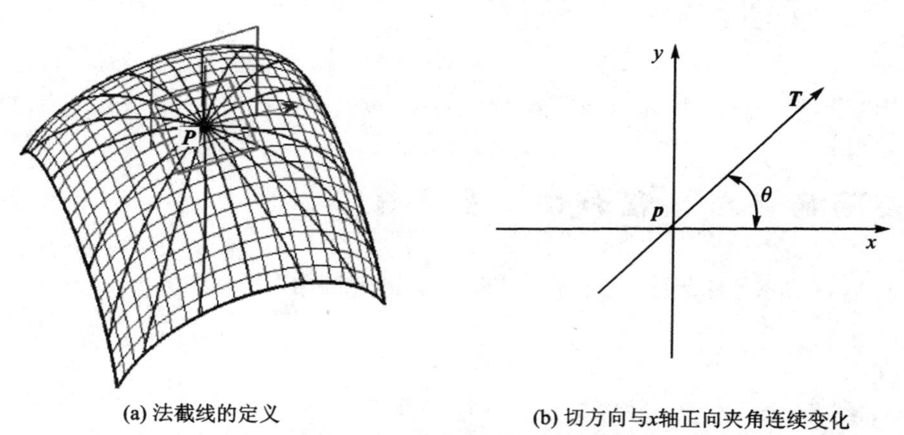

(a) 法截线的定义　　(b) 切方向与x轴正向夹角连续变化

图 3.32　法截线在曲面上给定点处的曲率连续变化

那么过坐标系原点的直线,一方面与法线确定一个截平面,另一方面其方向与 x 轴正向的交角在[0°,180°]上连续变化。因此,可以认为法曲率也在某个闭区间上连续变化。法曲率存在两个有限的极值 κ_1 和 κ_2。这两个极值称为曲面在该点处的主曲率。根据主曲率,可以定义高斯曲率和平均曲率为

$$K = \kappa_1 \kappa_2$$

$$H = (\kappa_1 + \kappa_2)/2$$

3.10.2　高斯曲率和平均曲率的实例

假设通过三坐标测量机测得某零件表面上的点(如图 3.33 所示),那么为了在 CAD 软件中对该几何模型进行修改和重新设计,则需要用一系列的四边域参数曲面片(就是后面要讲的 NURBS 曲面)来拟合这些点。

首先对这些点进行分块,通过高斯曲率 K 和平均曲率 H 的组合,将点附近的曲面形状分为 8 种基本特征类型:峰(peak)、脊(ridge)、鞍形脊(saddle ridge)、平面(flat)、极小曲面(minimal surface)、阱(pit)、谷(valley)和鞍形谷(saddle valley),如图 3.34 所示。表 3.1 列出了 $\boldsymbol{K}$ 和 $\boldsymbol{H}$ 的 9 种组合,并分析了法曲率 κ 的符号分布情况,还从几何上对曲面形状进行了描述。其中,第 4 种组合 $K>0$、$H=0$ 在数学上相互矛盾,因而是不存在的。

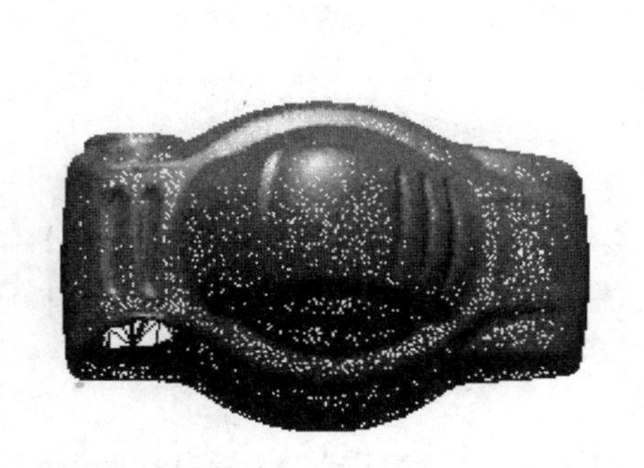

图 3.33　通过三坐标测量机得到的散乱数据

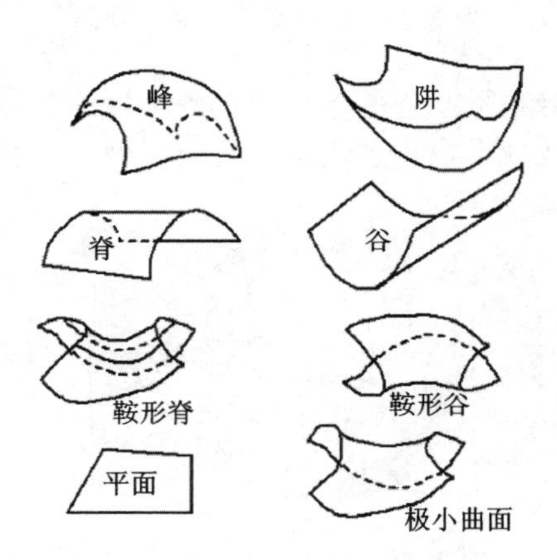

图 3.34　8 种基本曲面形状

表 3.1　由曲率的正负值得到点的局部曲面类型

序　号	K	H	曲面类型	κ	几何描述
1	>0	>0	峰	均>0	点在所有方向上局部均为凸
2	$=0$	>0	脊	一个主方向上$=0$,其余>0	点局部为凸,在一个主方向上为平
3	<0	>0	鞍形脊	有>0,也有<0,>0 的部分多	点在大部分方向上局部为凸,在小部分方向上为凹
4	>0	$=0$	不存在		
5	$=0$	$=0$	平面	均$=0$	平面
6	<0	$=0$	极小曲面	有>0,也有<0,各占一半	点的局部凸凹分布各占一半

续表 3.1

序　号	K	H	曲面类型	κ	几何描述
7	＞0	＜0	阱	均＜0	点在所有方向上局部均为凹
8	＝0	＜0	谷	一个主方向上＝0,其余＜0	点局部为凹,在一个主方向上为平
9	＜0	＜0	鞍形谷	有＞0,也有＜0,＜0 的部分多	点在大部分方向上局部为凹,在小部分方向上为凸

对各个点进行表示,它们必属于表 3.1 中所列的八类点中的一类,如图 3.35 所示。

进行这样的标识后,就可以采用一定的算法将散乱的数据表面分割成一系列的区域,如图 3.36 所示。

图 3.35　散乱数据中点的分类[8]

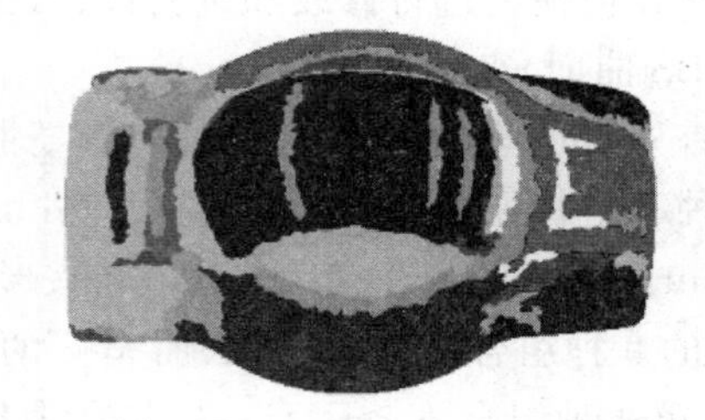

图 3.36　散乱数据表面的区域划分[8]

然后根据平均曲率来优化各个块的边界,如图 3.37 所示。再以边界曲线为参考,采用一定的算法就可以构造出反映几何模型外形特征的曲线网,如图 3.38 所示。

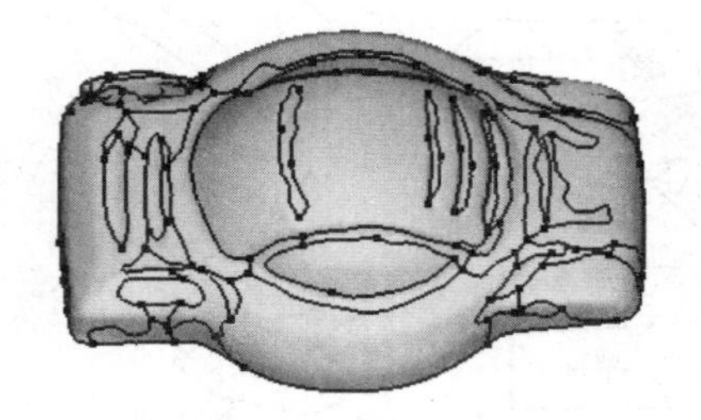

图 3.37　边界线的提取[8]

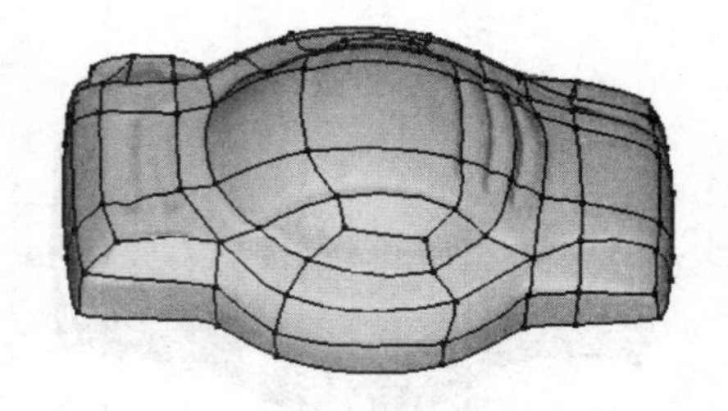

图 3.38　以边界线为参考得到的曲线网[8]

有了这样的曲线网,就可以对点云数据进行分块和重新采样(见图 3.39),再采用拟合算法将原来的点云数据拟合成一系列的参数曲面片了(见图 3.40)。

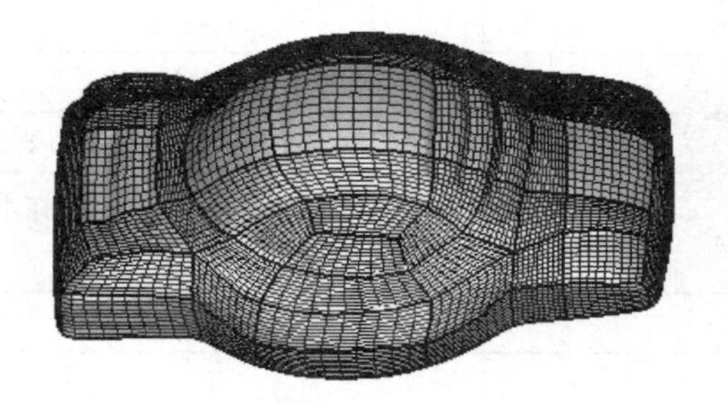

图 3.39　根据四边形块在散乱数据上重采样[8]

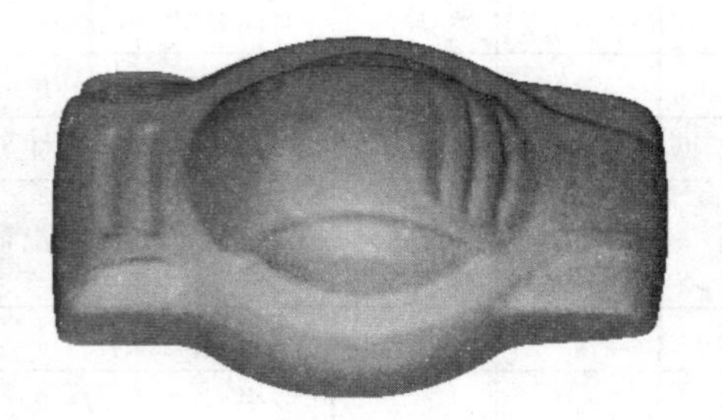

图 3.40　最终得到的参数曲面

3.11　高斯曲率和平均曲率的计算

前面几节仅介绍了曲面曲率的概念和一些应用。那么，如何计算高斯曲率和平均曲率呢？计算高斯曲率和平均曲率要用到曲面的第一基本形式和第二基本形式。

3.11.1　曲面的第一基本形式

由公式(3.4)，曲面上曲线的表达形式为

$$\boldsymbol{r}=\boldsymbol{r}(u,v)=[x(t),y(t),z(t)]$$

若以 s 表示曲面上曲线的弧长，利用复合求导公式可以得到弧长的微分公式：

$$(\mathrm{d}s)^2=(\mathrm{d}\boldsymbol{r})^2=(\boldsymbol{r}_u\mathrm{d}u+\boldsymbol{r}_v\mathrm{d}v)^2=\boldsymbol{r}_u^2(\mathrm{d}u)^2+2\boldsymbol{r}_u\cdot\boldsymbol{r}_v\mathrm{d}u\mathrm{d}v+\boldsymbol{r}_v^2(\mathrm{d}v)^2$$

令 $E=\boldsymbol{r}_u^2,F=\boldsymbol{r}_u\cdot\boldsymbol{r}_v,G=\boldsymbol{r}_v^2$，有

$$(\mathrm{d}s)^2=E(\mathrm{d}u)^2+2F\mathrm{d}u\mathrm{d}v+G(\mathrm{d}v)^2$$

在经典微分几何中，上式称为曲面的第一基本公式，E,F,G 称为第一类基本量。使用第一基本形式和第一类基本量，可以方便地计算曲面上曲线的弧长、曲面片的面积和相交曲线的交角[9]。

3.11.2　曲面的第二基本公式

考察曲面上的曲线 Γ：

$$\boldsymbol{r}=\boldsymbol{r}(u(s),v(s))$$

式中的 s 是该曲线的弧长参数。利用复合求导公式有：

$$\boldsymbol{T}=\boldsymbol{r}=\frac{\mathrm{d}\boldsymbol{r}}{\mathrm{d}s}=\frac{\partial\boldsymbol{r}}{\partial u}\frac{\mathrm{d}u}{\mathrm{d}s}+\frac{\partial\boldsymbol{r}}{\partial v}\frac{\mathrm{d}v}{\mathrm{d}s}=\boldsymbol{r}_u\dot{u}+\boldsymbol{r}_v\dot{v}$$

$$\begin{aligned}\dot{\boldsymbol{T}}&=\frac{\mathrm{d}(\boldsymbol{r}_u\dot{u})}{\mathrm{d}s}+\frac{\mathrm{d}(\boldsymbol{r}_v\dot{v})}{\mathrm{d}s}=\frac{\mathrm{d}\boldsymbol{r}_u}{\mathrm{d}s}\dot{u}+\boldsymbol{r}_u\ddot{u}+\frac{\mathrm{d}\boldsymbol{r}_v}{\mathrm{d}s}\dot{v}+\boldsymbol{r}_v\ddot{v}\\&=(\boldsymbol{r}_{uu}\dot{u}+\boldsymbol{r}_{uv}\dot{v})\dot{u}+\boldsymbol{r}_u\ddot{u}+(\boldsymbol{r}_{uv}\dot{u}+\boldsymbol{r}_{vv}\dot{v})\dot{v}+\boldsymbol{r}_v\ddot{v}\\&=\boldsymbol{r}_{uu}(\dot{u})^2+2\boldsymbol{r}_{uv}\dot{u}\dot{v}+\boldsymbol{r}_{vv}(\dot{v})^2+\boldsymbol{r}_u\ddot{u}+\boldsymbol{r}_v\ddot{v}\end{aligned}$$

不妨令曲线 Γ 是曲面在 $\boldsymbol{p}$ 点处的法截线，如图 3.32(a)所示。容易证明，曲线 Γ 的主法矢量 $\boldsymbol{N}$ 与曲面在该点处的法矢量 $\boldsymbol{n}$ 共线。实际上，在法截面 Π 上，$\boldsymbol{N}$ 和 n 都与曲线 Γ 在 $\boldsymbol{p}$ 点的切矢量 $\boldsymbol{T}$ 垂直，因此 $\boldsymbol{N}$ 与 $\boldsymbol{n}$ 共线。注意到总可以调整曲线的走向，使得 $\boldsymbol{N}$ 和 $\boldsymbol{n}$ 具有相同的方向。因此，可以认为：

$$\boldsymbol{N}\cdot\boldsymbol{n}=1$$

既然，

$$\dot{\boldsymbol{T}}=\kappa\boldsymbol{N}$$

所以，法截线 Γ 在 $\boldsymbol{p}$ 点的曲率为

$$\kappa=\kappa\boldsymbol{N}\cdot\boldsymbol{n}=\boldsymbol{n}\cdot\dot{\boldsymbol{T}}=\boldsymbol{n}\cdot\boldsymbol{r}_{uu}(\dot{u})^2+2\boldsymbol{n}\cdot\boldsymbol{r}_{uv}\dot{u}\dot{v}+\boldsymbol{n}\cdot\boldsymbol{r}_{vv}(\dot{v})^2+\boldsymbol{n}\cdot\boldsymbol{r}_u\ddot{u}+\boldsymbol{n}\cdot\boldsymbol{r}_v\ddot{v}$$

注意到 $\boldsymbol{n}\cdot\boldsymbol{r}_u=0,\boldsymbol{n}\cdot\boldsymbol{r}_v=0$，法截线 Γ 在 $\boldsymbol{p}$ 点的曲率 k 称为曲面在该点处的沿着切方向 $\boldsymbol{T}$ 的法曲率，因此，

$$\kappa_n = \boldsymbol{n} \cdot \boldsymbol{r}_{uu}(\dot{u})^2 + 2\boldsymbol{n} \cdot \boldsymbol{r}_{uv}\dot{u}\dot{v} + \boldsymbol{n} \cdot \boldsymbol{r}_{vv}(\dot{v})^2$$

令 $L=\boldsymbol{n} \cdot \boldsymbol{r}_{uu}$, $M=\boldsymbol{n} \cdot \boldsymbol{r}_{uv}$, $N=\boldsymbol{n} \cdot \boldsymbol{r}_{vv}$,则上式可以写为

$$\kappa_n = \frac{L\mathrm{d}u^2 + 2M\mathrm{d}u\mathrm{d}v + N\mathrm{d}v^2}{E\mathrm{d}u^2 + 2F\mathrm{d}u\mathrm{d}v + G\mathrm{d}v^2}$$

式中:L,M,N 称为第二类基本量;$L\mathrm{d}u^2+2M\mathrm{d}u\mathrm{d}v+N\mathrm{d}v^2$ 称为第二基本形式。

3.11.3 法曲率的极值

对于曲面 $\boldsymbol{r}(u,v)$,可以认为(u,v)所在的参数域定义于曲面在 $\boldsymbol{p}$ 点的切平面上。再以 $\boldsymbol{p}$ 点为坐标原点定义一个平面直角坐标系 $x\boldsymbol{p}y$,如图 3.32(b)所示。于是 $\mathrm{d}v/\mathrm{d}u$ 可以作为曲面在 $\boldsymbol{p}$ 点的切方向,如图 3.32(b)所示。也就是说,假设切矢量 $\boldsymbol{T}$ 与 x 轴正向的交角为 φ,那么

$$\tan\varphi = \mathrm{d}v/\mathrm{d}u$$

令 $\mathrm{d}v/\mathrm{d}u=\lambda$,那么 $\lambda\in(-\infty,+\infty)$。于是有

$$\kappa_n = \frac{L + 2M(\mathrm{d}v/\mathrm{d}u) + N(\mathrm{d}v/\mathrm{d}u)^2}{E + 2F(\mathrm{d}v/\mathrm{d}u) + G(\mathrm{d}v/\mathrm{d}u)^2} = \frac{L + 2M\lambda + N\lambda^2}{E + 2F\lambda + G\lambda^2}$$

既然 λ 连续变化,κ_n 作为 λ 的函数就有最大值和最小值。当 κ_n 取得极值时,有

$$\mathrm{d}\kappa_n/\mathrm{d}\lambda = 0 \tag{3.11}$$

经过简单的计算可以知道:

$$\mathrm{d}\kappa_n = \mathrm{d}\left(\frac{L + 2M\lambda + N\lambda^2}{E + 2F\lambda + G\lambda^2}\right) = \left(\frac{L + 2M\lambda + N\lambda^2}{E + 2F\lambda + G\lambda^2}\right)'\mathrm{d}\lambda$$

将上式代入式(3.11)有:

$$\left(\frac{L + 2M\lambda + N\lambda^2}{E + 2F\lambda + G\lambda^2}\right)' = 0$$

运用分式求导法则,有:

$$(GM - FN)\lambda^2 + (GL - EN)\lambda + (FL - EM) = 0$$

这说明,当 λ 取以上方程的两个根时,法曲率取得极值。这样经过计算就可以得到:

$$K = \kappa_1\kappa_2 = \frac{LN - M^2}{EG - F^2}$$

$$H = \frac{1}{2}(\kappa_1 + \kappa_2) = \frac{EN - 2FM + GL}{2(EG - F^2)}$$

式中的 κ_1 和 κ_2 是法曲率的两个极值。

思考与练习

1. 什么是点积(数性积)?什么是叉积(矢性积)?给定空间中的两个向量 $\boldsymbol{r}_1=[2,3,6]$,$\boldsymbol{r}_2=[1,7,1]$,分别计算它们的点积和叉积。给定 xOy 平面上的两个向量 $\boldsymbol{r}_1=[2,3]$,$\boldsymbol{r}_2=[1,7]$,分别计算它们的点积和叉积。

2. 什么是曲线和曲面的参数矢量方程?采用参数矢量方程对几何形体的表示和运算有哪些优点?

3. 写出曲线 $\boldsymbol{r}(t)=[\cos t,\sin t,t]$在参数 $t=0$ 处的切线方程和法平面方程。

4. 写出曲面 $\boldsymbol{r}(u,v)=[u,v,uv]$在参数(1,1)处的切平面方程和法线方程。

5. 什么是曲线的活动标架？什么是曲线的曲率？

6. 分别计算直线 $\boldsymbol{r}(t)=[1+t,1+2t,2+t]$和圆 $\boldsymbol{r}(t)=[\cos t,\sin t]$的曲率。

7. 设曲线 Γ 的自然参数方程是 $\boldsymbol{r}(s)$，普通参数方程是 $\boldsymbol{r}(t)$。证明：$\boldsymbol{r}''(t)$可以由 $\dot{\boldsymbol{r}}(s)$和 $\ddot{\boldsymbol{r}}(s)$ 线性表示。

8. 对于曲线 $\boldsymbol{r}(t)=[a\sin t,a\cos t,bt]$，其中 $t\in[0,2\pi]$，写出用一般参数 t 表示为弧长 s 的函数。

9. 设 $\boldsymbol{p}_0=[-1,0]$，$\boldsymbol{p}_1=[0,0]$，$\boldsymbol{p}_2=[2,0]$，$\boldsymbol{r}(t)=\begin{cases}(1-t)\boldsymbol{p}_0+t\boldsymbol{p}_1, & t\in[0,1]\\(2-t)\boldsymbol{p}_1+(t-1)\boldsymbol{p}_2, & t\in[1,2]\end{cases}$，证明 $\boldsymbol{r}(t)$在 $\boldsymbol{p}_1$ 处非 C^1 连续但 G^1 连续。

10. 简要描述曲面的高斯曲率和平均曲率。

第 4 章　Ferguson 曲线和参数三次样条曲线

参数三次样条曲线是 Ferguson 曲线的改进形式。Ferguson 曲线是 CAD 几何建模中最早使用的曲线，其基本理论是 CAD 几何建模理论体系中的重要内容。本章从 Ferguson 曲线产生的工程背景开始，论述样条变形的数学模型——Ferguson 曲线段（三次多项式在其向量空间特定基底下的表现形式），由此过渡到数个 Ferguson 曲线段的光滑组合，即复杂外形上采样点的插值曲线——Ferguson 曲线。考虑到复杂外形上样点极度不均匀的特殊情况，人们对 Ferguson 曲线进行了改进，即参数三次样条曲线，而把 Ferguson 曲线作为参数三次样条曲线的特例。通过对本章的学习，读者应该体会到三点：①所有的三次多项式形成一个向量空间，该向量空间在不同基底下的方程对应的曲线可能有特殊的几何属性。这个思路贯穿经典 CAD 几何建模理论体系的始终。②自由曲线，也就是可以对任意一组数据点列进行插值或者逼近的曲线，可以由多段低次的多项式曲线段拼合而成。这种拼合技巧，是本书的重要内容之一。③参数曲线所使用的参数从均匀间隔到非均匀间隔，可以极大地提高曲线对数据点列的拟合（插值和逼近的总称）效果。非均匀间隔参数的使用以及构造方法也是本书的重要内容。

4.1　参数样条曲线的应用和起源

样条曲线在航空、船舶和汽车制造业中经常遇到。在应用 CAD 技术以前，人们普遍借助于样条来手工绘制样条曲线。样条是一根富有弹性的细木条或者有机玻璃条。绘图时，描图员首先用压铁（duck）压住样条（spline），使其通过所有给定的型值点；然后对压铁位置进行适当调整，改变样条形态，直到符合设计要求；最后，沿样条绘制曲线，称为样条曲线、模线或者放样。图 4.1 所示为一个放样现场的照片。其中放样的含义可以抽象成图 4.2 所示的简洁形式。

图 4.1　放样现场

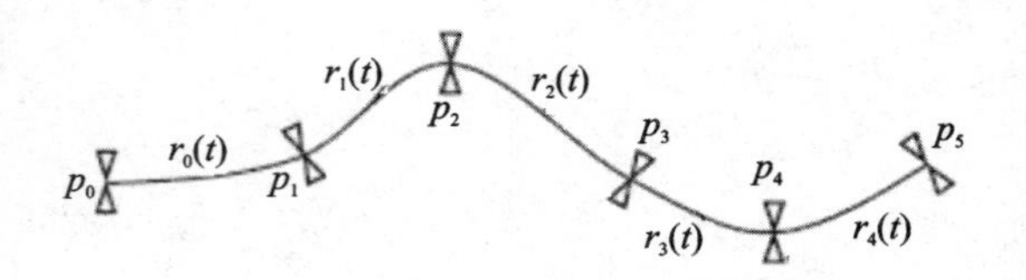

图 4.2　曲线放样示意图

物理样条具有如下特点：

(1) 样条是连续的，相当于样条曲线对应的函数是连续的；

(2) 样条左右两段在压铁处的切线相同，相当于样条曲线对应的函数一阶连续；

(3) 样条左右两段在压铁处的曲率相同，相当于样条曲线对应的函数二阶连续。

在以上的三个特点中，特点(1)和特点(2)是显然的。关于第三个特点，可以由弹性力学的知识得到[3]。根据一段弹性细梁两端在集中载荷作用下的变形分析可以知道，这样得到的弹性细梁曲线是分段三次多项式曲线，即每两个相邻压铁之间的弯曲弹性细梁形成的曲线段是三次多项式曲线段(见图 4.2)。根据第 3 章的知识，与其他形式的曲线方程相比，参数多项式曲线在绘图和几何性质的分析上更加方便。因此，应从参数曲线段开始学习。

4.2　预备知识：多项式与向量空间

根据 4.1 节工程背景的介绍可知，样条曲线是分段的三次多项式曲线。为了明确这些三次多项式函数的确定方法，需要复习前面学过的关于三次多项式的知识。为此，先给出一个定理，并加以证明。

定理 4.1　所有三次多项式形成一个向量空间。

证　一个三次多项式可以表示为

$$p(u)=p_0+p_1u+p_2u^2+p_3u^3=[p_0 \quad p_1 \quad p_2 \quad p_3]\begin{bmatrix}1\\u\\u^2\\u^3\end{bmatrix}$$

把$[1,u,u^2,u^3]^T$ 固定，那么三次多项式 $p(u)$可以由四维向量$[p_0 \quad p_1 \quad p_2 \quad p_3]$唯一确定，即 $p(u)$可以与四维向量空间中的元素建立一一映射的关系。因此，所有 $p(u)$也形成一个向量空间，$\{1,u,u^2,u^3\}$是该向量空间的一组基。

当三次多项式 $p(u)$采用基$\{1,u,u^2,u^3\}$表示时，四个系数 p_0,p_1,p_2,p_3 没有几何意义，这对于几何建模来说是一个很大的缺陷，因为操作者无法预测调整参数 p_i 所能达到的曲线形状调整效果，因而就无法通过调整参数来达到调整曲线形状的目的。因此，建立样条函数的一个基础任务是为三次多项式空间选择一组基函数，使得在该组基函数下，$p(u)$表达式的四个系数具有明显的几何意义。在自由曲线曲面造型中，基函数的性质和特点决定着相应的曲线曲面的性质和特点。

4.3　参数三次曲线段

4.3.1　曲线段表达式的推导

一条参数三次多项式曲线段可以写为

$$\begin{aligned}\boldsymbol{r}(u)=[&p_{0x}+p_{1x}u+p_{2x}u^2+p_{3x}u^3,\\&p_{0y}+p_{1y}u+p_{2y}u^2+p_{3y}u^3,\\&p_{0z}+p_{1z}u+p_{2z}u^2+p_{3z}u^3]\end{aligned}$$

或者,

$$\boldsymbol{r}(u)=\boldsymbol{p}_0+\boldsymbol{p}_1u+\boldsymbol{p}_2u^2+\boldsymbol{p}_3u^3$$

式中:$u\in[0,1]$,$\boldsymbol{p}=[p_x,p_y,p_z]$。显然,系数矢量 $\boldsymbol{p}_i(i=0,1,2,3)$没有明显的几何意义。考虑到参数三次曲线段只有四个系数矢量待定,因此构造如下形式:

$$\boldsymbol{r}(u)=\boldsymbol{r}_0F_0(u)+\boldsymbol{r}_1F_1(u)+\boldsymbol{r}'_0G_0(u)+\boldsymbol{r}'_1G_1(u),\quad u\in[0,1] \tag{4.1}$$

式中:$F_0(u)$,$F_1(u)$,$G_0(u)$,$G_1(u)$是三次多项式;$\boldsymbol{r}_0$,$\boldsymbol{r}_1$,$\boldsymbol{r}'_0$,$\boldsymbol{r}'_1$是各多项式的系数矢量,这些系数矢量分别表示首末端点的位置和切矢量,因此具有了明显的几何意义。现在的问题是,$F_0(u)$,$F_1(u)$,$G_0(u)$,$G_1(u)$这四个三次多项式的具体形式是什么?

对于插值于给定端点和相应切矢量的参数三次曲线段,两个端点、两个切矢量和曲线这些几何元素之间的相对位置关系如图 4.3 所示,其中灰色线段表示末端切矢量的反向。

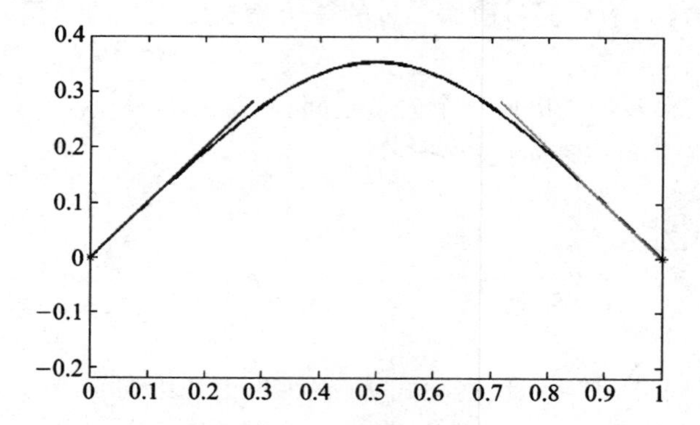

图 4.3　根据端点位置和端点处的切矢量确定的参数曲线段

通过图 4.3 可以知道:

$$\begin{aligned}&\boldsymbol{r}(0)=\boldsymbol{r}_0F_0(0)+\boldsymbol{r}_1F_1(0)+\boldsymbol{r}'_0G_0(0)+\boldsymbol{r}'_1G_1(0)=\boldsymbol{r}_0\\&\boldsymbol{r}(1)=\boldsymbol{r}_0F_0(1)+\boldsymbol{r}_1F_1(1)+\boldsymbol{r}'_0G_0(1)+\boldsymbol{r}'_1G_1(1)=\boldsymbol{r}_1\\&\boldsymbol{r}'(0)=\boldsymbol{r}_0F'_0(0)+\boldsymbol{r}_1F'_1(0)+\boldsymbol{r}'_0G'_0(0)+\boldsymbol{r}'_0G'_1(0)=\boldsymbol{r}'_0\\&\boldsymbol{r}'(1)=\boldsymbol{r}_0F'_0(1)+\boldsymbol{r}_1F'_1(1)+\boldsymbol{r}'_0G'_0(1)+\boldsymbol{r}'_1G'_1(1)=\boldsymbol{r}'_1\end{aligned}$$

由此可知,

$$\left.\begin{aligned}&F_0(0)=1,\quad F_0(1)=0,\quad F'_0(0)=0,\quad F'_0(1)=0\\&F_1(0)=0,\quad F_1(1)=1,\quad F'_1(0)=0,\quad F'_1(1)=0\\&G_0(0)=0,\quad G_0(1)=0,\quad G'_0(0)=1,\quad G'_0(1)=0\\&G_1(0)=0,\quad G_1(1)=0,\quad G'_1(0)=0,\quad G'_1(1)=1\end{aligned}\right\} \tag{4.2}$$

这一组函数称为 Hermit 基函数,由方程(4.2)可知,Hermit 基函数满足如下条件:

$$\begin{cases}F_i(j)=G'_i(j)=\begin{cases}1, & i=j\\0, & i\neq j\end{cases}\\F'_i(j)=G_i(j)=0\end{cases} \tag{4.2'}$$

式中:$i=0,1$; $j=0,1$。

设 $F_0(u)=au^3+bu^2+cu+d$，由方程组(4.2)知：

$$\begin{cases} F_0(0)=d=1 \\ F_0(1)=a+b+c+d=0 \\ F'_0(0)=c=0 \\ F'_0(1)=3a+2b+c=0 \end{cases}$$

由此解得：

$$F_0(u)=2u^3-3u^2+1$$

类似地，

$$F_1(u)=-2u^3+3u^2, G_0(u)=u^3-2u^2+u, G_1(u)=u^3-u^2$$

式中 $u\in[0,1]$。根据 Hermit 基函数的表达式，方程(4.1)可以写为如下矩阵形式：

$$\boldsymbol{r}(u)=\begin{bmatrix} u^3 & u^2 & u & 1 \end{bmatrix}\begin{bmatrix} 2 & -2 & 1 & 1 \\ -3 & 3 & -2 & -1 \\ 0 & 0 & 1 & 0 \\ 1 & 0 & 0 & 0 \end{bmatrix}\begin{bmatrix} \boldsymbol{r}_0 \\ \boldsymbol{r}_1 \\ \boldsymbol{r}'_0 \\ \boldsymbol{r}'_1 \end{bmatrix} \tag{4.3}$$

或

$$\begin{bmatrix} x(u) & y(u) & z(u) \end{bmatrix}=\begin{bmatrix} F_0(u) & F_1(u) & G_0(u) & G_1(u) \end{bmatrix}\begin{bmatrix} x_{i-1} & y_{i-1} & z_{i-1} \\ x_i & y_i & z_i \\ x'_{i-1} & y'_{i-1} & z'_{i-1} \\ x'_i & y'_i & z'_i \end{bmatrix}$$

20 世纪 60 年代初，Ferguson 首先在飞机设计中使用参数三次曲线段，因此这种形式的曲线段又称为 Ferguson 曲线段。注意到这样的曲线段插值于端点和端点处的切矢量，并且使用 Hermit 基函数，因此这种插值表达式也称为 Hermit 插值式或 Hermit 曲线段。一般情况下，通过调整两端点处切矢量的模长来调整曲线的形状，如图 4.4 所示，灰色线段表示末端切矢量的反向。

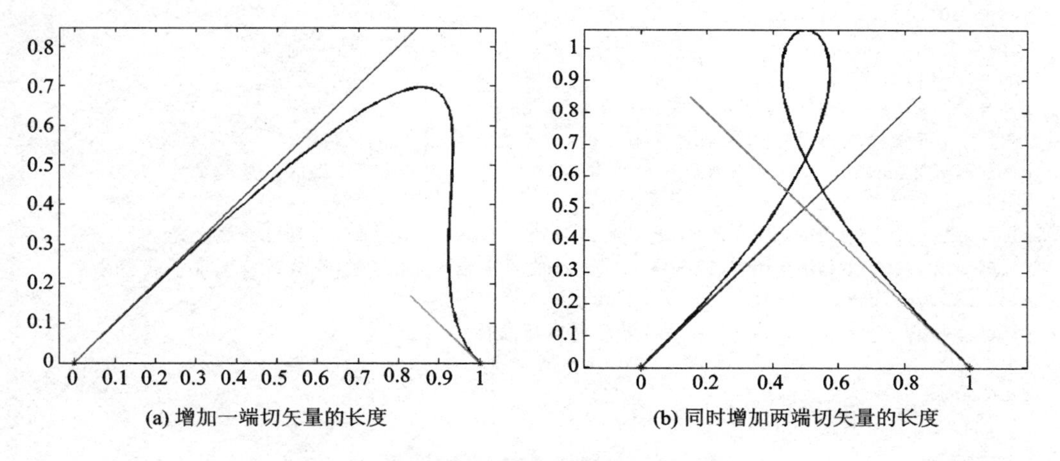

(a) 增加一端切矢量的长度　　(b) 同时增加两端切矢量的长度

图 4.4　通过增加切矢量的长度调整曲线的形状

4.3.2 绘制Ferguson曲线段的MATLAB代码

代码4.1给出了绘制图4.4中曲线段的代码,其中切矢量的模长通过参数a,b的值调整。

代码4.1 绘制参数三次样条曲线段

```
function FergusonCurvSeg(a,b)
%绘制参数三次样条曲线段
%a,b分别是起点和终点切线段的长度
r0 = [0 0]; %起点的位置
r1 = [1 0]; %终点的位置
r0c = a*[sqrt(2)/2 sqrt(2)/2]; %起点的切矢量
r1c = b*[sqrt(2)/2 -sqrt(2)/2]; %终点的切矢量
%采集绘制曲线段用的密化点
k = 1;
for u = 0:1/100:1
    x(k) = [1 u u*u u*u*u]*[1 0 0 0;0 0 1 0;-3 3 -2 -1;2 -2 1 1]*[r0(1) r1(1) r0c(1)
    r1c(1)]'; %参数三次样条曲线段的计算,参见公式(4.3)
    y(k) = [1 u u*u u*u*u]*[1 0 0 0;0 0 1 0;-3 3 -2 -1;2 -2 1 1]*[r0(2) r1(2) r0c(2)
    r1c(2)]'; %参数三次样条曲线段的计算,参见公式(4.3)
    k = k+1;
end
%采集绘制曲线段用的密化点
%以下数据仅仅是为了图形直观好看而设的,与参数曲线段本身的计算和绘制没有关联
xx1 = [r0(1) r0(1)+r0c(1)/5];
yy1 = [r0(2) r0(2)+r0c(2)/5];
%表示起点切线段的示意线段;注意:仅仅是示意线段,不是真实的切线段
xx2 = [r1(1) r1(1)-r1c(1)/5];
yy2 = [r1(2) r1(2)-r1c(2)/5];
%表示终点切线段的示意线段;注意:仅仅是示意线段,不是真实的切线段
xx3 = [r0(1)];
yy3 = [r0(2)];
%绘制起点用的数据
xx4 = [r1(1)];
yy4 = [r1(2)]; %绘制终点用的数据
%以上数据仅仅是为了图形直观好看而设的,与参数曲线段本身的计算和绘制没有关联
plot(x,y,'linewidth',2) %绘制曲线段本身,用默认色,即蓝色,设置线的宽度是2
hold on
plot(xx1,yy1,'r','linewidth',2) %起点切线段的示意线段,即红色,设置线的宽度是2
plot(xx2,yy2,'r','linewidth',2) %终点切线段的示意线段,即红色,设置线的宽度是2
plot(xx3,yy3,'r*') %线段起点位置,用红色梅花点标注
plot(xx4,yy4,'r*') %线段终点位置,用红色梅花点标注
hold off
axis equal
```

4.4 参数三次曲线段的拼接

如图4.5所示,给定型值点序列$\{\boldsymbol{p}_i \mid i=0,1,\cdots,n\}$,如何构造一条曲线插值于这些型值

点？一个直观的答案就是在每两个点之间构造 Ferguson 曲线段，而构造曲线段时如何在端点处给定切矢量？存在三种情况：①构造曲线段时在端点处任意给定切矢量，此时相邻二曲线段之间仅位置连续；②为每个型值点指定一个切矢量，此时相邻二曲线段之间切向连续；③根据曲率连续的条件计算每个型值点处的切矢量，此时相邻二曲线段之间曲率连续。下面分别讨论这三种情况。为方便起见，设型值点 $\boldsymbol{p}_{i-1}$、$\boldsymbol{p}_i$ 之间的曲线段为 $\boldsymbol{r}_{i-1}(u)$，型值点 $\boldsymbol{p}_i$、$\boldsymbol{p}_{i+1}$ 之间的曲线段为 $\boldsymbol{r}_i(u)$。

1. 位置连续

位置连续又称 C^0 连续。如图 4.6 所示，二曲线段位置连续的充分必要条件是：$\boldsymbol{r}_{i-1}(1)=\boldsymbol{r}_i(0)$。

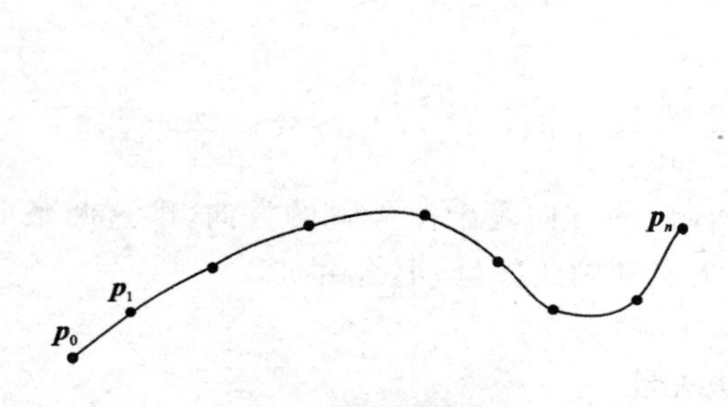

图 4.5　构造插值曲线

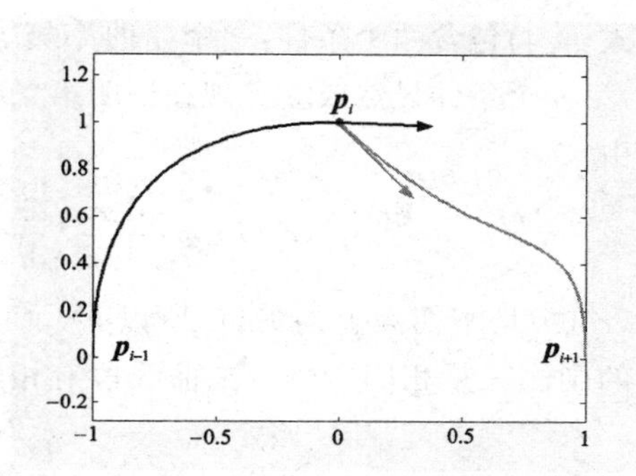

图 4.6　位置连续的二 Ferguson 曲线段

2. 切向连续

切向连续又称 G^1 连续（一阶几何连续），如图 4.7 所示。不妨设在型值点 $\boldsymbol{p}_i$ 处指定的单位矢量是 $\boldsymbol{t}_i$，那么这两个曲线段拼合 G^1 连续的充分必要条件是：

$$\boldsymbol{r}_{i-1}(1)=\boldsymbol{r}_i(0),\boldsymbol{r}'_{i-1}(1)=\alpha_1\boldsymbol{t}_i,\boldsymbol{r}'_i(0)=\alpha_2\boldsymbol{t}_i$$

这里 $\boldsymbol{t}_i$ 是单位矢量。如何为各型值点指定切矢量 $\boldsymbol{t}_i$？文献[3,10]总结了几种常见的指定切矢量的方法有：FMILL 方法、Bessel 方法、Akima 方法。简单来说，也可以取 $\boldsymbol{p}_{i-1}\boldsymbol{p}_i$ 的延长线和 $\boldsymbol{p}_i\boldsymbol{p}_{i+1}$ 所成角的角平分线的方向，如图 4.8 所示。

$$\boldsymbol{t}_i=\frac{\boldsymbol{p}_{i-1}\boldsymbol{p}_i}{|\boldsymbol{p}_{i-1}\boldsymbol{p}_i|}+\frac{\boldsymbol{p}_i\boldsymbol{p}_{i+1}}{|\boldsymbol{p}_i\boldsymbol{p}_{i+1}|},\boldsymbol{t}_i=\frac{\boldsymbol{t}_i}{|\boldsymbol{t}_i|}\quad(i=1,\cdots,n-1)$$

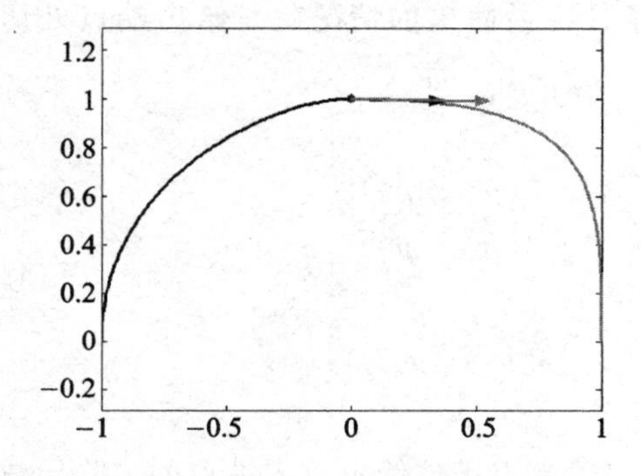

图 4.7　切向连续的二 Ferguson 曲线段

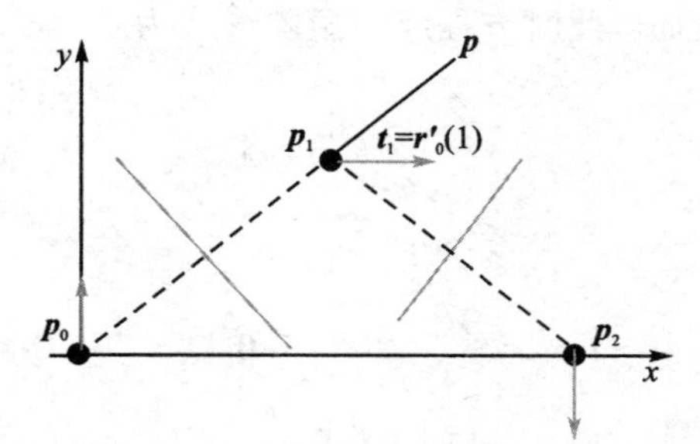

图 4.8　$\boldsymbol{p}_{i-1}\boldsymbol{p}_i$ 的延长线与 $\boldsymbol{p}_i\boldsymbol{p}_{i+1}$ 所成角的角平分线的方向为切矢量

对于 $\boldsymbol{t}_0$，考察 $\boldsymbol{p}_0\boldsymbol{p}_1$ 的中垂线，取 $\boldsymbol{t}_1$ 关于这个中垂线的对称向量作为 $\boldsymbol{t}_0$。类似的，可以确定 $\boldsymbol{t}_n$。

3. 曲率连续

曲率连续又称 G^2 连续(二阶几何连续)，指二曲线段在拼合点处有相同的切方向、主法线和曲率。换句话说，二曲线段在拼合点处有相同的切方向和曲率中心。根据曲率的计算式(3.8)，曲率连续的充分必要条件是：

$$\boldsymbol{r}_{i-1}(1)=\boldsymbol{r}_i(0),\boldsymbol{r}'_{i-1}(1)=\alpha_1\boldsymbol{t}_i,\boldsymbol{r}'_i(0)=\alpha_2\boldsymbol{t}_i$$

$$\frac{\boldsymbol{r}'_i(0)\times\boldsymbol{r}'_i(0)}{|\boldsymbol{r}'_i(0)|^3}=\frac{\boldsymbol{r}'_{i-1}(1)\times\boldsymbol{r}'_{i-1}(1)}{|\boldsymbol{r}'_{i-1}(1)|^3} \tag{4.4}$$

式(4.4)包含两个条件：一个是曲率相等，另一个是主法矢量相等。比较式(4.4)和式(3.8)可知，第一个条件显然成立。现在证明第二个条件也是成立的。

由

$$\boldsymbol{r}'(t)=\frac{\mathrm{d}\boldsymbol{r}}{\mathrm{d}s}\frac{\mathrm{d}s}{\mathrm{d}t},\boldsymbol{r}''(t)=\frac{\mathrm{d}^2\boldsymbol{r}}{(\mathrm{d}s)^2}\left(\frac{\mathrm{d}s}{\mathrm{d}t}\right)^2+\frac{\mathrm{d}\boldsymbol{r}}{\mathrm{d}s}\frac{\mathrm{d}^2s}{(\mathrm{d}t)^2}=\ddot{\boldsymbol{r}}(s)\left(\frac{\mathrm{d}s}{\mathrm{d}t}\right)^2+\dot{\boldsymbol{r}}(s)\frac{\mathrm{d}^2s}{(\mathrm{d}t)^2}$$

可知，$\boldsymbol{r}''(t)$ 是密切面上的矢量，所以 $\boldsymbol{r}'_{i-1}(1)\times\boldsymbol{r}''_{i-1}(1)$ 的方向是副法矢量的方向，即这两条曲线段的副法矢量相同。既然二曲线段有相同的切矢量和副法矢量，那么由

$$\boldsymbol{N}=\boldsymbol{B}\times\boldsymbol{T}$$

可以知道，这两条曲线段在拼合点处有相同的主法矢量。

根据式(4.4)，曲率连续的一种最简单的情况是：

$$\boldsymbol{r}_{i-1}(1)=\boldsymbol{r}_i(0),\boldsymbol{r}'_{i-1}(1)=\boldsymbol{r}'_i(0),\boldsymbol{r}'_{i-1}(1)=\boldsymbol{r}'_i(0)$$

根据式(4.3)，

$$\boldsymbol{r}'_{i-1}(1)=2[3\boldsymbol{r}_{i-1}(0)-3\boldsymbol{r}_{i-1}(1)+\boldsymbol{r}'_{i-1}(0)+2\boldsymbol{r}'_{i-1}(1)]$$

$$\boldsymbol{r}'_i(0)=2[-3\boldsymbol{r}_i(0)+3\boldsymbol{r}_i(1)-2\boldsymbol{r}'_i(0)-\boldsymbol{r}'_i(1)]$$

所以，由 $\boldsymbol{r}_{i-1}(1)=\boldsymbol{r}_i(0),\boldsymbol{r}'_{i-1}(1)=\boldsymbol{r}'_i(0),\boldsymbol{r}'_{i-1}(1)=\boldsymbol{r}'_i(0)$ 可知

$$\boldsymbol{r}'_{i-1}(0)+4\boldsymbol{r}'_{i-1}(1)+\boldsymbol{r}'_i(1)=3[\boldsymbol{r}_i(1)-\boldsymbol{r}_{i-1}(0)] \tag{4.5}$$

令 $\boldsymbol{r}'_{i-1}(1)=\boldsymbol{r}'_i(0)=\boldsymbol{t}_i$，注意到 $\boldsymbol{r}_{i-1}(0)=\boldsymbol{p}_{i-1},\boldsymbol{r}_i(1)=\boldsymbol{p}_{i+1}$，那么方程(4.5)可写为

$$\boldsymbol{t}_{i-1}+4\boldsymbol{t}_i+\boldsymbol{t}_{i+1}=3(\boldsymbol{p}_{i+1}-\boldsymbol{p}_{i-1}) \tag{4.5$'$}$$

其中，$i=1,\cdots,n-1$。$n-1$ 个方程不能唯一确定 $n+1$ 个未知数，因此，需要在边界点 $\boldsymbol{p}_0,\boldsymbol{p}_n$ 处增加方程，一般称这样的方程为端点条件或边界条件。最简单的情况就是给出端点处切矢量的值，此时方程组的矩阵形式为

$$\begin{bmatrix}1 & & & & \\ 1 & 4 & 1 & & \boldsymbol{0} \\ & 1 & 4 & \ddots & \\ & & \ddots & \ddots & 1 \\ & \boldsymbol{0} & & 1 & 4 & 1 \\ & & & & & 1\end{bmatrix}\begin{bmatrix}\boldsymbol{t}_0\\ \boldsymbol{t}_1\\ \boldsymbol{t}_2\\ \vdots\\ \boldsymbol{t}_{n-1}\\ \boldsymbol{t}_n\end{bmatrix}=\begin{bmatrix}\boldsymbol{t}_0\\ 3(\boldsymbol{p}_2-\boldsymbol{p}_0)\\ 3(\boldsymbol{p}_3-\boldsymbol{p}_1)\\ \vdots\\ 3(\boldsymbol{p}_n-\boldsymbol{p}_{n-2})\\ \boldsymbol{t}_n\end{bmatrix} \tag{4.6}$$

此外，还有二阶端点条件、周期性端点条件等。二阶端点条件给定首末端点的二阶导数或曲率，周期性端点条件使得曲线在首末端点处二阶连续。通过这种计算切矢量的方法得到的

分段插值曲线称为 Ferguson 曲线。为了方便讨论，后面把方程组(4.6)称为 Ferguson 曲线的三切矢方程。如果型值点的分布很不均匀，采用这种方法得到的曲线就可能不光顺，那么一种可行的方法是通过一种合适的参数化方法为每个型值点给出一个参数值，使得参数值与型值点的疏密程度相关，然后根据参数值计算各型值点处的切矢量。下一小节将讨论这个问题。

[例 4.1]　已知三个型值点 $\boldsymbol{p}_0[0,0]$，$\boldsymbol{p}_1[2,1]$，$\boldsymbol{p}_2[4,0]$，过这三个点构造一条 Ferguson 曲线，且 $\boldsymbol{p}_0$ 的切矢量为$[1,1]$，$\boldsymbol{p}_2$ 的切矢量为$[1,\ -1]$，写出：(1)该参数三次样条曲线段的分段表达式；(2)在顶点 $\boldsymbol{p}_1$ 与 $\boldsymbol{p}_2$ 之间的曲线段 $\boldsymbol{r}_1(u)$上计算 $\boldsymbol{r}_1(0.5)$。

解　题中的条件如图 4.9 所示。

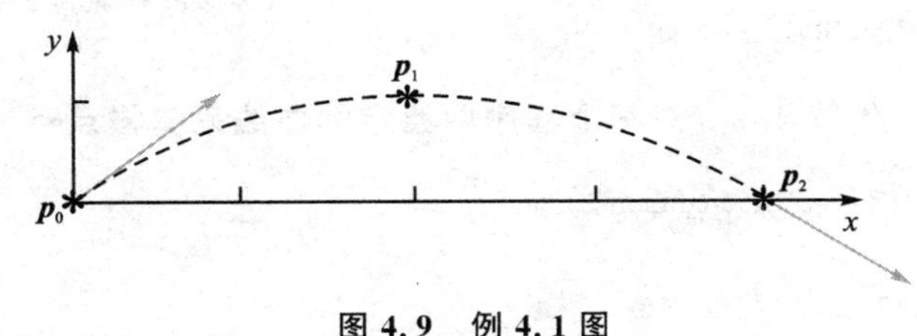

图 4.9　例 4.1 图

根据 Ferguson 曲线段二阶连续的条件，可以构造如下方程：

$$\boldsymbol{t}_{i-1}+4\boldsymbol{t}_i+\boldsymbol{t}_{i+1}=3(\boldsymbol{p}_{i+1}-\boldsymbol{p}_{i-1})$$

其中，$i=1,2,\cdots,n-1$。由此有

$$\boldsymbol{t}_0+4\boldsymbol{t}_1+\boldsymbol{t}_2=3(\boldsymbol{p}_2-\boldsymbol{p}_0)$$

即

$$t_{0x}+4t_{1x}+t_{2x}=12$$

$$t_{0y}+4t_{1y}+t_{2y}=0$$

这里，$\boldsymbol{t}_i=[t_{ix},t_{iy}]$。考虑到端点条件有，

$$t_{0x}=1,\ t_{0y}=1,\ t_{2x}=1,\ t_{2y}=-1$$

由此可以解得 $\boldsymbol{t}_1=[2.5,0]$。该 Ferguson 曲线的分段表达式为

$$\boldsymbol{r}_{i-1}(u)=[u^3\quad u^2\quad u\quad 1]\begin{bmatrix}2 & -2 & 1 & 1\\ -3 & 3 & -2 & -1\\ 0 & 0 & 1 & 0\\ 1 & 0 & 0 & 0\end{bmatrix}\begin{bmatrix}\boldsymbol{p}_{i-1}\\ \boldsymbol{p}_i\\ \boldsymbol{t}_{i-1}\\ \boldsymbol{t}_i\end{bmatrix}$$

这里 $u\in[0,1]$，$i=1,2$。第二条曲线段为

$$\boldsymbol{r}_1(u)=[u^3\quad u^2\quad u\quad 1]\begin{bmatrix}2 & -2 & 1 & 1\\ -3 & 3 & -2 & -1\\ 0 & 0 & 1 & 0\\ 1 & 0 & 0 & 0\end{bmatrix}\begin{bmatrix}\boldsymbol{p}_1\\ \boldsymbol{p}_2\\ \boldsymbol{t}_1\\ \boldsymbol{t}_2\end{bmatrix}$$

将参数 $u=0.5$ 代入，则

$$\boldsymbol{r}_1(0.5)=[0.125\quad 0.25\quad 0.5\quad 1]\begin{bmatrix}2 & -2 & 1 & 1\\ -3 & 3 & -2 & -1\\ 0 & 0 & 1 & 0\\ 1 & 0 & 0 & 0\end{bmatrix}\begin{bmatrix}2 & 1\\ 4 & 0\\ 2.5 & 0\\ 1 & -1\end{bmatrix}$$

$$=[3.187\,5,\ 0.625\,0]$$

4.5 Ferguson 曲线的程序实现

Ferguson 曲线是本章也是本书的重点和难点。下面编写一个程序来实现 Ferguson 曲线的构造和显示。Ferguson 曲线的功能是插值,即对给定型值点序列$\{\boldsymbol{p}_i | i=0,1,\cdots,n\}$采用 4.4 节的方法构造一条曲线插值于这些点。在工程实践中,$\{\boldsymbol{p}_i | i=0,1,\cdots,n\}$来自于具体的数据采样背景,例如在放样的场合(见图 4.1 和图 4.2),可以来自于尺规法对图纸的测量。为了使得问题变得简单,本节在半圆上采集型值点,以检验所构造的 Ferguson 曲线的算法和程序的正确性。采集样点的代码如代码 4.2 所示。

代码 4.2　对某个程序中给定的曲线采集样点

```
function SamplPs = CollectSPFergusonCir(N)
%N 表示样点个数
step = pi/N; % 为编程方便,把 N 作为间隔数
xita = 0:step:pi; % 等间距取角度向量
%根据参数方程计算圆周上的点
SamplPs(1,:) = cos(xita); %x 的坐标放在矩阵的第一行
SamplPs(2,:) = sin(xita); %y 的坐标放在矩阵的第二行
%根据参数方程计算圆周上的点
%plot(SamplPs(1,:),SamplPs(2,:),'k*') %用于测试程序的正确性
%axis equal;
```

运行上述代码得到的结果如图 4.10 所示。

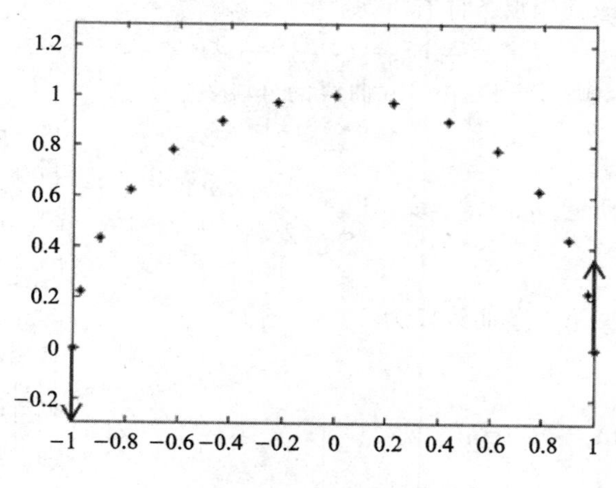

图 4.10　代码 4.2 运行结果

下面以 SamplPs 为输入点,根据方程(4.5′)(Ferguson 曲线三切矢方程)构造程序,并求解这个方程组。注意这个方程组需要端点条件,也就是说,对于图 4.10 中的起点和终点,需要在采集样点后才能知道该位置处的切矢量。在这里,样点采集曲线是单位圆的上半部分(从右至左),因此取首末端点的切矢量 $\boldsymbol{t}_0=[0,1/3]$,$\boldsymbol{t}_n=[0,-1/3]$。至于在实际工程应用中如何使用端点条件、如何得到切矢量,需要以后在具体的应用场合进一步学习,读者无须拘泥于这

样的细节。代码 4.3 给出了这个构造和求解 Ferguson 曲线三切矢方程的代码。

代码 4.3　构造和求解 Ferguson 曲线三切矢方程

```
function ts = ThreeTangEq(SamplPs,t0,tn)
%Sampls 输入型值点;t0,tn 是首末点的切矢量
%根据式(4.6)即 Ferguson 曲线三切矢方程编写
N = length(SamplPs(1,:));
%SamplPs(1,:)表示取矩阵 Sampls 第一行的所有元素
%注意矩阵一行或者一列的全部元素形成一个向量
%length()就是测一个向量的长度,也就是元素个数
%注意矩阵 SamplPs 存储采集的型值点,所有型值点的 x 坐标放在第一行
%参见配套资料的 Chapter4 文件夹中的函数 SamplPs = CollectSPFergusonCir(N)
%因此 N = length(SamplPs(1,:))得到的就是本程序使用的型值点的个数
CoefA = eye(N,N); %建立一个 N*N 的单位矩阵
%对这个矩阵进行更改后就是系数矩阵
%更改第 2 行到第 N-1 行
for i = 2:N-1
    CoefA(i,i-1) = 1;CoefA(i,i) = 4;CoefA(i,i+1) = 1;
end
EqB2D = zeros(N,2); %预定义方程(4.6)右边的常值向量
%注意每一行表示一个向量,共有 N 行
EqB2D(1,:) = t0;
for i = 2:N-1
    EqB2D(i,:) = 3*(SamplPs(:,i+1)'-SamplPs(:,i-1)');
     %V' 表示取向量 V 的转置;SamplPs(:,i+1)' 就是把列向量表示的点变为行向量表示的点
end
EqB2D(N,:) = tn;
ts = CoefA\EqB2D; %求解线性方程组得到每个点的切矢量
```

代码 4.3' 验证代码 4.3 中的函数 ThreeTangEq()的正确性。

代码 4.3'　绘制各型值点处的切矢量

```
function Test3TEq()
%本程序的功能是测试 ts = ThreeTangEq(SamplPs,t0,tn)的正确性
N = 12;
SamplPs = CollectSPFergusonCir(N); %采集型值点
N = length(SamplPs(1,:));
%SamPls(1,:)表示取矩阵 Sampls 第一行的所有元素
%注意矩阵一行或者一列的全部元素形成一个向量
%length()就是测一个向量的长度,也就是元素个数
%注意矩阵 SamPs 存储采集的型值点,所有型值点的 x 坐标放在第一行
%参见配套资料的 Chapter4 文件夹中的函数 SamplPs = CollectSPFergusonCir(N)
%因此 N = length(SamPls(1,:))得到的就是本程序使用的型值点的个数
t0 = [0,1/3];
tn = [0,-1/3];
```

```
ts = ThreeTangEq(SamplPs,t0,tn);
%以下是显示各点切矢量的代码,仅仅为增强程序的可视化使用,是非必要代码
plot(SamplPs(1,:),SamplPs(2,:),'k*')%用于测试程序的正确性
axis equal;
hold on%plot在绘制型值点时建立了一个坐标轴,hold on表示向这个坐标轴添加新图元的功能打开
for i = 1:N%逐个绘制切线段
    x = [SamplPs(1,i),SamplPs(1,i) + ts(i,1)];
    y = [SamplPs(2,i),SamplPs(2,i) + ts(i,2)];
    %每个切线段的起点是[SamplPs(1,i),SamplPs(2,i)]
    %终点是[SamplPs(1,i) + ts(i,1),SamplPs(2,i) + ts(i,2)]
    plot(x,y,'r','linewidth',2);
    %把切线绘制为红色,宽度为2
end
hold off
```

运行代码 4.3',得到函数 ThreeTangEq()计算出的切矢量如图 4.11 所示。

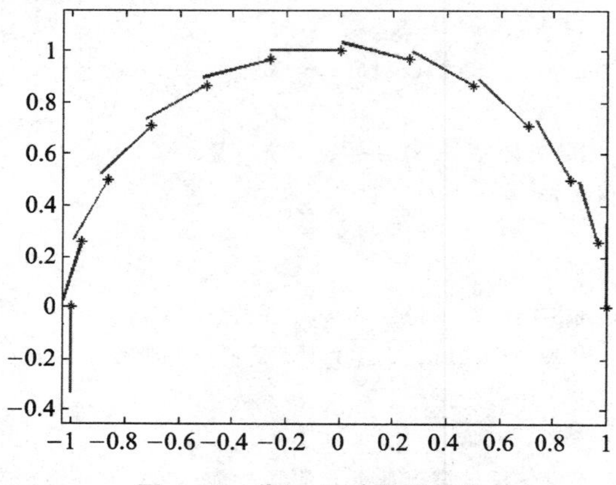

图 4.11 代码 4.3' 运行结果

现在已有了型值点,并为每个型值点定义了切矢量。这意味着可以直接根据 Ferguson 曲线段的方程逐段绘制出每两个型值点之间的曲线段。注意到绘制曲线段的基本步骤是先采集曲线上的密化点,然后对密化点逐点相连。代码 4.4 给出了为一个 Ferguson 曲线段采集密化点的代码。

代码 4.4 构造 Ferguson 曲线段并采集该曲线段上的密化点

```
function DensePs = FergCurvSegDenPs(r0,r1,r0c,r1c)
%为绘制参数三次样条曲线段采集密化点
%r0,r1,r0c,r1c分别表示首末端点的位置和切矢量
%采集绘制曲线段用的密化点
k = 1;
for u = 0:1/100:1
    DensePs(k,1) = [1 u u*u u*u*u]*[1 0 0 0;0 0 1 0;-3 3 -2 -1;2 -2 1 1]*[r0(1) r1(1)
    r0c(1) r1c(1)]';
    %参数三次样条曲线段的计算,参见公式(4.3)
```

```
    DensePs(k,2) = [1 u u*u u*u*u]*[1 0 0 0;0 0 1 0;-3 3 -2 -1;2 -2 1 1]*[r0(2) r1(2)
    r0c(2) r1c(2)]';
    %参数三次样条曲线段的计算,参见公式(4.3)
    k = k + 1;
end
%采集绘制曲线段用的密化点
```

在此基础上,构造一个函数,在型值点 SamplPs 数组的每两个型值点之间采集密化点并统一保存,这个统一保存的密化点就是整条插值曲线(Ferguson 曲线)上依序采集的密化点,将这些密化点逐点连接就得到了插值曲线的图形。代码 4.5 给出了一个汇集各曲线段上的密化点,并绘制曲线和相关修饰部分(型值点和切矢量)的代码。

代码 4.5　输入型值点和型值点的切矢量,每相邻两点之间构造 Ferguson 曲线段

```
function RenderFergusonCurve(SamplPs,SamplPTs)
%输入型值点 SamplPs 和型值点处的切矢量 SamplPTs
%step1 汇总各个曲线段上的密化点
N = length(SamplPs(1,:)); %得到密化点数目,参见代码 4.3'
N = N-1; %每两点之间有一个曲线段,这就是曲线段的数目
DensePs = []; %定义空矩阵
for i = 1:N
    r0 = SamplPs(:,i)';r1 = SamplPs(:,i+1)';
    r0c = SamplPTs(i,:);r1c = SamplPTs(i+1,:);
    Ps = FergCurvSegDenPs(r0,r1,r0c,r1c); %在当前曲线段上构造密化点
    DensePs = [DensePs;Ps];
    %把当前曲线段上采集的密化点数组放入全局数组
end
plot(DensePs(:,1),DensePs(:,2),'linewidth',2)
hold on
plot(SamplPs(1,:),SamplPs(2,:),'k*') %添加型值点便于观察
N = N + 1;
for i = 1:N %逐个绘制切线段
    x = [SamplPs(1,i),SamplPs(1,i) + SamplPTs(i,1)];
    y = [SamplPs(2,i),SamplPs(2,i) + SamplPTs(i,2)];
    %每个切线段的起点是[SamplPs(1,i),SamplPs(2,i)]
    %终点是[SamplPs(1,i) + SamplPTs (i,1),SamplPs(2,i) + SamplPTs (i,2)]
    plot(x,y,'r','linewidth',1);
    %把切线绘制为红色,宽度为 2
end
hold off
axis equal
```

在上述子函数的基础上,给出一个构造 Ferguson 曲线的教学示例函数即代码 4.6,以便使大家清楚 Ferguson 曲线构造的总体流程。

代码 4.6 构造一条 Ferguson 曲线

```
function FergusonCurve()
% 本程序的功能是构造一个教学示例用的 Ferguson 曲线
N = 12;
SamplPs = CollectSPFergusonCir(N); % 采集型值点
t0 = [0,1/3];
tn = [0,-1/3]; % 规定端点条件
% 至于在实际工程应用中如何使用端点条件,如何使用测量的方法或其他方法得到首末端点处的切矢量,
% 需要在以后具体的应用场合进一步学习,读者无须拘泥于这样的细节
% 现在我们的目的是掌握构造曲线的计算原理和方法
% 上面这个端点条件是为方便学习,程序编制者自己设置的切矢量,设置理由仅仅是使图形美观和直观
SamplPTs = ThreeTangEq(SamplPs,t0,tn); % 为每个型值点计算切矢量
RenderFergusonCurve(SamplPs,SamplPTs); % 绘制 Ferguson 曲线
```

运行代码 4.6 的效果如图 4.12(a)所示。

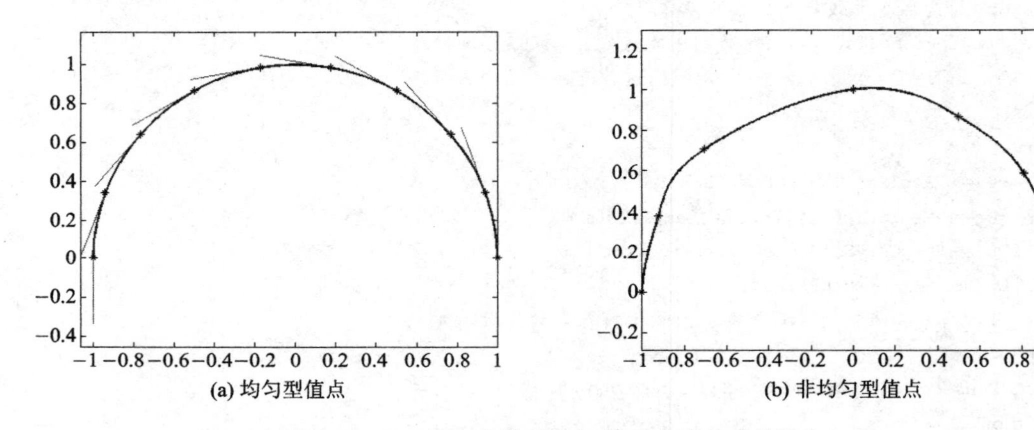

图 4.12 Ferguson 曲线对均匀/非均匀型值点的拟合

为了说明进一步学习的必要性,下面做另外一个数值实验,就是采用 Ferguson 曲线拟合间隔非常不均匀的型值点(见配套资料的 Chapter4/FergusonCurv2),拟合效果如图 4.12(b)所示。从图 4.12 可以看出,Ferguson 曲线对均匀分布的型值点有很好的拟合效果,对严重非均匀分布的型值点拟合效果很差。这是因为 Ferguson 曲线是分段曲线,默认每段曲线的参数域相同,即[0,1](见公式(4.1))。对于严重非均匀分布的型值点,两个点之间的间隔存在很大差异(见图 4.12(b)),两个点之间曲线段的长度也存在很大差异,而最优的参数化是参数域的长度与曲线弧长对应,因此在型值点分布不均匀的情况下还采用等参数域为各曲线段建立数学模型,整条曲线的拟合效果差是必然的。这就引出了另外一个问题,对于非均匀分布的型值点应该如何建立曲线的数学模型才能得到光顺的拟合效果?这就是下面需要讲解的内容。

4.6 参数三次样条曲线

相比于每个曲线段的参数区间都是[0,1]的 Ferguson 曲线,参数三次样条曲线要复杂得

多，因为要求每个曲线段参数区间的长度都根据点的疏密程度变化。为了使学习变得简单，下面就从任意区间的参数三次样条曲线段开始学习。

4.6.1 任意区间的参数三次样条曲线段

规定曲线段的参数区间是$[t_{i-1},t_i]$，起点和终点分别是$\boldsymbol{p}_{i-1}$和$\boldsymbol{p}_i$，起点和终点关于参数t的切矢量分别是$\boldsymbol{t}_{i-1}$和$\boldsymbol{t}_i$。现在根据这些给定的条件采用 Hermit 基函数$F_0(u)$，$F_1(u)$，$G_0(u)$，$G_1(u)$来构造一个参数三次曲线段。考虑到 Hermit 基函数的参数区间是$[0,1]$，首先构造如下参数变换：

$$u=\frac{t-t_{i-1}}{t_i-t_{i-1}},\quad t\in[t_{i-1},t_i] \tag{4.7}$$

将参数区间$[t_{i-1},t_i]$变换到$[0,1]$。再设插值曲线$\boldsymbol{r}(t)$在每个型值点$\boldsymbol{p}_i$处的切矢量为

$$\left.\frac{\mathrm{d}\boldsymbol{r}(t)}{\mathrm{d}t}\right|_{t=t_i}=\boldsymbol{t}_i \tag{4.8}$$

在区间$[t_{i-1},t_i]$上的曲线段是$\boldsymbol{r}_{i-1}(t)$，根据式(4.7)有：

$$t=(t_i-t_{i-1})u+t_{i-1}$$

于是，

$$\frac{\mathrm{d}\boldsymbol{r}_{i-1}[t(u)]}{\mathrm{d}u}=\frac{\mathrm{d}\boldsymbol{r}_{i-1}(t)}{\mathrm{d}t}\frac{\mathrm{d}t}{\mathrm{d}u}=(t_i-t_{i-1})\frac{\mathrm{d}\boldsymbol{r}_{i-1}(t)}{\mathrm{d}t}=h_{i-1}\frac{\mathrm{d}\boldsymbol{r}_{i-1}(t)}{\mathrm{d}t}$$

其中$h_{i-1}=t_i-t_{i-1}$。因此$\boldsymbol{r}_{i-1}[t(u)]$在两端点处关于$u$的导数为

$$\left.\frac{\mathrm{d}\boldsymbol{r}_{i-1}[t(u)]}{\mathrm{d}u}\right|_{u=0}=h_{i-1}\left.\frac{\mathrm{d}\boldsymbol{r}_{i-1}(t)}{\mathrm{d}t}\right|_{t=t_{i-1}}=h_{i-1}\boldsymbol{t}_{i-1}$$

$$\left.\frac{\mathrm{d}\boldsymbol{r}_{i-1}[t(u)]}{\mathrm{d}u}\right|_{u=1}=h_{i-1}\left.\frac{\mathrm{d}\boldsymbol{r}_{i-1}(t)}{\mathrm{d}t}\right|_{t=t_i}=h_{i-1}\boldsymbol{t}_i$$

根据 Ferguson 曲线段的表达式(4.1)，$\boldsymbol{r}_{i-1}(t)$可以写为

$$\boldsymbol{r}_{i-1}(u)=F_0(u)\boldsymbol{p}_{i-1}+F_1(u)\boldsymbol{p}_i+G_0(u)h_{i-1}\boldsymbol{t}_{i-1}+G_1(u)h_{i-1}\boldsymbol{t}_i \tag{4.9}$$

式中：$u=\dfrac{t-t_{i-1}}{t_i-t_{i-1}}$，$t\in[t_{i-1},t_i]$。现在就得到了任意参数区间上用 Hermit 基函数的线性组合表示的曲线段。

4.6.2 切矢量的计算

为了使得插值于型值点$\{\boldsymbol{p}_i\mid i=0,1,\cdots,n\}$的曲线中的每个曲线段的参数区间随型值点分布的疏密程度而变化，下面引入累加弦长参数化方法。所谓参数化，就是为每个型值点指定一个参数。对于型值点$\{\boldsymbol{p}_i\mid i=0,1,\cdots,n\}$，累加弦长参数化方法采用下面的公式为每个型值点指定参数：

$$\begin{cases}t_0=0\\ t_i=\sum\limits_{k=1}^{i}|\boldsymbol{p}_k-\boldsymbol{p}_{k-1}|/t\end{cases} \tag{4.10}$$

式中：$t=\sum\limits_{k=1}^{n}|\boldsymbol{p}_k-\boldsymbol{p}_{k-1}|$，将$\boldsymbol{p}_{i-1}$和$\boldsymbol{p}_i$之间的曲线段记为$\boldsymbol{r}_{i-1}(t)$，这里$i=1,\cdots,n$。这些曲

线段的方程是式(4.9)。下面讨论曲线段 $\boldsymbol{r}_{i-1}(t)$ 和 $\boldsymbol{r}_i(t)$。根据二阶连续的要求,可以构造方程

$$\boldsymbol{r}'_{i-1}(t_i)=\boldsymbol{r}'_i(t_i),\quad i=1,\cdots,n-1$$

根据方程(4.9)对上述方程进行具体化:

$$\frac{\mathrm{d}\boldsymbol{r}_{i-1}(t)}{\mathrm{d}t}=\frac{1}{h_{i-1}}\frac{\mathrm{d}\boldsymbol{r}_{i-1}[t(u)]}{\mathrm{d}u}=\frac{1}{h_{i-1}}F'_0(u)\boldsymbol{p}_{i-1}+\frac{1}{h_{i-1}}F'_1(u)\boldsymbol{p}_i+G'_0(u)\boldsymbol{t}_{i-1}+G'_1(u)\boldsymbol{t}_i$$

$$\frac{\mathrm{d}^2\boldsymbol{r}_{i-1}(t)}{(\mathrm{d}t)^2}=\frac{1}{h_{i-1}^2}\frac{\mathrm{d}\boldsymbol{r}_{i-1}^2[t(u)]}{(\mathrm{d}u)^2}$$

$$=\frac{1}{h_{i-1}^2}F''_0(u)\boldsymbol{p}_{i-1}+\frac{1}{h_{i-1}^2}F''_1(u)\boldsymbol{p}_i+\frac{1}{h_{i-1}}G''_0(u)\boldsymbol{t}_{i-1}+\frac{1}{h_{i-1}}G''_1(u)\boldsymbol{t}_i$$

又

$$F''_0(u)=12u-6,\ F''_1(u)=-12u+6,\ G''_0(u)=6u-4,\ G''_1(u)=6u-2$$

所以

$$\left.\frac{\mathrm{d}^2\boldsymbol{r}_{i-1}(t)}{(\mathrm{d}t)^2}\right|_{t=t_i}=\frac{1}{h_{i-1}^2}F''_0(1)\boldsymbol{p}_{i-1}+\frac{1}{h_{i-1}^2}F''_1(1)\boldsymbol{p}_i+\frac{1}{h_{i-1}}G''_0(1)\boldsymbol{t}_{i-1}+\frac{1}{h_{i-1}}G''_1(1)\boldsymbol{t}_i$$

$$=\frac{6}{h_{i-1}^2}\boldsymbol{p}_{i-1}-\frac{6}{h_{i-1}^2}\boldsymbol{p}_i+\frac{2}{h_{i-1}}\boldsymbol{t}_{i-1}+\frac{4}{h_{i-1}}\boldsymbol{t}_i$$

同理,

$$\left.\frac{\mathrm{d}^2\boldsymbol{r}_i(t)}{(\mathrm{d}t)^2}\right|_{t=t_i}=\frac{1}{h_i^2}F''_0(0)\boldsymbol{p}_i+\frac{1}{h_i^2}F''_1(0)\boldsymbol{p}_{i+1}+\frac{1}{h_i}G''_0(0)t_i+\frac{1}{h_i}G''_1(0)\boldsymbol{t}_{i+1}$$

$$=-\frac{6}{h_i^2}\boldsymbol{p}_i+\frac{6}{h_i^2}\boldsymbol{p}_{i+1}-\frac{4}{h_i}\boldsymbol{t}_i-\frac{2}{h_i}\boldsymbol{t}_{i+1}$$

由

$$\left.\frac{\mathrm{d}^2\boldsymbol{r}_{i-1}(t)}{(\mathrm{d}t)^2}\right|_{t=t_i}=\left.\frac{\mathrm{d}^2\boldsymbol{r}_i(t)}{(\mathrm{d}t)^2}\right|_{t=t_i}$$

有

$$\frac{6}{h_{i-1}^2}\boldsymbol{p}_{i-1}-\frac{6}{h_{i-1}^2}\boldsymbol{p}_i+\frac{2}{h_{i-1}}\boldsymbol{t}_{i-1}+\frac{4}{h_{i-1}}\boldsymbol{t}_i=-\frac{6}{h_i^2}\boldsymbol{p}_i+\frac{6}{h_i^2}\boldsymbol{p}_{i+1}-\frac{4}{h_i}\boldsymbol{t}_i-\frac{2}{h_i}\boldsymbol{t}_{i+1}$$

化简整理得:

$$\lambda_i\boldsymbol{t}_{i-1}+2\boldsymbol{t}_i+\mu_i\boldsymbol{t}_{i+1}=\boldsymbol{C}_i \tag{4.11}$$

式中:$\lambda_i=\dfrac{h_i}{h_{i-1}+h_i}$,$\mu_i=1-\lambda_i$,$\boldsymbol{C}_i=3\left(\lambda_i\dfrac{\boldsymbol{p}_i-\boldsymbol{p}_{i-1}}{h_{i-1}}+\mu_i\dfrac{\boldsymbol{p}_{i+1}-\boldsymbol{p}_i}{h_i}\right)$,$i=1,2,\cdots,n-1$。

对线性方程(4.11)添加端点条件后就可以解得各型值点处的切矢量 $\boldsymbol{t}_i$。采用方程(4.11)计算出各型值点的切矢量后,再用式(4.7)和式(4.9)构造曲线段,对图 4.12(b)中的非均匀分布的型值点得到的拟合效果如图 4.13(b)所示。

图 4.13(b)的图形由函数 Chapter4/InterpCubicSplineCurv()绘制。这个函数的使用如代码 4.7~4.9 所示。

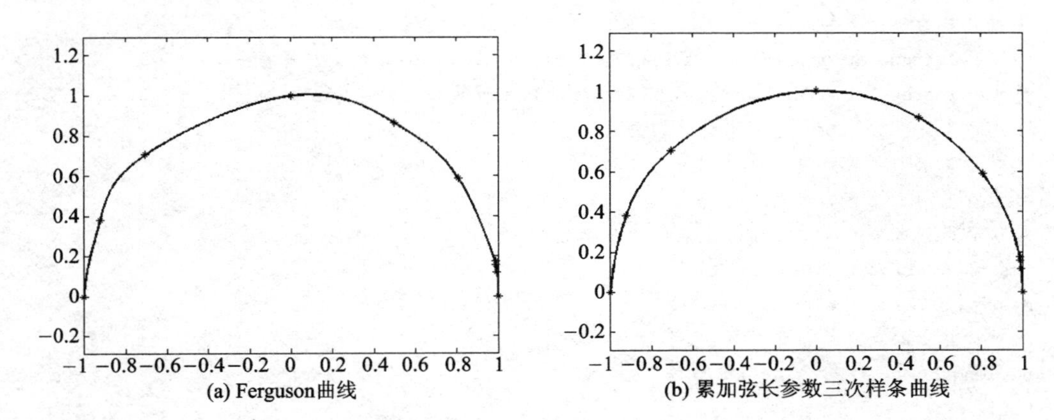

图 4.13　累加弦长参数三次样条曲线和 Ferguson 曲线对非均匀型值点(＊点)的拟合

代码 4.7　对型值点进行累加弦长参数化

```
function ss = AccuArcL(Ps)
% 累加弦长 Ps 是 n 行 d 列的数组
% 输出每个点对应的参数值
[n,d] = size(Ps);
% 测量数组的维度
ss(1) = 0;
for i = 2:n
    tv = Ps(i,:) - Ps(i-1,:); % Ps(i,:)表示取矩阵的第 i 行
    % 这里就是第 i 个点的坐标
    % tv 是相邻两个点形成的向量
    ss(i) = ss(i-1) + sqrt(tv * tv');
    % sqrt(tv * tv')表示向量 tv 的长度
end
```

代码 4.8　构造插值三次样条曲线

```
function InterpCubicSplineCurv()
% 本程序的功能是构造一个教学示例用的插值三次样条曲线
% 采用的是非均匀型值点,以此说明插值三次样条曲线对非均匀型值点的拟合效果
% 比 Ferguson 曲线的拟合效果好
N = 12;
SamplPs = CollectSPFergusonCi2(N); % 采集型值点
x = SamplPs(1,:);
y = SamplPs(2,:);
sT = [0,1/3];
eT = [0,-1/3]; % 规定端点条件
% 至于在实际工程应用中如何使用端点条件,如何使用测量的方法或其他方法得到首末端点处的切矢量,
% 需要在以后具体的应用场合进一步学习,读者无须拘泥于这样的细节
% 现在我们的目的是掌握构造曲线的计算原理和方法
% 上面这个端点条件是为方便学习,程序编制者自己设置的切矢量,设置理由仅仅是使图形美观和直观
s = AccuArcL(SamplPs'); % 采用累加弦长参数化方法对数据点进行参数化
```

```
%也就是为每个点指定一个参数
mxs = Intrepolation3Spline(s,x,sT(1),eT(1)); %计算切矢量在 x 方向的分量
mys = Intrepolation3Spline(s,y,sT(2),eT(2)); %计算切矢量在 y 方向的分量
%注意上述方程仅仅对中间点计算切矢量
%对于首末两个端点没有计算切矢量
%为首末两个端点添加切矢量
%从而得到各个元素对应于每个点的切矢量数组
mxss = [sT(1) mxs' eT(1)];
myss = [sT(2) mys' eT(2)];
%对计算出的点进行密化采样
n = length(x) - 1;
k = 1;
for i = 1:n
    smx = mxss(i);
    emx = mxss(i + 1);
    smy = myss(i);
    emy = myss(i + 1);
    h = s(i + 1) - s(i);
     %在每段中采集 21 个点
    for j = 1:21
        u = (j - 1)/20;
        xf(k) = [1 u u*u u*u*u]*[1 0 0 0;0 0 1 0;-3 3 -2 -1;2 -2 1 1]*[x(i) x(i+1) h*
                smx h*emx]';
        yf(k) = [1 u u*u u*u*u]*[1 0 0 0;0 0 1 0;-3 3 -2 -1;2 -2 1 1]*[y(i) y(i+1) h*
                smy h*emy]';
        %采集的点放入整体数组 xf 和 yf
        k = k + 1;
    end
    %在每段中采集 21 个点
end
%对计算出的点进行密化采样
figure %开一个新的图形窗口
%如果整个程序运行只需要一个图形窗口
%这个语句可以省略
hold on
plot(xf,yf,'lineWidth',2)
plot(x,y,'k*')
hold off
box on %坐标轴显示为包围盒的形式
axis equal
```

代码 4.9　基于三次样条插值的原理为每个型值点构造切矢量

```
function ms = Intrepolation3Spline(X,Y,sm,em)
%采用插值参数三次样条为每个型值点计算切矢量
%参见公式(4.11),其中拆分为 x,y 两个分量对 s 的显示格式
```

```
%这个函数是对其中一个分量的显示格式进行计算
n = length(X) - 2; %注意到首末端点要添加边界条件,所有对应于首末边界条件的方程不在方程组中罗列
%这一点在实现方法上本程序与关于 Ferguson 曲线的程序不同
%但这种实现方法也可以是相同的,读者务必注意这点
CoeffMat = zeros(n,n); %预定义线性方程组的系数矩阵
Eqb = zeros(1,n); %预定义线性方程组的常数向量
%为矩阵 CoeffMat 和常数向量赋值 Eqb
n = n + 2;
for i = 2:n - 1
    %根据式(4.11)计算相关系数
    hi = X(i) - X(i - 1);
    hiq = X(i + 1) - X(i);
    lmdi = hiq/(hi + hiq);
    miui = 1 - lmdi;
    ci = 3 * (lmdi * (Y(i) - Y(i - 1))/hi + miui * (Y(i + 1) - Y(i))/hiq);
    %根据式(4.11)计算相关系数
    %根据式(4.11)为矩阵赋值
    j = i - 1;
    if(j == 1)
        CoeffMat(j,1) = 2;
        CoeffMat(j,2) = miui;
        Eqb(j) = ci - lmdi * sm;
    elseif(j == n - 2)
        CoeffMat(j,n - 3) = lmdi;
        CoeffMat(j,n - 2) = 2;
        Eqb(j) = ci - miui * em;
    else
        CoeffMat(j,j - 1) = lmdi;
        CoeffMat(j,j) = 2;
        CoeffMat(j,j + 1) = miui;
        Eqb(j) = ci;
    end
    %根据式(4.11)为矩阵赋值
end
%为矩阵 CoeffMat 和常数向量赋值 Eqb
ms = CoeffMat\Eqb'; %求解线性方程组得到切矢量
```

4.7 “大挠度”问题

本节讨论插值技术在发展过程中的一个有趣的问题——“大挠度”问题[3],以此说明累加弦长参数化方法的正确性和必要性。“大挠度”问题即需要拟合的原始曲线存在大斜率的切线时遇到的问题,图 4.14 所示的情况就是实践中存在的大斜率切线的一个经典案例。

人们最初对型值点 $\boldsymbol{p}_0(x_0,y_0),\boldsymbol{p}_1(x_1,y_1),\cdots,\boldsymbol{p}_n(x_n,y_n)$ 构造插值曲线时,并没有采用参数矢量方程(4.9),而是采用的如下显式方程:

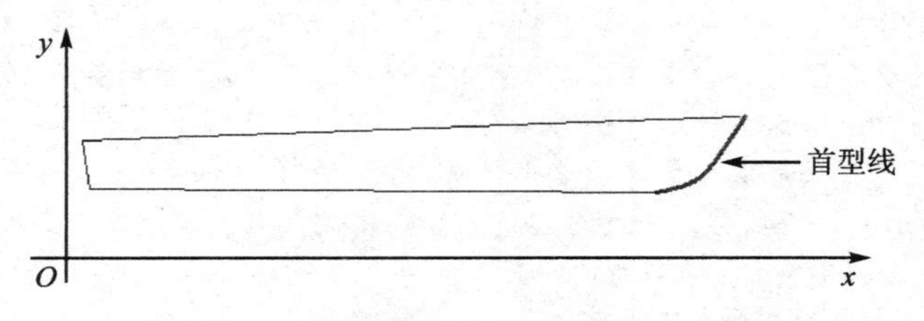

图 4.14　轮船的首型曲线存在大斜率的切线

$$y = y(x) \tag{4.12}$$

对于如图 4.15(a)所示曲线上采集的型值点,根据插值三次样条理论采用显示方程进行拟合时,得到的效果如图 4.15(b)所示。

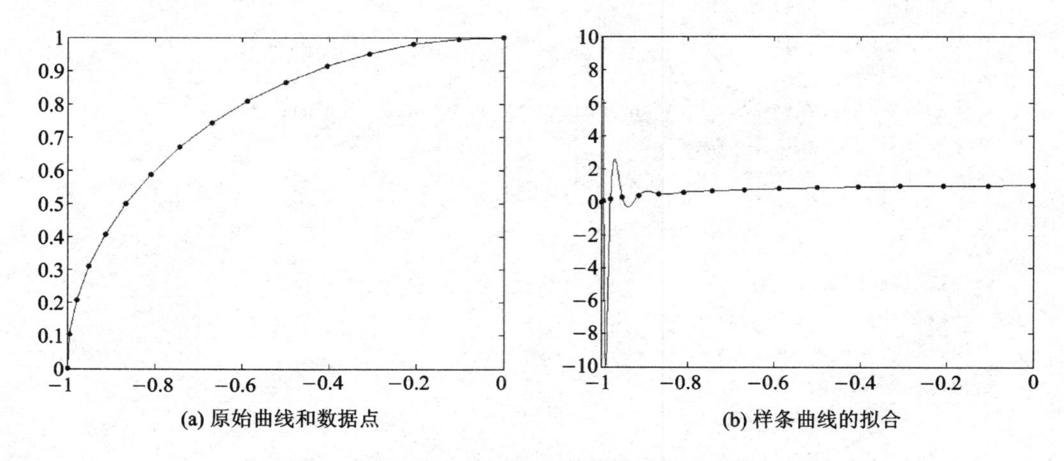

图 4.15　用显式样条曲线拟合大挠度曲线得不到需要的效果

读者可能存在疑问,为什么直接根据显式方程(4.12)构造插值曲线会存在"大挠度"问题?其深层次的理论原因是什么?目前,我们暂时把它作为一个工程经验来接受。在学习完 MATLAB 工具箱中的函数后,再指出显式方程下"大挠度"问题存在的必然性。本节仅指出,累加弦长参数化是克服大挠度问题的有力工具。

根据第 3 章的论述可以知道,采用弧长作为曲线参数方程的参数时,可以得到一些很特殊的几何性质,例如,$|\dot{\boldsymbol{r}}(s)|=1$。现在,再证明一个关于弧长参数的几何性质。

定理 4.2　对于曲线 Γ,假设其参数方程是 $\boldsymbol{r}(s)=[x(s),y(s)]$,其中的参数 s 是该曲线的弧长。那么,对于它的两个分量方程表示的显式曲线 $x=x(s)$ 和 $y=y(s)$,其上任何一点处的切线斜率的绝对值均不会大于 1。

证　令 $\boldsymbol{p}=\boldsymbol{r}(s)$ 和 $\boldsymbol{q}=\boldsymbol{r}(s+\Delta s)$ 分别表示曲线 Γ 上的两个不同点,如图 4.16 所示。

从图 4.16 可以发现,

$$\Delta x \leqslant \sqrt{\Delta x^2+\Delta y^2}=|\overline{\boldsymbol{pq}}|\leqslant s_{pq}=\Delta s \tag{4.13}$$

式中:s_{pq} 表示曲线 Γ 在 $\boldsymbol{p}$、$\boldsymbol{q}$ 两点之间的弧长。对于曲线 $x=x(s)$,它在自变量为 s 处的切线斜率为

$$\tan\theta=\Delta x/\Delta s\leqslant 1$$

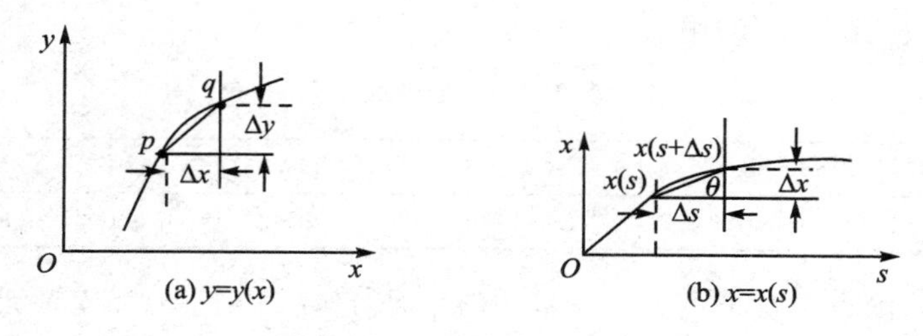

图 4.16 p,q 点在曲线上的表示

这就证明了显式曲线 $x=x(s)$不存在大斜率的切线。类似地,可以证明曲线 $y=y(s)$也具有同样的性质。这就完成了定理 4.2 的证明。

定理 4.2 说明,对于参数方程 $\boldsymbol{r}(s)=[x(s),y(s)]$表示的曲线 $\boldsymbol{\Gamma}$,无论其是否存在大斜率的切线,它的两个分量方程所表示的曲线都没有大斜率的切线存在。现在讨论型值点 $\boldsymbol{p}_0(x_0,y_0)$,$\boldsymbol{p}_1(x_1,y_1)$,…,$\boldsymbol{p}_n(x_n,y_n)$,既然累加弦长参数化方法得到的参数是原始采样曲线的弧长的一个近似,那么根据定理 4.2,分别把$\{(s_i,x_i)|i=0,\cdots,n\}$和$\{(s_i,y_i)|i=0,\cdots,n\}$看作型值点构造两条插值曲线 $x=x(s)$和 $y=y(s)$,不会再有图 4.15(b)所示拟合曲线波动问题。因此,采用累加弦长参数化方法构造参数曲线就很好地解决了“大挠度”问题。

4.8 MATLAB 中的插值三次样条函数

MATLAB 中的样条工具箱(spline toolbox)为学习和使用样条函数提供了一个理想的软件环境,避免初学者从底层开始编程的困难。该工具箱中包含大量对样条曲线的操作函数,例如创建、插值和分解等。下面将选一些有代表性的函数进行介绍和讲解。

关于本章的插值三次样条函数,样条工具箱中包含数个与之相关的函数。为了论述简洁,也为了不使初学者感到困惑,这里仅介绍最具代表性的 csape 函数。其定义形式为

pp = csape(x,y,conds,valconds)

式中:csape 函数是一个分段多项式(piecewise polynomial)函数;pp 是一个具有分段多项式形式的表达式,是一个对形如表 4.1 所列的型值点进行插值得到的显式表达式;输入参数中的 x 是一个向量,是所有型值点的 x 坐标形成的向量;y 是所有型值点的 y 坐标形成的向量;conds 是字符串类型的变量,表示边界条件的类型;valconds 表示相应边界条件下取的值。如果采用如下形式调用 csape 函数:

pp=csape(x,y)

即省略边界条件的输入,那么系统将自动计算曲线端点处切线斜率,即依据起始的 4 个点和最后的 4 个点计算斜率。边界条件可以有多种类型,本节主要介绍切向量端点条件的用法;'complete' :给定端点的斜率,斜率的大小在 valconds 中给出。如果只给出 'complete' ,不给出 valconds,则该端点条件的类型指定无效,系统依然按照默认情况处理,即

pp=csape(x,y,'complete')↔pp=csape(x,y)

因此,给出 'complete' 边界条件的完整调用格式是:

pp = csape(x,y,'complete',[t_a,t_b]) (4.14)

式中的 t_a 和 t_b 分别是起点和终点的斜率。下面利用表 4.1 所列的型值点数据进行函数的拟

合,进一步学习函数式(4.14)的用法。

表 4.1 拟合数据 1

x	0	0.628 3	1.256 6	1.885 0	2.513 3	3.141 6	3.769 9	4.398 2	5.026 5	5.654 9	6.283 2
y	1.000 0	0.809 0	0.309 0	−0.309 0	−0.809 0	−1.000 0	−0.809 0	−0.309 0	0.309 0	0.809 0	1.000 0

对于上述数据,测得的首末点的切矢量的斜率是$[t_a,t_b]=[0,0]$(读者无须拘泥于如何测量这样的细节),进行数据拟合以前绘制出各个点和首末点的切矢量进行观察,以便对拟合曲线的形状有大致了解。绘制出的各个点和首末点的切矢量如图 4.17(a)所示。对于插值曲线的计算和绘制代码,如代码 4.10 所示。

代码 4.10 显式格式下的 csape 函数拟合

```
function mycsap1()
%指定斜率 csape 显式拟合
%把测量得到的数据放入程序
px = [0 0.6283 1.2566 1.8850 2.5133 3.1416 3.7699 4.3982 5.0265 5.6549 6.2832];
py= [1.0000 0.8090 0.3090 - 0.3090 - 0.8090 - 1.0000 - 0.8090 - 0.3090 0.3090 0.8090
     1.0000];
valconds = [0,0];%这是首末端点的斜率
%把测量得到的数据放入程序
pp = csape(px,py,'complete',valconds);
%调用 MATLAB 工具箱中的函数计算插值曲线的表达式
%记住:是表达式,表达式,表达式,表达式
x = 0:6.2832/60:6.2832;
%规定密化点的横坐标
y = fnval(pp,x);%计算密化点的纵坐标
%使用的表达式是 pp
%fnval 是样条工具箱中的函数:对表达式 pp 在自变量 x 下计算函数值
plot(x,y,'b.','MarkerSize',8);%绘制密化点便于观察
hold on
plot(x,y,'g');%把密化点连接成绿颜色的曲线
plot(px,py,'k.','MarkerSize',15);
%绘制型值点
hold off
axis equal
```

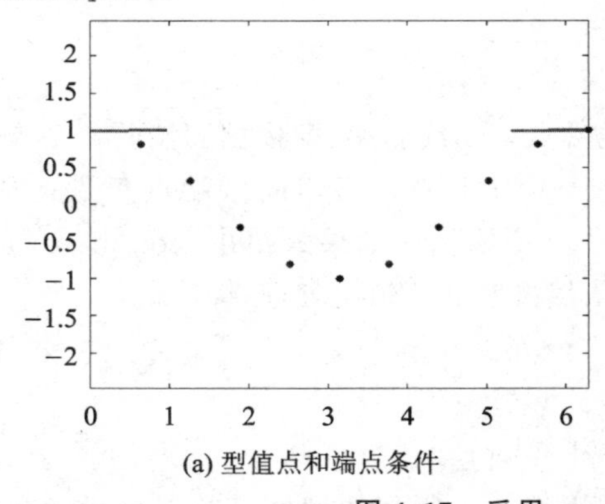

(a) 型值点和端点条件

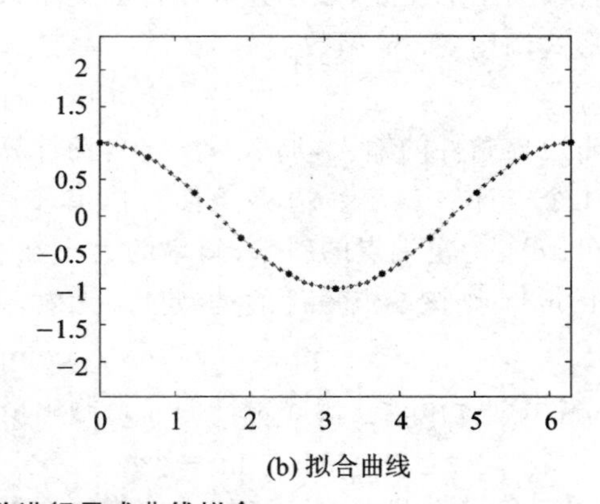

(b) 拟合曲线

图 4.17 采用 csape 函数进行显式曲线拟合

在上面的论述和代码中，反复用了分段多项式 pp 这个符号，读者暂时无须关心这个符号的具体内涵，现在只需了解它的出现和使用方法，有了一定的感性认识后，再了解其具体形式。

代码 4.10 对表 4.2 所列的数据拟合成显式方程的形式为 $y = \mathrm{pp}(x)$。根据 4.7 节的论述，这种拟合方法可能会出现“大挠度”问题。现在重现这个问题，让读者体会“大挠度”问题出现的原因和解决方法。

表 4.2　拟合数据 2

x	−1.000	−0.806 8	−0.307 8	0.307 8	0.806 8	1.000
y	0.006 3	0.590 8	0.951 4	0.951 4	0.590 8	0.006 3

表 4.2 中的数据对应的首末端点的斜率是$[\boldsymbol{t}_a, \boldsymbol{t}_b] = [159.152\,9, -159.152\,9]$。这组数据点和首末切矢量如图 4.18(a)所示。从图 4.18(a)中可以看出，其切线近似垂直于 x 轴，属于大斜率的情形。对于代码 4.10，替换其中测量得到的数据，绘制出的曲线如图 4.18(b)所示。

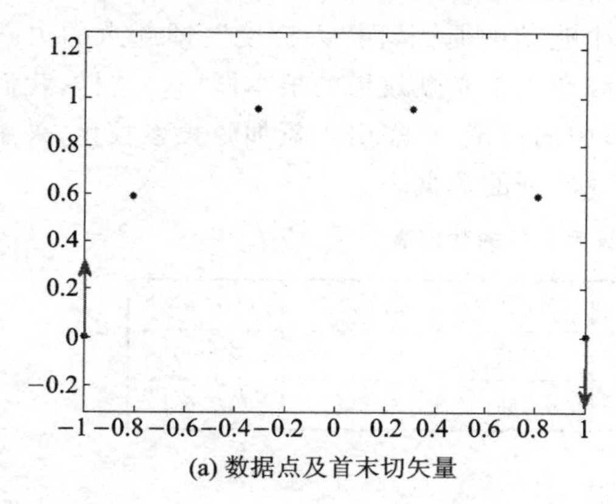

(a) 数据点及首末切矢量

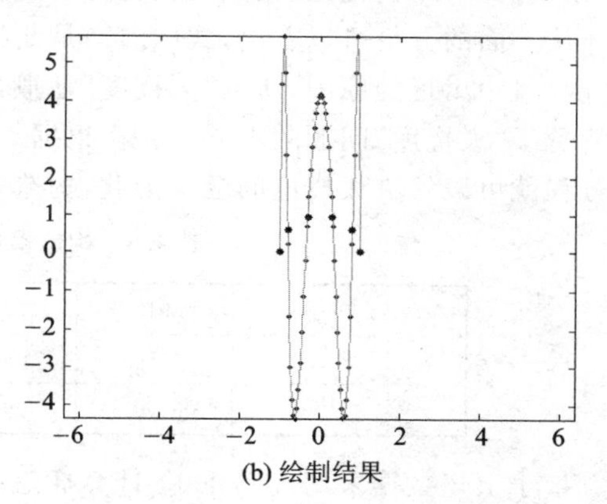

(b) 绘制结果

图 4.18　大斜率曲线绘制

从图 4.18(b)可以发现，相对于型值点逐点连线得到的多边形而言，拟合曲线发生了剧烈的跳跃，其外形与型值点逐点连线得到的多边形不相似，这违背了数据拟合的原则，即出现了“大挠度”问题。下面分析这种情况产生的原因。在曲线方程的显式格式下，方程(4.9)可以表示为

$$y(u) = y_0F_0(u) + y_1F_1(u) + y'_0hG_0(u) + y'_1hG_1(u) \tag{4.15}$$

式中：$u \in [0,1]$，且 $y(u)$ 由四项 $y_0F_0(u)$，$y_1F_1(u)$，$y'_0hG_0(u)$，$y'_1hG_1(u)$ 叠加而成。对于图 4.18(a)中的 6 个型值点，根据 4.6 节中的讨论，可以分为 5 段。现在讨论第 0 段曲线，即前两个型值点之间的曲线段。根据 4.6 节中的理论和方程(4.7)，需要进行一个线性变换：

$$u = (x + 1.0)/(1.0 - 0.806\,8) = (x + 1.0)/0.193\,2$$

于是方程(4.15)可以变换为

$$y(x) = y_0F_0\left(\frac{x + 1.0}{0.193\,2}\right) + y_1F_1\left(\frac{x + 1.0}{0.193\,2}\right) + \\ y'_0 \times 0.193\,2 \times G_0\left(\frac{x + 1.0}{0.193\,2}\right) + y'_1 \times 0.193\,2 \times G_1\left(\frac{x + 1.0}{0.193\,2}\right) \tag{4.16}$$

式中：$x \in [-1.000, -0.806\,8]$。根据图 4.19 可得，

$$G_0(0.3) = 0.147\,0,\ y'_0 \times 0.193\,2 \times G_0(0.3) = 5.940\,6$$

注意，$u = 0.3 = (-0.942\,0 + 1.0)/(1.0 - 0.806\,8) = (x + 1.0)/(1.0 - 0.806\,8)$。此时，

$$|y_0'hG_0(u)| \gg |y_0F_0(u)|$$
$$|y_0'hG_0(u)| \gg |y_1F_1(u)|$$
$$|y_0'hG_0(u)| \gg |y_1'hG_1(u)|$$

因此,在 $u=0.3$ 附近,对于式(4.16)所表示的 $y(x)$,则有

$$y(x) \approx y_0'G_0(u) \gg y_0F_0(u)+y_1F_1(u) \tag{4.17}$$

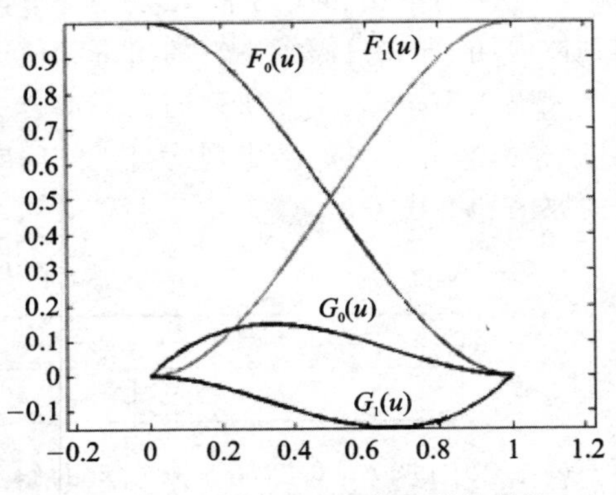

图 4.19　三次 Hermit 基函数的曲线

式(4.17)说明,在定义域中存在着一些函数值远远大于前两个型值点连成的线段上的点的纵坐标。由曲线必须通过型值点(即满足插值条件)、曲线在定义区间连续特点和式(4.17)可以知道,曲线的函数值会发生剧烈的变化,因此曲线的形状就发生了波动,产生了不光顺的效果。

从上面的分析可以看出,式(4.17)是曲线产生波动的原因,而"大挠度",即起点的大斜率是式(4.17)出现的原因,所以"大挠度"是拟合曲线产生不光顺效果的根本原因。这样,我们就弄清楚了"大挠度"问题的本质所在。根据 4.7 节中的讨论,只需引入累加弦长参数化,采用参数方程就可以解决大挠度问题。为此,构造表 4.3 所列的数据表。

表 4.3　构造累加弦长为参数的数据表

s	0	0.615 6	1.231 3	1.846 9	2.462 5	3.078 1
x	−1.000	−0.806 8	−0.307 8	0.307 8	0.806 8	1.000
y	0.006 3	0.590 8	0.951 4	0.951 4	0.590 8	0.006 3

基于上述数据采用代码 4.11 计算插值曲线。

代码 4.11　基于参数方程的 csape 拟合

```
function mycsap3()
%基于参数方程的 csape 拟合
%参数方程拟合
px = [-1.000 -0.8068 -0.3078 0.3078 0.8068 1.000];
py = [0.0063 0.5908 0.9514 0.9514 0.5908 0.0063];
valconds = [159.1529, -159.1529];
%%%%%% 输入原始数据
Ps = [px',py'];
ss = AccuArcL(Ps);
%%%%%%累加弦长获取参数
c = 0.5; %%%%%%比例参数
Ls = ss(2); %获取两个型值点连线的长度
rs = [1,159.1529]; %在起始切线上根据数据点的走向取切向量
rs = rs/sqrt(rs * rs'); %切向量单位化
rs = c * Ls * rs; %取与弦长成合适比例的切向量
%从而得到起始位置的切向量
n = length(ss);
Le = ss(n) - ss(n-1);
```

```
re=[1,-159.1529];
re = re/sqrt(re*re');
re = c*Le*re;
%%%%%%根据斜率值构造终点位置的切向量
valconds=[rs(1) re(1)];
ppx = csape(ss,px,'complete',valconds);
fnbrk(ppx)%观察分段多项式函数
%观察分段多项式函数,新知识点,重要
valconds=[rs(2) re(2)];
ppy = csape(ss,py,'complete',valconds);
%%%%%% 构造参数三次样条
sm=ss(1):ss(n)/50:ss(n);
x=fnval(ppx,sm);
y=fnval(ppy,sm);
%%%%%% 进行数据密化采样,以便绘制曲线
plot(x,y,'b.','MarkerSize',8);
hold on
plot(x,y,'g');
plot(px,py,'k.','MarkerSize',15);
hold off
axis equal
```

基于参数方程的 csape 拟合曲线,得到如图 4.20 的插值效果。

现在解决前面的讨论留下的最后一个问题:MATLAB 中的 pp 函数究竟是何种形式。观察代码 4.11,其中有一行代码是 fnbrk(ppx),fnbrk 就是 MATLAB 中观察 pp 函数的库函数。这个函数运行会产生以下的 pp 函数描述数据:

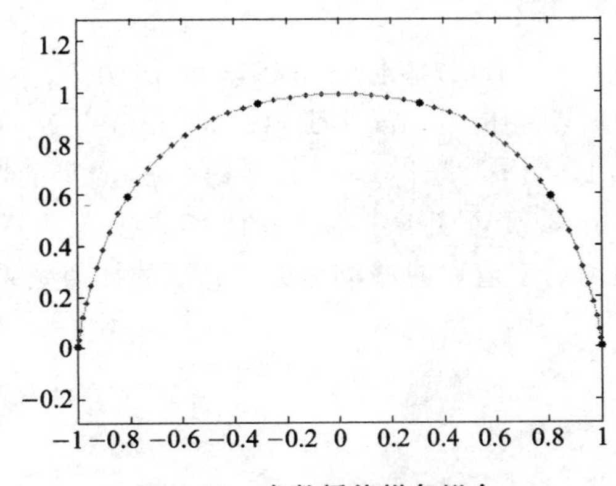

图 4.20　参数插值样条拟合

- The input describes a ppform:说明输入 fnbrk 的参数是 pp 形式,除了 pp 形式还有其他形式。
- breaks(1:L+1):说明下一行的数据是分段点,见表 4.3 中的数据:

0	0.615 6	1.231 3	1.846 9	2.462 5	3.078 1

- coefficients(d*L,k):说明下面的数据分段多项式每段的系数,每段是三次多项式因此有四个系数:

−0.064 6	0.546 4	0.001 9	−1.000 0
−0.141 7	0.427 1	0.601 3	−0.806 8
−0.179 1	0.165 4	0.966 1	−0.307 8
−0.141 7	−0.165 4	0.966 1	0.307 8
−0.064 6	−0.427 1	0.601 3	0.806 8

- pieces numberL:5,多项式的段数,其实有了上面两个数据项,这个是可以省略的。
- order k:4,阶数,就是次数加 1,其实有了上面 coefficients(d * L,k)数据项,这个也是可以省略的。
- dimension d of target:1,曲线的维度,就是 csape(x,y)中 y 的行数,行数就是维度,因为每列表示一个点。

关于上述中曲线的维度大于 1 的程序体验,读者可以阅读和运行配套资料中的程序 Chapter4/ mycsap4。

思考与练习

1. 什么是累加弦长参数化方法?

2. 设曲线方程是 $y=f(x)$,其中 $x\in[x_0,x_1]$;$s(x)=s_0+\int_{x_0}^{x}f(t)\mathrm{d}t$ 是曲线上任意点到起点的弧长,记 $s_1=s(x_1)$。对该曲线构造弧长参数方程 $\begin{cases}x=x(s)\\y=y(s)\end{cases}$,$s\in[s_0,s_1]$。请简要证明:对于曲线 $x=x(s)$,$s\in[s_0,s_1]$,其上任意一点处切线的斜率不大于 1。

3. 证明:所有三次多项式形成一个向量空间。

4. 假设 $\boldsymbol{p}_0[0,1]$、$\boldsymbol{p}_1[1,0]$,起点 $\boldsymbol{p}_0$ 处的切矢量为 $\boldsymbol{t}_0=[1,0]$,终点 $\boldsymbol{p}_1$ 处的切矢量为 $\boldsymbol{t}_1=[0,1]$。试写出以 $\boldsymbol{p}_0,\boldsymbol{t}_0$,$\boldsymbol{p}_1,\boldsymbol{t}_1$ 为端点条件的 Ferguson 曲线段 $\boldsymbol{r}(u)$的方程,并计算 $\boldsymbol{r}(0.5)$的值。进一步,请计算 Ferguson 曲线段 $\boldsymbol{r}(u)$对第一象限内圆弧的逼近误差。

5. 已知 $F_0(u)=2u^3-3u^2+1$,$F_1(u)=-2u^3+3u^2$,$G_0(u)=u(u-1)^2$,$G_1(u)=u^2(u-1)$(其中 $u\in[0,1]$)是 Hermit 基函数,$\boldsymbol{p}_0[0,0]$、$\boldsymbol{p}_1[1,1]$、$\boldsymbol{p}_2[2,0]$是三个型值点。现构造通过这三个型值点的 Ferguson 曲线 $\boldsymbol{r}(u)$,使得起点 $\boldsymbol{p}_0$ 处的切矢量为 $\boldsymbol{t}_0=[1,1]$,终点 $\boldsymbol{p}_2$ 处的切矢量为 $\boldsymbol{t}_2=[1,-1]$。试计算:(1)该曲线在 $\boldsymbol{p}_1$ 点处的切矢量 $\boldsymbol{t}_1$;(2)计算第二个曲线段上的点 $\boldsymbol{r}_1(0.5)$。

6. 简要说明 Ferguson 曲线和参数三次样条曲线的区别。为什么采用参数三次样条曲线对非均匀型值点能够取得更加光顺的插值效果?

第5章 Bézier 曲线

类似于 Ferguson 曲线段的表达式是一组 Hermit 基函数的线性组合，Bézier 曲线的表达式也是一组基函数——Bernstein 基函数的线性组合。但是，二者的不同之处表现在三个方面：①Ferguson 曲线段的一组基函数只有四个，而且 Ferguson 曲线段只能是三次多项式曲线段。Bézier 曲线的一组基函数有 $n+1$ 个，Bézier 曲线是 n 次多项式曲线。这一点表明采用不同多项式基函数构造的曲线有不同的几何属性的。②对于一个给定的数据点列($n+1$ 个点)，Ferguson 曲线插值于这个点列，而且顺次每两个点之间是一条 Ferguson 曲线段。Bézier 曲线则是顺次连接点列中的点形成的多边形的一个逼近，是内部无限光滑的 n 次多项式曲线。③Bézier 曲线的理论简洁而严谨，很多内容与 B 样条具有相似性，是初学者从 Ferguson 曲线学习过渡到 B 样条曲线学习的理想衔接内容。而且，Bézier 曲线具有良好的端点性质，现在常用的非均匀 B 样条曲线也经常采用特殊的造型技巧使得曲线在端点处继承 Bézier 曲线的性质。

5.1 Bézier 曲线的产生和应用

Bézier 曲线于 1962 年由法国雷诺汽车公司的工程师 Bézier 提出。20 世纪 70 年代初，Bézier 以此为基础完成了用于曲线曲面设计的 UNISURF 系统。美国 Ryan 飞机公司在 1972 年也采用了 Bézier 方法建立曲线曲面造型系统。Forrest、Gordon 和 Riesenfeld 在 20 世纪 70 年代从理论上对 Bézier 方法进行了深入探讨，揭示了 Bézier 方法与现代 B 样条理论之间的深刻联系，把函数逼近论与几何表示紧密结合起来。

不同于 Ferguson 曲线和参数三次样条曲线，Bézier 曲线只是对顶点多边形的逼近，如图 5.1 所示。逼近的方法是一个很适合于外形设计的方法，因为在曲线曲面设计的初始阶段，设计者可能对要设计的产品外形仅有一个非常粗略的概念，只能大致勾勒出产品的轮廓。在这种情况下求解方程组使曲线严格通过设计者勾勒出的多边形顶点无疑是不合理的。为此，人们希望使用某种逼近的方法而非插值的方法去模仿曲线曲面的设计过程，尽可能减少计算量以达到实时显示的效果。

应该注意到，在当前的 CAD 造型系统中，很少有单独把 Bézier 曲线作为数学模型构造自由曲线曲面的情况。但是人们往往通过 B 样条来继承 Bézier 曲线曲面优良的端点性质。以 CATIA 软件为例，在其“线架构与曲面设计”模块中很容易交互选择控制顶点构造一条 B 样条曲线。注意到图 5.2 中 B 样条的两个端点，它完全具备 Bézier 曲线的端点性质。这一点，通过比较图 5.1 和图 5.2 就可以发现。另外，在控制顶点的个数和曲线的次数满足一定条件时，构造出的曲线也就是 Bézier 曲线。

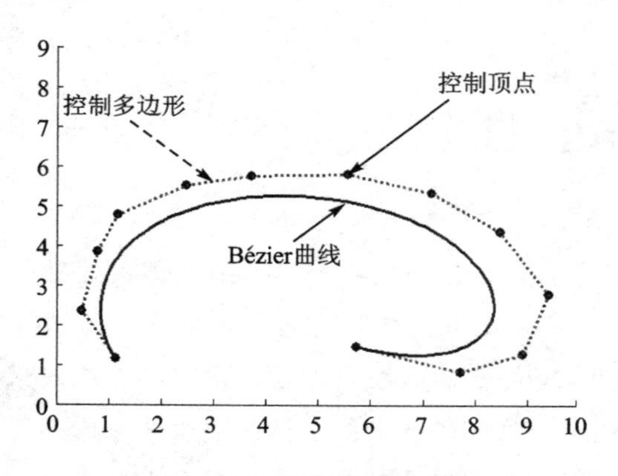

图 5.1 Bézier 曲线及其控制多边形

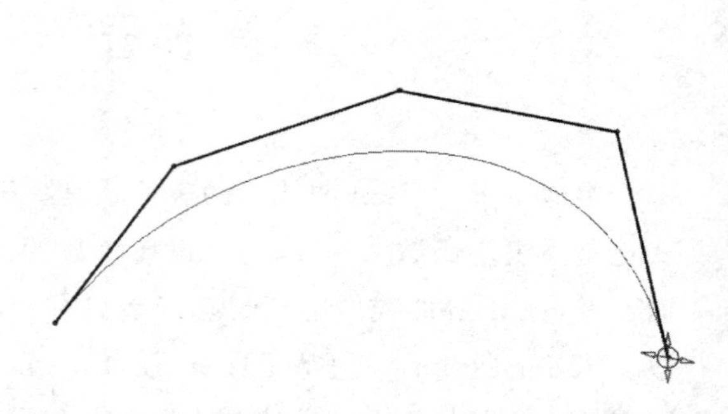

图 5.2 在 CATIA 软件中构造的 B 样条曲线

5.2 预备知识:凸包与二项式定理

如图 5.1 所示,要使计算机计算出的曲线是设计者勾勒出的多边形的一个"逼近"。这种逼近在数学上可以分解为多个精确的描述:凸包性、保凸性、变缩减差性等[3,10]。下面从凸包性这个特性的描述入手来讨论。

从几何的角度,$n+1$ 个点 $\boldsymbol{V}_i(i=0,1,\cdots,n)$的凸包可以定义为空间内包围这些点的最小的凸多边形围成的区域。凸包的计算是计算几何领域的一个经典问题,存在诸多行之有效的经典算法,例如著名的 Graham 算法。读者只要知道凸包可以精确计算即可,至于如何计算,不是本课程的学习任务。现在讨论凸包的代数定义。如果 $n=1$, 即点集中有两个点,那么这两个点的凸包是:

$$\Omega(\boldsymbol{V}_0,\boldsymbol{V}_1)=\alpha\boldsymbol{V}_0+(1-\alpha)\boldsymbol{V}_1,\quad 0\leqslant\alpha\leqslant 1$$

此时,$\Omega(\boldsymbol{V}_0,\boldsymbol{V}_1)$是一条线段。

如果 $n=2$, 即点集中有 3 个点,那么这 3 个点的凸包是:

$$\Omega(\boldsymbol{V}_0,\boldsymbol{V}_1,\boldsymbol{V}_2)=\alpha_0\boldsymbol{V}_0+\alpha_1\boldsymbol{V}_1+(1-\alpha_0-\alpha_1)\boldsymbol{V}_2,\quad 0\leqslant\alpha_0,\alpha_1\leqslant 1,0\leqslant\alpha_0+\alpha_1\leqslant 1$$

此时,$\Omega(\boldsymbol{V}_0,\boldsymbol{V}_1,\boldsymbol{V}_2)$是一个三角形区域。

一般地,顶点 $\boldsymbol{V}_i(i=0,1,\cdots,n)$形成的凸包是指如下点集:

$$\left\{\sum_{i=0}^{n}\alpha_i\boldsymbol{V}_i \,\middle|\, \sum_{i=0}^{n}\alpha_i=1,0\leqslant\alpha_i\leqslant 1\right\}\tag{5.1}$$

可以证明:

定理 5.1 $\boldsymbol{V}(\alpha_0,\alpha_1,\cdots,\alpha_n)=\sum_{i=0}^{n}\alpha_i\boldsymbol{V}_i$ 在顶点 $\boldsymbol{V}_i(i=0,1,\cdots,n)$形成的凸包中的充分必要条件是 $\sum_{i=0}^{n}\alpha_i=1,0\leqslant\alpha_i\leqslant 1$。

这个证明过程作为课后练习题留给读者。为了方便读者理解,这里仅讨论 4 个顶点的情况,$\boldsymbol{V}_i(i=0,1,\cdots,3)$。注意这里讨论的曲线都是多项式曲线。根据 Ferguson 曲线段的表示方法,4 个顶点就是 4 个已知条件,所需要的曲线段的表达式可以表示为 4 个已知条件和 4 个基函数(三次多项式向量空间的基函数)的线性组合:

$$r(u) = V_0 B_0(u) + V_1 B_1(u) + V_2 B_2(u) + V_3 B_3(u) \quad u \in [0,1]$$

现在,我们的目的是在三次多项式向量空间找到一组基函数 $B_0(u)$,$B_1(u)$,$B_2(u)$,$B_3(u)$,使曲线 $r(u)$ 在 $V_i(i=0,1,\cdots,3)$的凸包之中。根据定理 5.1,这组基函数需要满足条件:

$$\sum_{i=0}^{3} B_i(u) = 1, \quad 且\ 0 \leqslant B_i(u) \leqslant 1, 0 \leqslant u \leqslant 1, \quad i=0,1,2,3 \tag{5.2}$$

人们通过研究发现,二项式定理的各展开项可以满足条件式(5.2):

$$[u+(1-u)]^3 = C_3^0 u^0 (1-u)^3 + C_3^1 u^1 (1-u)^2 + C_3^2 u^2 (1-u)^1 + C_3^3 u^3 (1-u)^0 = 1$$

即可以令

$$B_i(u) = C_3^i u^i (1-u)^{3-i}, \quad i=0,1,2,3 \tag{5.3}$$

可以把上述过程理解为构造 Bézier 曲线的基本思路和过程。在这个基础上,可以给出 Bézier 曲线的规范定义。

5.3 Bézier 曲线的定义

在空间内给定 $n+1$ 个点 $V_i(i=0,1,\cdots,n)$,那么曲线

$$r(u) = \sum_{i=0}^{n} B_{i,n}(u) V_i, \quad 0 \leqslant u \leqslant 1 \tag{5.4}$$

称为 n 次 Bézier 曲线。其中,

$$B_{i,n}(u) = C_n^i u^i (1-u)^{n-i} \tag{5.5}$$

称为伯恩斯坦(Bernstein)基函数,$C_n^i = \dfrac{n!}{i!\ (n-i)!}$;$V_i(i=0,1,\cdots,n)$形成的多边形称为该 Bézier 曲线的控制多边形,V_i 称为该 Bézier 曲线的控制顶点。

特别地,二次 Bézier 曲线可以写为

$$r(u) = (1-u)^2 V_0 + 2(1-u)u V_1 + u^2 V_2$$

三次 Bézier 曲线可以写为

$$r(u) = \sum_{i=0}^{3} [C_3^i u^i (1-u)^{3-i}] V_i = [1 \quad u \quad u^2 \quad u^3] \begin{bmatrix} 1 & 0 & 0 & 0 \\ -3 & 3 & 0 & 0 \\ 3 & -6 & 3 & 0 \\ -1 & 3 & -3 & 1 \end{bmatrix} \begin{bmatrix} V_0 \\ V_1 \\ V_2 \\ V_3 \end{bmatrix}$$

5.4 Bézier 曲线的 MATLAB 绘制

从公式(5.4)可以看出,为了计算 Bézier 曲线上的点 $r(u)$,首先需要计算出 Bernstein 基函数。下面给出计算 Bernstein 基函数的函数值的代码 5.1。

代码 5.1　对于给定的参数 u 计算各个 n 次 Bernstein 基函数的值

```
function BB = Berbstein(n,u)
% 考察式(5.4)～(5.5)
% 一组 n 次的 Bernstein 基函数有 n+1 个
```

```
%本程序对参数u计算这n+1个Bernstein基函数的值
%保存在行向量数组BB中
if(n==0)
    error('n必须大于0')        %Bernstein基函数的次数至少是1
else
    mnj=1;
    for j=1:n                  %计算n的阶乘
        mnj=mnj*j;
    end                        %计算n的阶乘
end
for i=0:n                      %通过循环得到n+1个Bernstein基函数对参数u的值
    zij=1;
    a=1;
    if i>=1
        for j=1:i
            zij=zij*j;         %计算i的阶乘
            a=a*u;             %计算u的i次幂
        end
    end
    znij=1;
    b=1;
    if n-i>=1
        for j=1:n-i
            znij=znij*j;       %计算n-i的阶乘
            b=b*(1-u);         %计算1-u的n-i次幂
        end
    end
    Cin=mnj/(zij*znij);        %计算组合数
    BB(i+1)=Cin*a*b;           %将第i个Bernstein基函数的值存入数组BB
    %在MATLAB中,数组的序号从1开始
end%for i=0:n
```

在上述基函数的基础上,可以采用代码5.2构造Bézier曲线。

代码5.2　绘制Bezier曲线

```
function Bezier()
%交互式在屏幕上选取点
%以这些点为控制顶点构造Bezier曲线
figure                         %开辟一个图形窗口以便绘图
axis([0 9.8 0 9.8])            %在图形窗口中创建二维轴
%形成输入向量的4个数分别是x的取值范围和y的取值范围
but=1;%在这里but就是button的缩写,1,2,3分别表示鼠标的左中右键
n=0;
hold on
while but==1                   %按鼠标得中键和右键结束点的拾取
    n=n+1;
```

```
    [xi,yi,but] = ginput(1); % 交互在屏幕上的坐标范围内拾取点,一次拾取一个点
     % 该函数输出拾取点的坐标和使用的鼠标键
     % 在这里 but 就是 button 的缩写,1,2,3 分别表示鼠标的左中右键
    x(n) = xi;
    y(n) = yi;
    plot(xi,yi,'k.','Markersize',20)       % 画出所捕捉的点
    plot(x,y,'r:','linewidth',2)           % 画出控制多边形,用红色虚线表示
end
% 拾取到的点用于构造控制多边形
n = n - 1;
for i = 1:100                     % 采集 100 个密化点
    u = (i - 1)/99;               % 第 i 个点对应的计算参数
    BB = Berbstein(n,u);          % 计算参数 u 下一组 Bernstein 基函数的值
    xx(i) = x * BB';              % 控制顶点的 x 坐标和基函数进行线性组合得到参数 u 对应的点的横坐标
     % 这是第 i 个密化点的横坐标,保存在数组的第 i 个位置
    yy(i) = y * BB';              % 控制顶点的 y 坐标和基函数进行线性组合
end
% xx,yy 分别表示密化点的横坐标和纵坐标形成的数组
% Bezier 曲线上的密化点逐点连接,在视觉上形成 Bezier 曲线
plot(xx,yy,'b','linewidth',2)
hold off
```

上述代码构造曲线的效果如图 5.1 所示。

5.5　Bézier 曲线的性质

根据 Bézier 曲线的表达式(5.4)，Bézier 曲线的性质由其基函数的性质决定,因此下面讨论 Bernstein 基函数的性质：

(1) 非负性。对于任意 $u \in [0,1]$,都有 $0 \leqslant B_{i,n}(u) \leqslant 1$。这一点可以直接由 Bernstein 基函数的表达式(5.5)得到。

(2) 权性。对于同一个参数 u,所有 n 次 Bernstein 基函数 $B_{i,n}(u)(i=0,1,\cdots,n)$对应的函数值之和为 1,即

$$\sum_{i=0}^{n} B_{i,n}(u) = 1$$

实际上,由二项式展开有：

$$\sum_{i=0}^{n} B_{i,n}(u) = \sum_{i=0}^{n} \mathrm{C}_n^i u^i (1-u)^{n-i} = [u + (1-u)]^n = 1$$

(3) 对称性。对于 n 次 Bernstein 基函数,第 i 个基函数关于参数 u 的函数值与倒数第 i 个基函数关于参数 $1-u$ 的函数值相等,即

$$B_{i,n}(u) = B_{n-i,n}(1-u), \quad i = 0,1,\cdots,n$$

(4) 求导性质。n 次 Bernstein 基函数的导数可以用 $n-1$ 次 Bernstein 基函数线性表示,即

$$B'_{i,n}(u) = n[B_{i-1,n-1}(u) - B_{i,n-1}(u)]$$

事实上,

$$B'_{i,n}(u)=[C_n^i u^i(1-u)^{n-i}]'=i\frac{n!}{i!\ (n-i)!}u^{i-1}(1-u)^{n-i}-$$

$$(n-i)\frac{n!}{i!\ (n-i)!}u^i(1-u)^{n-i-1}$$

$$=n\frac{(n-1)!}{(i-1)!\ [(n-1)-(i-1)]!}u^{i-1}(1-u)^{(n-1)-(i-1)}-$$

$$n\frac{(n-1)!}{i!\ [(n-1)-i]!}u^i(1-u)^{(n-1)-i}$$

$$=n[B_{i-1,n-1}(u)-B_{i,n-1}(u)]$$

(5) 递推性。n 次 Bernstein 基函数可以用 $n-1$ 次 Bernstein 基函数线性表示,即

$$B_{i,n}(u)=(1-u)B_{i,n-1}(u)+uB_{i-1,n-1}(u)$$

事实上,

$$(1-u)B_{i,n-1}(u)+uB_{i-1,n-1}(u)=(1-u)\frac{(n-1)!}{i!\ [(n-1)-i]!}u^i(1-u)^{(n-1)-i}+$$

$$u\frac{(n-1)!}{(i-1)!\ [(n-1)-(i-1)]!}u^{i-1}(1-u)^{(n-1)-(i-1)}$$

$$=\left[\frac{(n-i)(n-1)!}{i!\ (n-i)!}+\frac{i(n-1)!}{i!\ (n-i)!}\right]u^i(1-u)^{n-i}$$

$$=B_{i,n}(u)$$

利用 Bernstein 基函数可以得到 Bézier 曲线的如下性质:

(1) 凸包性。Bézier 曲线位于其控制顶点形成的凸包之中。顶点 $\boldsymbol{V}_i(i=0,1,\cdots,n)$形成的凸包就是这些顶点形成的最小凸多边形围成的区域。Bézier 曲线的凸包性由 Bernstein 基函数的非负性和权性决定。

(2) 端点性质。Bézier 曲线经过其控制多边形的首末两个端点并与控制多边形的首末两条边相切,如图 5.1 所示。根据 Bernstein 基函数的表达式(5.5)可知:

$$B_{0,n}(0)=1,\quad B_{i,n}(0)=0,\quad i=1,\cdots,n$$

$$B_{n,n}(1)=1,\quad B_{i,n}(1)=0,\quad i=0,1,\cdots,n-1$$

所以,

$$\boldsymbol{r}(0)=\sum_{i=0}^{n}B_{i,n}(0)\boldsymbol{V}_i=\boldsymbol{V}_0,\quad \boldsymbol{r}(1)=\sum_{i=0}^{n}B_{i,n}(1)\boldsymbol{V}_i=\boldsymbol{V}_n$$

由 Bernstein 基函数的导数性质

$$\boldsymbol{r}'(u)=n\sum_{i=0}^{n}[B_{i-1,n-1}(u)-B_{i,n-1}(u)]\boldsymbol{V}_i=n\sum_{i=0}^{n-1}(\boldsymbol{V}_{i+1}-\boldsymbol{V}_i)B_{i,n-1}(u)\tag{5.6}$$

注意 $B_{-1,n-1}(u)=B_{n,n-1}(u)=0$,可得:

$$\boldsymbol{r}'(0)=n(\boldsymbol{V}_1-\boldsymbol{V}_0),\quad \boldsymbol{r}'(1)=n(\boldsymbol{V}_n-\boldsymbol{V}_{n-1})\tag{5.7}$$

(3) 对称性。一条以 $\boldsymbol{V}_0\boldsymbol{V}_1\cdots\boldsymbol{V}_n$ 为控制多边形的 Bézier 曲线与以 $\boldsymbol{V}_n\boldsymbol{V}_{n-1}\cdots\boldsymbol{V}_0$ 为控制多边形 Bézier 曲线相同。也就是说,令 $\boldsymbol{P}_i=\boldsymbol{V}_{n-i}$,则 $\sum_{i=0}^{n}B_{i,n}(u)\boldsymbol{V}_i(u\in[0,1])$ 与 $\sum_{i=0}^{n}B_{i,n}(v)\boldsymbol{P}_i(v\in[0,1])$ 表示同一条曲线,而且

$$\sum_{i=0}^{n} B_{i,n}(u)\boldsymbol{V}_i = \sum_{i=0}^{n} B_{i,n}(1-u)\boldsymbol{P}_i$$

对称性说明，由同一控制多边形定义的 Bézier 曲线是唯一的。实际上利用基函数的对称性有：

$$\boldsymbol{r}(u) = \sum_{i=0}^{n} B_{n-i,n}(1-u)\boldsymbol{V}_i$$

令 $j=n-i$，上式可写为

$$\boldsymbol{r}(u) = \sum_{j=0}^{n} B_{j,n}(1-u)\boldsymbol{V}_{n-j} = \sum_{i=0}^{n} B_{i,n}(v)\boldsymbol{P}_i$$

这就证明了 Bézier 曲线的对称性。

利用 Bernstein 基函数的递推性可以得到 Bézier 曲线的递推性，即利用控制顶点经过线性递推可以得到曲线上的点。递推性是 Bézier 曲线的重要性质，下面将专门讨论这一性质。

5.6　Bézier 曲线的递推算法

Bézier 曲线的递推算法就是著名的 de-Casteljau 算法，常被称为 Bézier 曲线的几何作图法。de-Casteljau 算法是 Bézier 曲线最基本的算法，它把复杂的几何计算转化为一系列的线性运算，通过逐层的线段分割就可以得到 Bézier 曲线上的点和相应的切矢量。de-Casteljau（雪铁龙汽车制造公司的工程师）的这一工作始于 1959 年，早于 Bézier 曲线的提出[10]。但为了理论上的统一性，本书仍然从 Bernstein 基函数的递推性来导出 de-Casteljau 算法。

根据 Bernstein 基函数的递推性有：

$$\begin{aligned}\boldsymbol{r}(u) = \sum_{i=0}^{n} B_{i,n}(u)\boldsymbol{V}_i &= \sum_{i=0}^{n}[uB_{i-1,n-1}(u) + (1-u)B_{i,n-1}(u)]\boldsymbol{V}_i \\ &= \sum_{i=0}^{n-1}[(1-u)\boldsymbol{V}_i + u\boldsymbol{V}_{i+1}]B_{i,n-1}(u) \\ &= \sum_{i=0}^{n-1}\boldsymbol{V}_i^1 B_{i,n-1}(u) = \cdots = \sum_{i=0}^{1}\boldsymbol{V}_i^{n-1}B_{i,1}(u) \\ &= [(1-u)\boldsymbol{V}_0^{n-1} + u\boldsymbol{V}_1^{n-1}] = \boldsymbol{V}_0^n\end{aligned}$$

图 5.3 所示为一条三次 Bézier 曲线的递推过程。这一递推过程得到参数 u 所对应的点 $\boldsymbol{r}(u)$。

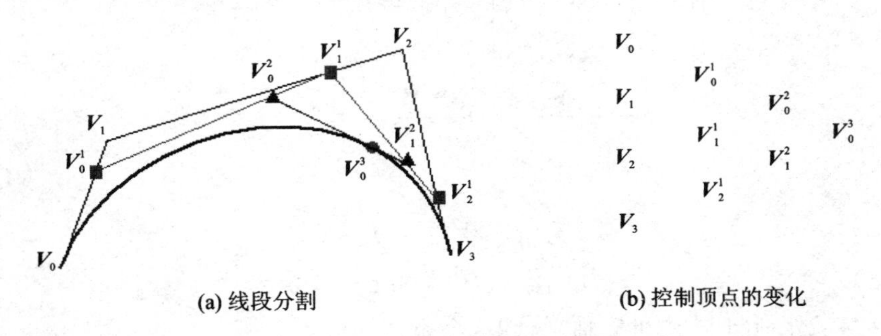

图 5.3　Bézier 曲线的几何作图法

由递推公式

$$\boldsymbol{V}_i^k = (1-u)\boldsymbol{V}_i^{k-1} + u\boldsymbol{V}_{i+1}^{k-1}, \quad k=1,\cdots,n;\ i=0,\cdots,n-k \tag{5.8}$$

可知,对每条线段的分割比例都是 $u:(1-u)$。

对于线段 $\boldsymbol{V}_0^{n-1}\boldsymbol{V}_1^{n-1}$ 与 Bézier 曲线相切的结论可以采用如下推导过程加以证明。由式(5.8)可知

$$\boldsymbol{r}'(u)/n = \sum_{i=0}^{n-1}(\boldsymbol{V}_{i+1}-\boldsymbol{V}_i)B_{i,n-1}(u) = \sum_{j=1}^{n}\boldsymbol{V}_jB_{j-1,n-1}(u) - \sum_{i=0}^{n-1}\boldsymbol{V}_iB_{i,n-1}(u)$$

对曲线 $\sum_{j=1}^{n}\boldsymbol{V}_jB_{j-1,n-1}(u)$ 和 $\sum_{i=0}^{n-1}\boldsymbol{V}_iB_{i,n-1}(u)$ 利用几何作图法(见图 5.3)可知:

$$\sum_{j=1}^{n}\boldsymbol{V}_jB_{j-1,n-1}(u) = \boldsymbol{V}_1^{n-1}, \quad \sum_{i=0}^{n-1}\boldsymbol{V}_iB_{i,n-1}(u) = \boldsymbol{V}_0^{n-1}$$

所以 $\boldsymbol{r}'(u)/n = \boldsymbol{V}_1^{n-1} - \boldsymbol{V}_0^{n-1}$。这就证明了线段 $\boldsymbol{V}_0^{n-1}\boldsymbol{V}_1^{n-1}$ 与 Bézier 曲线相切的结论。

[例 5.1] 用三次 Bézier 曲线拟合 xOy 平面上第一象限内的一段 1/4 圆弧,圆弧的圆心为(0,0)点,半径为 1,如图 5.4 所示,要求拟合曲线精确经过该圆弧的两个端点和中点,求三次 Bézier 曲线的控制顶点。

解法一 方程求解法

如图 5.4 所示,设 $\boldsymbol{V}_0,\boldsymbol{V}_1,\boldsymbol{V}_2,\boldsymbol{V}_3$ 是该 Bézier 曲线的控制顶点。利用 Bézier 曲线经过其控制多边形首末端点的性质可知:

$$\boldsymbol{V}_0 = [0,1], \quad \boldsymbol{V}_3 = [1,0]$$

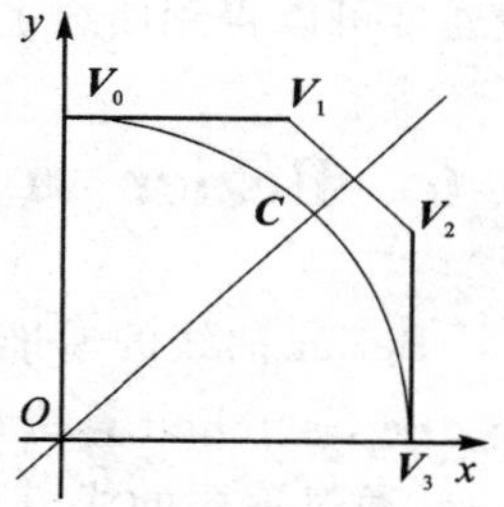

图 5.4 例 5.1 解法一图

利用 Bézier 曲线与控制多边形首末两条边相切的性质可知,由于 $\boldsymbol{V}_0\boldsymbol{V}_1$、$\boldsymbol{V}_3\boldsymbol{V}_2$ 与该 Bézier 曲线相切,既然题中给出的条件是第一象限内 1/4 单位圆弧,那么 $\boldsymbol{V}_0\boldsymbol{V}_1$、$\boldsymbol{V}_3\boldsymbol{V}_2$ 分别与 x 轴和 y 轴平行。又该 Bézier 曲线经过圆弧的中点 $\boldsymbol{C}=[\sqrt{2}/2,\sqrt{2}/2]$,由 Bézier 曲线首末条件的对称性可知,该圆弧中点也是 Bézier 曲线的中点,因此,

$$\boldsymbol{r}(1/2) = [\sqrt{2}/2,\sqrt{2}/2]$$

现在根据 Bézier 曲线表达式把上述方程具体化。三次 Bézier 曲线表达式中的 4 个基函数为

$$B_{0,3}(u) = \mathrm{C}_3^0u^0(1-u)^3 \Rightarrow B_{0,3}(1/2) = 1/8$$
$$B_{1,3}(u) = \mathrm{C}_3^1u^1(1-u)^2 \Rightarrow B_{1,3}(1/2) = 3/8$$
$$B_{2,3}(u) = \mathrm{C}_3^2u^2(1-u)^1 \Rightarrow B_{2,3}(1/2) = 3/8$$
$$B_{3,3}(u) = \mathrm{C}_3^3u^3(1-u)^0 \Rightarrow B_{3,3}(1/2) = 1/8$$
$$\frac{\boldsymbol{V}_0 + 3\boldsymbol{V}_1 + 3\boldsymbol{V}_2 + \boldsymbol{V}_3}{8} = \left[\frac{\sqrt{2}}{2},\frac{\sqrt{2}}{2}\right]$$

所以,

$$\begin{cases} 3V_{1,x} + 3V_{2,x} + 1 = 4\sqrt{2} \\ 3V_{1,y} + 3V_{2,y} + 1 = 4\sqrt{2} \end{cases} \tag{5.9}$$

根据“$\boldsymbol{V}_0\boldsymbol{V}_1$、$\boldsymbol{V}_3\boldsymbol{V}_2$ 分别与 x 轴和 y 轴平行”这个条件,有

$$V_{1,y} = 1, \quad V_{2,x} = 1$$

所以方程(5.9)可以化为

$$\begin{cases}3V_{1,x}+3+1=4\sqrt{2}\\3+3V_{2,y}+1=4\sqrt{2}\end{cases}$$

所以，

$$\begin{cases}V_{1,x}=\dfrac{4}{3}(\sqrt{2}-1)\\V_{2,y}=\dfrac{4}{3}(\sqrt{2}-1)\end{cases}$$

于是，$\boldsymbol{V}_1=\left[\dfrac{4}{3}(\sqrt{2}-1),1\right]$，$\boldsymbol{V}_2=\left[1,\dfrac{4}{3}(\sqrt{2}-1)\right]$，这样就得到了 Bézier 曲线的所有控制顶点。

解法二 几何作图法

如图 5.5 所示，设 $\boldsymbol{V}_0,\boldsymbol{V}_1,\boldsymbol{V}_2,\boldsymbol{V}_3$ 是该 Bézier 曲线的控制顶点。利用 Bézier 曲线的经过控制多边形首末端点的性质可知：

$$\boldsymbol{V}_0=[0,1],\quad \boldsymbol{V}_3=[1,0]$$

利用 Bézier 曲线与控制多边形首末两条边相切的性质可知，由于 $\boldsymbol{V}_0\boldsymbol{A}$、$\boldsymbol{V}_3\boldsymbol{A}$ 与该 Bézier 曲线相切，所以 $\boldsymbol{V}_1$ 在线段 $\boldsymbol{V}_0\boldsymbol{A}$ 上，$\boldsymbol{V}_2$ 在线段 $\boldsymbol{V}_3\boldsymbol{A}$ 上。

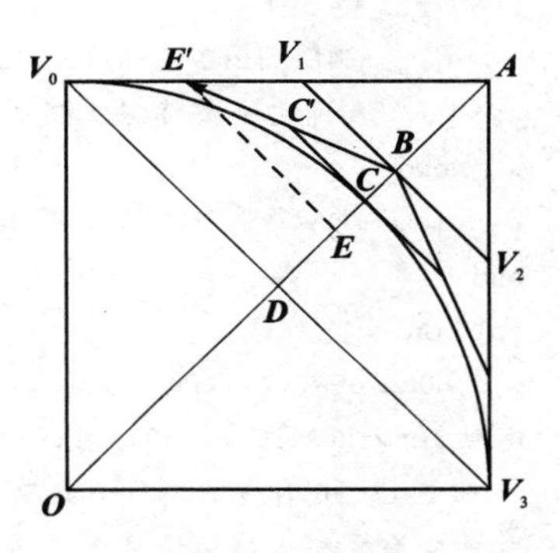

图 5.5 例 5.1 解法二图

对 $\boldsymbol{V}_0\boldsymbol{V}_1\boldsymbol{V}_2\boldsymbol{V}_3$ 采用几何作图法（de-Casteljau 算法），逐次对各边进行中点分割得到圆弧中点 $\boldsymbol{C}$。注意，$\boldsymbol{EE}'$ 和 $\boldsymbol{CC}'$ 分别是相应三角形和梯形的中位线，根据中位线定理可知，$\boldsymbol{E}$ 是 $\boldsymbol{BD}$ 的中点，$\boldsymbol{C}$ 是 $\boldsymbol{BE}$ 的中点，所以

$$\frac{\boldsymbol{DC}}{\boldsymbol{DB}}=\frac{3}{4}$$

又 $\boldsymbol{CD}=\boldsymbol{OC}-\boldsymbol{OD}=1-\sqrt{2}/2$，因此，$\boldsymbol{DB}=\dfrac{4}{3}\left(1-\dfrac{\sqrt{2}}{2}\right)$。所以，

$$\frac{\boldsymbol{V}_0\boldsymbol{V}_1}{\boldsymbol{V}_0\boldsymbol{A}}=\frac{\boldsymbol{DB}}{\boldsymbol{DA}}=\frac{\dfrac{4}{3}\left(1-\dfrac{\sqrt{2}}{2}\right)}{\dfrac{\sqrt{2}}{2}}=\frac{4}{3}(\sqrt{2}-1)$$

由此解得 $\boldsymbol{V}_1=\left[\dfrac{4}{3}(\sqrt{2}-1),1\right]$。根据对称性有，$\boldsymbol{V}_2=\left[1,\dfrac{4}{3}(\sqrt{2}-1)\right]$。

5.7 Bézier 曲线递推算法的程序实现

Bézier 曲线的递推算法如代码 5.3 所示。

代码 5.3 Bezier 曲线的递推算法

```
function MyDeCasAlg()
% 本程序是一个执行 Bezier 曲线的递推算法
```

```
CtrlPs = PickCtrlPs();                    %交互式选取点作为曲线的控制顶点
i = 1;                                    %初始化计数器的值
for u = 0:0.02:1                          %按照步长依次取密化参数值
    AllCtrlPs = DeCasteljauAlg(CtrlPs,u);
    %对当前参数值执行递推算法得到各级递推的顶点
    %每个层级的所有顶点形成一个细胞保存在细胞数组中
    %每个细胞是一个 2 行 N 列存储顶点的矩阵
    %最后一个细胞中只有一个点
    N = length(AllCtrlPs);
    DensePs(1,i) = AllCtrlPs{N}(1);
    DensePs(2,i) = AllCtrlPs{N}(2);
    %最后一个细胞中的点就是曲线上对应于参数 u 的点,作为密化点保存
    if(i == 30)
        AllCtrlPs0 = AllCtrlPs;     %保存 i = 30 时的递推点便于后面绘图
        %说明一个特定参数下的递推过程
    end
    i = i + 1;
end
hold on
plot(DensePs(1,:),DensePs(2,:))      %采用密化点绘制 Bezier 曲线
N = length(AllCtrlPs0) - 1;
%对于 i = 30 对应的参数 u 绘制各级递推点
%奇数层级和偶数层级采用不同颜色表示以便图形的直观
for i = 1:N
    if(mod(i,2) == 1)
        plot(AllCtrlPs0{i}(1,:),AllCtrlPs0{i}(2,:),'r','linewidth',1)
    else
        plot(AllCtrlPs0{i}(1,:),AllCtrlPs0{i}(2,:),'g','linewidth',1)
    end
end
%
i = N + 1;
plot(AllCtrlPs0{i}(1,:),AllCtrlPs0{i}(2,:),'k.','MarkerSize',12) %夸张显示最后一个递推点
hold off
box on %显示坐标轴包围盒
```

运行上述代码,交互选点后得到的图形如图 5.6 所示。

在代码 5.3 中,子函数 AllCtrlPs = DeCasteljauAlg(CtrlPs,u)是递推算法的核心函数。该函数的实现如代码 5.4 所示。

代码 5.4　对于给定的控制顶点和参数 u 执行 Bézier 递推算法

```
function AllCtrlPs = DeCasteljauAlg(CtrlPs,u)
%本程序进行 Bezier 曲线递推算法所有层级的递推
%采用细胞数组的方式返回所有层级上的控制顶点
AllCtrlPs{1} = CtrlPs; %把初始控制顶点作为细胞数组的一个元素
```

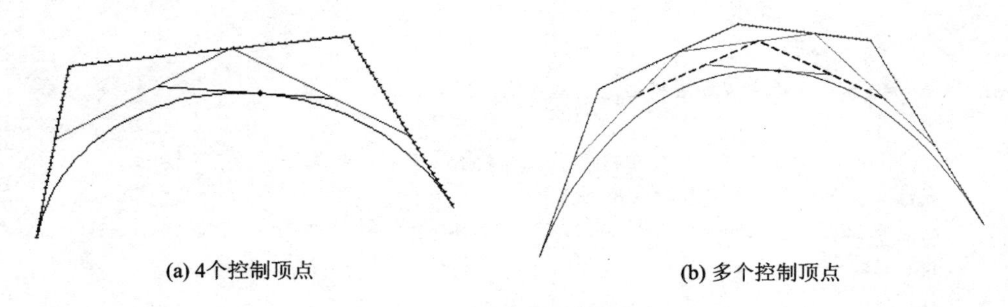

图 5.6　Bézier 曲线的递推算法

```
N = length(CtrlPs(1,:));
k = 2;
for i = N:-1:2 % 逐层递推,每次递推至少需要两个控制顶点
    CtrlPs = SubDeCasteljauAlg(CtrlPs,u); % 对当前控制顶点计算新的控制顶点
    AllCtrlPs{k} = CtrlPs; % 把新的控制顶点保存到细胞数组中
    k = k + 1;
end

function NewCtrlPs = SubDeCasteljauAlg(CtrlPs,u)
% 本程序进行 Bezier 曲线递推算法
% 从 N 个控制点到 N-1 个控制点的一次递推
% 如果只有一个控制顶点就不进行递推了
% CtrlPs 是一个 2 行 N 列的数组,一列表示一个点
N = length(CtrlPs(1,:));
if(N == 1)
    NewCtrlPs = CtrlPs;
    return;
end
N = N - 1;
for i = 1:N
    NewCtrlPs(:,i) = (1 - u) * CtrlPs(:,i) + u * CtrlPs(:,i + 1);
     % 根据公式(5.8)计算新顶点
end
```

与前面给的代码文件不同,这个代码中包含两个函数 DeCasteljauAlg 和 SubDeCasteljauAlg。前一个函数名与保存的文件名相同,是主函数,后一个是子函数。在代码 5.3 中,也用到了子函数 PickCtrlPs,其实现如代码 5.5 所示。

代码 5.5　交互式拾取点

```
function CtrlPs = PickCtrlPs()
% 本函数交互拾取点以后输出
figure % 开辟一个图形窗口以便绘图
axis([0 9.8 0 9.8]) % 在图形窗口中创建二维轴
% 形成输入向量的 4 个数分别是 x 的取值范围和 y 的取值范围
but = 1; % 在这里 but 就是 button 的缩写,1,2,3 分别表示鼠标的左中右键
```

```
n = 0;
hold on
while but == 1 % 按鼠标中键和右键结束点的拾取
    n = n + 1;
    [xi,yi,but] = ginput(1); % 交互在屏幕上的坐标范围内拾取点,一次拾取一个点
     % 该函数输出拾取点的坐标和使用的鼠标键
     % 在这里 but 就是 button 的缩写,1,2,3 分别表示鼠标的左中右键
    x(n) = xi;
    y(n) = yi;
     % plot(xi,yi,'k.','Markersize',20) % 画出所捕捉的点
    plot(x,y,'r:','linewidth',2) % 画出控制多边形,用红色虚线表示
end
hold off
CtrlPs = [x;y]; % 输出控制顶点
```

通过上述代码的学习,读者应该掌握了在 MATLAB 函数中,计算出的变量如何输出。

5.8 Bézier 曲线的分割

采用 de-Casteljau 算法不但可以计算 Bézier 曲线上的点和该点的切矢量。该算法可以把一段 Bézier 曲线分裂为两段。观察图 5.7,把每级递推得到的顶点排成一列,各级递推对应的列从左到右排列,这样得到一个关于顶点排列的等边三角形。这个等边三角形上下两条边上的顶点就是分裂后子 Bézier 曲线的控制顶点。关于这个证明过程,有兴趣的读者可以参见相关参考文献[10]。

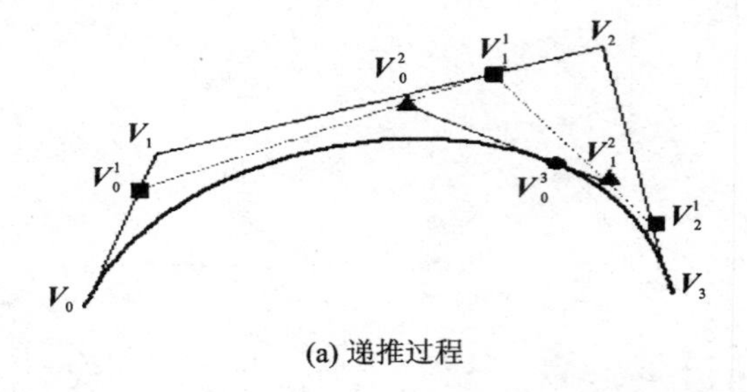

(a) 递推过程

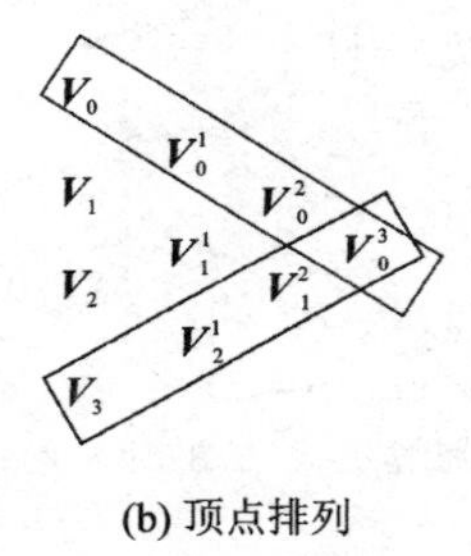

(b) 顶点排列

图 5.7 Bézier 曲线的分裂算法

应用这个分裂算法,可以把一条 Bézier 曲线一分为二,二分为四,四分为八。图 5.8 给出了这个分裂过程。通过这个分裂过程,使曲线的“柔性”不断增加,即可以通过调整控制顶点,使曲线的“局部”发生变化,如图 5.8 和图 5.9 所示。因为一个子曲线的控制顶点只与该子曲线相关,与其他子曲线无关。那么,对于图 5.9 中的两个以上子曲线的情况,应该如何调整控制顶点,才能在满足曲线段之间连续阶的情况下,达到调整曲线形状的要求?这个问题就是下一节需要解决的问题。

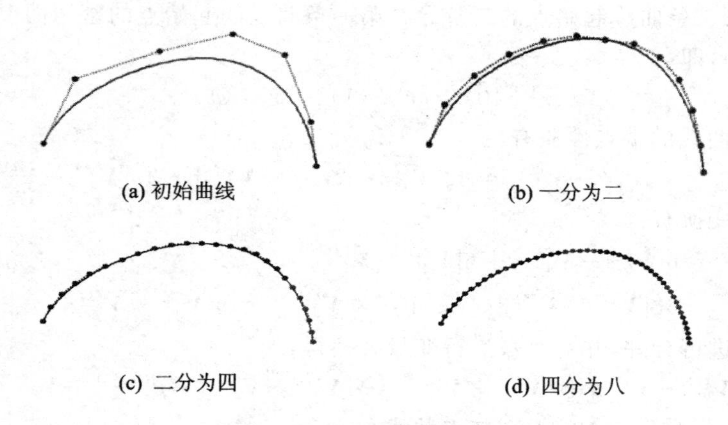

图 5.8　Bézier 曲线的分裂

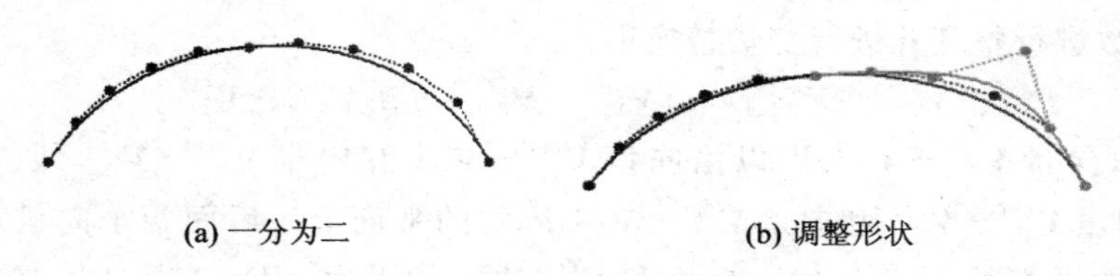

图 5.9　曲线分裂与形状调整

5.9　Bézier 曲线的拼接

本节以三次 Bézier 曲线为例，说明满足需要的连续阶的拼接条件。如图 5.10 所示，有两段 Bézier 曲线。

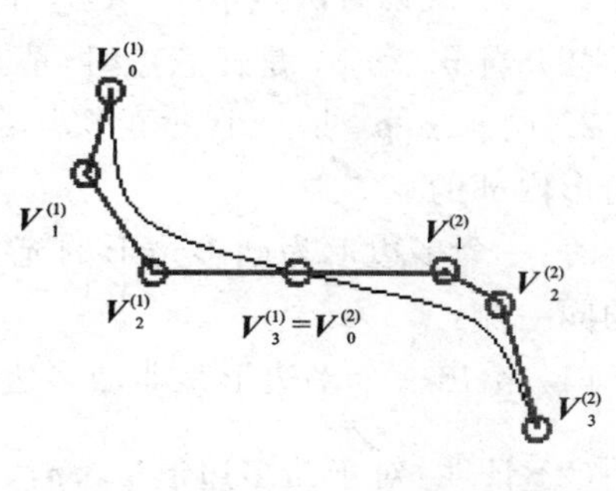

图 5.10　两段 Bézier 曲线的拼接

(1) 这两段 Bézier 曲线 G^0 连续的条件是：

$$\boldsymbol{V}_3^{(1)}=\boldsymbol{V}_0^{(2)}$$

即两点重合。

(2) 这两段 Bézier 曲线 G^1 连续的条件是：

$$\frac{3}{\alpha_1}[\boldsymbol{V}_3^{(1)}-\boldsymbol{V}_2^{(1)}]=\frac{3}{\alpha_2}[\boldsymbol{V}_1^{(2)}-\boldsymbol{V}_0^{(2)}]=\boldsymbol{T}$$

即三点共线。

(3) 为了让这两条 Bézier 曲线 G^2 连续，需要以下三个条件同时满足：

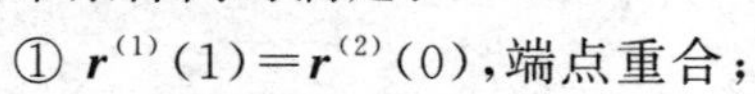

① $\boldsymbol{r}^{(1)}(1)=\boldsymbol{r}^{(2)}(0)$，端点重合；

② $\begin{cases}\boldsymbol{r}^{(1)'}(1)=\alpha_1\boldsymbol{T}\\ \boldsymbol{r}^{(2)'}(0)=\alpha_2\boldsymbol{T}\end{cases}$，切方向相同；

③ $\dfrac{\boldsymbol{r}^{(1)'}(1)\times\boldsymbol{r}^{(1)''}(1)}{|\boldsymbol{r}^{(1)'}(1)|^3}=\dfrac{\boldsymbol{r}^{(2)'}(0)\times\boldsymbol{r}^{(2)''}(0)}{|\boldsymbol{r}^{(2)'}(0)|^3}$，曲率中心重合。

将条件②代入条件③有：

$$\boldsymbol{T}\times\boldsymbol{r}^{(2)''}(0)=\zeta\boldsymbol{T}\times\boldsymbol{r}^{(1)''}(1)$$

上式说明,第二条曲线起始点的二阶导在第一条曲线的起始点的密切面上(即一阶导和二阶导决定的平面),即

$$\boldsymbol{r}^{(2)''}(0)=\zeta\boldsymbol{r}^{(1)''}(1)+\eta\boldsymbol{r}^{(1)'}(1)$$

根据 Bézier 曲线的端点性质有:

$$6[\boldsymbol{V}_0^{(2)}-2\boldsymbol{V}_1^{(2)}+\boldsymbol{V}_2^{(2)}]=6\zeta[\boldsymbol{V}_1^{(1)}-2\boldsymbol{V}_2^{(1)}+\boldsymbol{V}_3^{(1)}]+3\eta[\boldsymbol{V}_3^{(1)}-\boldsymbol{V}_2^{(1)}]$$

进行多项式变换有:

$$6[\boldsymbol{V}_0^{(2)}-\boldsymbol{V}_1^{(2)}]+6[\boldsymbol{V}_2^{(2)}-\boldsymbol{V}_1^{(2)}]=$$

$$6\zeta[\boldsymbol{V}_1^{(1)}-\boldsymbol{V}_2^{(1)}]+6\zeta[\boldsymbol{V}_3^{(1)}-\boldsymbol{V}_2^{(1)}]+3\eta[\boldsymbol{V}_3^{(1)}-\boldsymbol{V}_2^{(1)}]$$

对上式最后两项进行合并,并对系数进行变量替换得:

$$[\boldsymbol{V}_0^{(2)}-\boldsymbol{V}_1^{(2)}]+[\boldsymbol{V}_2^{(2)}-\boldsymbol{V}_1^{(2)}]=\alpha[\boldsymbol{V}_1^{(1)}-\boldsymbol{V}_2^{(1)}]+\beta[\boldsymbol{V}_3^{(1)}-\boldsymbol{V}_2^{(1)}]$$

则 $\Theta[\boldsymbol{V}_0^{(2)}-\boldsymbol{V}_1^{(2)}]=\gamma[\boldsymbol{V}_3^{(1)}-\boldsymbol{V}_2^{(1)}]$,即三点共线

$$\gamma[\boldsymbol{V}_3^{(1)}-\boldsymbol{V}_2^{(1)}]+[\boldsymbol{V}_2^{(2)}-\boldsymbol{V}_1^{(2)}]=\alpha[\boldsymbol{V}_1^{(1)}-\boldsymbol{V}_2^{(1)}]+\beta[\boldsymbol{V}_3^{(1)}-\boldsymbol{V}_2^{(1)}]$$

再次对系数进行整理并进行变量替换得:

$$[\boldsymbol{V}_2^{(2)}-\boldsymbol{V}_1^{(2)}]=\alpha[\boldsymbol{V}_1^{(1)}-\boldsymbol{V}_2^{(1)}]+\beta[\boldsymbol{V}_3^{(1)}-\boldsymbol{V}_2^{(1)}]$$

上式说明,向量 $\boldsymbol{V}_2^{(2)}-\boldsymbol{V}_1^{(2)}$ 可以由向量 $\boldsymbol{V}_1^{(1)}-\boldsymbol{V}_2^{(1)}$ 和向量 $\boldsymbol{V}_3^{(1)}-\boldsymbol{V}_2^{(1)}$ 线性表示,即向量 $\boldsymbol{V}_2^{(2)}-\boldsymbol{V}_1^{(2)}$ 在向量 $\boldsymbol{V}_1^{(1)}-\boldsymbol{V}_2^{(1)}$ 和向量 $\boldsymbol{V}_3^{(1)}-\boldsymbol{V}_2^{(1)}$ 决定的平面上。后面两个向量有公共点 $\boldsymbol{V}_2^{(1)}$,所以它们决定的平面就是三点 $\boldsymbol{V}_1^{(1)}$,$\boldsymbol{V}_2^{(1)}$ 和 $\boldsymbol{V}_3^{(1)}$ 决定的平面,因此 $\boldsymbol{V}_2^{(2)}$,$\boldsymbol{V}_1^{(2)}$ 在三点 $\boldsymbol{V}_1^{(1)}$,$\boldsymbol{V}_2^{(1)}$ 和 $\boldsymbol{V}_3^{(1)}$ 决定的平面上。为方便,把这个条件简称为“五点共面”。“五点共面”是两段 Bézier 曲线在拼合点二阶连续的必要条件,不是充分条件。

思考与练习

1. (1) 假设有两点 $\boldsymbol{p}_0[-1\ 0]$和 $\boldsymbol{p}_1[1\ 0]$,请写出线段 $\boldsymbol{p}_0\boldsymbol{p}_1$的方程;

(2) 当 $\boldsymbol{p}_0$ 和 $\boldsymbol{p}_1$ 是任意点时,请写出线段 $\boldsymbol{p}_0\boldsymbol{p}_1$ 的方程。

2. 设 $\boldsymbol{p}_0\boldsymbol{p}_1\boldsymbol{p}_2$ 是一个三角形,$0\leqslant\alpha,\beta\leqslant1,0\leqslant\alpha+\beta\leqslant1$。证明:$\alpha\boldsymbol{p}_0+\beta\boldsymbol{p}_1+(1-\alpha-\beta)\boldsymbol{p}_2$ 是三角形内部的点。

3. 一个多边形为凸多边形的充分必要条件是对于过其任意一条边的直线该多边形在直线的同一侧:

(1) 给出一个多边形是非凸多边形;

(2) 证明:对于凸多边形 $\boldsymbol{p}_0,\boldsymbol{p}_1,\cdots,\boldsymbol{p}_n$ 来说,如果 $\alpha_i\geqslant0(i=0,\cdots,n)$,$\sum_{i=0}^{n}\alpha_i=1$,那么 $\sum_{i=0}^{n}\alpha_i\boldsymbol{p}_i$ 在该凸多边形内部。

4. 对于一组 Bernstein 基函数,证明:$\sum_{i=0}^{n}B_{i,n}(u)=1$。

5. 给定平面上三个控制顶点 $\boldsymbol{V}_0=[0,0]$,$\boldsymbol{V}_1=[10,10]$,$\boldsymbol{V}_2=[20,0]$,计算由这三个控制顶点定义的二次 Bézier 曲线 $\boldsymbol{r}(t)$上的点 $\boldsymbol{r}(1/3)$,以及曲线在该点的切矢量 $\boldsymbol{r}'(1/3)$,并画出曲线的大致形状草图。

6. 对上题中的条件,假设 $\boldsymbol{r}(1/3)$把曲线 $\boldsymbol{r}(t)$分为两段 Bézier 曲线 $\boldsymbol{r}_1(t)$和 $\boldsymbol{r}_2(t)$,分别计

算出这两段 Bézier 曲线的控制顶点。

7. 已知一参数三次曲线段 $\boldsymbol{r}(u)$ 的首末端点及首末端点上的切矢量分别是：$\boldsymbol{r}(0)=[0,0]$，$\boldsymbol{r}(1)=[3,0]$，$\boldsymbol{r}'(0)=[3,3]$，$\boldsymbol{r}'(1)=[3,-3]$。试根据三次 Bézier 曲线的端点性质，求出与 $\boldsymbol{r}(u)$ 等价的三次 Bézier 曲线的控制顶点，并绘图说明。

8. 对于抛物线段 $y^2=2x$，$0\leqslant x\leqslant 1$，采用二次 Bézier 曲线 $\boldsymbol{r}(u)=\sum_{i=0}^{2}\boldsymbol{V}_iB_{i,2}(u)$ 拟合，试计算该表达式中三个控制顶点的位置。

9. 用三次 Bézier 曲线拟合 xOy 平面上第一象限内的一段 1/4 圆弧，圆弧的圆心为 $(0,0)$ 点，半径为 1，要求拟合曲线精确通过该圆弧的两个端点和中点，求三次 Bézier 曲线的控制顶点。

10. 设有两条三次 Bézier 曲线 $\boldsymbol{r}^1(u)=\sum_{i=0}^{3}\boldsymbol{V}_i^1B_{i,3}(u)$，$\boldsymbol{r}^2(u)=\sum_{i=0}^{3}\boldsymbol{V}_i^2B_{i,3}(u)$，且 $\boldsymbol{V}_3^1=\boldsymbol{V}_0^2$。证明：这两条 Bézier 曲线在拼合点处 G^2 连续的必要条件是 $\boldsymbol{V}_1^1$，$\boldsymbol{V}_2^1$，$\boldsymbol{V}_3^1=\boldsymbol{V}_0^2$，$\boldsymbol{V}_1^2$，$\boldsymbol{V}_2^2$ 这五点共面。

第6章 B样条曲线

B样条这一术语是Isaac Jacob Schoenberg创造的，是基(basis)样条的缩写。B样条函数的研究最早开始于19世纪，当时N. Lobachevsky把B样条作为某些概率分布的卷积。1946年，I. J. schoenberg利用B样条进行了统计数据的光滑化处理，他的论文开创了样条逼近的现代理论[11]。随后，C. de-Boor、M. Cox和L. Mansfield发现了B样条的递推关系。不过，B样条作为CAD造型理论的基本方法，是戈登(Gordon)与里森费尔德(Riesenfeld)在研究Bézier方法的基础上引入的[10]。

为了使初学者学习B样条造型理论不感到困难，本章首先直接运用均匀三次B样条基函数和均匀二次B样条基函数构造B样条曲线，让读者对B样条有一个直观的感性认识，然后介绍B样条基函数的递推定义，把均匀B样条和非均匀B样条统一起来，最后学习B样条工具箱中的函数，为今后的科研和工程应用奠定基础。

6.1 均匀三次B样条曲线

6.1.1 均匀三次B样条曲线段

通过第5章的学习可以知道，给定$\boldsymbol{V}_0$，$\boldsymbol{V}_1$，$\boldsymbol{V}_2$，$\boldsymbol{V}_3$和一组三次Bernstein基函数$B_{0,3}(u)$，$B_{1,3}(u)$，$B_{2,3}(u)$，$B_{3,3}(u)$，可以通过它们的线性组合构造一条三次的Bézier曲线：

$$\boldsymbol{r}(u)=\boldsymbol{V}_0B_{0,3}(u)+\boldsymbol{V}_1B_{1,3}(u)+\boldsymbol{V}_2B_{2,3}(u)+\boldsymbol{V}_3B_{3,3}(u) \tag{6.1}$$

根据4.2节的论述可知，表达式(6.1)的含义是三次多项式空间的元$\boldsymbol{r}(u)$可以表示为四个基函数$B_{0,3}$，$B_{1,3}$，$B_{2,3}$，$B_{3,3}$的线性组合。如果改变线性表达式中的基函数，$\boldsymbol{r}(u)$所表示的曲线可能与式(6.1)所表示的曲线有不同的几何性质。三次多项式空间的基函数为

$$\left.\begin{aligned}
N_{0,3}^J(u)&=\frac{1}{6}(1-u)^3\\
N_{1,3}^J(u)&=\frac{1}{6}(3u^3-6u^2+4)\\
N_{2,3}^J(u)&=\frac{1}{6}(-3u^3+3u^2+3u+1)\\
N_{3,3}^J(u)&=\frac{1}{6}u^3
\end{aligned}\right\} \tag{6.2}$$

其中$u\in[0,1]$。用$N_{0,3}^J(u)$，$N_{1,3}^J(u)$，$N_{2,3}^J(u)$，$N_{3,3}^J(u)$替换方程(6.1)中的Bernstein基函数，有：

$$\boldsymbol{r}^J(u)=\boldsymbol{V}_0N_{0,3}^J(u)+\boldsymbol{V}_1N_{1,3}^J(u)+\boldsymbol{V}_2N_{2,3}^J(u)+\boldsymbol{V}_3N_{3,3}^J(u) \tag{6.3}$$

其中$u\in[0,1]$。

通过简单的验证表明，式(6.1)和式(6.3)作为曲线方程，其所表示的曲线具有不同的几何

性质，如图 6.1 所示。为方便起见，把式(6.2)定义的基函数称为均匀三次 B 样条基函数。把式(6.3)定义的曲线称为均匀三次 B 样条曲线。

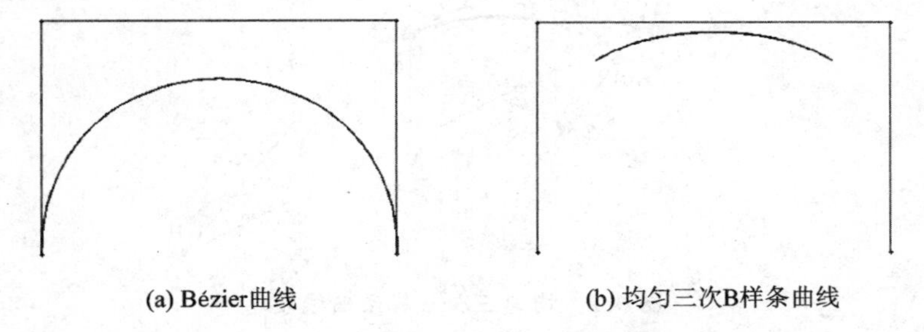

图 6.1　Bézier 曲线和均匀三次 B 样条曲线的比较

已经知道 Bézier 曲线的几何性质：凸包性和端点性质(曲线在端点的 0 阶导、1 阶导、2 阶导和控制顶点的关系式)。下面分析均匀三次 B 样条曲线的几何性质。均匀三次 B 样条的四个基函数对应的曲线如图 6.2 所示。容易验证，$N_{i,3}(u) \geqslant 0 (i=0,1,2,3)$，并且

$$N_{0,3}^J(u) + N_{1,3}^J(u) + N_{2,3}^J(u) + N_{3,3}^J(u) = 1$$

这说明，像 Bernstein 基函数组一样，三次均匀 B 样条基函数组也具有权性。于是，均匀三次 B 样条曲线 $\boldsymbol{r}(u)$ 在顶点 $\boldsymbol{V}_0, \boldsymbol{V}_1, \boldsymbol{V}_2, \boldsymbol{V}_3$ 形成的凸包中。

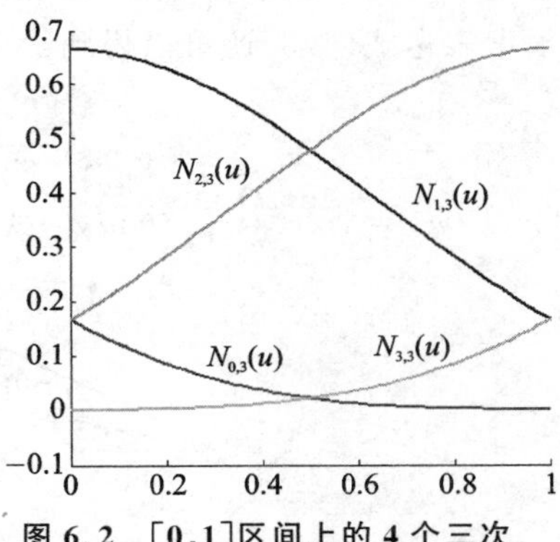

图 6.2　[0,1]区间上的 4 个三次均匀 B 样条基函数

下面分析均匀 B 样条曲线的端点性质。为了讨论的方便，做出如下约定。既然表达式(6.3)表示的均匀 B 样条曲线有闭区间定义域而且在定义域内无限次可微，这说明该曲线上的点与数轴上的线段[0,1]上的点一一对应，因此把这样的曲线称为曲线段。对于使用 k 次 B 样条基函数的曲线特称为 k 次 B 样条曲线段，在本节中就是均匀三次 B 样条曲线段。根据式(6.3)有：

$$\boldsymbol{r}^J(0) = \frac{1}{6}(\boldsymbol{V}_0 + 4\boldsymbol{V}_1 + \boldsymbol{V}_2) = \frac{1}{3}\left[\frac{1}{2}(\boldsymbol{V}_0 + \boldsymbol{V}_2)\right] + \frac{2}{3}\boldsymbol{V}_1 \tag{6.4a}$$

$$\boldsymbol{r}^J(1) = \frac{1}{6}(\boldsymbol{V}_1 + 4\boldsymbol{V}_2 + \boldsymbol{V}_3) = \frac{1}{3}\left[\frac{1}{2}(\boldsymbol{V}_1 + \boldsymbol{V}_3)\right] + \frac{2}{3}\boldsymbol{V}_2 \tag{6.4b}$$

$$[\boldsymbol{r}^J]'(0) = \frac{1}{2}(\boldsymbol{V}_2 - \boldsymbol{V}_0) \tag{6.5a}$$

$$[\boldsymbol{r}^J]'(1) = \frac{1}{2}(\boldsymbol{V}_3 - \boldsymbol{V}_1) \tag{6.5b}$$

这里$[\boldsymbol{r}^J]'(u) = \mathrm{d}[\boldsymbol{r}^J(u)]/\mathrm{d}u$，上述表达式说明：

(1) 曲线段 $\boldsymbol{r}^J(u)$的起点 $\boldsymbol{r}^J(0)$位于 $\boldsymbol{V}_0\boldsymbol{V}_2$ 上的中线 $\boldsymbol{V}_1\boldsymbol{M}$ 上距 $\boldsymbol{V}_1$ 点的 1/3 处；终点位于 $\boldsymbol{V}_1\boldsymbol{V}_3$ 上的中线 $\boldsymbol{V}_2\boldsymbol{N}$ 上距 $\boldsymbol{V}_2$ 点的 1/3 处。

(2) 曲线段 $\boldsymbol{r}^J(u)$起点处的切矢$[\boldsymbol{r}^J]'(0)$平行且等于 $\boldsymbol{V}_0\boldsymbol{V}_2/2$；终点处的切矢$[\boldsymbol{r}^J]'(1)$平行且等于 $\boldsymbol{V}_1\boldsymbol{V}_3/2$。

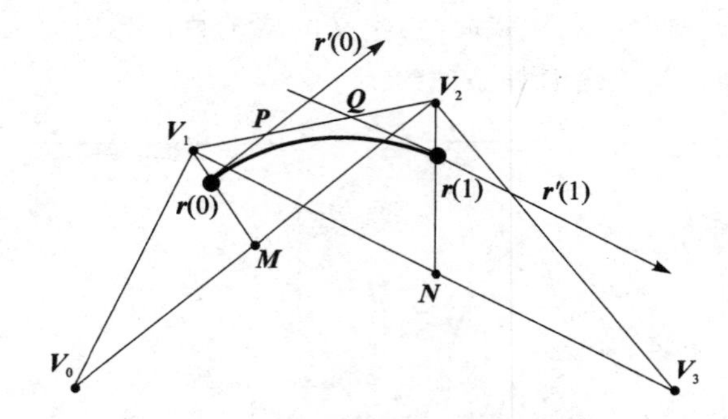

图 6.3　均匀三次 B 样条曲线段

既然根据均匀三次 B 样条曲线段的控制顶点容易得到曲线的端点位置和端点处的切矢量,那么均匀三次 B 样条曲线段也就能够用 Ferguson 曲线段的形式表示。在图 6.3 中取

$$\boldsymbol{P}=\boldsymbol{r}^J(0)+[\boldsymbol{r}^J]'(0)/3,\quad \mathbf{Q}=\boldsymbol{r}^J(1)-[\boldsymbol{r}^J]'(1)/3$$

根据 Bézier 曲线的端点性质可以知道,该均匀三次 B 样条曲线段也可以表示为三次 Bézier 曲线的形式。此时,$\boldsymbol{r}(0)$,$\boldsymbol{P}$,$\boldsymbol{Q}$,$\boldsymbol{r}(1)$是 Bézier 曲线的控制顶点。这两种表达形式的转换均说明了均匀三次 B 样条曲线段、Ferguson 曲线段和 Bézier 曲线之间可以相互转化。

根据表达式(6.3)还可以得到:

$$\begin{aligned}[\boldsymbol{r}^J]''(0)&=\boldsymbol{V}_0-2\boldsymbol{V}_1+\boldsymbol{V}_2\\ [\boldsymbol{r}^J]''(1)&=\boldsymbol{V}_1-2\boldsymbol{V}_2+\boldsymbol{V}_3\end{aligned}\tag{6.6}$$

这里$[\boldsymbol{r}^J]''(u)=\mathrm{d}^2[\boldsymbol{r}^J(u)]/(\mathrm{d}u)^2$,式(6.6)的几何含义如图 6.4 所示。

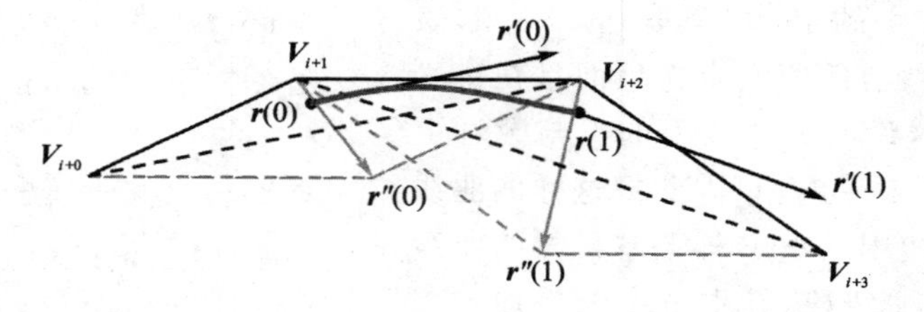

注:$\boldsymbol{r}(0)=\boldsymbol{r}^J(0)$,$\boldsymbol{r}(1)=\boldsymbol{r}^J(1)$,$\boldsymbol{r}'(u)=[\boldsymbol{r}^J]'(u)$,$\boldsymbol{r}''(u)=[\boldsymbol{r}^J]''(u)$

图 6.4　均匀三次 B 样条曲线的端点性质

6.1.2　均匀三次 B 样条曲线段的拼合

在给定控制顶点 $\boldsymbol{V}_0,\boldsymbol{V}_1,\cdots,\boldsymbol{V}_n$,如何利用基于方程(6.3)定义的均匀三次 B 样条曲线段构造一条由这些曲线段拼合而成的光滑曲线?根据方程(6.3),四个控制顶点定义一条曲线段,因此首先对 $\boldsymbol{V}_0,\boldsymbol{V}_1,\cdots,\boldsymbol{V}_n$,给出一个分组方案:

$$\boldsymbol{V}_{i+0},\boldsymbol{V}_{i+1},\boldsymbol{V}_{i+2},\boldsymbol{V}_{i+3},\quad i=0,\cdots,n-3\tag{6.7}$$

于是方程(6.3)可以改写为

$$\boldsymbol{r}_i^J(u)=\boldsymbol{V}_{i+0}N_{0,3}^J+\boldsymbol{V}_{i+1}N_{1,3}^J+\boldsymbol{V}_{i+2}N_{2,3}^J+\boldsymbol{V}_{i+3}N_{3,3}^J=\sum_{j=0}^{3}N_{j,3}^J(u)\boldsymbol{V}_{i+j}\tag{6.8}$$

式中:$u\in[0,1]$,$i=0,\cdots,n-3$。其矩阵表达式为

$$\boldsymbol{r}_i^J(u)=\begin{bmatrix}N_{0,3}^J(u) & N_{1,3}^J(u) & N_{2,3}^J(u) & N_{3,3}^J(u)\end{bmatrix}\begin{bmatrix}\boldsymbol{V}_i & \boldsymbol{V}_{i+1} & \boldsymbol{V}_{i+2} & \boldsymbol{V}_{i+3}\end{bmatrix}^{\mathrm{T}}$$

即

$$\boldsymbol{r}_i^J(u)=\frac{1}{6}\begin{bmatrix}1 & u & u^2 & u^3\end{bmatrix}\begin{bmatrix}1 & 4 & 1 & 0\\ -3 & 0 & 3 & 0\\ 3 & -6 & 3 & 0\\ -1 & 3 & -3 & 1\end{bmatrix}\begin{bmatrix}\boldsymbol{V}_i\\ \boldsymbol{V}_{i+1}\\ \boldsymbol{V}_{i+2}\\ \boldsymbol{V}_{i+3}\end{bmatrix} \tag{6.8'}$$

式中：$u\in[0,1]$，$i=0,\cdots,n-3$。

下面考察两个相邻曲线段 $\boldsymbol{r}_i(u)$ 和 $\boldsymbol{r}_{i+1}(u)$ 的位置关系，其中，$i=0,\cdots,n-4$。根据式(6.4)、式(6.5)和式(6.6)有：

$$\boldsymbol{r}_i^J(1)=\boldsymbol{r}_{i+1}^J(0)=\frac{1}{6}(\boldsymbol{V}_{i+1}+4\boldsymbol{V}_{i+2}+\boldsymbol{V}_{i+3})$$

$$[\boldsymbol{r}_i^J]'(1)=[\boldsymbol{r}_{i+1}^J]'(0)=\frac{1}{2}(\boldsymbol{V}_{i+3}-\boldsymbol{V}_{i+1})$$

$$[\boldsymbol{r}_i^J]''(1)=[\boldsymbol{r}_{i+1}^J]''(0)=\boldsymbol{V}_{i+1}-2\boldsymbol{V}_{i+2}+\boldsymbol{V}_{i+3}$$

这说明，相邻两条曲线段 $\boldsymbol{r}_i^J(u)$ 和 $\boldsymbol{r}_{i+1}^J(u)$ 在拼合点处 C^2 连续。为讨论方便，称式(6.8)定义的曲线为均匀三次 B 样条曲线，$\boldsymbol{V}_0,\boldsymbol{V}_1,\cdots,\boldsymbol{V}_n$ 是其控制顶点，控制顶点依次连接形成的多边形是该曲线的控制多边形。由上面的讨论可知，三次均匀 B 样条曲线是 C^2 连续。

另外，根据三次 B 样条曲线段的凸包性，$\boldsymbol{r}_i(u)$ 在顶点 $\boldsymbol{V}_i,\boldsymbol{V}_{i+1},\boldsymbol{V}_{i+2},\boldsymbol{V}_{i+3}$ 形成的凸包中。显然，$\boldsymbol{V}_i,\boldsymbol{V}_{i+1},\boldsymbol{V}_{i+2},\boldsymbol{V}_{i+3}$ 形成的凸包在 $\boldsymbol{V}_0,\boldsymbol{V}_1,\cdots,\boldsymbol{V}_n$ 形成的凸包中，所以三次均匀 B 样条曲线在 $\boldsymbol{V}_0,\boldsymbol{V}_1,\cdots,\boldsymbol{V}_n$ 形成的凸包中。均匀三次 B 样条曲线和其控制多边形的位置关系如图 6.5 所示。

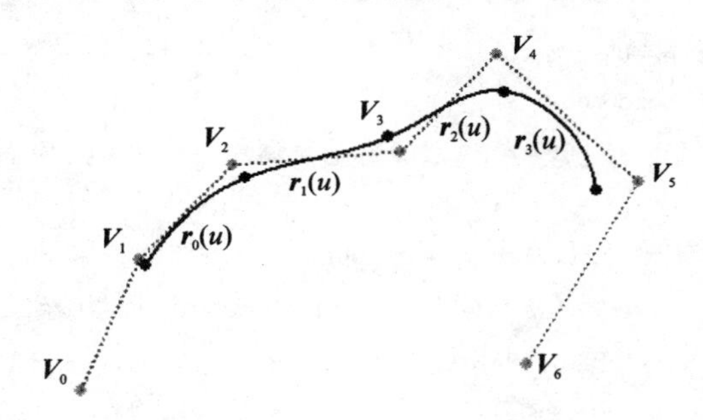

图 6.5　均匀三次 B 样条曲线

根据顶点分组方案式(6.7)和式(6.8)可以知道，对于点列 $\boldsymbol{V}_0,\boldsymbol{V}_1,\cdots,\boldsymbol{V}_n$，可以定义 $(n-3)+1$ 段曲线，每增加一个顶点，就会增加一段曲线，如图 6.6 所示。

6.1.3　均匀三次 B 样条曲线的程序实现

代码 6.1 是图 6.6 的实现代码，即在屏幕上交互选点，当控制顶点数目不少于 4 时，每增加一个点，就增加一段曲线。

代码 6.1　构造均匀三次 B 样条曲线

```
function Uniform3BCurve()
%交互式在屏幕上选取点
%以这些点为控制顶点构造均匀三次 B 样条曲线
figure%开辟一个图形窗口以便绘图
axis([0 9.8 0 9.8])%在图形窗口中创建二维轴
%形成输入向量的 4 个数分别是 x 的取值范围和 y 的取值范围
but = 1;%在这里 but 就是 button 的缩写,1,2,3 分别表示鼠标的左中右键
```

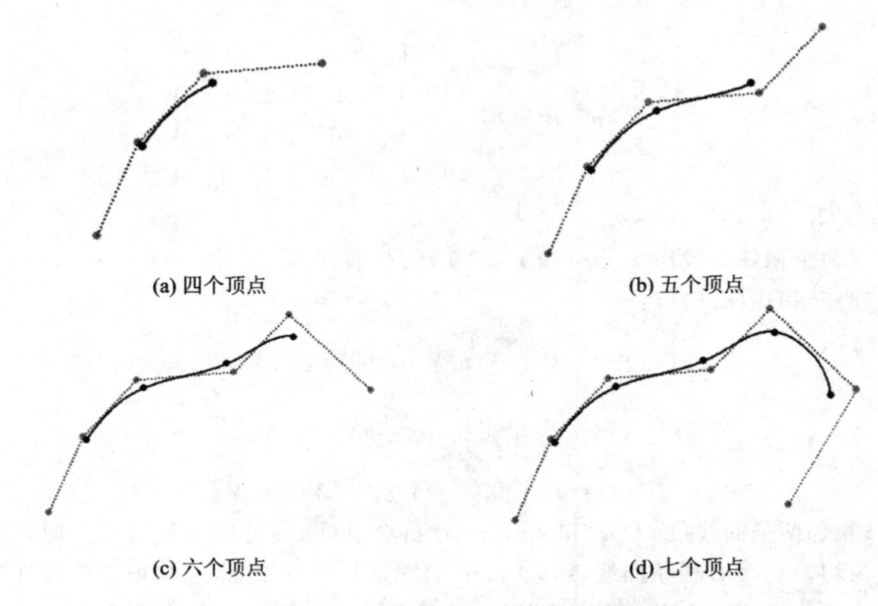

(a) 四个顶点　(b) 五个顶点

(c) 六个顶点　(d) 七个顶点

图 6.6　均匀三次 B 样条曲线段数与控制顶点数的联系

```
n = 0;
hold on
while but == 1 % 按鼠标的中键和右键结束点的拾取
    n = n + 1;
    [xi,yi,but] = ginput(1); % 交互在屏幕上的坐标范围内拾取点,一次拾取一个点
    % 该函数输出拾取点的坐标和使用的鼠标键
    % 在这里 but 就是 button 的缩写,1,2,3 分别表示鼠标的左中右键
    x(n) = xi;
    y(n) = yi;
    if(n>=4) % 控制顶点数大于 4 时才能构造三次 B 样条曲线
        % 每增加一个点就增加最后的一段曲线
        xb = [x(n-3) x(n-2) x(n-1) x(n)];
        yb = [y(n-3) y(n-2) y(n-1) y(n)];
        Uniform3BCurveSe2(xb,yb) % 构造并绘制曲线
    end
    plot(xi,yi,'g.','Markersize',20) % 画出所捕捉的点
    plot(x,y,'r:','linewidth',2) % 画出控制多边形,用红色虚线表示
end
hold off
% 拾取到的点用于构造控制多边形
```

对代码 6.1,其中构造并绘制均匀三次 B 样条曲线段的函数 Uniform3BCurveSe2 的代码如代码 6.2 所示。

代码6.2 对给定控制顶点构造并绘制均匀三次B样条曲线

```
function Uniform3BCurveSe2(x,y)
%指定控制顶点构造均匀三次曲线段
%x控制顶点的横坐标形成的行向量
%y控制顶点的纵坐标形成的列向量
n = length(x);
if(n~ = 4)
    return
end
for i = 1:100 %采集100个密化点
    u = (i-1)/99;         %第i个点对应的计算参数
    val = uniformB3(u);   %计算参数u下一组均匀三次B样条基函数的值
    xx(i) = x * val';     %控制顶点的x坐标和基函数进行线性组合得到参数u对应的点的横坐标
    %这是第i个密化点的横坐标,保存在数组的第i个位置
    yy(i) = y * val';     %控制顶点的y坐标和基函数进行线性组合
end
%xx,yy分别表示密化点的横坐标和纵坐标形成的数组
plot(xx,yy,'b','linewidth',2)
n = length(xx);
plot([xx(1) xx(n)],[yy(1) yy(n)],'k.','MarkerSize',15)
%用黑点显示曲线段的首末端点
```

对代码6.2,其中计算均匀三次B样条基函数值的代码如下:

代码6.3 对给定的参数值计算均匀三次B样条曲线基函数的值

```
function val = uniformB3(u)
%本程序对输入的参数u计算四个均匀三次B样条基函数的值
M = [1 4 1 0; - 3 0 3 0;3 - 6 3 0; - 1 3 - 3 1]/6;
%这是基函数在矩阵形式下的系数矩阵参见式(6.8')
val = [1 u u*u u*u*u] * M;
%一个1*4的行向量与4*4的矩阵相乘得到一个1*4的行向量
%其中的分量就是相应基函数的值
```

6.1.4 控制顶点与造型效果

对于方程(6.8)定义的均匀三次B样条曲线,可以通过其控制顶点的特殊分布达到特殊的造型效果。下面分几种情况讨论这些特殊的造型效果:

(1) 如果$\boldsymbol{V}_i,\boldsymbol{V}_{i+1},\boldsymbol{V}_{i+2},\boldsymbol{V}_{i+3}$四点共线,则曲线段$\boldsymbol{r}_i^J(u)$是直线段,如图6.7所示。这个结论根据均匀三次B样条曲线段的凸包性质可以得到。因为四个共线顶点形成的凸包是一条直线段,既然$\boldsymbol{r}_i^J(u)$包含在这个直线段中,那么$\boldsymbol{r}_i^J(u)$也是直线段。

(2) 如果$\boldsymbol{V}_i,\boldsymbol{V}_{i+1},\boldsymbol{V}_{i+2}$三点共线,那么曲线段$\boldsymbol{r}_i(u)$在起点与这三点所在的直线相切,如图6.8所示。这个结论根据端点性质方程(6.4)和方程(6.5)可以得到。因为$\boldsymbol{r}_i^J(u)$的起点是这三点形成三角形中线的一个三等分点,那么这三点共线时,起点就在这三点形成的线段上。

而且,$\boldsymbol{r}_i^J(u)$起点处的切线平行于三角形底边,此时当然就是线段所在的直线。这就证明了“$\boldsymbol{r}_i^J(u)$在起点与这三点所在的直线相切”的结论。

图 6.7　四个控制顶点共线时的均匀三次 B 样条曲线段

图 6.8　三个控制顶点共线时的均匀三次 B 样条曲线段

(3) 如果 $\boldsymbol{V}_{i+1}$,$\boldsymbol{V}_{i+2}$ 两点重合,曲线段 $\boldsymbol{r}_i^J(u)$在起点和终点分别与控制多边形的边相切,如图 6.9 所示。这个结论可以由上一个结论证明,证明过程作为练习题留给读者。

(4) 如果 $\boldsymbol{V}_i$,$\boldsymbol{V}_{i+1}$,$\boldsymbol{V}_{i+2}$ 三点重合,均匀三次 B 样条曲线经过这个重合点,并且这个重合点是曲线中的尖点,如图 6.10 所示。对于曲线段 $\boldsymbol{r}_{i-1}^J(u)$和 $\boldsymbol{r}_i^J(u)$的控制顶点都是四点共线的情况,根据情况(1)的描述,这两个曲线段此时都是直线段。根据端点性质方程(6.4),$\boldsymbol{r}_{i-1}^J(1)=\boldsymbol{r}_i^J(0)=\boldsymbol{V}_i$。这就证明了结论。

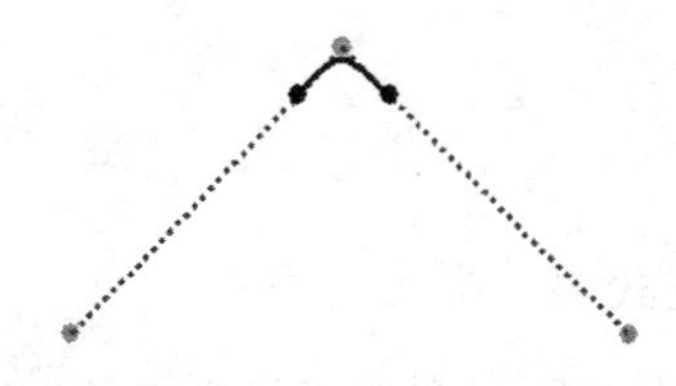

图 6.9　两顶点重合时的均匀三次 B 样条曲线段

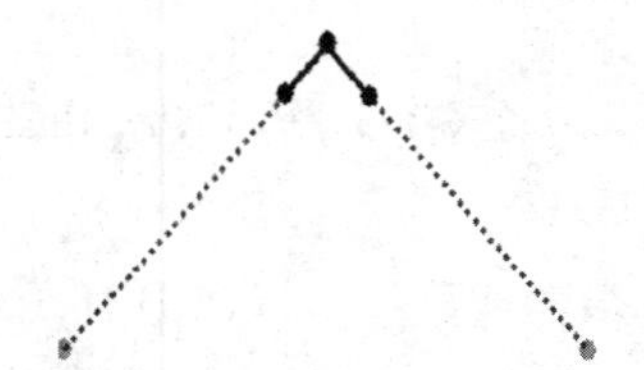

图 6.10　三顶点重合时的两段均匀三次 B 样条曲线段

学习本小节,不但可以熟悉均匀三次 B 样条曲线段的性质,还可以掌握均匀三次 B 样条曲线形成特殊造型效果的方法。

6.1.5　均匀三次 B 样条曲线插值

当给定一系列型值点 $\boldsymbol{P}_0,\boldsymbol{P}_1,\cdots,\boldsymbol{P}_n$ 时,如何构造一条均匀三次 B 样条曲线通过这些型值点呢?

根据方程(6.8)可以知道,确定一条均匀三次 B 样条曲线只需要确定其控制顶点。根据端点性质方程(6.4),可以建立控制顶点与曲线段 $\boldsymbol{r}_i^J(u)$的端点之间的联系。不失一般性,可以假定:

$$\boldsymbol{r}_0^J(0)=\boldsymbol{P}_0,\ \boldsymbol{r}_{i-1}^J(1)=\boldsymbol{P}_i,\quad i=1,\cdots,n \tag{6.9}$$

这样,就要考虑如何构造曲线段 $\boldsymbol{r}_i^J(u)$, $i=0,\cdots,n-1$。从方程(6.8)可以看出,这些曲线段的控制顶点是 $\boldsymbol{V}_0,\boldsymbol{V}_1\cdots,\boldsymbol{V}_{n-1},\boldsymbol{V}_n,\boldsymbol{V}_{n+1},\boldsymbol{V}_{n+2}$。根据端点性质方程(6.4)以及曲线段端点与型值点的对应关系方程(6.9),可以构造如下方程组:

$$\boldsymbol{V}_i+4\boldsymbol{V}_{i+1}+\boldsymbol{V}_{i+2}=6\boldsymbol{P}_i,\quad i=0,\cdots,n \tag{6.10}$$

即

$$
\begin{gathered}
\boldsymbol{V}_0 + 4\boldsymbol{V}_1 + \boldsymbol{V}_2 = \boldsymbol{P}_0 \\
\boldsymbol{V}_1 + 4\boldsymbol{V}_2 + \boldsymbol{V}_3 = \boldsymbol{P}_1 \\
\boldsymbol{V}_2 + 4\boldsymbol{V}_3 + \boldsymbol{V}_4 = \boldsymbol{P}_2 \\
\vdots \\
\boldsymbol{V}_n + 4\boldsymbol{V}_{n+1} + \boldsymbol{V}_{n+2} = \boldsymbol{P}_n
\end{gathered}
$$

对于上面的方程组，未知数 $\boldsymbol{V}_0,\boldsymbol{V}_1,\cdots,\boldsymbol{V}_{n-1},\boldsymbol{V}_n,\boldsymbol{V}_{n+1},\boldsymbol{V}_{n+2}$ 有 $n+3$ 个，而方程仅有 $n+1$ 个。为了计算出未知数，需要增加两个端点条件。类似于 Ferguson 曲线和参数三次样条曲线的三切矢方程，可以构造切矢端点条件、二阶导端点条件和周期性端点条件等，不同的应用场合可能需要设置不同的端点条件。对于初学者而言，掌握和领会各种端点条件的应用方法可能有一定难度，因此这里只讲解曲线插值的整体过程，而无需对"端点条件使用"有太多的理解。设置

$$
\boldsymbol{V}_0 = \boldsymbol{V}_1,\quad \boldsymbol{V}_{n+1} = \boldsymbol{V}_{n+2} \tag{6.11}
$$

应该注意到，这种设置仅是本书编者考虑到教学的简单和方便而设置的，没有考虑任何工程背景和数学技巧，因此无须对本端点条件的来历做任何设想和猜想。对于今后从事本领域研究和相关工程应用的读者，一定有机会进一步学习和体会如何使用端点条件这一知识点。如果希望学习和体会端点条件的用法，可以自行查阅文献[10]。综合方程(6.10)和方程组(6.11)，可以得到方程：

$$
\begin{bmatrix}
1 & -1 & & & & & \\
1 & 4 & 1 & & & & \\
 & 1 & 4 & 1 & & & \\
 & & \ddots & \ddots & \ddots & & \\
 & & & 1 & 4 & 1 & \\
 & & & & 1 & 4 & 1 \\
 & & & & & 1 & -1
\end{bmatrix}
\begin{bmatrix}
\boldsymbol{V}_0 \\ \boldsymbol{V}_1 \\ \boldsymbol{V}_2 \\ \vdots \\ \boldsymbol{V}_n \\ \boldsymbol{V}_{n+1} \\ \boldsymbol{V}_{n+2}
\end{bmatrix}
=
\begin{bmatrix}
0 \\ \boldsymbol{P}_0 \\ \boldsymbol{P}_1 \\ \vdots \\ \boldsymbol{P}_{n-1} \\ \boldsymbol{P}_n \\ 0
\end{bmatrix} \tag{6.12}
$$

求解方程组(6.12)就可以唯一确定均匀三次 B 样条曲线的控制顶点，从而得到插值于型值点的均匀三次 B 样条曲线。这里把这个插值算法的程序实现作为编程作业留给读者。

6.2　均匀二次 B 样条曲线

为了对样条曲线有更加深刻的感性认识，本节给出均匀二次 B 样条曲线的表达式，并简要介绍其基本性质。对一组给定的控制顶点 $\boldsymbol{V}_0,\boldsymbol{V}_1,\cdots,\boldsymbol{V}_{n-1},\boldsymbol{V}_n$，均匀二次 B 样条曲线可表示为

$$
\begin{aligned}
\boldsymbol{r}_i^J(u) &= \sum_{j=0}^{2} N_{j,2}^J(u)\boldsymbol{V}_{i+j} \\
&= \begin{bmatrix} N_{0,2}^J(u) & N_{1,2}^J(u) & N_{2,2}^J(u) \end{bmatrix} \begin{bmatrix} \boldsymbol{V}_i & \boldsymbol{V}_{i+1} & \boldsymbol{V}_{i+2} \end{bmatrix}^{\mathrm{T}} \\
&= \begin{bmatrix} 1 & u & u^2 \end{bmatrix} \frac{1}{2!} \begin{bmatrix} 1 & 1 & 0 \\ -2 & 2 & 0 \\ 1 & -2 & 1 \end{bmatrix} \begin{bmatrix} \boldsymbol{V}_i \\ \boldsymbol{V}_{i+1} \\ \boldsymbol{V}_{i+2} \end{bmatrix}
\end{aligned} \tag{6.13}
$$

式中:$u\in[0,1]$,$i=0,\cdots,n-2$。根据表达式(6.13)经过简单计算可以知道,均匀二次B样条曲线段的首末端点分别与控制多边形相应边的中点重合,而且与相应的边相切,如图6.11(a)、(b)所示。由此也可以知道,均匀二次B样条曲线C^1连续。既然均匀三次B样条曲线C^2连续,那么均匀三次B样条曲线比均匀二次B样条曲线更加光顺,这就是均匀三次B样条曲线比均匀二次B样条曲线更加常用的原因。

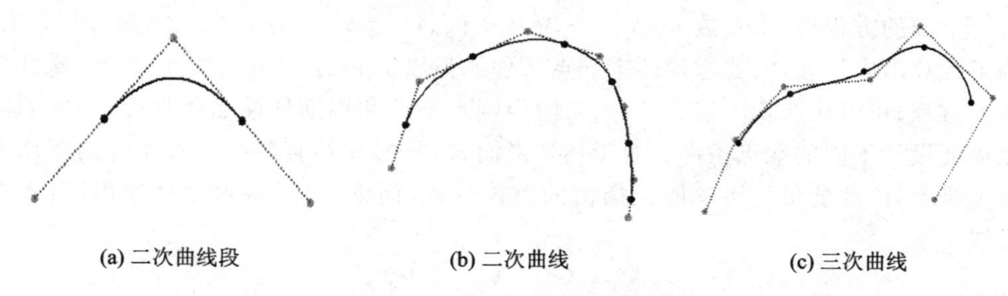

(a) 二次曲线段　(b) 二次曲线　(c) 三次曲线

图6.11　均匀二次和三次B样条曲线

6.3 B样条基函数

B样条基函数的理论来源和"均匀B样条曲线方程(6.8)是非均匀B样条曲线的特例"这个结论的证明是本书的难点。为了讲述清楚这两个难点内容,在6.1节和6.2节已经做了预备工作,即把直接给出表达式的基函数写作$N_{i,k}^{J}(u)$,这里i是基函数的序号,k是基函数次数。类似地,把$N_{i,k}^{J}(u)$作为基函数的曲线表达式记作$\boldsymbol{r}^{J}(u)$。在后面的讨论中,将根据递推定义得到的B样条基函数表达式记作$N_{i,k}(u)$,由此再证明$N_{i,k}^{J}(u)$是$N_{i,k}(u)$的特例以及$\boldsymbol{r}^{J}(u)$是$\boldsymbol{r}(u)$的特例。前面已经介绍过,在19世纪,N. Lobachevsky把B样条作为某些概率分布的卷积。现在,从概率论的一个经典例题开始来体验概率分布的卷积与B样条基函数的联系。

6.3.1 B样条基函数的卷积定义

[例6.1]　若X和Y独立,且具有共同的概率密度函数

$$f(x)=\begin{cases}1, & 0\leqslant x\leqslant 1\\ 0, & \text{其他}\end{cases}\tag{6.14}$$

求:$Z=X+Y$的概率密度函数。

解　卷积公式

$$f_Z(z)=\int_{-\infty}^{\infty}f_X(x)f_Y(z-x)\mathrm{d}x\tag{6.15}$$

为确定积分限,先找出使被积函数不为0的区域

$$\begin{cases}0\leqslant x\leqslant 1\\ 0\leqslant z-x\leqslant 1\end{cases},\quad \text{即}\begin{cases}0\leqslant x\leqslant 1\\ z-1\leqslant x\leqslant z\end{cases}\tag{6.16}$$

这里,把z看成相对于x固定的数,对z的取值范围进行讨论,从而确定x的积分区间。

(1) 当$z\leqslant 0$或$z\geqslant 2$时,由式(6.16)可知,$x\leqslant 0$或者$x\geqslant 1$,此时由题中x的概率密度函

数和卷积公式有：$f_Z(z)=0$。

(2) 当 $0\leqslant z<1$ 时，由式(6.16)可知，$0\leqslant x\leqslant z$，所以 $f_Z(z)=\int_0^z \mathrm{d}x=z$。

(3) 当 $1\leqslant z<2$ 时，由式(6.16)可知，$z-1\leqslant x\leqslant 1$，所以 $f_Z(z)=\int_{z-1}^1 \mathrm{d}x=2-z$。

于是，得到

$$f_Z(z)=\begin{cases} z, & 0\leqslant z<1 \\ 2-z, & 1\leqslant z<2 \\ 0, & \text{其他} \end{cases} \tag{6.17}$$

这样就完成了例题的解答，式(6.17)就是一次B样条基函数的表达式，它可以认为是一个0次B样条基函数对另一个0次B样条基函数卷积得到。为论述方便，把式(6.14)定义的基函数称为0次B样条基函数，记作 $N_{0,0}(x)$，把式(6.17)定义的基函数称为1次B样条基函数，记作 $N_{0,1}(z)$。继续让 $N_{0,0}(x)$ 对 $N_{0,1}(x)$ 进行卷积得

$$N_{0,2}(u)=\int_{-\infty}^{\infty} N_{0,1}(s)N_{0,0}(u-s)\mathrm{d}s \tag{6.18}$$

为确定积分限，先找出使被积函数不为0的区域，得到：

$$\begin{cases} 0\leqslant s\leqslant 2 \\ 0\leqslant u-s\leqslant 1 \end{cases}$$

即

$$\begin{cases} 0\leqslant s\leqslant 2 \\ u-1\leqslant s\leqslant u \end{cases} \tag{6.19}$$

这里，把 u 看成相对于 s 固定的数，对 u 的取值范围进行讨论，从而确定 s 的积分区间。

(1) 当 $u\leqslant 0$ 或 $u\geqslant 3$ 时，由式(6.19)可知，$s\leqslant 0$ 或者 $s\geqslant 3$，根据 $N_{0,0}(u)$（见式(6.14)）和 $N_{0,1}(u)$（见式(6.17)）的定义以及卷积式(6.18)可知，$N_{0,2}(u)=0$。

(2) 当 $0\leqslant u<1$ 时，由式(6.19)可知，$0\leqslant s\leqslant u$，所以 $N_{0,2}(u)=\int_0^u s\mathrm{d}s=\frac{1}{2}u^2$。

(3) 当 $1\leqslant u<2$ 时，由式(6.19)可知，$u-1\leqslant s\leqslant u$，所以

$$\begin{aligned} N_{0,2}(u) &= \int_{u-1}^{u} N_{0,1}(s)N_{0,0}(u-s)\mathrm{d}s \\ &= \int_{u-1}^{s} s\mathrm{d}s+\int_1^u (2-s)\mathrm{d}s \quad (N_{0,1}(u)\text{ 是分段函数所以拆分}) \\ &= -\frac{3}{2}+3u-u^2 \end{aligned}$$

(4) 当 $2\leqslant u<3$ 时，由式(6.19)可知，$u-1\leqslant s\leqslant 2$，所以 $N_{0,2}(u)=\int_{u-1}^2 s\mathrm{d}s=\frac{1}{2}(3-u)^2$。

从而得到了 $N_{0,2}(u)$ 的表达式。它的非0区域分为三段：

(1) $N_{0,2}(u)=\frac{1}{2}u^2(u\in[0,1])$，此时，$N_{0,2}(u)=N_{0,2}^J(u)$。

(2) $N_{0,2}(u)=-\frac{3}{2}+3u-u^2(u\in[1,2])$，此时，$N_{0,2}(u+1)=N_{1,2}^J(u)$，即 $N_{0,2}(u)$ 向左平移一个单位后得到 $N_{1,2}^J(u)$。

(3) $N_{0,2}(u)=\frac{1}{2}(3-u)^2(u\in[0,1])$，此时，$N_{0,2}(u)=N^J_{2,2}(u)$，即 $N_{0,2}(u)$向左平移两个单位后得到 $N^J_{2,2}(u)$。

这就从经典数学的角度论述了 $N^J_{0,2}(u)$，$N^J_{1,2}(u)$和 $N^J_{2,2}(u)$的来由。类似地，继续让 $N_{0,0}(u)$对 $N_{0,2}(u)$进行卷积得

$$N_{0,3}(u)=\int_{-\infty}^{\infty}N_{0,2}(s)N_{0,0}(u-s)\mathrm{d}s \tag{6.20}$$

从而得到 $N^J_{0,3}(u)$，$N^J_{1,3}(u)$，$N^J_{2,3}(u)$和 $N^J_{3,3}(u)$的表达式。从上述推理过程可以得出以下结论：①$N_{0,0}(u)$由定义直接给定，可以理解为一个概率密度函数。②以 $N_{0,0}(u)$为卷积核函数，$N_{0,k}(u)$可以由 $N_{0,0}(u)$对 $N_{0,k-1}(u)$进行卷积得到，即逐次对 $N_{0,k-1}(u)$的点，不断以其为中心、$N_{0,0}(u)$为自变量“窗口”的区域进行平均计算新的函数值。卷积的过程就是 $N_{0,k-1}(u)$对自身的一次平滑过程，这就是我们看到 $N_{0,1}(u)$比 $N_{0,0}(u)$光滑、$N_{0,2}(u)$比 $N_{0,1}(u)$光滑的原因。③$N_{0,k}(u)$的非 0 区间是$[0,k+1]$，$N_{0,k}(u)$在其非 0 区间内是分段多项式，0，1，…，$k+1$ 是分段节点。从 $N_{0,k-1}(u)$到 $N_{0,k}(u)$，函数的非 0 区间向后延伸一个单位。

6.3.2 B 样条基函数的递推定义

对于上述观察的结论②，可以用公式概括为[12]

$$N_{0,k}(u)=\int_{-\infty}^{\infty}N_{0,k-1}(s)N_{0,0}(u-s)\mathrm{d}s \tag{6.21}$$

人们发现，当设置 $u_i=i$，$i=\cdots,-2,-1,0,1,2,\cdots$时，卷积公式(6.21)与下述递推公式等价：

$$N_{i,0}(u)=\begin{cases}1, & u_i\leqslant u<u_{i+1}\\ 0, & u\notin[u_i\ u_{i+1})\end{cases} \tag{6.22a}$$

$$N_{i,k}(u)=\frac{u-u_i}{u_{i+k}-u_i}N_{i,k-1}(u)+\frac{u_{i+k+1}-u}{u_{i+k+1}-u_{i+1}}N_{i+1,k-1}(u),\quad (k\geqslant 1) \tag{6.22b}$$

在公式(6.22)中 $N_{i,k}(u)$表示其非 0 区间起始节点的编号。这样，采用公式(6.22)就可以得到无数个形状相同、位置不同的三次 B 样条基函数 $N_{i,3}(u)$，$i=\cdots,-2,-1,0,1,2,\cdots$，如图 6.12 所示。

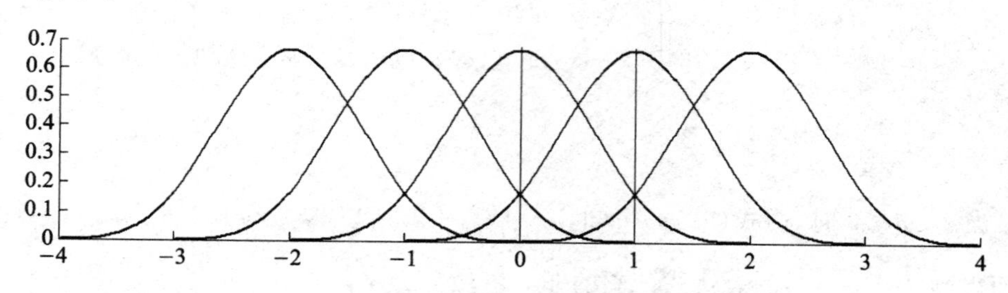

图 6.12 三次 B 样条基函数序列

容易验证，对于图 6.12 中的 $N_{i,3}(u)$，$i=\cdots,-2,-1,0,1,2,\cdots$，有

$$\begin{cases} N_{-3,3}(u)\mid_{u\in[0,1]} = N_{0,3}^{J}(u)\mid_{u\in[0,1]} \\ N_{-2,3}(u)\mid_{u\in[0,1]} = N_{1,3}^{J}(u)\mid_{u\in[0,1]} \\ N_{-1,3}(u)\mid_{u\in[0,1]} = N_{2,3}^{J}(u)\mid_{u\in[0,1]} \\ N_{0,3}(u)\mid_{u\in[0,1]} = N_{3,3}^{J}(u)\mid_{u\in[0,1]} \end{cases} \tag{6.23}$$

这就再次阐述了均匀三次 B 样条基函数的来由。

从上面的推导过程可以发现，$N_{i,k}(u)$的定义域是$(-\infty,+\infty)$，但是其非 0 区间是$[u_i, u_{i+k+1}]$。我们关心的是 $N_{i,k}(u)$的非 0 区间，这个区间又称为 B 样条基函数的节点区间。由表达式(6.22)可以发现，$N_{i,k}(u)$的表达式仅仅与支撑区间内的节点相关，即 $N_{i,k}(u)$由支撑区间内的节点完全确定，这个性质称为 B 样条基函数的局部支撑性。下面通过几个例题来熟悉 B 样条基函数的局部支撑性。

[例 6.2]　$u_0=0, u_1=1, u_2=2, u_3=3, u_4=4, \cdots, u_8=8$，这些节点定义哪些是一次、二次和三次 B 样条基函数？能依次用 B 样条基函数的符号写出来吗？

解　对给定的节点从左向右数，分别是三个节点、四个节点和五个节点决定一个 B 样条基函数，如图 6.13 所示。因此，一次基函数是 $N_{0,1}(u),\cdots,N_{6,1}(u)$；二次基函数是 $N_{0,2}(u),\cdots,N_{5,2}(u)$；三次基函数是 $N_{0,3}(u),\cdots,N_{4,3}(u)$。

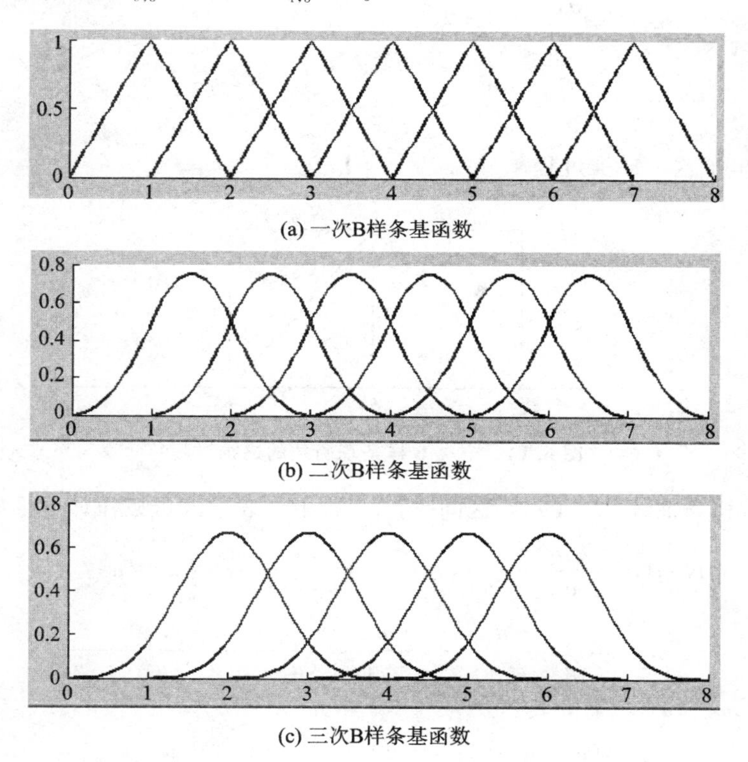

图 6.13　节点矢量和 B 样条基函数

6.3.3　非均匀 B 样条基函数

从例 6.2 可知，一个有限区间内的有限个节点可以确定有限个基函数。于是，整数节点和表达式(6.22)定义的B样条基函数很容易扩展为一般情形，即在任意一个区间内给定任意节点序列的情况。

定义6.1 在区间$[a,b]$上取一个分割$a=u_0\leqslant u_1\leqslant\cdots\leqslant u_n=b$。对于这个分割，规定如下递推规则：

(1) $N_{i,0}(u)=\begin{cases}1, & u_i\leqslant u<u_{i+1}\\ 0, & u\notin[u_i\ u_{i+1})\end{cases}$；

(2) $N_{i,k}(u)=\dfrac{u-u_i}{u_{i+k}-u_i}N_{i,k-1}(u)+\dfrac{u_{i+k+1}-u}{u_{i+k+1}-u_{i+1}}N_{i+1,k-1}(u)$， $(k\geqslant 1)$。

这里约定$0/0=0$，称$N_{i,k}(u)$是第i个k次B样条基函数。

在理解和学习本定义涵盖的其他内容之前，首先了解和学习这个定义规定的递推过程。下面以一次B样条的递推为例来说明递推过程。由递推定义，有：

$$N_{i,1}(u)=\frac{u-u_i}{u_{i+1}-u_i}N_{i,0}(u)+\frac{u_{i+2}-u}{u_{i+2}-u_{i+1}}N_{i+1,0}(u)$$

根据$N_{i,0}(u)$的定义，有：

$$N_{i,1}(u)=\begin{cases}\dfrac{u-u_i}{u_{i+1}-u_i}, & u\in[u_i,u_{i+1}]\\ \dfrac{u_{i+2}-u}{u_{i+2}-u_{i+1}}, & u\in[u_{i+1},u_{i+2}]\\ 0, & u\in(-\infty,u_i]\cup[u_{i+2},+\infty)\end{cases}$$

图6.14给出了这一递推过程。

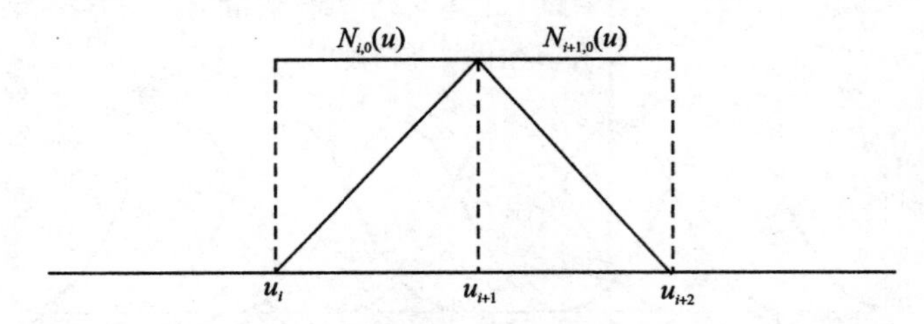

图6.14 一次B样条基函数的递推过程

对于二次B样条曲线$N_{i,2}(u)$在区间$[u_i,u_{i+1}]$上的表达式可以作如下推导：

$$\begin{aligned}N_{i,2}(u)&=\frac{u-u_i}{u_{i+2}-u_i}N_{i,1}(u)+\frac{u_{i+3}-u}{u_{i+3}-u_{i+1}}N_{i+1,1}(u)\\&=\frac{u-u_i}{u_{i+2}-u_i}\,\frac{u-u_i}{u_{i+1}-u_i}=\frac{(u-u_i)^2}{(u_{i+2}-u_i)(u_{i+1}-u_i)}\end{aligned}$$

$N_{i,2}(u)$在区间$[u_{i+1},u_{i+2}]$上的表达式为

$$N_{i,2}(u)=\frac{(u-u_i)(u_{i+2}-u)}{(u_{i+2}-u_i)(u_{i+2}-u_{i+1})}+\frac{(u_{i+3}-u)(u-u_{i+1})}{(u_{i+3}-u_{i+1})(u_{i+2}-u_{i+1})}$$

$N_{i,2}(u)$在区间$[u_{i+2},u_{i+3}]$上的表达式为

$$N_{i,2}(u)=\frac{(u_{i+3}-u)^2}{(u_{i+3}-u_{i+1})(u_{i+3}-u_{i+2})}$$

图6.15给出了这一递推过程。

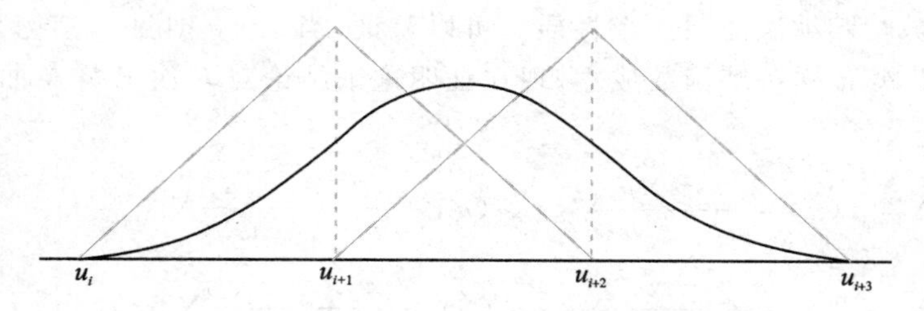

图6.15　二次B样条曲线的递推过程

读者可能困惑:在应用上述基函数构造曲线时如何取这个分割。这个问题留到下一节——6.3.4小节解决。为论述方便,把$[a,b]$上的分割$a=u_0 \leqslant u_1 \leqslant \cdots \leqslant u_n=b$称为节点序列或者节点矢量$\boldsymbol{U}=[u_0,u_1,\cdots,u_n]$。区别于均匀B样条基函数,把这样的节点序列下构造出的B样条基函数称为非均匀B样条基函数,前面讨论的均匀B样条基函数是非均匀B样条基函数的特例。下面讨论一个直观的事实:把B样条基函数的节点序列从整数序列扩展到一般序列,可以丰富B样条基函数的形状。这个问题可以归纳为如下性质:

性质6.1　假设有两个节点序列,$\boldsymbol{U}^1=[u_0^1,u_1^1,\cdots,u_4^1]$,$u_i^1=u_{i-1}^1+\Delta u$,$i=1,2,3,4$;$\boldsymbol{U}^2=[u_0^2,u_1^2,\cdots,u_4^2]$,$u_i^2=u_{i-1}^2+\Delta u_{i-1}$,$i=1,2,3,4$;且$u_0^2=u_0^1$,$u_4^2=u_4^1$,$\Delta u_{i-1} \neq \Delta u$,$\Delta u_{i-1}$两两不相等,$i=1,2,3,4$。那么采用定义6.1分别对这两个序列进行递推所得到的三次B样条基函数$N_{0,3}^1(u)$和$N_{0,3}^2(u)$有不同的形状。

为了验证这个性质,只需要利用定义6.1的递推方式分别推出$N_{0,3}^1(u)$和$N_{0,3}^2(u)$的表达式就可以验证。这里省去这个验证过程,直接给出$N_{0,3}^1(u)$和$N_{0,3}^2(u)$的图形,让读者体会到采用不均匀的节点区间的确可以改变基函数的形状,如图6.16所示。

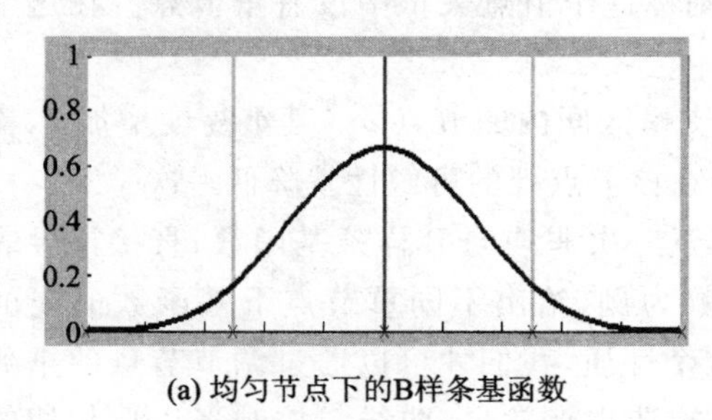

(a) 均匀节点下的B样条基函数

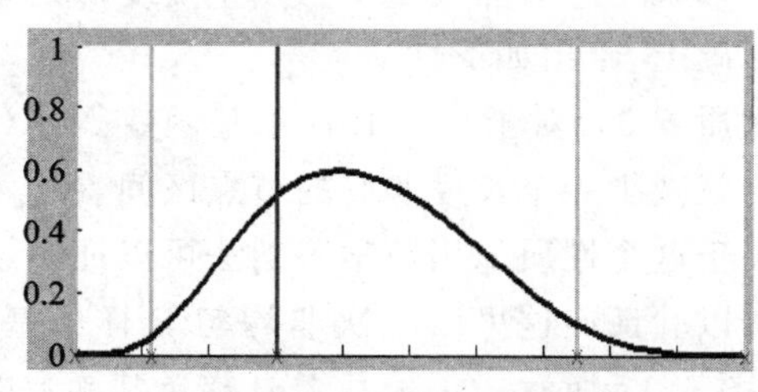

(b) 非均匀节点下的B样条基函数

图6.16　通过改变节点分布来改变B样条基函数的形状

根据性质6.1,通过累加弦长方法取节点序列(具体算法在6.3.4小节中讨论)构造非均匀B样条基函数,进而构造出的非均匀B样条曲线比均匀B样条曲线要光顺。同样,现代CAD软件普遍采用是非均匀B样条造型方法而不是均匀B样条造型方法。虽然在同一个区间$[a,b]$中改变节点序列很可能改变基函数的形状,但是给定了节点序列$\boldsymbol{U}$以后,无论怎样对它作平移变换$\boldsymbol{U}=\boldsymbol{U}-t$或压缩变换$\boldsymbol{U}=\boldsymbol{U}/s$,基函数的形状都不会改变。这个性质可以表述如下:

性质6.2　对于节点区间内的任意参数u,在对节点矢量$\boldsymbol{U}$执行一个平移变换或一个压缩变换后,$\boldsymbol{U}$变为$\boldsymbol{V}$,u变为v,那么对$\boldsymbol{U}$和$\boldsymbol{V}$定义的k次B样条基函数有:

$$N_{U,i,k}(u)=N_{V,i,k}(v)$$

式中:$v=(u-t)/s$;$N_{U,i,k}(u)$表示节点矢量$\boldsymbol{U}$定义的第i个k次B样条基函数。

证明 采用数学归纳法证明这个性质。可以验证,当 $k=0$ 时这个结论是成立的。假设这个结论对 $k-1$ 次 B 样条基函数成立,现在证明这个结论对 k 次 B 样条曲线结论也成立。根据递推定义

$$N_{U,i,k}(u)=\frac{u-u_i}{u_{i+k}-u_i}N_{U,i,k-1}(u)+\frac{u_{i+k+1}-u}{u_{i+k+1}-u_{i+1}}N_{U,i+1,k-1}(u)$$

$$N_{V,i,k}(v)=\frac{v-v_i}{v_{i+k}-v_i}N_{V,i,k-1}(v)+\frac{v_{i+k+1}-v}{v_{i+k+1}-v_{i+1}}N_{V,i+1,k-1}(v)$$

无论是平移变换还是压缩变换都可以验证:

$$\frac{u-u_i}{u_{i+k}-u_i}=\frac{v-v_i}{v_{i+k}-v_i},\ \frac{u_{i+k+1}-u}{u_{i+k+1}-u_{i+1}}=\frac{v_{i+k+1}-v}{v_{i+k+1}-v_{i+1}}$$

根据归纳假设有,

$$N_{U,i,k-1}(u)=N_{V,i,k-1}(v),\ N_{U,i+1,k-1}(u)=N_{V,i+1,k-1}(v)$$

所以,$N_{U,i,k}(u)=N_{V,i,k}(v)$。

这个性质说明,在很多教材和文献中,把非均匀 B 样条曲线的定义域取作[0,1],而在有些软件输出的 iges 格式的文件中(例如本书使用的 CATIA 软件输出的 iges 文件)把非均匀 B 样条曲线的定义域取作$[0,L]$(这里的 L 可以理解为控制多边形的总长度),这两种做法都是正确的。把非均匀 B 样条曲线节点矢量的分割区间$[a,b]$变为[0,1]的过程,就是很多文献中所称的定义区间规范化处理的过程。

下面进一步讨论节点排列对 B 样条基函数的影响。对于节点矢量 $\boldsymbol{U}$ 中的节点 u_i,如果 $u_{i-1}\neq u_i\neq u_{i+1}$,则称 u_i 是一重节点。如果与 u_i 相同的节点数是 k(包括 u_i),则称 u_i 是 k 重节点。如果一个节点矢量中节点重复度都是 1,则称这个节点矢量中没有重节点。在这个概念的基础上,给出如下性质:

性质 6.3 对于一个 B 样条基函数 $N_{i,k}(u)$支撑区间内的节点 u_j,其重复度增加 1,支撑区间内就减少一个长度非 0 的节点区间,$N_{i,k}(u)$在该节点处的可微性就降低一次。

关于这个性质采用数学归纳法可以证明。对于三次非均匀 B 样条基函数,直接推导表达式就可以验证。这里以三次非均匀 B 样条基函数为例,给出不同重节点下基函数曲线的形状,如图 6.17 所示。正是基于 B 样条基函数的这个性质,我们才可以通过调节节点的重数以调整曲线的连续阶,从而达到不同的造型效果,如构造尖点效果,曲线与控制多边形相切的效果。理论和实践表明,通过调整节点矢量比调整控制顶点能够实现曲线形状更加精细的调整。

下面通过一个例题来进一步熟悉 B 样条基函数的递推过程以及重节点的基函数具体形式的影响。

[例 6.3] 设节点矢量$\boldsymbol{U}=[0\ 0\ 0\ 1\ 1\ 1]$定义的二次 B 样条基函数是 $N_{i,2}(u)(i=0,1,2)$。试证明 $N_{i,2}(u)=B_{i,2}(u)$,$i=0,1,2$,这里 $B_{i,2}(u)$是二次 Bernstein 基函数。

证明 (1) $N_{0,2}(u)=\dfrac{u-u_0}{u_2-u_0}N_{0,1}(u)+\dfrac{u_3-u}{u_3-u_1}N_{1,1}(u)$

因为 $N_{0,1}(u)$的支撑区间是[0,0],而 $N_{1,1}(u)=1-u$(根据其在支撑区间内一次分段的特点直接得到),所以上式化为

$$N_{0,2}(u)=\frac{1-u}{1-0}(1-u)=(1-u)^2$$

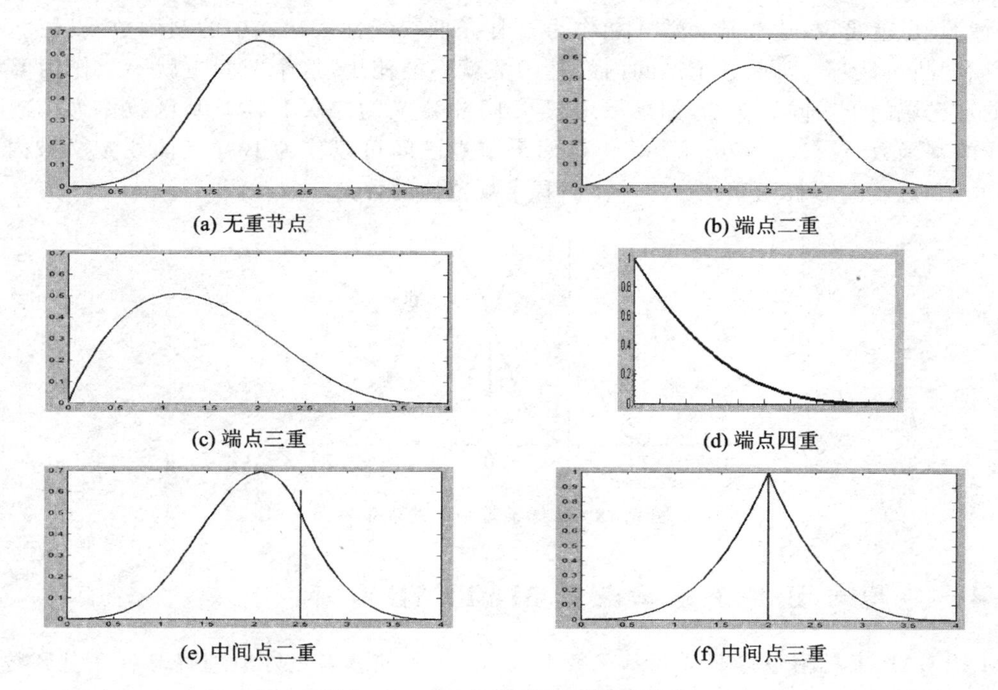

图 6.17　节点重数与基函数连续阶

(2) $N_{1,2}(u)=\dfrac{u-u_1}{u_3-u_1}N_{1,1}(u)+\dfrac{u_4-u}{u_4-u_2}N_{2,1}(u)$

根据一次 B 样条基函数在支撑区间内一次分段的特点有，$N_{1,1}(u)=1-u$，$N_{2,1}(u)=u$，所以上式化为

$$N_{1,2}(u)=\frac{u-0}{1-0}(1-u)+\frac{1-u}{1-0}u=2u(1-u)$$

类似地，可以推证，$N_{2,2}(u)=u^2$。这就证明了例题中的结论。

这个例题的结论可以推广为 B 样条基函数的以下性质：

性质 6.4　$\boldsymbol{U}=[\underbrace{0\ 0\ \cdots\ 0}_{k+1\text{重}}\ \underbrace{1\ 1\ \cdots\ 1}_{k+1\text{重}}]$时，采用定义 6.1 得到的一组 k 次 B 样条基函数就是一组 k 次 Bernstein 基函数。

这个性质建立了 B 样条基函数与 Bernstein 基函数关联的纽带，采用数学归纳法就可以证明，现将这个结论的证明作为练习题留给读者。下面讨论 B 样条基函数在本小节的最后一个性质。观察图 6.13，可以发现 B 样条基函数的如下性质：

性质 6.5　对于一个节点矢量 $\boldsymbol{U}$ 定义的一组 k 次 B 样条基函数，一个节点区间$[u_i,u_{i+1}]$最多与 $k+1$ 个 B 样条基函数 $N_{i-k,k}(u),\cdots,N_{i,k}(u)$相关，即$[u_i,u_{i+1}]$是这些基函数支撑区间的子集。当且仅当与$[u_i,u_{i+1}]$相关的基函数个数为 $k+1$ 时，有 $\sum\limits_{j=i-k}^{i}N_{j,k}(u)=1,u\in[u_i,u_{i+1}]$。

这个性质利用数学归纳法可以证明，证明过程作为练习题留给读者。为方便起见，当一个节点区间$[u_i,u_{i+1}]$与 $k+1$ 个 B 样条基函数 $N_{i-k,k}(u),\cdots,N_{i,k}(u)$相关时，这个区间内的基函数个数称为“满”。当且仅当一个区间内的基函数个数为满时，这个区间内的基函数才具有

"规范性"。也就是说,这些基函数才能作为B样条曲线线性表达式中的基函数,以使B样条曲线具有"凸包性"。否则,这个区间内的基函数就不能使用,这个区间也就不能作为B样条曲线的定义域的子区间。例如,如果采用图6.18中定义的二次B样条基函数作为构造B样条曲线的基函数,仅仅[-1,0]和[0,1]这两个节点区间可以作为B样条曲线定义域内的区间,图6.18对二次B样条基函数进一步解释了规范性的含义。

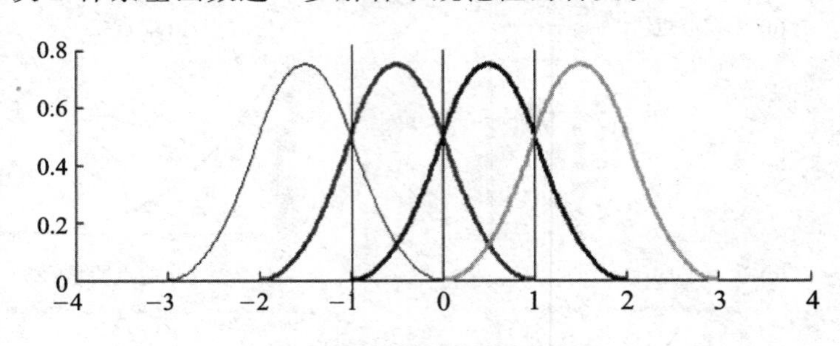

图 6.18 B样条基函数的规范性

6.3.4 非均匀B样条基函数的MATLAB程序

MATLAB工具箱中有B样条基函数bspline,为了使读者更好地理解B样条基函数的递推过程,下面自行编制了根据B样条基函数的递推定义来递推B样条基函数值的代码分别如代码6.4和代码6.5所示。

代码 6.4 绘制一个三次B样条基函数

```
function DrawBBaseCurve()
% 绘制一个三次 B 样条基函数
U = [0 0.0 0.0 3.0 4];                 % 取节点矢量
Bi = 1;                                % 绘制的基函数的序号
k = 3;                                 % 规定次数
t = 0:0.05:4;                          % 取密化的自变量
N = length(t);
for i = 1:N
    y(i) = Bbase(Bi,k,U,t(i));         % 对自变量计算基函数的值
end
plot(t,y,'linewidth',2)
```

在上述代码中用到了递推B样条基函数值的子程序y(i) = Bbase(Bi,k,U,t(i)),这个子程序的实现如代码6.5所示。

代码 6.5 B样条基函数的de-Boor递推递归算法

```
function result = Bbase(i,k,U,u)
% 第 i 段 k 次 B 样条基函数,Deboor 递推递归算法
% U 是节点矢量,u 是参数变量
% u 为变量,U(i)< = u<U(i+1),k = 0 时 result = 1;
if k == 0                              % 如果是 0 次基函数就不用递推
    if (U(i)< = u && u<U(i+1))         % 注意 u = U(i+1)) 时的情况,要用 u<= U(i+1);
```

```
        result = 1;
        return;
    else
        result = 0;
        return;
    end
end
if U(i + k) - U(i) == 0
    alpha = 0;
else
    alpha = (u - U(i))/(U(i + k) - U(i));
end
if U(i + k + 1) - U(i + 1) == 0
    beta = 0;
else
    beta = (U(i + k + 1) - u)/(U(i + k + 1) - U(i + 1));
end
result = alpha * Bbase(i,k - 1,U,u) + beta * Bbase(i + 1,k - 1,U,u);
```

现在介绍 MATLAB 工具箱中的 B 样条基函数 bspline，一个调用这个函数绘制三次 B 样条基函数曲线序列的代码如代码 6.6 所示。

代码 6.6　bspline 函数使用示例

```
function mybsplines()
% 本程序调用 MATLAB 工具箱中的 bspline 绘制三次 B 样条基函数
U =  - 4:4;                          % 给出节点矢量
N = length(U) - 4;                   % 计算这些节点矢量能定义的全部基函数的个数
hold on
for is = 1:N                         % 取每个基函数的起点序号
    ie = is + 4;                     % 每个基函数的终点序号
    UU = U(is:ie);                   % 取定义该基函数需要的节点
    pp = bspline(UU);                % 调用工具箱中的函数计算基函数的表达式
    s = (UU(5) - UU(1))/100;         % 计算密化点对应的参数的步长
    x = UU(1):s:UU(5);               % 取密化点的自变量
    y = fnval(pp,x);                 % 计算基函数的函数值
    plot(x,y,'linewidth',2)
end
hold off
```

6.4　非均匀 B 样条曲线

6.4.1　非均匀 B 样条曲线的定义

定义 6.2　给定条件：①控制顶点 $\boldsymbol{V}_0,\boldsymbol{V}_1,\cdots,\boldsymbol{V}_n$；②B 样条基函数的次数 k；③节点矢量

$\boldsymbol{U}=[u_0,u_1,\cdots,u_k,u_{k+1},\cdots,u_n,u_{n+1},\cdots,u_{n+k+1}]$，可以唯一定义非均匀三次 B 样条曲线为

$$\boldsymbol{r}(u)=\sum_{i=0}^{n}N_{i,k}(u)\boldsymbol{V}_i \tag{6.24}$$

式中 $u\in[u_k,u_{n+1}]$。

对于这个定义，首先解释节点矢量 $\boldsymbol{U}=[u_0,u_1,\cdots,u_k,u_{k+1},\cdots,u_n,u_{n+1},\cdots,u_{n+k+1}]$ 中最后一个节点的下标为什么是 $n+k+1$。根据线性组合表达式(6.24)可知，一个控制顶点对应一个基函数。根据 B 样条基函数的递推定义(定义 6.1)，一个 B 样条基函数对应一个节点(支撑区间内的第一个节点)，这种对应关系如图 6.19 所示。

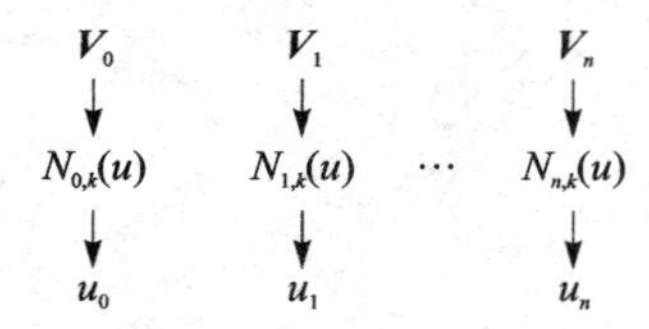

图 6.19　B 样条曲线控制顶点、基函数和节点的对应关系

对于图 6.19 中的最后一组对应关系：

$$\boldsymbol{V}_n\rightarrow N_{n,k}(u)\rightarrow u_n$$

由于 $N_{n,k}(u)$ 的支撑区间内应该包含 $k+2$ 个节点，所以为了定义 $N_{n,k}(u)$，需要在 u_n 后再增加 $k+1$ 个节点：$u_{n+1},\cdots,u_{n+k+1}$。这样，节点矢量 $\boldsymbol{U}$ 的最后节点就是 u_{n+k+1}。这就是在定义 6.2 中，$\boldsymbol{U}$ 的最后一个节点的下标是 $n+k+1$ 的原因。

现在解释为什么非均匀三次 B 样条曲线 $\boldsymbol{r}(u)$ 的定义域是 $[u_k,u_{n+1}]$。对节点序列 u_0，$u_1,\cdots,u_k,u_{k+1},\cdots,u_n,u_{n+1},\cdots,u_{n+k+1}$ 分析可知，仅节点区间 $[u_k,u_{k+1}],\cdots,[u_n,u_{n+1}]$ 上的基函数个数为"满"，根据 B 样条基函数的性质 6.5，只有这些区间可以作为定义域内的节点区间，这些节点区间的并集才是 $[u_k,u_{n+1}]$。下面介绍非均匀 B 样条曲线的另一个重要性质。

性质 6.6　对于方程(6.24)定义的非均匀 B 样条曲线 $\boldsymbol{r}(u)$，如果将首末两个节点的重数设置为 $k+1$，即

$$u_0=u_1=\cdots=u_k,\quad u_{n+1}=\cdots=u_{n+k+1}$$

那么

(1) 曲线的首末端点与控制多边形的首末端点重合；

(2) 曲线在首末端点的位置分别与控制多边形的首末两条边相切；

(3) 曲线在端点的曲率中心分别在首末各三个点确定的平面上，即曲线在端点处具有与 Bézier 曲线相似的性质。

证明　(1) 在端节点为 $k+1$ 重的情况下，根据递推公式经过简单计算或者观察图 6.17(a)～(d)可以发现：$N_{0,k}(u_k)=1,N_{i,k}(u_k)=0(i\geqslant 1)$，所以有 $\boldsymbol{r}(u_k)=\boldsymbol{V}_0$。类似地，$\boldsymbol{r}(u_{n+1})=\boldsymbol{V}_n$。

(2) 根据 B 样条基函数的求导公式：

$$\frac{\mathrm{d}}{\mathrm{d}u}N_{i,k}(u)=k\left[\frac{N_{i,k-1}(u)}{u_{i+k}-u_i}-\frac{N_{i+1,k-1}(u)}{u_{i+k+1}-u_{i+1}}\right] \tag{6.25}$$

对式(6.24)求导后展开，则 $N_{i,k-1}(u_k)$、$N_{i,k-1}(u_n)(i\geqslant 0)$ 有：

$$\boldsymbol{r}'(u_k)=k\,\frac{\boldsymbol{V}_1-\boldsymbol{V}_0}{u_{k+1}-u_1},\ \boldsymbol{r}'(u_{n+1})=k\,\frac{\boldsymbol{V}_n-\boldsymbol{V}_{n-1}}{u_{n+k}-u_n}$$

(3) 对 $\boldsymbol{r}'(u)$再次求导，则 $\boldsymbol{r}''(u)$的表达式中 $N_{i,k-2}(u_k)$、$N_{i,k-2}(u_n)(i\geqslant 0)$有：

$$\boldsymbol{r}''(u_k)=k(k-1)\frac{\dfrac{\boldsymbol{V}_2-\boldsymbol{V}_1}{u_{k+2}-u_2}-\dfrac{\boldsymbol{V}_1-\boldsymbol{V}_0}{u_{k+1}-u_1}}{u_{k+1}-u_2}$$

$$\boldsymbol{r}''(u_{n+1})=k(k-1)\frac{\dfrac{\boldsymbol{V}_n-\boldsymbol{V}_{n-1}}{u_{n+k}-u_n}-\dfrac{\boldsymbol{V}_{n-1}-\boldsymbol{V}_{n-2}}{u_{n+k-1}-u_{n-1}}}{u_{n+k-1}-u_n}$$

至此证明了性质 6.6。

正是基于这个性质，现有软件中采用两端为 $k+1$ 重节点的节点矢量 $\boldsymbol{U}$ 才可以使非均匀 B 样条曲线在端点处继承 Bézier 曲线的优良特性，如图 6.20 所示。

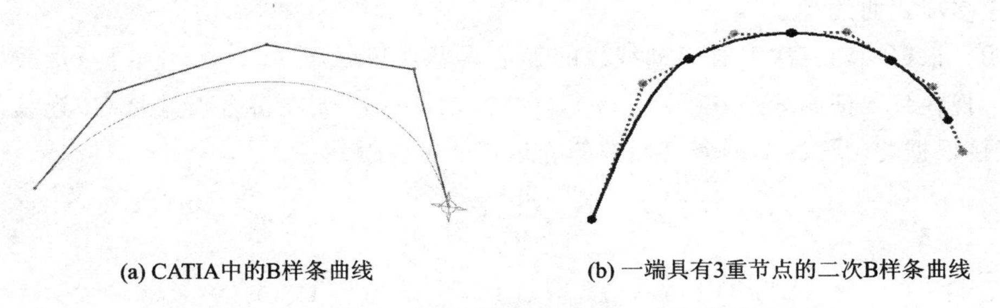

(a) CATIA中的B样条曲线　　(b) 一端具有3重节点的二次B样条曲线

图 6.20　端节点为 $k+1$ 重节点的造型效果(k 是基函数次数)

6.4.2　节点矢量的确定

根据定义 6.2 可知，要构造一条非均匀 B 样条曲线时首先要给定控制顶点 $\boldsymbol{V}_0,\boldsymbol{V}_1,\cdots,\boldsymbol{V}_n$ 和 B 样条基函数的次数 k。现在讨论如何根据这两个条件构造节点矢量 $\boldsymbol{U}$。目前已有数种行之有效的方法，包括著名的里森费尔德方法和 Hartley - Judd 方法[10]。这些方法都是基于累加弦长参数化方法给出的。为了使得读者对基于累加弦长参数构造节点矢量的方法有一个简单的了解，这里针对三次 B 样条曲线给出一种直观而简洁的方法。至于其他情况下的节点矢量，读者在今后的研究或工程应用中会进一步学习。

采用累加弦长参数化方法，一个控制顶点对应一个参数，如图 6.21 所示。

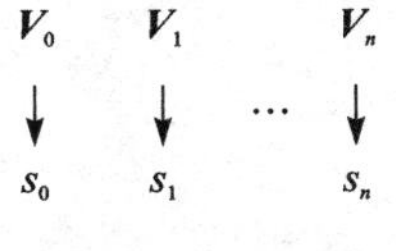

$$\begin{array}{cccc} \boldsymbol{V}_0 & \boldsymbol{V}_1 & & \boldsymbol{V}_n \\ \downarrow & \downarrow & \cdots & \downarrow \\ s_0 & s_1 & & s_n \end{array}$$

图 6.21　控制多边形的累加弦长参数化

根据定义 6.2，以 $\boldsymbol{V}_0,\boldsymbol{V}_1,\cdots,\boldsymbol{V}_n$ 为控制顶点的三次非均匀 B 样条曲线的节点矢量中有 $(n+k+1)+1$(注意是从 0 数到 $n+k+1$)个节点，即 $n+5$ 个节点，而图 6.21 中仅有 $n+1$ 个参数，基于这个累加弦长参数构造节点矢量，采用如下方法：

$$[s_1,s_1,s_1,s_1,s_2,\cdots,s_{n-2},s_{n-1},s_{n-1},s_{n-1},s_{n-1}] \tag{6.26}$$

即去掉首末弦长参数后，再将新向量的首末元素重复 4 次。矢量(6.26)就是满足非均匀三次曲线构造条件的节点矢量。这样处理仅仅是为了使构造节点矢量 $\boldsymbol{U}$ 简洁，除此之外没有其他理由。

6.4.3 非均匀 B 样条曲线的特例

本小节将证明和理解一个重要的结论：对于式(6.24)定义的非均匀三次 B 样条曲线 $\boldsymbol{r}(u)$，当 $u_i=i$，$i=0,1,\cdots,n+3+1$ 时，$\boldsymbol{r}(u)$就是式(6.8)定义的均匀 B 样条曲线 $\boldsymbol{r}^J(u)$。本小节的目的仅仅是让读者理解和认同这个事实。如果读者已经认同这个结论，可以直接跳过本小节的内容。为了使问题变得具体且容易理解，仅讨论控制顶点为 $\boldsymbol{V}_0,\boldsymbol{V}_1,\cdots,\boldsymbol{V}_5$ 的具体情况。下面通过若干例题来逐步理解这个重要的结论。

[例 6.4] 试证：$\boldsymbol{r}_i^J(v)=\sum_{j=0}^{3}\boldsymbol{V}_{i+j}N_{j,3}^J(v)$，$v\in[0,1]$，$i=0,1,2,\cdots,n-3$ 是一条 C^2 连续的分段多项式曲线。

证明 根据均匀三次 B 样条曲线段的表达式可以知道，$\boldsymbol{r}_i^J(v)$($v\in[0,1]$)是一个多项式曲线段。现在只要证明 $\boldsymbol{r}_i^J(v)$和 $\boldsymbol{r}_{i+1}^J(v)$，$i=0,1,2,\cdots,n-4$ 在拼合点处是 C^2 连续即可。实际上，直接根据均匀三次 B 样条基函数的表达式就可以得到：

$$\boldsymbol{r}_i^J(1)=\boldsymbol{r}_{i+1}^J(0)=\frac{1}{6}(\boldsymbol{V}_{i+1}+4\boldsymbol{V}_{i+2}+\boldsymbol{V}_{i+3})$$

$$[\boldsymbol{r}_i^J]'(1)=[\boldsymbol{r}_{i+1}^J]'(0)=\frac{1}{2}(\boldsymbol{V}_{i+3}-\boldsymbol{V}_{i+1})$$

$$[\boldsymbol{r}_i^J]''(1)=[\boldsymbol{r}_{i+1}^J]''(0)=\boldsymbol{V}_{i+1}-2\boldsymbol{V}_{i+2}+\boldsymbol{V}_{i+3}$$

这就证明了 $\boldsymbol{r}_i^J(v)$和 $\boldsymbol{r}_{i+1}^J(v)$，$i=0,1,2,\cdots,n-4$ 在拼合点处是 C^2 连续的结论。

[例 6.5] 令 $\boldsymbol{U}=[\cdots,u_{-3},u_{-2},u_{-1},u_0,u_1,\cdots]$，$u_i=i$，且

(1) $N_{i,0}(u)=\begin{cases}1, & u_i\leqslant u<u_{i+1}\\ 0, & u\notin[u_i\ u_{i+1})\end{cases}$；

(2) $N_{i,k}(u)=\dfrac{u-u_i}{u_{i+k}-u_i}N_{i,k-1}(u)+\dfrac{u_{i+k+1}-u}{u_{i+k+1}-u_{i+1}}N_{i+1,k-1}(u)$，$(k\geqslant1)$，

那么，

$$\begin{cases}N_{-3,3}(u)\mid_{u\in[0,1]}=N_{0,3}^J(u)\mid_{u\in[0,1]}\\ N_{-2,3}(u)\mid_{u\in[0,1]}=N_{1,3}^J(u)\mid_{u\in[0,1]}\\ N_{-1,3}(u)\mid_{u\in[0,1]}=N_{2,3}^J(u)\mid_{u\in[0,1]}\\ N_{0,3}(u)\mid_{u\in[0,1]}=N_{3,3}^J(u)\mid_{u\in[0,1]}\end{cases}$$

证明

$$\begin{aligned}N_{-3,3}(u)&=\frac{u-(-3)}{0-(-3)}N_{-3,2}(u)+\frac{1-u}{1-(-2)}N_{-2,2}(u)\\&=\frac{u+3}{3}N_{-3,2}(u)+\frac{1-u}{3}N_{-2,2}(u)\end{aligned}$$

因为 $N_{-3,2}(u)$的支撑区间是 $[-3,0]$，而 $[0,1]$不在 $[-3,0]$内，所以 $N_{-3,2}(u)\equiv0$，$u\in[0,1]$。

因为 $N_{-2,2}(u)$的支撑区间是 $[-2,1]$，而 $[0,1]\subset[-2,1]$，所以 $N_{-2,2}(u)\geqslant0$，$u\in[0,1]$，且

$$N_{-2,2}(u)=\frac{u-(-2)}{0-(-2)}N_{-2,1}(u)+\frac{1-u}{1-(-1)}N_{-1,1}(u)$$
$$=\frac{u+2}{2}N_{-2,1}(u)+\frac{1-u}{2}N_{-1,1}(u)$$

因为 $u\in[0,1]$ 时，$N_{-3,1}(u)=0$，$N_{-1,1}(u)\geqslant 0$，所以需计算 $N_{-1,1}(u)$，即

$$N_{-1,1}(u)=\frac{u-(-1)}{0-(-1)}N_{-1,0}(u)+\frac{1-u}{1-0}N_{0,0}(u)=(u+1)N_{-1,0}(u)+(1-u)N_{0,0}(u)$$

上式中，$N_{-1,0}(u)\equiv 0$，$N_{0,0}(u)=1$，$u\in[0,1]$。

$$N_{-3,3}(u)=\frac{1-u}{3}N_{-2,2}(u)=\frac{1-u}{3}\frac{1-u}{2}N_{-1,1}(u)=\frac{1-u}{3}\frac{1-u}{2}(1-u)N_{0,0}(u)$$

所以

$$N_{-3,3}(u)=\frac{(1-u)^3}{6}=N_{0,3}^J(u)$$

采用类似的过程可以推证：

$$N_{1,3}^J(u)=N_{-2,3}(u),\ N_{2,3}^J(u)=N_{-1,3}(u),\ N_{3,3}^J(u)=N_{0,3}(u),\ u\in[0,1]$$

[例 6.6]　根据例 6.5 中定义的 $N_{i,k}(u)$，证明：$N_{-3,3}(u)=N_{-2,3}(u+1)$，$N_{-2,3}(u)=N_{-1,3}(u+1)$，$N_{-1,3}(u)=N_{0,3}(u+1)$，$N_{0,3}(u)=N_{1,3}(u+1)$，其中 $u\in[0,1]$。

分析　本例题的实质就是要证明[1,2]区间上的四个函数值非 0 的基函数 $N_{-2,3}(u)$，$N_{-1,3}(u)$，$N_{0,3}(u)$，$N_{1,3}(u)$ 就是由[0,1]区间上的四个函数值非 0 的基函数 $N_{-3,3}(u)$，$N_{-2,3}(u)$，$N_{-1,3}(u)$，$N_{0,3}(u)$ 向右平移一个单位得到的。可以采用例 6.5 的方法由递推公式得到这些基函数表达式直接验证。其实，本书的目的是要读者理解和认同这个例题的结论。因此，如果读者无意于如此烦琐的公式推导，可以直接观察图 6.12 中[−3,4]区间上所有的非 0 三次 B 样条基函数曲线，从直观上认同这个结论。如果读者有较丰富的数学归纳法证题经验，也可以采用数学归纳法证明基函数次数的一般性结论。本例题的结论只不过是这个一般性结论的特例而已。

[例 6.7]　对于例 6.5 定义的 B 样条基函数 $N_{i,k}(u)$，证明：$N_{-3,3}(u)=N_{-3+t,3}(u+t)$，$N_{-2,3}(u)=N_{-2+t,3}(u+t)$，$N_{-1,3}(u)=N_{-1+t,3}(u+t)$，$N_{0,3}(u)=N_{0+t,3}(u+t)$，其中 $u\in[0,1]$，t 是大于 1 的整数。

分析　根据例题 6.6 对 t 采用数学归纳法证明即可。本书的目的是要读者理解和认同这个例题的结论。

[例 6.8]　假设 $N_{j,3}^J(u)(j=0,1,2,3)$是均匀三次 B 样条基函数，$N_{j,3}(u)$是例 6.5 中定义的三次 B 样条基函数。$\boldsymbol{r}^J(v)=\sum_{j=0}^{3}\boldsymbol{V}_jN_{j,3}^J(v)$，$v\in[0,1]$，$\boldsymbol{r}(u)=\sum_{j=0}^{3}\boldsymbol{V}_jN_{j-3,3}^J(u)$，$u\in[0,1]$，证明 $\boldsymbol{r}^J(u)=\boldsymbol{r}(u)$，$u\in[0,1]$。

分析　由例 6.5 基函数相等的结论可以直接证明本例题的结论。本例题的目的是让读者熟悉 $N_{j,3}^J(u)$定义的曲线与均匀节点下得到的三次 B 样条曲线相同的结论。

[例 6.9]　假设 $N_{j,3}(u)$是例 6.5 中定义的三次 B 样条基函数。$\boldsymbol{r}^0(u)=\sum_{j=0}^{3}\boldsymbol{V}_jN_{j-3,3}(u)$，$\boldsymbol{r}^t(v)=\sum_{j=0}^{3}\boldsymbol{V}_jN_{j-3+t,3}(v)$，证明 $\boldsymbol{r}^0(u)|_{u\in[0,1]}=\boldsymbol{r}^t(v)|_{v\in[t,t+1]}$。

分析 利用例 6.7 的结论可以直接证明。本例题的目的是让读者熟悉分段研究 B 样条曲线性质的分析思路。对于均匀节点下得到的 B 样条基函数,各个节点区间内 B 样条基函数曲线的形状完全一致。

[例 6.10] 假设 $N_{j,3}^J(v)(j=0,1,2,3,v\in[0,1])$ 是均匀三次 B 样条基函数,$N_{i,3}(u)$ $(i=0,1,2,3,4,5)$是三次 B 样条基函数,其节点矢量 $\boldsymbol{U}=[0,1,2,3,4,5,6,7,8,9]$,$\boldsymbol{r}^J(v)=\sum_{j=0}^{3}\boldsymbol{V}_{i+j}N_{j,3}^J(v),v\in[0,1]$,$i=0,1,2$,$\boldsymbol{r}(u)=\sum_{i=0}^{5}\boldsymbol{V}_iN_{i,3}(u)$,证明:$\boldsymbol{r}^J(v)=\boldsymbol{r}(u)$,即 $\boldsymbol{r}^J(v)$和 $\boldsymbol{r}(u)$表示同一条曲线。

分析 根据例题中的条件,$\boldsymbol{r}^J(u)$可以分为以下三段:

$$\boldsymbol{r}_0^J(v)=\boldsymbol{V}_0N_{0,3}^J(v)+\boldsymbol{V}_1N_{1,3}^J(v)+\boldsymbol{V}_2N_{2,3}^J(v)+\boldsymbol{V}_3N_{3,3}^J(v)$$

$$\boldsymbol{r}_1^J(v)=\sum_{j=0}^{3}\boldsymbol{V}_{1+j}N_{j,3}^J(v)$$

$$\boldsymbol{r}_2^J(v)=\sum_{j=0}^{3}\boldsymbol{V}_{2+j}N_{j,3}^J(v)$$

现观察:$\boldsymbol{r}(u)=\sum_{i=0}^{5}\boldsymbol{V}_iN_{i,3}(u)$。其中有 6 个基函数 $N_{0,3}(u),\cdots,N_{5,3}(u)$,根据例 6.5 的递推公式:$N_{0,3}(u)$ 由 5 个节点 0,…,4 决定,$N_{5,3}(u)$由 5 个节点 5,…,9 决定。于是$N_{0,3}(u),\cdots,N_{5,3}(u)$这 6 个基函数的位置和相关节点的联系如图 6.22 所示。

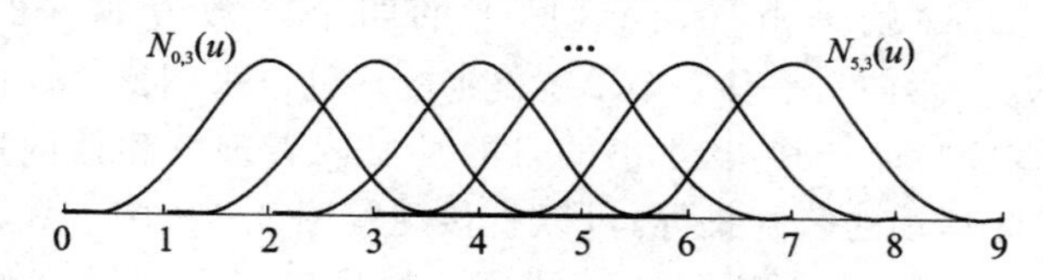

图 6.22 基函数和相关节点的联系

进一步考察 $\boldsymbol{r}(u)$的定义域。为了使曲线 $\boldsymbol{r}(u)$对其控制顶点 $\boldsymbol{V}_0,\cdots,\boldsymbol{V}_5$ 具有凸包性,$N_{0,3}(u),\cdots,N_{5,3}(u)$这 6 个基函数需要满足规范性:

$$\sum_{i=0}^{5}N_{0,3}(u)\equiv 1$$

u 在 $\boldsymbol{r}(u)$的定义域内取值时,令这个定义域为 D,那么节点区间$[0,1]\subset D$ 可能吗?答案是否定的。因为区间[0,1]上只有 $N_{0,3}(u)>0$,而其他 $N_{i,3}(u)=0,i=1,\cdots,5$。而在[0,1]上,$N_{0,3}(u)\neq 1$,所以[0,1]不能作为 D 的一部分。类似的,[1,2],[2,3]也不能作为定义域 D 的一部分。根据例 6.5~6.7 的结论,仅仅$[3,4]\subset D,[4,5]\subset D,[5,6]\subset D$。在节点区间[3,4],当 $u\in[3,4]$时,$N_{3,3}(u)\geqslant 0,N_{2,3}(u)\geqslant 0,N_{1,3}(u)\geqslant 0,N_{0,3}(u)\geqslant 0$,而 $N_{i,3}(u)\equiv 0,i=4,5$,所以

$$\boldsymbol{r}_0(u)=\sum_{i=0}^{5}\boldsymbol{V}_iN_{i,3}(u)=\sum_{i=0}^{3}\boldsymbol{V}_iN_{i,3}(u)$$

即

$$\boldsymbol{r}_0(u)=\sum_{i=0}^{3}\boldsymbol{V}_iN_{i,3}(u)$$

根据例 6.6、例 6.7 和例 6.9 的结论有

$$\boldsymbol{r}_0^J(v)=\sum_{j=0}^{3}\boldsymbol{V}_jN_j^J(v)=\sum_{j=0}^{3}\boldsymbol{V}_jN_{j-3}(v)=\sum_{j=0}^{3}\boldsymbol{V}_jN_{j-3+t}(v+3)=\boldsymbol{r}_0(v+3)=\boldsymbol{r}_0(u)$$

在上式中 $t=3$。类似的

$$\boldsymbol{r}_1^J(v)=\boldsymbol{r}_1(u),\boldsymbol{r}_2^J(v)=\boldsymbol{r}_2(u)$$

式中 $\boldsymbol{r}_1(u)=\sum_{i=0}^{5}\boldsymbol{V}_iN_{i,3}(u),u\in[4,5]$，$\boldsymbol{r}_2(u)$ 类似。这仅仅是一个分析过程，现把规范的证明过程的整理留给读者。进一步，根据例 6.5 的结论，$\boldsymbol{r}(u)$是 C^2 连续的。

6.4.4　非均匀 B 样条曲线的 de-Boor 算法

定义了一条非均匀 B 样条曲线，如何得到定义域内任意一个参数 u 对应的点 $\boldsymbol{r}(u)$？一般有以下两种方法：

(1) 直接计算基函数 $N_{i,k}(u)$对应的值，$i=0,\cdots,n$，然后计算 $\sum_{i=0}^{n}N_{i,k}(u)\boldsymbol{V}_i$。

(2) 利用 de-Boor 算法，通过控制顶点的线性递推得到 $\boldsymbol{r}(u)$。

de-Boor 算法类似于 de-Casteljau 算法，计算快速稳定。de-Boor 算法通过如下方式定义：

设 $u\in[u_i,u_{i+1}]\subset[u_k,u_{n+1}]$，那么

$$\boldsymbol{r}(u)=\sum_{j=i-k}^{i}\boldsymbol{V}_jN_{j,k}(u)=\cdots=\sum_{j=i-k}^{i-s}\boldsymbol{V}_j^sN_{j+s,k-s}(u)=\cdots=\boldsymbol{V}_{j-k}^k$$

式中，

$$\boldsymbol{V}_j^s=\begin{cases}\boldsymbol{V}_j, & s=0\\(1-\alpha_j^s)\boldsymbol{V}_j^{s-1}+\alpha_j^s\boldsymbol{V}_{j+1}^{s-1}, & s>0\end{cases}$$

$$j=i-k,\cdots,i-s;\quad s=1,2,\cdots,k$$

$$\alpha_j^s=\frac{u-u_{j+s}}{u_{j+k+1}-u_{j+s}},\quad \text{约定 } 0/0=0$$

de-Boor 算法的计算公式可以利用 B 样条基函数的递推公式得到，为了讨论的简洁，这里直接列出 de-Boor 算法的递推公式，不进行证明。下面介绍如何使用这个递推公式。

(1) 对于给定的参数 u，确定 u 所在的参数区间$[u_i,u_{i+1}]$。确定了下标 i 也就确定了 u 所在的参数区间。如果 $u=u_i$ 或者 $u=u_{i-1}=u_i$，取 $u\in[u_i,u_{i+1}]$。

(2) 取控制顶点 $\boldsymbol{V}_{i-k},\boldsymbol{V}_{i-k+1},\cdots,\boldsymbol{V}_i$，共取到 $k+1$ 个控制顶点。

(3) s 从 1 到 k 循环：$\boldsymbol{V}_j^s=(1-\alpha_j^s)\boldsymbol{V}_j^{s-1}+\alpha_j^s\boldsymbol{V}_{j+1}^{s-1},j=i-k,\cdots,i-s$。

当节点矢量 $\boldsymbol{U}=[\underbrace{0\ \ 0\ \ \cdots\ \ 0}_{k+1\text{重}}\ \ \underbrace{1\ \ 1\ \ \cdots\ \ 1}_{k+1\text{重}}]$时，非均匀 B 样条曲线成为 Bézier 曲线，de-Boor 算法成为 de-Casteljau 算法。图 6.23 以非均匀三次 B 样条曲线为例，给出了 de-Boor 算法的执行过程。

6.4.5　de-Boor 算法的程序实现

de-Boor 算法的程序实现如下：

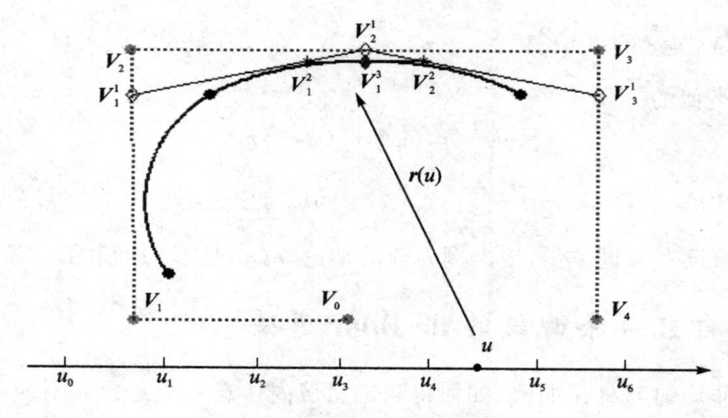

图 6.23 de-Boor 算法的执行过程

代码 6.7 采用曲线的 de-Boor 算法递推曲线上的点并绘制曲线

```
function TestMyDeBoorCurv()
%本程序调用 de-Boor 算法计算曲线上的点
%并绘制曲线
%交互选取控制顶点
CtrlPs = PickCtrlPs()';
if(length(CtrlPs(:,1))<4)
    return
end
%根据控制顶点和曲线次数确定节点矢量
%确定方法参见 6.4.2 小节
ss = AccuArcL(CtrlPs);
N = length(ss) - 1;
U = [ss(2) ss(2) ss(2) ss(2:N) ss(N) ss(N) ss(N)];
kd = 3; %记录曲线次数
%在曲线上取密化点
PointCoords = DiscreteBCurve(CtrlPs,U,kd);
hold on
plot(PointCoords(:,1),PointCoords(:,2),'linewidth',2)
hold off
```

代码 6.8 对 B 样条曲线上的点进行密化采样

```
function PointCoords = DiscreteBCurve(PVvec,U,kd)
%本程序在曲线上采集 DN(程序中设置)个密化点
%PVvec 是 n 行 d 列的控制顶点
%U 是节点矢量,kd 是次数
m = length(U);
Ustartp = U(kd+1);
Uendp = U(m-kd);                                   %[Ustartp Uendp]是定义域
DN = 401;                                          %采集的密化点个数
for i = 1:DN
```

```
    u = Ustartp + (i-1)*(Uendp-Ustartp)/(DN-1);    % 计算当前参数 u
    Pval = DeBoorCurve(PVvec,U,kd,u);              % 用 deBoor 算法计算曲线上的点
    PointCoords(i,:) = Pval;                       % 把得到的点放入数组
end
```

代码 6.9　用 de-Boor 算法对给定的参数 u 递推曲线上的点

```
function Pval = DeBoorCurve(PVvec,U,k,u)
% 用 de-Boor 算法递推曲线上的点
% PVvec 是控制顶点矩阵,每一行表示一个顶点;
% U 是节点矢量;k 是次数;u 是参数
Pval = 0;
n = length(PVvec(:,1));                        % 控制顶点数
m = length(U);                                 % 节点个数
if(m~=n+k+1)                                   % 节点个数与控制顶点数匹配
    return;
end
if((u<U(k+1))||(u>U(n+1)))                     % 确认参数在定义域内
    return;
end
for i=k+1:n
    if((u>=U(i))&&(u<=U(i+1)))
        break;
    end
end                                            % 计算参数所在的节点区间的下标 i
i=i-k;
iS = i;
iE = i+k;                                      % 确认使用的控制顶点的起始序号和终了序号
% 采用 6.4.4 小节描述的过程递推新顶点
for s = 0:k
    t = 0;
    for j = iS:iE-s
        t=t+1;
        if(s==0)
            Vf(t,:) =  PVvec(j,:);
        else
            alfa = (u-U(j+s))/(U(j+k+1)-U(j+s));
            Vnow(t,:) = (1-alfa)*Vf(t,:)+alfa*Vf(t+1,:);
        end
    end
    if(s>=1)
        Vf = Vnow;
        clear Vnow;
    end
end
% 采用 6.4.4 小节描述的过程递推新顶点
Pval = Vf(1,:);                                % 输出得到的曲线上的点
```

6.4.6 B 样条曲线的插值

给定一系列型值点 $\boldsymbol{p}_0,\boldsymbol{p}_1,\cdots,\boldsymbol{p}_{n'}$,如何构造一条通过这些型值点的 k 次 B 样条曲线?解决这个问题需要以下三个步骤:

(1) 对型值点进行参数化;

(2) 构造节点矢量 $\boldsymbol{U}$;

(3) 构造求解控制顶点的线性方程组。

首先采用累加弦长参数化方法(见 4.6.2 小节)对型值点进行参数化,于是每个型值点 $\boldsymbol{p}_i$ 对应参数 s_i。既然 B 样条基函数的次数为 k,那么这个待定的 B 样条曲线的节点矢量应该是:

$$u_0=\cdots=u_k=s_0$$
$$u_{i+k}=s_i,\quad i=1,\cdots,n'-1$$
$$u_{n'+k}=\cdots=u_{n'+k+k}=s_{n'}$$

根据非均匀 B 样条表达式(6.24)可知,控制顶点和各基函数支撑区间的起始点有如下对应关系:

$$\boldsymbol{V}_i\rightarrow u_i,\quad i=0,\cdots,n'+k-1$$

与型值点相比,控制顶点的个数多了 $k-1$ 个。为了使问题变得简单,下面对 $k=3$ 的情况进行讨论。这样,控制顶点只比型值点多两个,增加两个边界条件就可以通过线性方程组求解出所有控制顶点,与前面讨论的 Ferguson 曲线和参数三次样条曲线的处理方法一致。根据型值点与参数之间的对应关系以及非均匀 B 样条表达式(6.24),可以构造如下线性方程组:

$$\boldsymbol{r}(u_{j+3})=\sum_{i=0}^{n'+2}N_{i,3}(u_{j+3})\boldsymbol{V}_i=\boldsymbol{p}_j,\quad j=0,\cdots,n' \tag{6.27}$$

即

$$\boldsymbol{r}(u_{j+3})=N_{j,3}(u_{j+3})\boldsymbol{V}_j+N_{j+1,3}(u_{j+3})\boldsymbol{V}_{j+1}+N_{j+2,3}(u_{j+3})\boldsymbol{V}_{j+2}=\boldsymbol{p}_j \tag{6.27$'$}$$

$n+1$ 个方程解出 $n+3$ 个未知数是不可能的,需要为上述线性方程组增加边界条件。类似于 Ferguson 曲线和参数三次样条曲线的三切矢方程,可以构造切矢量端点条件、二阶导端点条件和周期性端点条件。最简单的,假设添加的是切矢量端点条件。既然节点矢量两端是 $k+1$ 重节点,该非均匀 B 样条曲线具有 Bézier 曲线的端点性质。设两端给定的曲线切矢量是 $\boldsymbol{r}'(u_3)$ 和 $\boldsymbol{r}'(u_{n'+3})$,则三次 Bézier 曲线的端点条件有:

$$3\boldsymbol{V}_1-3\boldsymbol{V}_0=\boldsymbol{r}'(s_0),3\boldsymbol{V}_{n'+2}-3\boldsymbol{V}_{n'+1}=\boldsymbol{r}'(s_{n'}) \tag{6.28}$$

求解式(6.27)和式(6.28)形成的线性方程组就可以得到控制顶点 $\boldsymbol{V}_i(i=0,\cdots,n'+2)$。这个线性方程组的系数矩阵是:

$$\begin{bmatrix} -3 & 3 & & & & \\ N_0(u_3) & N_1(u_3) & N_2(u_3) & & & \\ & & \ddots & \ddots & \ddots & \\ & & & N_{n'}(u_{n'+3}) & N_{n'+1}(u_{n'+3}) & N_{n'+2}(u_{n'+3}) \\ & & & & -3 & 3 \end{bmatrix}$$

这里 $N_i(u)$ 是 $N_{i,3}(u)$ 的简写。

从上面的讨论可以发现，在非均匀三次 B 样条插值的情况下，明确型值点与控制顶点的对应关系、控制顶点与节点矢量的对应关系是问题求解的关键，而这两个对应关系，正是本章的难点和核心内容。本书的配套资料在 Chpater6 文件夹中包含两个主程序：File3DPsInter() 和 Pick2DPsInter()。使用 File3DPsInter 函数时，注意打开保存型值点的数据文件 dada.txt。为了使问题变得简单，直接使用首末各两个型值点的连线段作为插值曲线的切线端点条件，这样的设置在型值点形成的多边形为凸的情况下，曲线在端点附近可能出现凹点，现把这个问题的解决留给有兴趣的读者。

6.4.7 MATLAB 中的 B 样条函数

1. spmak 函数

spmak 函数的调用格式是：

mysplincur=spmak(myknots,Vs);

其中 Vs 是一个 d 行 n 列的数组，存储控制顶点，每列表示一个控制顶点。Myknots 存储节点矢量。注意函数将按照公式

$$m(\text{节点数})=n(\text{控制顶点数})+k(\text{曲线多项式次数})+1$$

计算曲线的次数。Mysplincur 表示计算出的 B 样条曲线，采用函数 fnbrk(mysplincur) 可以查看定义该 B 样条曲线的相关数据。采用 pvals=spval(mysplincur,svals) 对给定参数计算函数值。一个调用该函数的示例如代码 6.10 所示。

代码 6.10　利用 B 样条工具箱中的函数构造 B 样条曲线

```
function mymakebcurve()
%利用 B 样条工具箱中的函数做 B 样条曲线
px = [1.000 0.8068 0.3078 -0.3078 -0.8068 -1.000];
py = [0.0063 0.5908 0.9514 0.9514 0.5908 0.0063];
%输入型值点
Vs = [px',py'];
ss = AccuArcL(Vs);
N = length(ss);
sss = [ss(2) ss(2) ss(2)];
sse = [ss(N-1) ss(N-1) ss(N-1)];
myknots = [sss ss(2:N-1) sse];
%%%%%%%%%构造节点矢量
mysplincur = spmak(myknots,Vs');
fnbrk(mysplincur)  %显示该 B 样条曲线的记录数据
%%%%%构造 B 样条曲线
step = (ss(N-1) - ss(2))/100;
svals = ss(2):step:ss(N-1);
pvals = spval(mysplincur,svals);  %对密化参数值计算函数值
%%%%对函数进行密集采样
plot(px,py,'r:','linewidth',2)
hold on
plot(px,py,'k.','MarkerSize',15)
```

```
plot(pvals(1,:),pvals(2,:))
hold off
axis equal
```

上述代码运行后得到的样条曲线如图 6.24 所示。

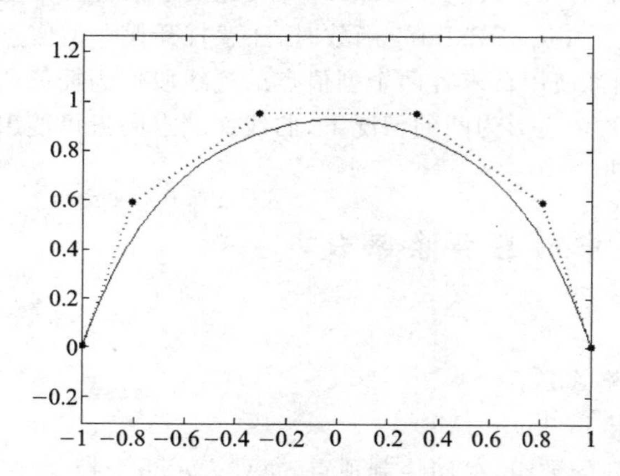

图 6.24　运行代码 6.10 得到的样条曲线

fnbrk(mysplincur)输出的该 B 样条曲线的定义数据如下:

- The input describes a B-form:指出输入曲线的形式。
- knots(1:n+k):节点矢量,这里 k 是阶数,阶数就是次数加 1,为
  [0.615 6 0.615 6 0.615 6 0.615 6 1.231 3 1.846 9 2.462 5 2.462 5 2.462 5 2.462 5]
- coefficients(d,n):控制顶点,即基函数的系数:

1.000 0	0.806 8	0.307 8	−0.307 8	−0.806 8	−1.000 0
0.006 3	0.590 8	0.951 4	0.951 4	0.590 8	0.006 3

- number n of coefficients:6,控制顶点数。
- order k:4。
- dimension d of target:2。

2. sp2bb 函数

sp2bb 函数的调用格式是:

pp=sp2bb(mysplincur)

即输入 B 样条曲线,输出数段 Bézier 曲线。介绍这个函数的目的不在于调用它方法,而在于输出的 Bézier 曲线 pp 的使用。一个调用该函数的示例如代码 6.11 所示。

代码 6.11　根据 B 样条曲线构造 Bezier 曲线

```
function mymakebcurbb()
%利用 B 样条工具箱中的函数做 B 样条曲线
%然后将 B 样条曲线转化为多段 Bezier 曲线
%本程序绘制两个图形:fig1 是原始 B 样条曲线转化为 Bezier 曲线后的控制顶点与曲线的联系
%fig2 表示移动第三段 Bezier 曲线的起始控制顶点后,第三段曲线与第二段曲线分离
%这说明两个问题:(i)从函数调用本身来看,采用 sp2bb 得到的多段 Bezier 曲线之间没有关联
%(ii)从 MATLAB 的内部程序来看(参见窗口打印出的节点矢量):
% knots:[0.6156 0.6156 0.6156 0.6156 1.2313 1.2313 1.2313 1.2313 1.8469 1.8469 1.8469 1.8469
```

```
    2.4625 2.4625 2.4625 2.4625]
%为了让k次B样条曲线内部保持位置连续,最多只能有k重节点
px = [1.000 0.8068 0.3078 - 0.3078 - 0.8068 - 1.000];
py = [0.0063 0.5908 0.9514 0.9514 0.5908 0.0063];
%输入控制顶点
Vs = [px',py'];
ss = AccuArcL(Vs);
N = length(ss);
sss = [ss(2) ss(2) ss(2)];
sse = [ss(N-1) ss(N-1) ss(N-1)];
myknots = [sss ss(2:N-1) sse];
%%%%%%%%%构造节点矢量
mysplincur = spmak(myknots,Vs');
%%%%%构造b样条曲线
pp = sp2bb(mysplincur);              %转化为Bezier曲线
disp(pp)                             %也可以用disp显示定义曲线表达式的参数
mycoefs = pp.coefs;                  %基函数系数即控制顶点
mynumber = pp.number;                %控制顶点数目
myorder = pp.order;                  %曲线阶数
mydim = pp.dim;                      %曲线维度
segnum = mynumber/myorder;           %曲线段数
hold on
i = 1;
ii = (i-1) * myorder;
ctrlps = mycoefs(:,ii + 1:ii + myorder);
plot(ctrlps(1,:),ctrlps(2,:),'r :','linewidth',2)
plot(ctrlps(1,:),ctrlps(2,:),'r .','MarkerSize',15)
i = 2;
ii = (i-1) * myorder;
ctrlps = mycoefs(:,ii + 1:ii + myorder);
plot(ctrlps(1,:),ctrlps(2,:),'g :','linewidth',2)
plot(ctrlps(1,:),ctrlps(2,:),'g .','MarkerSize',15)

i = 3;
ii = (i-1) * myorder;
ctrlps = mycoefs(:,ii + 1:ii + myorder);
plot(ctrlps(1,:),ctrlps(2,:),'b :','linewidth',2)
plot(ctrlps(1,:),ctrlps(2,:),'b .','MarkerSize',15)
hold off
axis equal

step = (ss(N-1) - ss(2))/100;
svals = ss(2):step:ss(N-1);
pvals = fnval(pp,svals);
hold on
plot(pvals(1,:),pvals(2,:),'k','linewidth',2)
hold off
```

```
%绘制第二个图形窗口以便展示"为了让k次B样条曲线内部保持位置连续,最多只能有k重节点"
figure
hold on
i = 1;
ii = (i - 1) * myorder;
ctrlps = mycoefs(:,ii + 1:ii + myorder);
plot(ctrlps(1,:),ctrlps(2,:),'r :','linewidth',2)
plot(ctrlps(1,:),ctrlps(2,:),'r .','MarkerSize',15)
myknots  =  pp.knots(1:8);
mysplincur = spmak(myknots,ctrlps);
step = (myknots(5) - myknots(4))/50;
svals = myknots(4):step:myknots(5);
pvals = fnval(mysplincur,svals);
plot(pvals(1,:),pvals(2,:),'k','linewidth',2)

i = 2;
ii = (i - 1) * myorder;
ctrlps = mycoefs(:,ii + 1:ii + myorder);
plot(ctrlps(1,:),ctrlps(2,:),'g :','linewidth',2)
plot(ctrlps(1,:),ctrlps(2,:),'g .','MarkerSize',15)
myknots  =  pp.knots(5:12);
mysplincur = spmak(myknots,ctrlps);
step = (myknots(5) - myknots(4))/50;
svals = myknots(4):step:myknots(5);
pvals = fnval(mysplincur,svals);
plot(pvals(1,:),pvals(2,:),'k','linewidth',2)

i = 3;
ii = (i - 1) * myorder;
ctrlps = mycoefs(:,ii + 1:ii + myorder);
plot(ctrlps(1,:),ctrlps(2,:),'b :','linewidth',2)
plot(ctrlps(1,:),ctrlps(2,:),'b .','MarkerSize',15)
ctrlps(1,1)  =  ctrlps(1,1) - 0.03;
ctrlps(2,1)  =  ctrlps(2,1) + 0.03;
plot(ctrlps(1,:),ctrlps(2,:),'c :','linewidth',2)
plot(ctrlps(1,:),ctrlps(2,:),'c .','MarkerSize',15)
myknots  =  pp.knots(9:16);
mysplincur = spmak(myknots,ctrlps);
step = (myknots(5) - myknots(4))/50;
svals = myknots(4):step:myknots(5);
pvals = fnval(mysplincur,svals);
plot(pvals(1,:),pvals(2,:),'k','linewidth',2)
hold off
axis equal
hold off
```

运行上述代码构造的样条曲线如图 6.25 所示。

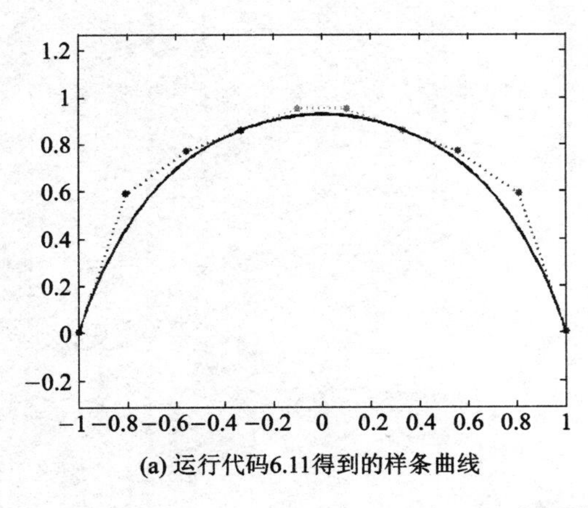

(a) 运行代码6.11得到的样条曲线

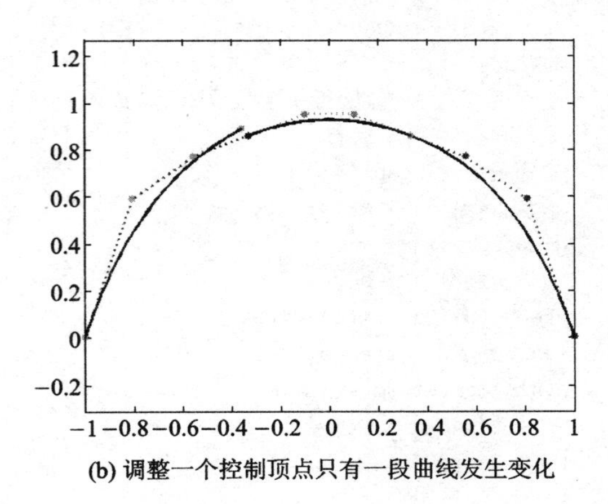

(b) 调整一个控制顶点只有一段曲线发生变化

图 6.25　B 样条曲线转化为 Bézier 曲线

disp(pp)输出的该 B 样条曲线的定义数据如下：

- form：'BB'。
- knots：[0.6156 0.6156 0.6156 0.6156 1.2313 1.2313 1.2313 1.2313 1.8469 1.8469 1.8469 1.8469 2.4625 2.4625 2.4625 2.4625]。
- coefs：[2x12 double]。
- number：12。
- order：4。
- dim：2。

从以上数据可以看出，BB 曲线仍然采用 B 样条曲线的形式表示。sp2bb 把 B 样条曲线每个节点区间内的曲线段都转化为一个 Bézier 曲线。对于采用 B 样条曲线的形式表示的曲线来说，当每个节点的重复度为 $k+1$ 时，每个节点区间内的曲线段就是 Bézier 曲线段。对于任何一个 Bézier 曲线段，调整其形状对其他曲线段没有影响，即只有一段曲线发生变化，如图 6.25(b)所示；而对于内部无重节点的 B 样条曲线，调整一个控制顶点最多有 $k+1$ 段曲线的形状发生变化。

3. spapi 函数

spapi 函数的调用格式是：

sp=spapi(myknots,px,py)

即输入节点矢量以及型值点的横坐标和纵坐标，输出 B 样条曲线。一个调用该函数的示例如代码 6.12 所示。

代码 6.12　B 样条插值函数调用示例

```
function myspapi()
%B 样条插值
%输入型值点
px = [0 0.6283 1.2566 1.8850 2.5133 3.1416 3.7699 4.3982 5.0265 5.6549 6.2832];
py = [1.0000 0.8090 0.3090 -0.3090 -0.8090 -1.0000 -0.8090 -0.3090 0.3090 0.8090 1.0000];
N = length(px);
dl = px(2) - px(1);
```

```
dr = px(N) - px(N - 1);
myknots = [px(1) - dl * [2 1] px px(N) + dr * [1 2]];
% 构造节点矢量,这里采用显式格式,故参数就是 x 坐标向前向后分别延伸两次,每次分别是第一条边
% 长和最后一条边长
% 这是因为 spapi 函数认为控制顶点数和型值点个数相等
sp = spapi(myknots,px,py);
disp(sp)
% 构造插值样条函数并显示
step = (px(N) - px(1))/100;
svals = px(1):step:px(N);
pvals = spval(sp,svals);
% 对插值函数取密化点
x = 0:2 * pi/100:2 * pi;
y = cos(x);
% 对型值点来源曲线——余弦曲线取密化点,以便判断插值曲线的拟合效果
plot(svals,pvals,'b','linewidth',2)
hold on
plot(x,y,'g:','linewidth',2)
plot(px,py,'k.','MarkerSize',15)
hold off
axis equal
```

上述代码中 disp(sp)输出的定义该样条曲线的参数如下:

- form:'B—'。
- knots:[−1.256 6 −0.628 3 0 0.628 3 1.256 6 1.885 0 2.513 3 3.141 6 3.769 9 4.398 2 5.026 5 5.654 9 6.283 2 6.911 5 7.539 8]。
- coefs:[1.299 5 0.802 0 0.346 6 −0.334 4 −0.862 7 −1.068 6 −0.862 7 −0.334 5 0.346 7 0.801 9 1.299 5]。
- number:11。
- order:4。
- dim:1。

运行上述代码产生的拟合效果如图 6.26 所示。

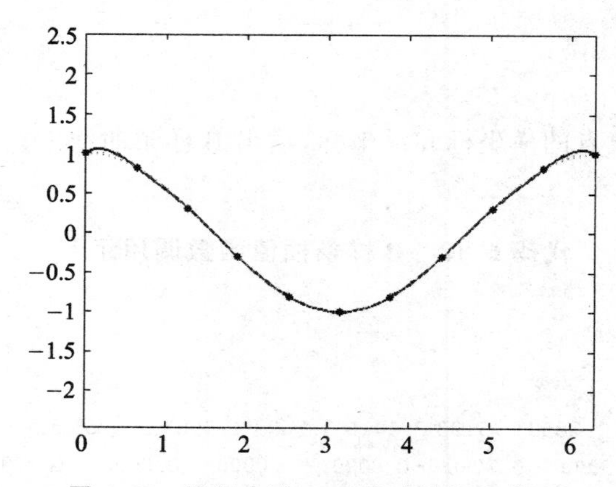

图 6.26 运行代码 6.12 产生的拟合效果

从图 6.26 可以看出，spapi 函数在端点附近的拟合效果并不好。这是因为 spapi 构造出的曲线在这里使用的定义域与本书讲述的定义域存在差异。这种差异是由于插值点个数与控制顶点个数之间的联系与本书的论述存在差异。N 个型值点有 N 个控制顶点可能正是 spapi 函数的调用不需要端点条件的原因。

思考与练习

1. 已知一参数三次曲线段 $\boldsymbol{r}(u)$ 的首末端点及首末端点上的切矢量分别是：$\boldsymbol{r}(0)=[0,0]$，$\boldsymbol{r}(1)=[3,0]$，$\boldsymbol{r}'(0)=[3,3]$，$\boldsymbol{r}'(1)=[3,-3]$。根据均匀三次 B 样条曲线的端点性质计算出与 $\boldsymbol{r}(u)$ 等价的三次均匀 B 曲线的控制顶点，并绘图说明。

2. 根据三次均匀 B 曲线段的端点性质回答以下问题并说明理由：

(1) 如果 $\boldsymbol{V}_i, \boldsymbol{V}_{i+1}, \boldsymbol{V}_{i+2}, \boldsymbol{V}_{i+3}$ 四点共线，曲线段 $\boldsymbol{r}(u)$ 会变成什么形状呢？

(2) 如果 $\boldsymbol{V}_i, \boldsymbol{V}_{i+1}, \boldsymbol{V}_{i+2}$ 三点共线，曲线段 $\boldsymbol{r}(u)$ 和控制多边形在位置关系上有什么特点？

(3) 如果 $\boldsymbol{V}_{i+1}, \boldsymbol{V}_{i+2}$ 两点重合，曲线段 $\boldsymbol{r}(u)$ 和控制多边形在位置关系上有什么特点？

(4) 如果 $\boldsymbol{V}_i, \boldsymbol{V}_{i+1}, \boldsymbol{V}_{i+2}$ 三点重合，曲线段 $\boldsymbol{r}(u)$ 和控制多边形在位置关系上有什么特点，$\boldsymbol{r}(u)$ 会变成什么形状？

3. 设区间 $[a,b]$ 上有一个分割：$a=u_0 \leqslant u_1 \leqslant \cdots \leqslant u_n \leqslant b$，在该分割上可以按照如下 de-Boor 递推公式定义 B 样条基函数：

$$N_{i,0}=\begin{cases}1, & u \in [u_i, u_{i+1}] \\ 0, & u \notin [u_i, u_{i+1}]\end{cases}$$

$$N_{i,k}=\frac{u-u_i}{u_{i+k}-u_i}N_{i,k-1}(u)+\frac{u_{i+k+1}-u}{u_{i+k+1}-u_{i+1}}N_{i+1,k-1} \quad (k \geqslant 1)$$

式中约定 $0/0=0$，i 为节点序号，k 为基函数多项式的次数，$u_i(i=0,1,\cdots,n)$ 为节点。

(1) 如果 $[u_0, u_1, \cdots, u_n]$ 内部无重节点，$N_{i,k}(u)$ 在哪些节点区间内部非 0？

(2) 当 $[u_0, u_1, \cdots, u_n]=[0,0,0,1,1,1]$ 时，计算 $N_{0,1}(u)$、$N_{1,1}(u)$、$N_{0,2}(u)$、$N_{0,2}(0.2)$ 的值。

(3) 绘制基函数 $N_{0,2}(u)$ 的曲线形状，并在图上标出 $N_{0,2}(0.2)$。

(4) 证明对节点矢量 $[\underbrace{0,0,\cdots,0}_{k+1},\underbrace{1,1,\cdots,1}_{k+1}]$ 采用推递公式得到的全部 B 样条基函数就是一组 Bernstein 基函数。

4. 对于方程(6.24)定义的非均匀 B 样条曲线 $\boldsymbol{r}(u)$，如果将首末两个节点的重数设置为 $k+1$，即

$$u_0=u_1=\cdots=u_k, \quad u_{n+1}=\cdots=u_{n+k+1}$$

试证：

(1) 曲线的首末端点与控制多边形的首末端点重合；

(2) 曲线在首末端点的位置分别与控制多边形的首末两条边相切；

(3) 曲线在端点的曲率中心分别在首末各三个点确定的平面上，即曲线在端点处具有与 Bézier 曲线相似的性质。

5. 怎样确定 B 样条曲线的定义域？为什么 B 样条曲线的定义域与节点矢量跨越的区间

不一致?

6. 有一条 k 次 B 样条曲线 $\boldsymbol{r}(u)=\sum_{i=0}^{n}\boldsymbol{V}_i N_{i,k}(u)$,其节点是矢量 $\boldsymbol{U}=[u_0,u_1,u_{m-1},u_m]$。试解答以下问题:

(1) 用 n 和 k 表示 m。

(2) 如果 $k=3$,n 充分大,当改动控制顶点 $\boldsymbol{V}_2$ 时,有几段曲线的形状会发生变化?写出这几段曲线的控制顶点和定义域。

(3) 如果 $k=2$,$n=5$,在节点矢量除 $u_0=u_1=u_2$ 外再无其他重节点,请绘出该曲线的草图,并在曲线段之间用黑点隔开。

第 7 章　NURBS 曲线

圆锥曲线在产品外形设计中有着广泛的应用。例如，在飞机外形设计时就经常使用圆锥曲线来表示机身的横截面。这是因为圆锥曲线能表示多种曲线(圆、椭圆、双曲线、抛物线)，而且它的保凸性好，曲率变化非常连续。第二次世界大战期间为盟军立下赫赫战功的 P-51 野马战斗机在外形设计上第一次采用了圆锥曲线的设计方法。在我国歼 7 飞机的翼根鼓包设计中也曾使用圆锥曲线。在其他生产和生活中，圆锥曲线也经常用到。例如，探照灯、太阳灶、雷达天线就是利用抛物线的原理设计的，油罐车的横截面是椭圆，火电厂冷却塔的外形则是双曲线。此外，一些传动凸轮的外形也可能是圆锥曲线？既然在一个产品的外形中，可能既有自由曲线又有圆锥曲线，那么可以用统一的方式来表示那些自由曲线和圆锥曲线吗？这个问题可以进一步归结为能否用 B 样条曲线来精确表示圆锥曲线？答案是否定的，B 样条曲线包括其特例 Bézier 曲线都不能精确表示除抛物线外的圆锥曲线。NURBS(Non-Uniform Rational B-Spline，非均匀有理 B 样条)方法提出的重要理由就是找到与 B 样条方法统一又能精确表述圆锥曲线曲面的数学方法。

NURBS 方法使得圆锥曲线曲面与 B 样条曲线曲面在表达形式和计算方法上统一起来，因而可以采用统一的数据库来存储它们。因此，NURBS 成为产品外形表示中最受欢迎的工具。早在 20 世纪 80 年代的美国，NURBS 就被纳入 IGES 规范，成为美国图形数据交换的国家标准。国际标准化组织在 1991 年颁布的关于工业产品数据交换的 STEP 标准中，NURBS 被作为定义工业产品几何外形的唯一的数学方法。

7.1　NURBS 曲线的表达式

7.1.1　NURBS 曲线与非均匀 B 样条曲线

NURBS 曲线实际上是齐次坐标下的非均匀 B 样条曲线。顶点 $\boldsymbol{V}_i$ 的齐次坐标为

$$\boldsymbol{D}_i=[\omega_i\boldsymbol{V}_i,\omega_i]=[\omega_i x_i,\omega_i y_i,\omega_i z_i,\omega_i]\quad \omega_i\neq 0$$

反过来，如果知道某一个顶点的齐次坐标$[x_D,y_D,z_D,\omega_D]$($\omega_D\neq 0$)，那么该顶点的普通坐标为

$$[x,y,z]=[x_D/\omega_D,y_D/\omega_D,z_D/\omega_D] \tag{7.1}$$

将非均匀 B 样条曲线的定义式(6.24)中的顶点 $\boldsymbol{V}_i$ 换成齐次坐标为

$$\boldsymbol{r}(u)=\sum_{i=0}^{n}N_{i,k}(u)\boldsymbol{D}_i=\sum_{i=0}^{n}N_{i,k}(u)[\omega_i x_i,\omega_i y_i,\omega_i z_i,\omega_i]$$

即

$$\boldsymbol{r}(u)=\left[\sum_{i=0}^{n}N_{i,k}(u)\omega_i x_i,\sum_{i=0}^{n}N_{i,k}(u)\omega_i y_i,\sum_{i=0}^{n}N_{i,k}(u)\omega_i z_i,\sum_{i=0}^{n}N_{i,k}(u)\omega_i\right]$$

所以，

$$r(u)=\left[\frac{\sum_{i=0}^{n}N_{i,k}(u)\omega_i x_i}{\sum_{i=0}^{n}N_{i,k}(u)\omega_i},\frac{\sum_{i=0}^{n}N_{i,k}(u)\omega_i y_i}{\sum_{i=0}^{n}N_{i,k}(u)\omega_i},\frac{\sum_{i=0}^{n}N_{i,k}(u)\omega_i z_i}{\sum_{i=0}^{n}N_{i,k}(u)\omega_i}\right]$$

将上式写为矢量形式：

$$r(u)=\sum_{i=0}^{n}N_{i,k}(u)\omega_i\boldsymbol{V}_i\Big/\sum_{i=0}^{n}N_{i,k}(u)\omega_i \tag{7.2}$$

式(7.2)就是 NURBS 曲线的表达式。其节点矢量、控制顶点、基函数的定义与非均匀 B 样条曲线完全相同。为了使 NURBS 曲线具有 Bézier 曲线的端点性质，通常将节点矢量中的首末节点设置为 $k+1$ 重节点；为防止分母为 0，一般设置首末权因子 $\omega_0,\omega_n>0$，其余 $\omega_i\geqslant 0$。显然，当所有的权因子都取为 1 时，NURBS 曲线就是非均匀 B 样条曲线。

7.1.2 NURBS 曲线的程序实现

根据 7.1.1 小节的推导过程可以得到 NURBS 曲线的绘制代码，如代码 7.1 所示。

代码 7.1 构造 NURBS 曲线的一个示例

```
function MyNurbsMake(v4w)
%本程序是构造 NURBS 曲线的一个示例
%本程序把输入参数 v4w 作为第四个控制顶点的权值
%其余控制顶点的权值是 1
CtrlPs = PickCtrlPs();
%采用交互式选点的方式构造控制顶点
N = length(CtrlPs(1,:));
Weights = ones(1,N);
Weights(4) = abs(v4w);
%为了防止负的权因子出现所以取绝对值
%构造权因子
NurbsPs(1,:) = CtrlPs(1,:). * Weights;
% . * 表示两个维度相同的矩阵的对应元素相乘
NurbsPs(2,:) = CtrlPs(2,:). * Weights;
NurbsPs(3,:) = Weights;
%构造齐次坐标
ss = AccuArcL(CtrlPs');
N = length(ss);
myknots = [ ss(2) ss(2) ss(2) ss(2:N - 1) ss(N - 1) ss(N - 1) ss(N - 1)];
%为三次 B 样条曲线构造节点矢量
mysplincur = spmak(myknots,NurbsPs);
%以齐次坐标点为控制顶点在高一维的空间构造非均匀 B 样条曲线
step = (ss(N - 1) - ss(2))/100;
svals = ss(2):step:ss(N - 1);
pvals = spval(mysplincur,svals); %对密化参数值计算函数值
%%%%对函数进行密集采样
x = pvals(1,:)./pvals(3,:);
```

```
y = pvals(2,:)./pvals(3,:);
%把高一维空间中的齐次坐标点还原到低一维空间(本例即 2 维空间)中
hold on
plot(x,y,'linewidth',2) %绘制曲线
hold off
```

7.2　齐次坐标和透视投影

7.2.1　齐次坐标的几何意义

为什么齐次坐标比普通坐标要多一个权因子？为什么齐次坐标和普通坐标之间有转换式(7.1)？弄清楚这两个问题需要从透视投影入手。图 7.1 给出了透视的示意图及其数学抽象。在透视投影中，有透视点、屏幕和物体三个要素。通过透视点发出的光线，物体会在平面上有一个影像。在图 7.1 (b)所示的坐标系中，假设坐标原点是透视点，屏幕是与 xOy 面平行的平面，称该平面为投影平面。空间中的任意一点 $\boldsymbol{P}(x,y,\omega)$ 与 $\boldsymbol{O}$ 点连接成的直线与投影平面有唯一一个交点 $\boldsymbol{P}'$，$\boldsymbol{P}'$ 称为 $\boldsymbol{P}$ 的投影点。设投影面与 ω 轴的交点是 $\boldsymbol{Q}'$，且 $\boldsymbol{Q}'$ 点的坐标是 $(0,0,\omega_0)$。再设 $\boldsymbol{Q}$ 是 $\boldsymbol{P}$ 在 z 轴上的投影，则 $\boldsymbol{Q}$ 点的坐标是 $(0,0,\omega)$。根据假设可以知道：

$$x/x_{P'}=\omega/\omega_0,\ y/y_{P'}=\omega/\omega_0$$

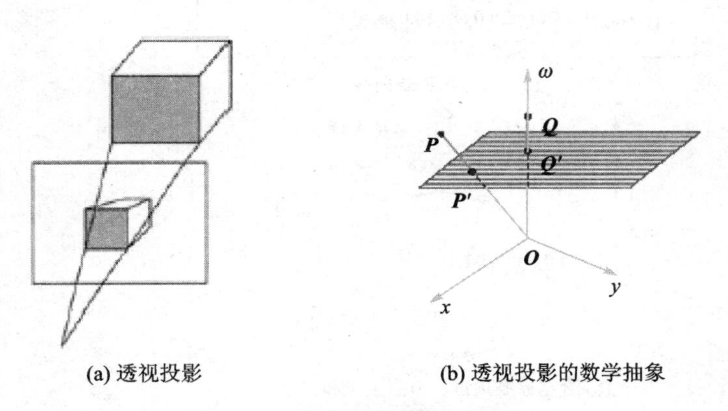

(a) 透视投影　　(b) 透视投影的数学抽象

图 7.1　透视投影及其数学抽象

所以，

$$x_{P'}/\omega_0=x/\omega,\ y_{P'}/\omega_0=y/\omega$$

取 $\omega_0=1$ 可以知道，$[x/\omega,y/\omega]$ 表示空间中的任意一点 $\boldsymbol{P}(x,y,\omega)$ 向平面 $\omega=1$ 投影所得到的投影点的位置。这里平面 $\omega=1$ 称为超平面，(x,y,ω) 称为 (x,y) 的齐次坐标。由此可见，从齐次坐标到普通坐标只不过是齐次坐标点向超平面投影所得到的投影点。

7.2.2　NURBS 曲线的几何意义

为了弄清楚 NURBS 曲线的几何意义，分如下几步来讨论图 7.2 和图 7.3。

(1) 假设 $\omega=1$ 的平面上有控制多边形为 $\boldsymbol{V}_0\boldsymbol{V}_1\boldsymbol{V}_2\boldsymbol{V}_3$，给定节点矢量和基函数次数，这些条

件唯一确定非均匀 B 样条曲线 $\boldsymbol{r}(u)$,见图 7.2(b)、(c)。

(2) 连接 $\boldsymbol{O}$ 和 $\boldsymbol{V}_i(i=0,1,2,3)$得到射线 $\boldsymbol{OV}_i(i=0,1,2,3)$,在该射线上取点$\boldsymbol{D}_i(i=0,1,2,3)$,根据 7.2.1 小节的讨论,$\boldsymbol{D}_i=[\omega_i V_{ix},\omega_i V_{iy},\omega_i]$(这里 $\boldsymbol{V}_i=[V_{ix},V_{iy},1]$)。由此就可以知道,在该射线 $\boldsymbol{OV}_i$ 上取的点$\boldsymbol{D}_i$ 的位置不同,等价于$[V_{ix},V_{iy}]$取不同的权因子 ω_i。无论$\boldsymbol{D}_i$ 在射线上的位置如何,$\boldsymbol{D}_i$ 在 $\omega=1$ 平面上始终是 $\boldsymbol{V}_i$。

(3) 在图 7.2 和图 7.3 中,以$\boldsymbol{D}_i(i=0,1,2,3)$形成的三维空间中的多边形为控制多边形构造非均匀 B 样条曲线 $\boldsymbol{R}(u)$,其节点矢量和次数与 $\boldsymbol{r}(u)$相同。显然,只要变动任何一个$\boldsymbol{D}_i$(约定变动$\boldsymbol{D}_i=[\omega_i V_{ix},\omega_i V_{iy},\omega_i]$中的 ω_i),$\boldsymbol{R}(u)$的形状就会随之变化。

(4) 把 $\boldsymbol{R}(u)$连同其控制多边形$\boldsymbol{D}_0\boldsymbol{D}_1\boldsymbol{D}_2\boldsymbol{D}_3$ 向 $\omega=1$ 平面投影,多边形$\boldsymbol{D}_0\boldsymbol{D}_1\boldsymbol{D}_2\boldsymbol{D}_3$ 投影成多边形 $\boldsymbol{V}_0\boldsymbol{V}_1\boldsymbol{V}_2\boldsymbol{V}_3$,而 $\boldsymbol{R}(u)$的影像 $\boldsymbol{r}^D(u)$则随着$\boldsymbol{D}_i$(即 ω_i)的不同而不同,即可以通过变换 ω_i,得到无穷无尽的 $\boldsymbol{r}^D(u)$。这说明了引入权因子的确可以丰富曲线的表现效果。

上述变换过程还说明,NURBS 曲线的几何本质是控制顶点的齐次坐标定义的高一维空间中的非均匀 B 样条曲线向 $\omega=1$ 这个超平面投影得到的影像曲线。根据透视投影的原理,与直接根据控制顶点构造非均匀 B 样条曲线相比,这个过程的确丰富了曲线的造型效果,而且直接根据控制顶点构造的非均匀 B 样条曲线是 NURBS 曲线的特例。

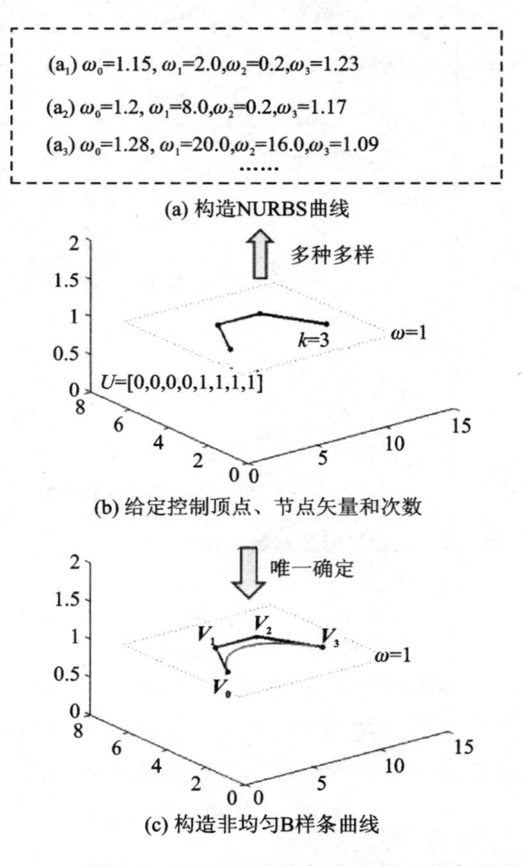

图 7.2 NURBS 曲线与非均匀 B 样条曲线的比较

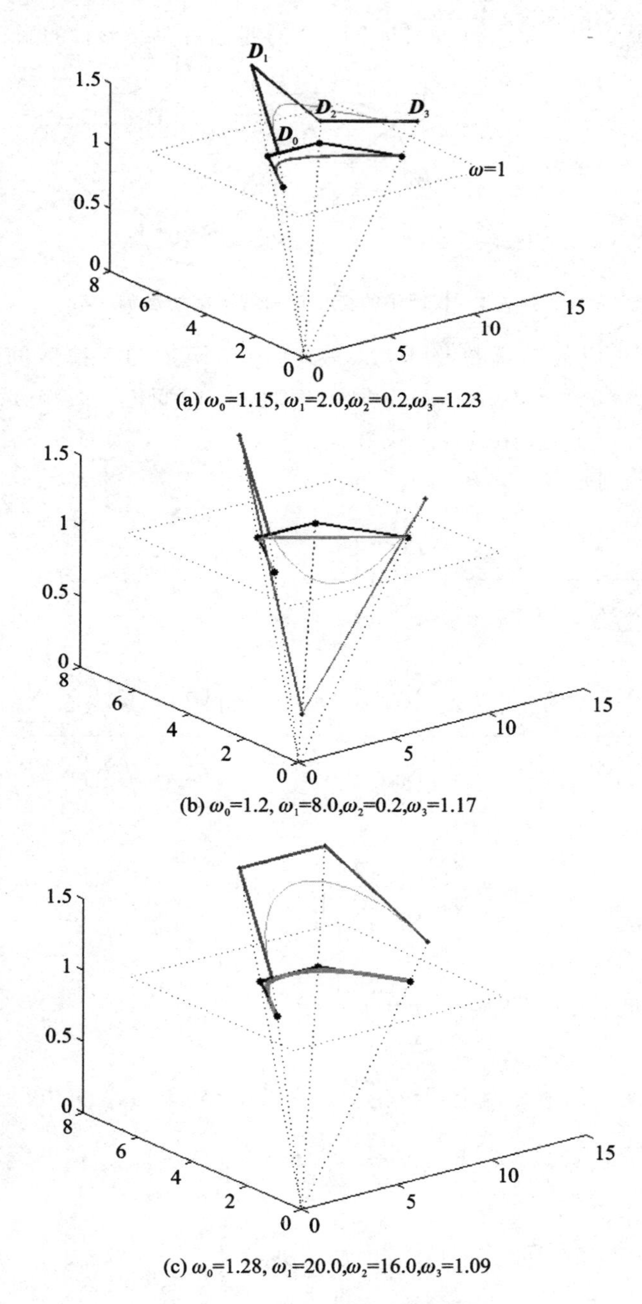

(a) $\omega_0=1.15, \omega_1=2.0, \omega_2=0.2, \omega_3=1.23$

(b) $\omega_0=1.2, \omega_1=8.0, \omega_2=0.2, \omega_3=1.17$

(c) $\omega_0=1.28, \omega_1=20.0, \omega_2=16.0, \omega_3=1.09$

图 7.3　透视投影与 NURBS 曲线

7.3　权因子的几何意义

下面进一步分析权因子变化与曲线形状变化之间的联系，可以分两个方面来分析：(1)权因子的变化对曲线形状的影响；(2)如何使用 NURBS 方法精确表示圆锥曲线。本节分析第一个方面，第二个方面在下一节中分析。

如图 7.4 所示,观察顶点 $\boldsymbol{V}_i$ 对应的权因子 ω_i 的变化对曲线形状的影响。

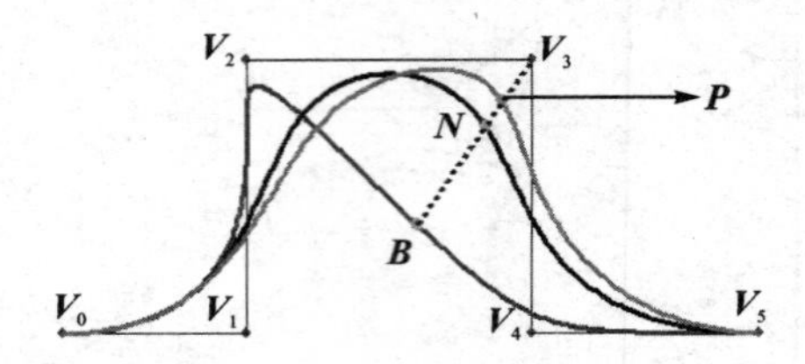

图 7.4　权因子的变化对曲线形状的影响

注意到 $\boldsymbol{V}_j$ 和 ω_j 对应的基函数是 $N_{j,k}(u)$,在该基函数的支撑区间 $[u_j, u_{j+k+1}]$ 以外,$N_{j,k}(u) \equiv 0$,故 $\boldsymbol{V}_j N_{j,k}(u) \equiv 0$,$\omega_j N_{j,k}(u) \equiv 0$。因此,$\omega_j$ 的变化仅影响 $[u_j, u_{j+k+1}]$ 区间上曲线的形状。取固定的 $u \in [u_j, u_{j+k+1}]$,设在 $\omega_j \neq 0,1$,$\omega_j = 1$ 和 $\omega_j = 0$ 三种情况下由表达式(7.2)计算出的点分别是:$\boldsymbol{P}$,$\boldsymbol{N}$,$\boldsymbol{B}$。对于 $\boldsymbol{B}$,

$$\boldsymbol{B} = \frac{\sum_{i=0}^{n} N_{i,k}(u)\omega_i V_i - N_{j,k}(u)\omega_j V_j}{\sum_{i=0}^{n} N_{i,k}(u)\omega_i - N_{j,k}(u)\omega_j}$$

$$= \frac{\sum_{i=0}^{n} N_{i,k}(u)\omega_i V_i \Big/ \sum_{i=0}^{n} N_{i,k}(u)\omega_i - N_{j,k}(u)\omega_j V_j \Big/ \sum_{i=0}^{n} N_{i,k}(u)\omega_i}{\sum_{i=0}^{n} N_{i,k}(u)\omega_i \Big/ \sum_{i=0}^{n} N_{i,k}(u)\omega_i - N_{j,k}(u)\omega_j \Big/ \sum_{i=0}^{n} N_{i,k}(u)\omega_i}$$

令

$$\alpha = \frac{N_{j,k}(u)\omega_j}{\sum_{i=0}^{n} N_{i,k}(u)\omega_i}, \text{其中 } \omega_j = 1$$

$$\beta = \frac{N_{j,k}(u)\omega_j}{\sum_{i=0}^{n} N_{i,k}(u)\omega_i}$$

其中 ω_j 取计算 $\boldsymbol{P}$ 时使用的值。由上述讨论中定义的 $\boldsymbol{P}$,$\boldsymbol{N}$,$\boldsymbol{B}$,α,β 可以得到:

$$\boldsymbol{B} = \frac{\boldsymbol{N} - \alpha \boldsymbol{V}_j}{1-\alpha}, \quad \boldsymbol{B} = \frac{\boldsymbol{P} - \beta \boldsymbol{V}_j}{1-\beta}$$

因此,

$$\boldsymbol{B} = \frac{\boldsymbol{P} - \beta \boldsymbol{V}_j}{1-\beta}$$

即

$$\boldsymbol{B} - \boldsymbol{P} = \beta(\boldsymbol{B} - \boldsymbol{V}_j) \tag{7.3}$$

$$\boldsymbol{B} - \boldsymbol{P} = \beta(\boldsymbol{B} - \boldsymbol{P} + \boldsymbol{P} - \boldsymbol{V}_j)$$

$$(\boldsymbol{B} - \boldsymbol{P})(1-\beta) = \beta(\boldsymbol{P} - \boldsymbol{V}_j)$$

所以有

$$\frac{1-\beta}{\beta} = \frac{\overrightarrow{\boldsymbol{V}_j \boldsymbol{P}}}{\overrightarrow{\boldsymbol{PB}}}$$

同理，

$$\frac{1-\alpha}{\alpha}=\frac{\overrightarrow{\boldsymbol{V}_j\boldsymbol{N}}}{\overrightarrow{\boldsymbol{NB}}}$$

由于

$$\frac{1-\alpha}{\alpha}=\frac{\sum_{i=0}^{n}N_{i,k}(u)\omega_i-N_{j,k}(u)\omega_j}{N_{j,k}(u)\omega_j}, \text{其中 } \omega_j=1$$

$$\frac{1-\beta}{\beta}=\frac{\sum_{i=0}^{n}N_{i,k}(u)\omega_i-N_{j,k}(u)\omega_j}{N_{j,k}(u)\omega_j}, \text{其中 } \omega_j \text{ 取计算 } \boldsymbol{P} \text{ 时使用的值}$$

固以上两式的分子相等，所以

$$\frac{1-\alpha}{\alpha}:\frac{1-\beta}{\beta}=N_{j,k}(u)\omega_j:N_{j,k}(u)=\omega_j$$

其中 ω_j 取计算 $\boldsymbol{P}$ 时使用的值。由此可以知道，

$$\omega_j=\frac{1-\alpha}{\alpha}:\frac{1-\beta}{\beta}=\frac{\overrightarrow{\boldsymbol{V}_j\boldsymbol{N}}}{\overrightarrow{\boldsymbol{NB}}}:\frac{\overrightarrow{\boldsymbol{V}_j\boldsymbol{P}}}{\overrightarrow{\boldsymbol{PB}}}$$

这说明权因子 ω_j 的几何意义是四点 $\boldsymbol{V}_j$，$\boldsymbol{P}$，$\boldsymbol{N}$，$\boldsymbol{B}$ 的交比。

利用表达式(7.3)可以验证，ω_j（注意 $\omega_j \geqslant 0$）增加时 β 也增加。注意到 $\beta \in [0,1)$，由式(7.3)可知，当 $\beta \to 1$ 时，$\boldsymbol{P} \to \boldsymbol{V}_j$。由式(7.3)还可发现：

$$\boldsymbol{P}=\boldsymbol{B}+\beta(\boldsymbol{V}_j-\boldsymbol{B})$$

上式说明当 β 变化时，$\boldsymbol{P}$ 的运动轨迹是一条直线。该直线通过 $\boldsymbol{B}$ 点，且其方向矢量是 $\overrightarrow{\boldsymbol{BV}_j}$。由上面的讨论可以得到以下两点结论：

(1) 若 ω_j 增大或减小，那么 β 增大或减小，所以曲线被拉向或推离点 $\boldsymbol{V}_j$，即

$$\omega_j \to \infty, \beta \to 1, \ \boldsymbol{P} \to \boldsymbol{V}_j$$

(2) 当 $\boldsymbol{P}$ 移动时，它扫掠出一条直线段。

由此可见，权因子 ω_j 影响着 NURBS 曲线的形状。改变 NURBS 曲线的形状通常可以采用三种方式：调整控制顶点（宏观调整）、调整权因子（微观调整）、改变节点向量。

7.4　圆锥曲线的 NURBS 表示

二次 NURBS 曲线：

$$\boldsymbol{r}(u)=\frac{\sum_{i=0}^{2}\omega_i N_{i,2}(u)\boldsymbol{V}_i}{\sum_{i=0}^{2}\omega_i N_{i,2}(u)}=\frac{\omega_0(1-u)^2\boldsymbol{V}_0+\omega_1 2u(1-u)\boldsymbol{V}_1+\omega_2 u^2\boldsymbol{V}_2}{\omega_0(1-u)^2+\omega_1 2u(1-u)+\omega_2 u^2} \tag{7.4}$$

表示圆锥曲线的几种情况是：

(1) 当 $\omega_1^2/\omega_0\omega_2=1$ 时表示抛物线；

(2) 当 $\omega_1^2/\omega_0\omega_2>1$ 时表示双曲线；

(3) 当 $\omega_1^2/\omega_0\omega_2<1$ 时表示椭圆弧。

这里的节点矢量为$\boldsymbol{U}=[0,0,0,1,1,1]$。此时的二次 NURBS 曲线实际上是二次有理 Bézier 曲线。这个结论的证明比较烦琐,本书直接认同此结论。有兴趣的读者可以参考文献[10]。

圆弧是工程中最常见的一类曲线,下面讨论如何用 NURBS 方法表示圆弧。既然圆是椭圆的特例,那么二次有理 Bézier 曲线也可以表示圆弧。现在假设 NURBS 曲线式(7.4)表示圆弧,由此讨论控制顶点和权因子满足的条件。

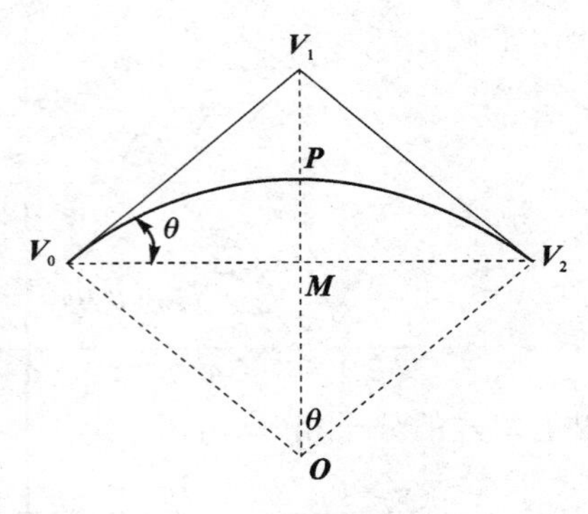

图 7.5 $\triangle \boldsymbol{V}_0\boldsymbol{V}_1\boldsymbol{V}_2$ 是一个等腰三角形

根据对称性,$\triangle \boldsymbol{V}_0\boldsymbol{V}_1\boldsymbol{V}_2$ 是一个等腰三角形,如图 7.5 所示。由于曲线式(7.4)表示何种类型的圆锥曲线仅由 $\omega_1^2/\omega_0\omega_2$ 的值决定,与 $\omega_i\,(i=0,1,2)$ 的实际大小无关,因此由对称性可以假设 $\omega_0=\omega_2=1$。

根据方程(7.4)有:

$$\boldsymbol{P}=\boldsymbol{r}(0.5)=\frac{\boldsymbol{V}_0+2\omega_1\boldsymbol{V}_1+\boldsymbol{V}_2}{2+2\omega_1} \qquad (7.5)$$

不妨令 $\boldsymbol{O}$ 是坐标原点,$\boldsymbol{V}_i=[V_{ix},\ V_{iy}]$,该圆弧的半径是 1,则

$$|\boldsymbol{V}_0\boldsymbol{M}|=\sin\theta,\ |\boldsymbol{OM}|=\cos\theta,\ |\boldsymbol{OV}_1|=1/\cos\theta$$

所以,

$$V_{0y}=V_{2y}=\cos\theta,\ V_{1y}=1/\cos\theta \qquad (7.6)$$

由方程(7.5)有:

$$\frac{V_{0y}+2\omega_1 V_{1y}+V_{2y}}{2+2\omega_1}=P_y=1$$

将式(7.6)代入上式有:$\omega_1=\cos\theta$。这说明,当二次有理 Bézier 曲线方程(7.4)表示圆弧时,其控制顶点和权因子将满足以下条件:

(1) 控制顶点 $\boldsymbol{V}_0,\boldsymbol{V}_1,\boldsymbol{V}_2$ 形成的三角形$\triangle \boldsymbol{V}_0\boldsymbol{V}_1\boldsymbol{V}_2$ 是等腰三角形;

(2) 权因子 $\omega_0=\omega_2=1,\omega_1=\cos\theta$ 或者满足比例关系 $\omega_0:\omega_1:\omega_2=1:\cos\theta:1$。这里 θ 是 $\angle \boldsymbol{V}_2\boldsymbol{V}_0\boldsymbol{V}_1$ 的大小。

可以验证,当以上两个条件满足时,二次有理 Bézier 曲线方程(7.4)表示圆弧。因此,以上两个条件是二次有理 Bézier 曲线方程(7.4)表示圆弧的充分必要条件。

7.5 圆弧的 NURBS 表示

由于 θ 不可能等于 90°,因此二次有理 Bézier 曲线方程(7.4)不能表示圆心角大于或等于 180°的圆弧。那么圆心角大于或等于 180°的圆弧应该怎样表示呢?一种简单的方法是分成多段圆心角小于 180°的圆弧后分段用二次有理 Bézier 曲线表示,如图 7.6 所示。

一段圆弧用多段二次有理 Bézier 曲线表示或许不太方便,那么能用一条 NURBS 曲线来表示任意圆弧吗?为了使这个问题的回答变得简单,观察图 7.6 所示的半圆,这个半圆能用一条 NURBS 曲线来表示吗?设表示图 7.6 中半圆的两条有理 Bézier 曲线是:

$$\boldsymbol{r}_1(u)=\frac{(1-u)^2\boldsymbol{V}_0+\omega_1 2u(1-u)\boldsymbol{V}_1+u^2\boldsymbol{V}_2}{(1-u)^2+\omega_1 2u(1-u)+u^2}$$

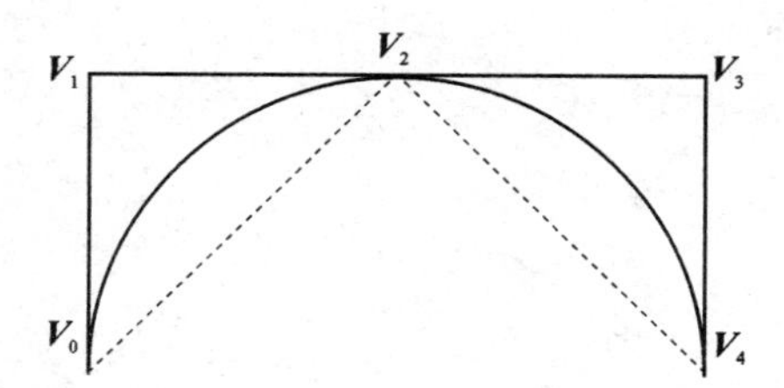

图 7.6　半圆用两段二次有理 Bézier 曲线表示

$$\boldsymbol{r}_2(u)=\frac{(1-u)^2\boldsymbol{V}_2+\omega_3 2u(1-u)\boldsymbol{V}_3+u^2\boldsymbol{V}_4}{(1-u)^2+\omega_3 2u(1-u)+u^2}$$

这里，ω_i 是顶点 $\boldsymbol{V}_i$ 对应的权因子；$\omega_0=\omega_2=\omega_4=1$，$\omega_1=\cos(\angle \boldsymbol{V}_2\boldsymbol{V}_0\boldsymbol{V}_1)$，$\omega_3=\cos(\angle \boldsymbol{V}_4\boldsymbol{V}_2\boldsymbol{V}_3)$。定义节点矢量 $\boldsymbol{U}=[0,0,0,1,1,2,2,2]$后，可以验证

$$\boldsymbol{r}(u)=\frac{\sum_{i=0}^{4}\omega_i N_{i,2}(u)\boldsymbol{V}_i}{\sum_{i=0}^{4}\omega_i N_{i,2}(u)} \tag{7.7}$$

进一步讨论图 7.6 所示的半圆的表示方法。实际上，当 $u\in[0,1]$时，直接根据非均匀 B 样条的递推定义可以验证：$N_{0,2}(u)=B_{0,2}(u)$，$N_{1,2}(u)=B_{1,2}(u)$，$N_{2,2}(u)=B_{2,2}(u)$，$N_{i,2}(u)=0(i>2)$。当 $u\in[1,2]$时，考虑到节点矢量的平移不影响曲线形状，将 $\boldsymbol{U}=[0,0,0,1,1,2,2,2]$平移为 $\boldsymbol{U}=[-1,-1,-1,0,0,1,1,1]$。此时，$u\in[1,2]$变为 $u\in[0,1]$，直接根据非均匀 B 样条的递推定义可以验证：$N_{i,2}(u)=0(i<2)$，$N_{2,2}(u)=B_{0,2}(u)$，$N_{3,2}(u)=B_{1,2}(u)$，$N_{4,2}(u)=B_{1,2}(u)$。这说明了方程(7.7)表示的 NURBS 曲线在各节点区间内的曲线段都是二次有理 Bézier 曲线 $\boldsymbol{r}_1(u)$，$\boldsymbol{r}_2(u)$。一般情况下，将 NURBS 曲线方程(7.7)的节点矢量 $\boldsymbol{U}$ 进行规范化处理，即

$$\boldsymbol{U}=[0,0,0,1/2,1/2,1,1,1]$$

显然，对于半圆弧来说，$\omega_1=\omega_3=\sqrt{2}/2$，即半圆由两段圆心角为 90°的圆弧拼接而成。类似的，3/4 圆周可以用 3 段圆心角为 90°的圆弧拼接而成：

$$\boldsymbol{r}(u)=\frac{\sum_{i=0}^{6}\omega_i N_{i,2}(u)\boldsymbol{V}_i}{\sum_{i=0}^{6}\omega_i N_{i,2}(u)}$$

其中，$\boldsymbol{\omega}=[1,\sqrt{2}/2,1,\sqrt{2}/2,1,\sqrt{2}/2,1]$，$\boldsymbol{U}=[0,0,0,1/3,1/3,2/3,2/3,1,1,1]$，顶点 $\boldsymbol{V}_i(i=0,1,\cdots,6)$如图 7.7 所示。整圆可以用 4 段圆心角为 90°的圆弧拼接而成，$\boldsymbol{\omega}=[1,\sqrt{2}/2,1,\sqrt{2}/2,1,\sqrt{2}/2,1,\sqrt{2}/2,1]$，$\boldsymbol{U}=[0,0,0,1/4,1/4,1/2,1/2,3/4,3/4,1,1,1]$，顶点 $\boldsymbol{V}_i(i=0,1,\cdots,6)$如图 7.8 所示。

应该指出，对于圆心角小于 180°的圆弧可以采用一段二次有理 Bézier 曲线表示。此时，对该有理 Bézier 曲线应用节点插入算法可以得到 NURBS 曲线方程(7.7)。由于本书没有讨论 B 样条曲线和 NURBS 曲线的节点插入算法，因此这里采用的是先给出方程(7.7)再验证的论述方法。

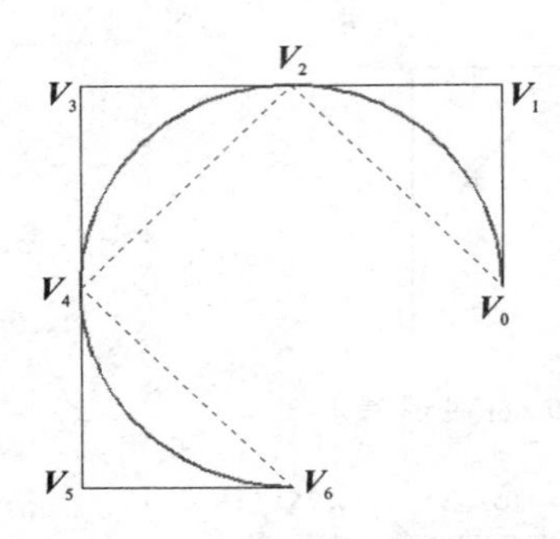

图 7.7　3/4 圆周的 NURBS 表示

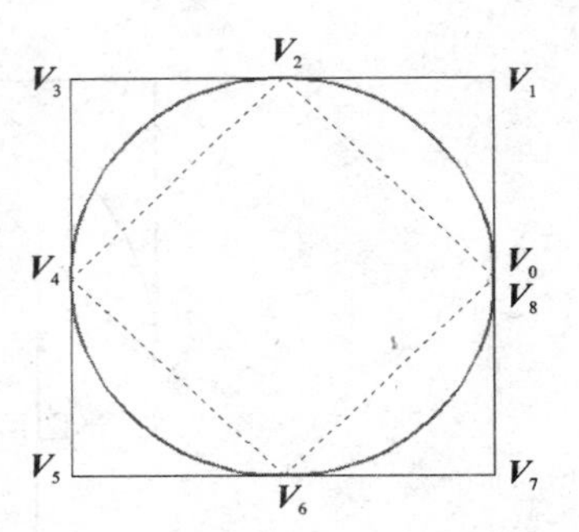

图 7.8　整圆周的 NURBS 表示

7.6　IGES 文件中的 NURBS 曲线

IGES标准是CAD软件进行几何数据交换的标准,目前常见的商用的CAD软件都能以IGES标准生成后缀名为igs的几何图形的数据文件。图7.9给出了CATIA软件生成的一个简单的IGES文件。

```
START RECORD GO HERE.                                                     S      1
1H,,1H;,20HCNEXT - IGES PRODUCT,9HParth.igs,44HIBM CATIA IGES - CATIA VeG      1
rsion 5 Release 17 ,27HCATIA Version 5 Release 17 ,32,75,6,75,15,5HPart1G      2
,1.0,2,2HMM,1000,1.0,15H20090222.132120,0.001,10000.0,13HAdministrator, G      3
6HLIUHAO,11,0,15H20090222.132120,;                                        G      4
     406       1       0       0       0       0       0        000010201D      1
     406       0       0       1      15                               0D      2
     126       2       0       0   10000       0       0        000000001D      3
     126       0       0      10       0                               0D      4
406,1,10H3D Curve.1,0,0;                                                 1P      1
126,9,5,0,0,1,0,0.0,0.0,0.0,0.0,0.0,0.0,201.3193289,402.6386578,         3P      2
603.9579867,805.2773157,1006.596645,1006.596645,1006.596645,             3P      3
1006.596645,1006.596645,1006.596645,1.0,1.0,1.0,1.0,1.0,1.0,1.0,         3P      4
1.0,1.0,1.0,122.7877641,-119.021753,0.0,0.0,5.410624349,                 3P      5
7.933145976,-27.73493236,-185.5486961,7.933145976,-106.866986,           3P      6
-123.812719,7.933145976,-89.39478311,-69.88382826,7.933145976,           3P      7
-51.93340761,-27.79366578,7.933145976,-31.61212533,-3.324214144,         3P      8
7.933145976,51.20889249,54.11015343,7.933145976,-138.7619317,            3P      9
6.991514958,7.933145976,-192.1709199,-73.88091812,7.933145976,           3P     10
0.0,1006.596645,0.0,0.0,0.0,0,1,1;                                       3P     11
S      1G      4D      4P      11                                         T      1
```

图 7.9　一个简单的 IGES 文件

从图7.9可以看出,一个IGES文件由以下五个部分组成:

- 开始段(Start Section);
- 全局段(Global Section);
- 元素索引段(Direction Entry Section);
- 参数数据段(Parameter Data Section);
- 结束段(Terminate Section)。

在这五个数据段中,元素索引段和参数数据段记录着几何模型的全部信息。几何模型的每个元素在元素索引段(D段)都对应着一条记录信息,每条信息占2行,每行以相应元素的代码开头。图7.9中所举例子的几何模型仅由一条NURBS曲线组成,因此在数据文件中的D段仅有以代码126(NURBS曲线的代码是126)开始的两行。在这两行中有20个字段,每个字段都有其含义。本节讨论的是如何从IGES文件中提取NURBS曲线的几何信息,因此仅关心第 1 行的第 2 个字段和第 2 行的第 4 个字段，它们分别说明记录该 NURBS 曲线参数信息的数据从参数数据段(P 段)的第 2 行开始，共占 10 行。

再在 P 段中查找该 NURBS 曲线的数据信息。按照 D 段的记录，本例中从参数数据段的第 2 行到第 11 行连续地记录该 NURBS 曲线的信息。对于这 10 行数据，只有第一个字段是 NURBS 曲线的标志 126。自此往后，各字段的含义如表 7.1 所列。图 7.9 所示的数据文件中，最后 3 个字段在 IGES 标准中没有定义，作为保留字段备用。

表 7.1　IGES 文件中 NURBS 曲线各参数段的含义

字段位置	字段含义或符号	数据类型	备　注
1	表达式中求和符号上标 n	整数	参见公式(7.2)
2	曲线的次数 k	整数	即 B 样条基函数的次数
3	是否是平面曲线	整数	
4	是否是封闭曲线	整数	
5	是否是多项式曲线	整数	
6	是否是周期曲线	整数	
7	第一个节点	实数	
⋮			
$7+N$	最后一个节点	实数	$N=n+k+1$
$8+N$	第一个权因子	实数	
⋮			
$8+N+n$	最后一个权因子	实数	
$9+N+n$	第一个顶点 x 坐标	实数	
$10+N+n$	第一个顶点 y 坐标	实数	
$11+N+n$	第一个顶点 z 坐标	实数	
⋮			
$9+N+4n$	最后一个顶点 x 坐标	实数	
$10+N+4n$	最后一个顶点 y 坐标	实数	
$11+N+4n$	最后一个顶点 z 坐标	实数	
$12+N+4n$	第一个参数值	实数	该曲线的定义域
$13+N+4n$	最后一个参数值	实数	
$14+N+4n$	法矢量的 x 坐标	实数	平面曲线时该参数有效
$15+N+4n$	法矢量的 y 坐标	实数	
$16+N+4n$	法矢量的 z 坐标	实数	

7.7　数控加工中的 NURBS 插补

NURBS 曲线在 CAD 领域得到广泛应用的同时，在 CAM 领域的应用也普遍得到了重视。许多高档的 CAM 系统已经支持 NURBS 插补刀轨，如 FANUC、SIEMENS 和三菱等机床的部分数控系统就支持 NURBS 插补。实现 NURBS 插补加工有以下两种方式[13]：

(1) 通过机床数控系统将 CAM 生成的直线插补刀轨在给定的误差范围内处理成 NURBS 插补刀轨,即所谓的“光滑插补”,最后由数控系统进行 NURBS 插补运算,如图 7.10 所示。不过,从 CAM 的线性刀轨到 CNC 的 NURBS 刀轨的转换可以由数控系统完成,也可以由特殊的后处理过程进行。在这个过程中,虽然增加了额外的误差,但是加工件表面的光滑程度得到了提高,所以称为“光滑插补”。

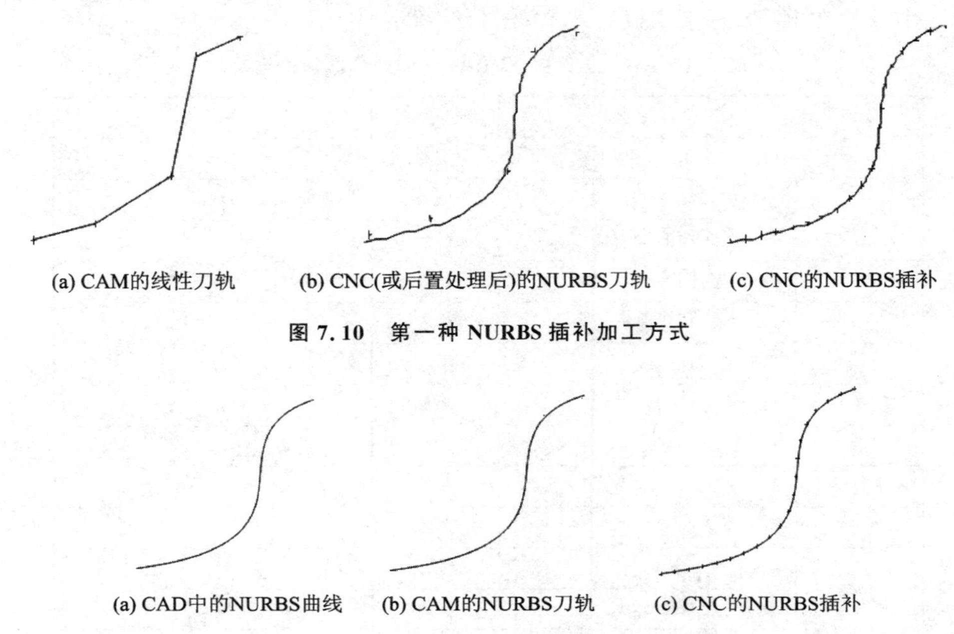

(a) CAM的线性刀轨　(b) CNC(或后置处理后)的NURBS刀轨　(c) CNC的NURBS插补

图 7.10　第一种 NURBS 插补加工方式

(a) CAD中的NURBS曲线　(b) CAM的NURBS刀轨　(c) CNC的NURBS插补

图 7.11　第二种 NURBS 插补加工方式

(2) 通过 CAM 系统将 CAD 中由 NURBS 定义的几何模型转化为 NURBS 刀轨,数控系统由刀轨中的三类参数(控制顶点、权因子和节点矢量)进行 NURBS 插补运算,如图 7.11 所示。这种方式不存在将线性刀轨转换为 NURBS 刀轨的方法误差,精度更高,是一种更加有效的方法。

NURBS 插补刀轨的优点主要体现在[13]:

(1) 在复杂形状零件的高速加工中,采用直线段逼近零件形状。为保证加工精度,每段 NC 代码定义的位移较小,因而 NC 代码变得非常庞大,三维零件的 NC 代码一般要比 NURBS 刀轨长 10～100 倍。由于数控系统的内存有限,往往要求在加工过程中分批将数控加工代码输入数控系统。DNC(Distributed Numerical Control))是通过串行通讯实现 NC 代码传输,传输速度一般在 110～38 400 比特率之间,最常用的是 9 600 比特率。若按每段 NC 代码平均 20 个字符,DNC 传输速度为每秒 960 个字符,则每秒只能传输 48 段 NC 代码,实际传输速度只能达到理论值的一半左右,在这种情况下,若 NC 代码段定义的位移为 0.25 mm,而 DNC 能满足的加工进给速度是 360 mm/min,根本不能满足高速加工的要求,因而使机床的性能难以得到充分发挥。解决这一问题的方法一是采用 NURBS 刀轨,二是采用 DCN (Data Communication Network),DCN 传输速度是 DNC 传输速度的 1 000 倍左右。

(2) 在直线插补加工时,为降低直线端的速度冲击,数控系统的待加工轨迹监控功能在直线端不断加减速,而 NURBS 插补刀轨在允许的加工方向变化范围内,无须加减速,从而提高了加工速度，如图 7.12 所示。

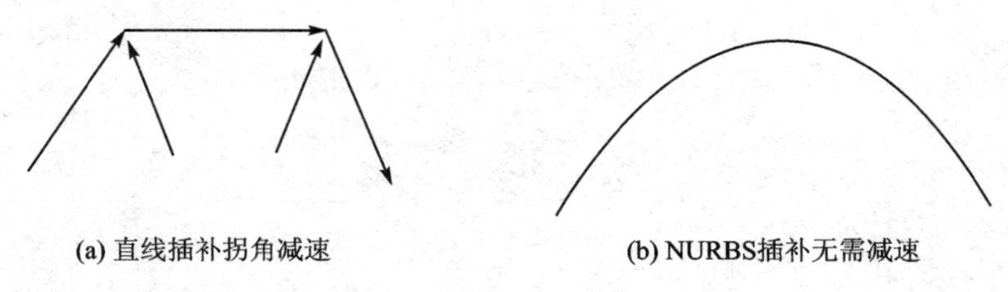

(a) 直线插补拐角减速　　(b) NURBS插补无需减速

图 7.12　直线插补与 NURBS 插补进给速度的变化

（3）在高速加工时，一般的 CNC 系统的 NC 代码块处理能力往往跟不上代码段高速加工的速度，要么降低了加工速度，要么为保持高速牺牲精度（增加直线段长度进而提高代码执行时间），而一段 NURBS 插补刀轨位移包含 10～100 段线性刀轨的位移，降低了对 CNC 系统的 NC 代码块处理能力的要求，因而能满足高速加工。

（4）NURBS 插补避免了以直代曲，因而提高了工件加工精度，改善了表面质量。以常用的 1 ms 伺服周期的数控系统为例，即使进给速度为 30 m/min 的高速加工，单位伺服周期内的位移仅为 0.5 mm，也就是说，在 NURBS 插补中是以 0.5 mm 的线性位移来逼近的。若直线刀轨的位移增量为 0.5 mm，则其代码文件会变得很大，几乎难以进行经济合理的加工。

图 7.13 给出了一个 NURBS 刀轨的实例[13]。

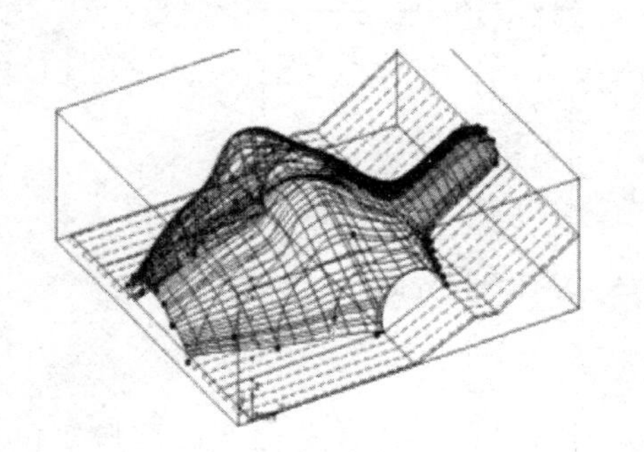

```
G6.2P4K0.X50.Y-12.5Z0.F250.
K0.X16.667Y-12.5Z0.
K0.X-16.667Y-12.5Z0.
K0.X-50.Y-12.5Z0.
K8000.X-50.Y-4.167Z0.
K8000.X-50.Y4.167Z0.
K8000.X-50.Y12.5Z0.
K10000.
K10000.
K10000.
K10000.
```

图 7.13　NURBS 刀轨的实例

7.8　CATIA 软件中的自由曲线构造

本节介绍 CATIA 软件的几个模块中自由曲线的构造方法，通过这些介绍，我们希望达到三个目的：①让读者理解所学自由曲线造型理论的应用价值和应用方法；②通过所学的理论知识，加深对这些曲线构造方法的理解；③初学者能据此掌握 CATIA 软件中自由曲线的基本构造方法。本节介绍的内容包括：草图模式下的曲线构造，线架构下的曲线构造，FreeStyle 下的曲线构造、控制顶点的修正、曲线分析。

7.8.1　草图模式下的曲线构造

1. 草图模式的进入和退出

启动 CATIA 后，在菜单中选择 Start→Mechanical Design→Wireframe and Surface Design,进入线架构和曲面设计模块。在该界面右边的工具栏中(如图7.14所示),找到“草图”工具条,如图7.14所示,单击“草图”按钮,进入图7.15所示的草图界面,在草图界面右边的“工作台”工具栏中,找到工具条,单击草图退出按钮,可以退出草图模式。

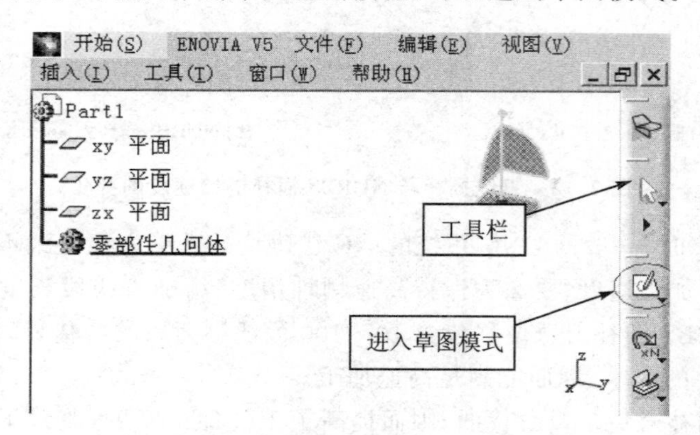

图7.14　线架构和曲面设计的初始界面

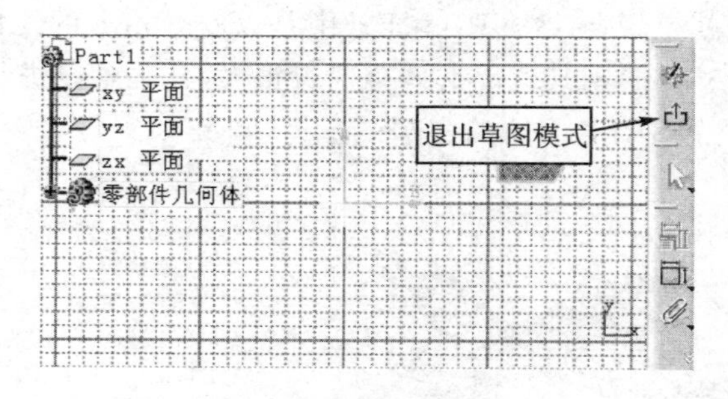

图7.15　草图设计界面

2. 自由曲线的构造

在“轮廓”工具条中单击“样条曲线”的按钮,可以构造样条曲线。该按钮包括两个子按钮“样条线”和“连接线”。在工具条中图标按最后用过的功能显示。首先看“样条线”功能。单击该按钮后,在界面上单击就可以得到点,在得到点的同时,软件系统构造出插值于点的曲线,如图7.16(a)所示。如果希望结束点的捡取,就双击,完成样条曲线的构造。再来看“连接线”功能。假设已构造了两个样条曲线,要把它们连接起来,如图7.16(b)所示。先单击连接曲线按钮,然后分别单击两个要连接的曲线端点,系统自动构造连接曲线,如图7.16(c)所示。

退出草图模式后,返回线架构与曲面设计界面,如图7.16(d)所示。至此读者已对CATIA软件的界面和曲线构造有了一定的了解。下面介绍CATIA软件中几个常用的操作按钮以方便读者操作:

(1) 背景颜色修改:在菜单中选择Tools→Options,在Options对话框中选择General→Display→Visualization。

(2) 视图显示命令:

视图平移:按住鼠标中键移动;

视图旋转:先按住鼠标中键不放,再按住鼠标左(或右)键移动;

视图缩放:先按住鼠标中键不放,再单击,然后上下移动鼠标。

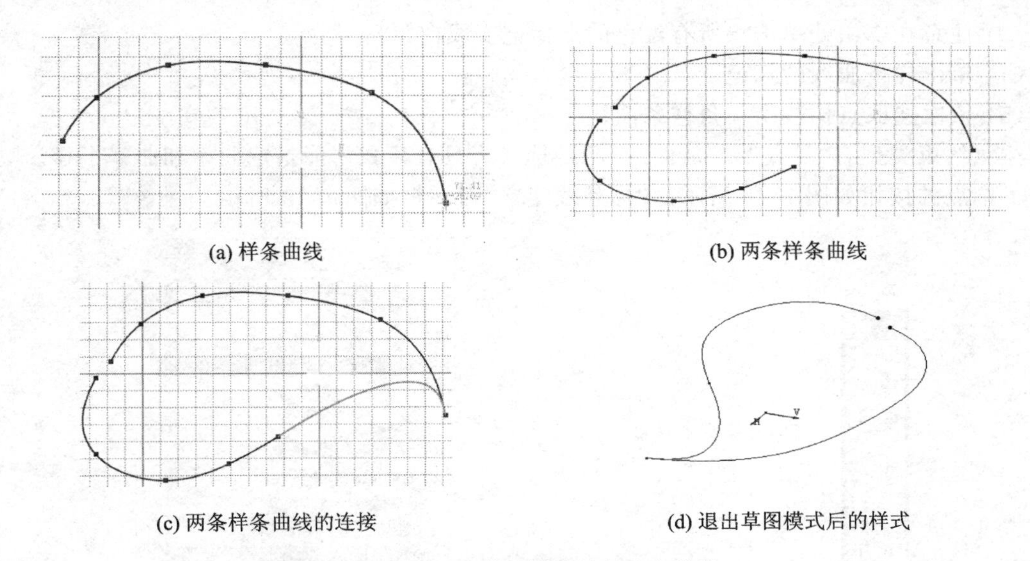

(a) 样条曲线　(b) 两条样条曲线

(c) 两条样条曲线的连接　(d) 退出草图模式后的样式

图 7.16 利用草图模式绘制自由曲线

(3) 实体的颜色、线型、点形状的修改：单击需要修改的实体，出现橙色外框，右击，选择菜单 Properties。

(4) 实体隐藏/显示：在特征树上单击需要操作的实体，右击，选择菜单 Hide/Show。

在图 7.16(d)中，线条为选中状态，显示为橙色。单击界面上的其他处，线条为不选中的状态。

7.8.2 线架构下的曲线构造

如果右边的工具栏中没有出现曲线构造的工具条，则右击工具栏，弹出复选框工具栏，如图 7.17(a)所示。选择“线框”复选项(如图 7.17(b)所示)，弹出“线框”工具栏，如图 7.17(c)所示。

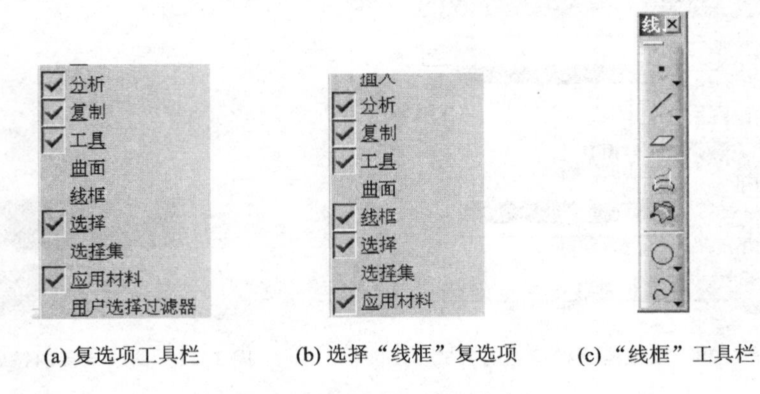

(a) 复选项工具栏　(b) 选择“线框”复选项　(c) “线框”工具栏

图 7.17 选中工具栏的过程

为了构造样条曲线需要“点”，这里介绍两种点的选择方式。

一种是在草图模式下选点。在此方式下构造曲线的过程如下：

(1) 在草图模式下选取点；

(2) 退出工作台得到三维视图下的点；

(3) 注意在空白处单击将所有红色的点标记变成白色;

(4) 单击样条曲线的标记;

(5) 依次选取点构造出一条样条曲线。

注意约束类型有“显式”和“从曲线”两种选择。只有显式才能指定曲率和曲率半径。草图模式下选点的按钮如图 7.18 所示。“样条线定义”对话框如图 7.19 所示。

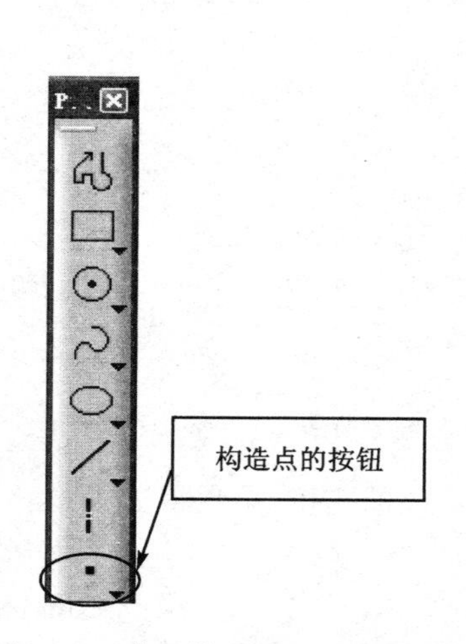

图 7.18　草图模式下构造点的方式

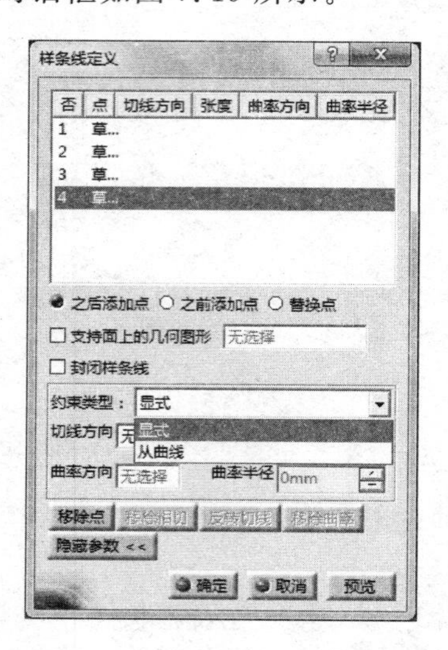

图 7.19　“样条线定义”对话框

另一种是在线架构下的三维界面中选点。其按钮如图 7.20 所示。这里选择点在“平面上”是一种比较简洁的取点方法。单击这个功能,然后选中需要的平面,例如一个坐标平面,就可以用鼠标交互选点。在“线架构下的曲线构造”的三维界面中,曲线连接的功能按钮如图 7.21 所示。

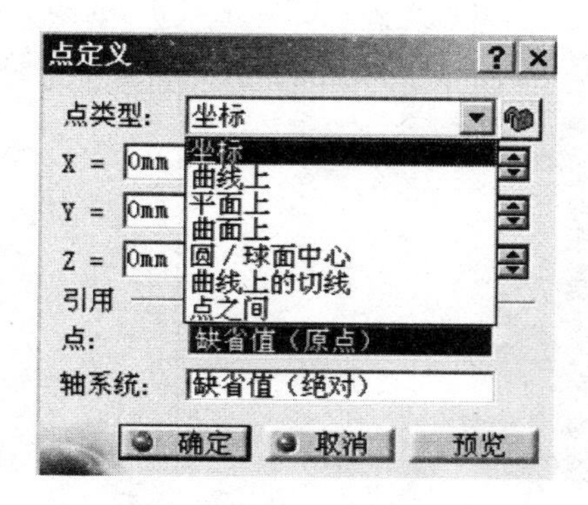

图 7.20　线架构下构造点的方式

图 7.21　曲线连接的按钮

由于在“线架构下的曲线构造”的三维界面中,默认几何元素在非选中状态为白色,建议读者在操作时选择与白色对比度大的背景色。如果需要复制图形,则建模完成后再设置背景和几何元素为所需要的颜色。

7.8.3　FreeStyle 下的曲线构造

单击 Start→Shape→FreeStyle，再单击自由曲线创建按钮，弹出的对话框如图 7.22 所示。其中有多种构造自由曲线的方式。例如，选择其中的一种 Control point。为了得到控制顶点，最简单的方法是交互式选点。在交互式选点中，可以首先按下 F5 键确定曲线所在的平面。

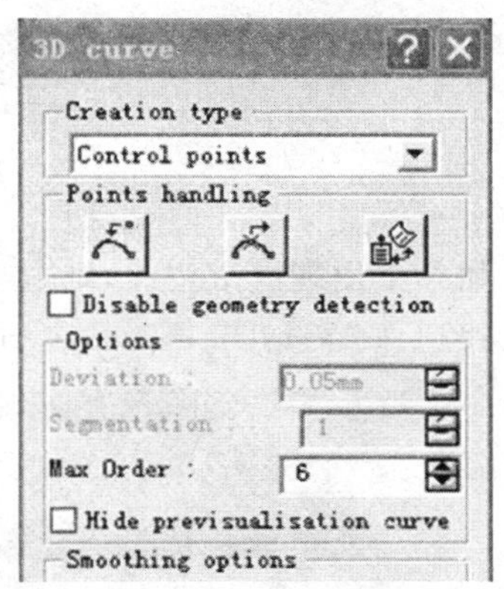

图 7.22　FreeStyle 下构造自由曲线时弹出的对话框

1. 控制顶点的修正

“控制顶点修正”的功能在“自由造型(FreeStyle)”模块中。这里给出一个简单的应用过程：

(1) 运用曲线构造功能建立如图 7.23(a) 所示的自由曲线。然后把其中曲线的颜色设置为白色，把背景色设置为黑色。

(2) 单击“形状修改(Shape modification)”工具栏中“控制顶点(Control point)”按钮，弹出如图 7.23(b)所示的对话框，选择要变形的曲线，如图 7.23(c)所示。

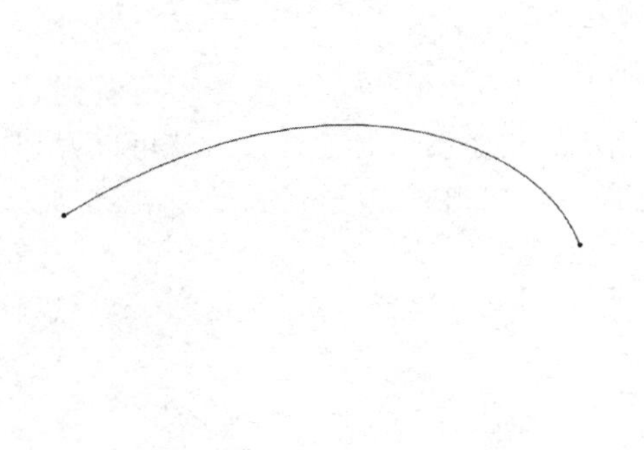

(a) 自由曲线

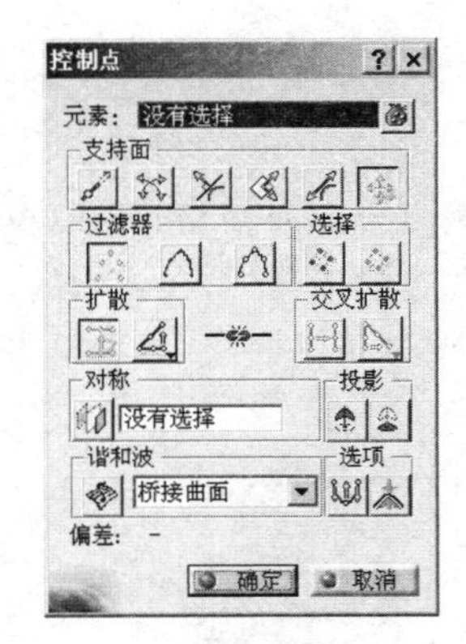

(b) 控制点修正对话框

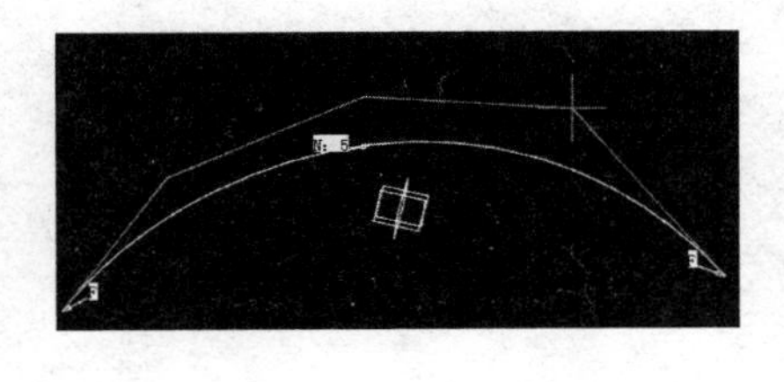

(c) 待变形的曲线

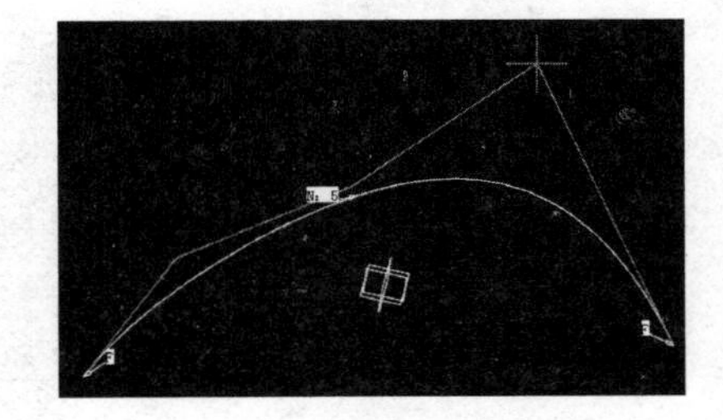

(d) 拉动控制顶点的情形

图 7.23　通过拉动控制顶点调整曲线形状

2. 曲线分析

单击 Start→Mechanical Design→Wireframe and Surface Design，单击其中的“曲率分析”

按钮如图 7.24 所示。

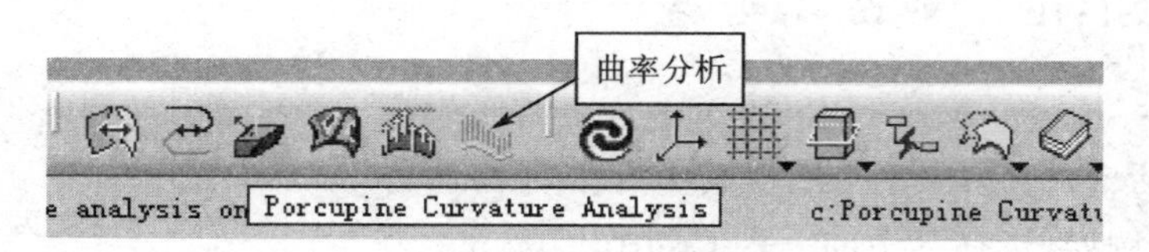

图 7.24　曲率分析的按钮

如果未发现这个按钮,则右击右边的工具栏;若在弹出的对话框中选择“分析”复选项后也不能找到,则单击“工具”→“定制”,弹出如图 7.25 所示的对话框。

图 7.25　定制工具栏窗口

单击“恢复全部内容”和“恢复位置”按钮后,就可以发现这个按钮。如果还不能看到这个按钮,则右击右边的工具栏,在弹出的对话框中减少所显示的其他不用的工具条后就可以发现这个按钮。选中要分析的曲线,然后单击“曲率分析”按钮即可得到相应的分析图,如图 7.26 所示。

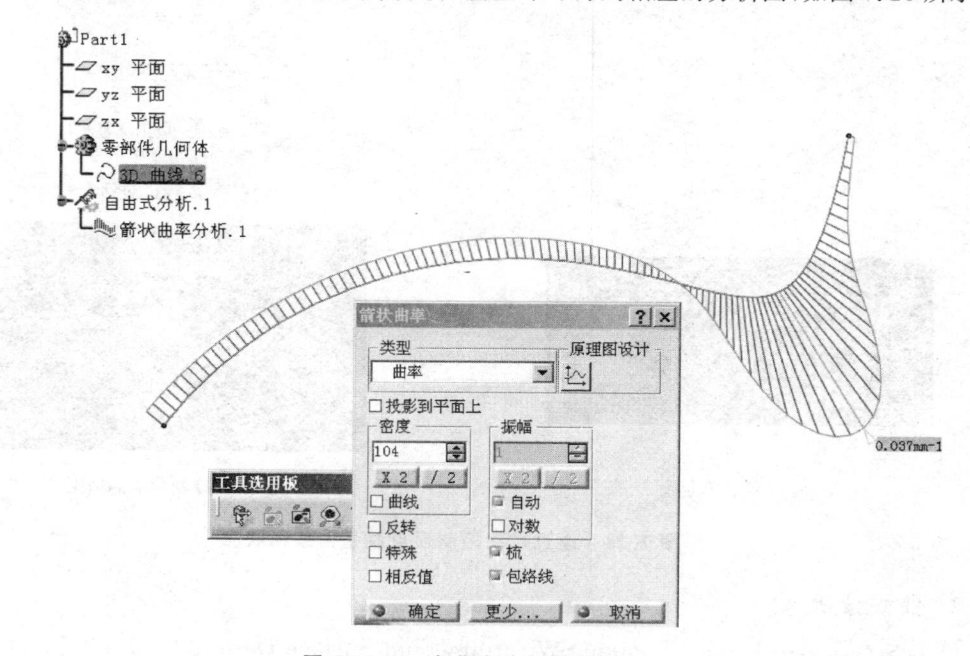

图 7.26　一个曲率分析的图例

思考与练习

1. 对于图 7.4 中所示的 NURBS 曲线，简述 $\omega_i=1(i\neq 3)$ 与点 $\boldsymbol{B}=\boldsymbol{r}(u_4)|_{\omega_3=0}$，$\boldsymbol{N}=\boldsymbol{r}(u_4)|_{\omega_3=1}$，$\boldsymbol{P}=\boldsymbol{r}(u_4)|_{\omega_3=5}$ 和 $\boldsymbol{V}_3$ 的关系，并证明你的结论。由此请进一步论述 ω_3 的变化对曲线形状的影响。

2. 既然 NURBS 曲线是非均匀 B 样条曲线引入有理形式的拓展，那么改变 NURBS 曲线的形状可以有哪些方法？

3. 对于一条二次曲线段 $y^2=x^2-1,1\leqslant x\leqslant 2$，要求：

(1) 用一条二次 NURBS 曲线 $\boldsymbol{r}(u)$ 精确表示它，写出其表达式，控制顶点、权因子和节点矢量；

(2) 如果规定该二次 NURBS 曲线的定义域是[0,1]，计算 $\boldsymbol{r}(0.25)$。

4. 如图 7.27 所示，一个整圆可以由具有 9 个控制顶点或者 7 个控制顶点的 NURBS 曲线表示。写出各表示方法中 NURBS 曲线的节点矢量并计算出各控制顶点对应的权因子。

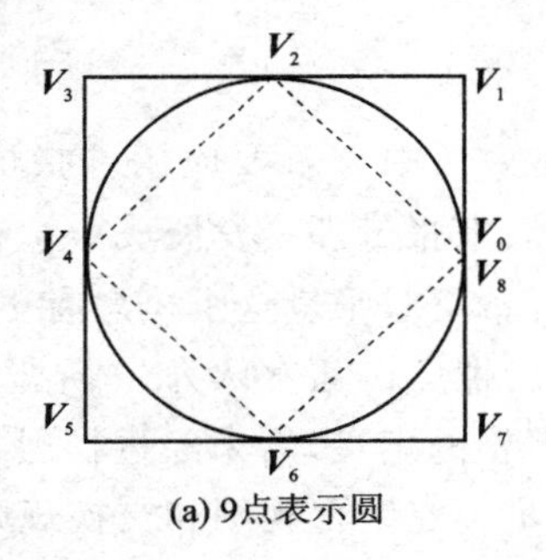

(a) 9点表示圆

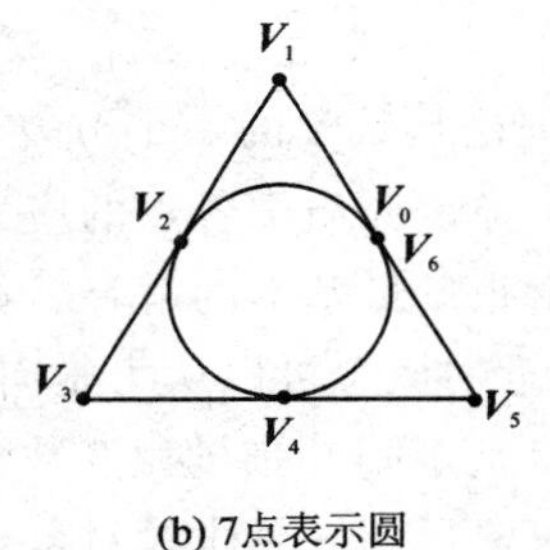

(b) 7点表示圆

图 7.27　题 4 用图

第 8 章　自由曲面造型方法

曲面是产品外形表示中必不可少的几何元素，不同于曲线造型。曲面的造型技术有如下特点：①理论上比曲线造型更加复杂；②曲面造型的方法较多。对于前者，初学者可能难于接受那些比较复杂的公式，即使编程实现也可能有一定难度。因此，本章尽量弱化理论介绍，把曲面造型理论的介绍限制在曲面表达式的介绍。同时，结合 CATIA 软件介绍曲面造型的一些方法，以便读者对自由曲面造型在理论上和应用上都有一个直观的认识。本章的介绍分为两部分：前一部分介绍自由曲面的数学表达式，后一部分介绍 CATIA 软件关于曲面造型的操作。在学习本章时要有一个观念——“线动成面”，即曲线按照一定的方式运动形成曲面。本章乃至本书的撰写都是按照这个思路进行的。

8.1　张量积曲面

张量(tensor)理论是数学的一个分支学科，在力学中有重要应用。张量这一术语起源于力学，最初用来表示弹性介质中各点的应力状态，后来张量理论发展成力学和物理学的一个的数学工具，这里给出张量最基本的解释。如果读者希望对张量这个概念有更详细的了解，可以参见文献[14]。张量的概念可以认为是向量概念的推广。通常认为，0 阶张量是标量，1 阶张量是向量，2 阶张量是矩阵。张量积在数学上有严格的定义，后来经过扩展，将这个定义一般化为：由多个张量对象得到一个张量对象，并且满足一定结合规则和交换规则的操作都可视为“张量积”。例如，表达式(8.1)的矩阵相乘的形式，这是一个双线性表达式的形式。本节主要论述表达式可以写成这种形式的曲面。为了论述的方便，我们把形式如表达式(8.1)，且内部无限可微的曲面称为曲面片，而把曲面片的拼合形式称为曲面。在不引起混淆的情况下，也把曲面片称为曲面。

$$[a_1,\cdots,a_m]\begin{bmatrix} c_{1,1} & \cdots & c_{1,n} \\ \vdots & & \vdots \\ c_{m,1} & \cdots & c_{m,n} \end{bmatrix}\begin{bmatrix} b_1 \\ \vdots \\ b_n \end{bmatrix} \tag{8.1}$$

8.1.1　Ferguson 曲面片

在第 4 章，已经学习过 Ferguson 曲线段，本节讨论如何让 Ferguson 曲线段“运动”，达到“线动成面”的效果。

问题 8.1　给定空间中不相交的两条直线段，如图 8.1(a)所示，如何构造一个曲面片，这两条直线段是该曲面片的边界？

分析　如图 8.1(a)所示，设 $\boldsymbol{r}_{0,0}\boldsymbol{r}_{1,0}$ 是第一条线段，$\boldsymbol{r}_{0,1}\boldsymbol{r}_{1,1}$ 是第二条线段。在 $\boldsymbol{r}_{0,1}$ 和 $\boldsymbol{r}_{1,1}$ 两个点中，$\boldsymbol{r}_{0,1}$ 与 $\boldsymbol{r}_{0,0}$ 的距离最近，即 $\boldsymbol{r}_{0,1}$ 与 $\boldsymbol{r}_{0,0}$ 是一对对应点；类似的，$\boldsymbol{r}_{1,1}$ 与 $\boldsymbol{r}_{1,0}$ 是一对对应点。这样，把线段 $\boldsymbol{r}_{0,0}\boldsymbol{r}_{1,0}$ 和 $\boldsymbol{r}_{0,1}\boldsymbol{r}_{1,1}$ 看作“导轨”，让导轨之间的对应点连线形成“桥”，“桥”

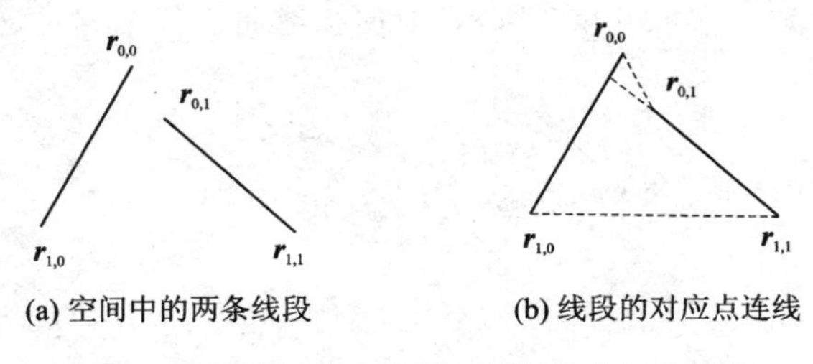

(a) 空间中的两条线段　　(b) 线段的对应点连线

图 8.1　构造插值于空间中两条线段的曲面片

在“导轨”上滑动就形成了曲面，如图 8.1(b)所示。既然弄清楚了曲面片的构造方式，下面讨论一个更加深刻的问题：这样构造出的曲面片的方程是什么？为了解决这个问题，首先看线段 $\boldsymbol{r}_{0,0}\boldsymbol{r}_{1,0}$ 和线段 $\boldsymbol{r}_{0,1}\boldsymbol{r}_{1,1}$ 的方程。根据线性组合的原理，线段 $\boldsymbol{r}_{0,0}\boldsymbol{r}_{1,0}$ 的方程为

$$\boldsymbol{r}_0(v)=\boldsymbol{r}_{0,0}(1-v)+\boldsymbol{r}_{1,0}v,\quad v\in[0,1] \tag{8.2}$$

线段 $\boldsymbol{r}_{0,1}\boldsymbol{r}_{1,1}$ 的方程为

$$\boldsymbol{r}_1(v)=\boldsymbol{r}_{0,1}(1-v)+\boldsymbol{r}_{1,1}v,\quad v\in[0,1] \tag{8.3}$$

约定：$F_0(v)=1-v$，$F_1(v)=v$，$v\in[0,1]$，于是方程(8.2)和方程(8.3)可以写为

$$\boldsymbol{r}_0(v)=\boldsymbol{r}_{0,0}F_0(v)+\boldsymbol{r}_{1,0}F_1(v) \tag{8.4}$$

$$\boldsymbol{r}_1(v)=\boldsymbol{r}_{0,1}F_0(v)+\boldsymbol{r}_{1,1}F_1(v) \tag{8.5}$$

注意到，$\boldsymbol{r}_0(v)$是线段 $\boldsymbol{r}_{0,0}\boldsymbol{r}_{1,0}$ 上的流动点，即随参数 v 的连续变化而连续变化的点；$\boldsymbol{r}_1(v)$是线段 $\boldsymbol{r}_{0,1}\boldsymbol{r}_{1,1}$ 上的流动点。这两个对应的流动点连接成的线段方程为

$$\boldsymbol{r}(u,v)=\boldsymbol{r}_0(v)F_0(u)+\boldsymbol{r}_1(v)F_1(u)$$

即

$$\boldsymbol{r}(u,v)=\begin{bmatrix}F_0(u) & F_1(u)\end{bmatrix}\begin{bmatrix}\boldsymbol{r}_0(v)\\ \boldsymbol{r}_1(v)\end{bmatrix}=\begin{bmatrix}F_0(u) & F_1(u)\end{bmatrix}\begin{bmatrix}\boldsymbol{r}_{0,0}F_0(v)+\boldsymbol{r}_{0,1}F_1(v)\\ \boldsymbol{r}_{1,0}F_0(v)+\boldsymbol{r}_{1,1}F_1(v)\end{bmatrix}$$

亦即

$$\boldsymbol{r}(u,v)=\begin{bmatrix}F_0(u) & F_1(u)\end{bmatrix}\begin{bmatrix}\boldsymbol{r}_{0,0}\boldsymbol{r}_{0,1}\\ \boldsymbol{r}_{1,0}\boldsymbol{r}_{1,1}\end{bmatrix}\begin{bmatrix}F_0(v)\\ F_1(v)\end{bmatrix} \tag{8.6}$$

方程(8.6)就是通过两个直线段 $\boldsymbol{r}_{0,0}\boldsymbol{r}_{1,0}$ 和 $\boldsymbol{r}_{0,1}\boldsymbol{r}_{1,1}$ 的曲面片方程。实际上，方程(8.6)仅仅用到这两条直线段的端点，所以该方程可以看成空间内给定四个点 $\boldsymbol{r}_{0,0}$、$\boldsymbol{r}_{1,0}$、$\boldsymbol{r}_{0,1}$、$\boldsymbol{r}_{1,1}$ 的简单曲面片方程。方程

$$\begin{bmatrix}\boldsymbol{r}_0(v)\\ \boldsymbol{r}_1(v)\end{bmatrix}=\begin{bmatrix}\boldsymbol{r}_{0,0}\boldsymbol{r}_{0,1}\\ \boldsymbol{r}_{1,0}\boldsymbol{r}_{1,1}\end{bmatrix}\begin{bmatrix}F_0(v)\\ F_1(v)\end{bmatrix} \tag{8.7}$$

是构造“导轨”的运算，如图 8.1(a)所示。方程

$$\boldsymbol{r}(u,v)=\begin{bmatrix}F_0(u) & F_1(u)\end{bmatrix}\begin{bmatrix}\boldsymbol{r}_0(v)\\ \boldsymbol{r}_1(v)\end{bmatrix} \tag{8.8}$$

是在“导轨”上“架桥” 的运算，如图 8.1(b)所示。更形象确切地描述方程(8.7)和方程(8.8)，就是在直线段“导轨”上架直线段的“桥”，这是一种非常简单理想的情况。在实际应用中，需要在弯曲的“导轨”上架弯曲的“桥”。为了更加准确地描述这个更一般化的情形，修改一下问题 8.1 的条件，得到下面的问题。

问题 8.2　给定四个顶点 $\boldsymbol{r}_{0,0}$、$\boldsymbol{r}_{1,0}$、$\boldsymbol{r}_{0,1}$、$\boldsymbol{r}_{1,1}$ 和四个顶点的切矢量 $\boldsymbol{r}_{u,0,0}$、$\boldsymbol{r}_{v,0,0}$、$\boldsymbol{r}_{u,1,0}$、

$\boldsymbol{r}_{v,1,0}$、$\boldsymbol{r}_{u,0,1}$、$\boldsymbol{r}_{v,0,1}$、$\boldsymbol{r}_{u,1,1}$、$\boldsymbol{r}_{v,1,1}$,如图 8.2 所示,如何构造曲面片来满足这些条件?

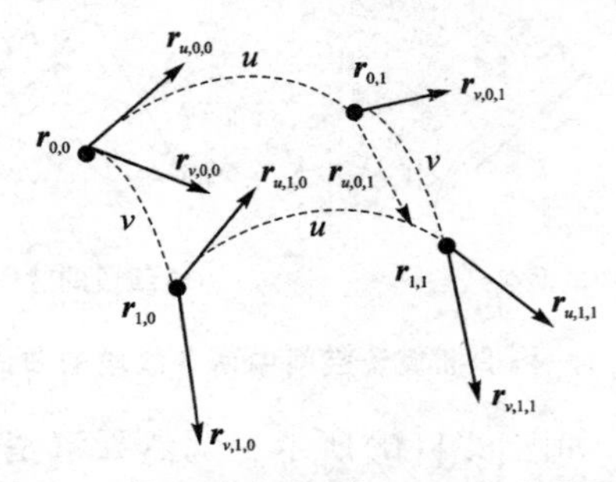

注:$\boldsymbol{r}_{v,0,0}$ 和 $\boldsymbol{r}_{v,1,0}$ 是一组,表示连接 $\boldsymbol{r}_{0,0}$、$\boldsymbol{r}_{1,0}$ 的曲线段的切线;
$\boldsymbol{r}_{v,0,1}$ 和 $\boldsymbol{r}_{v,1,1}$ 是一组,表示连接 $\boldsymbol{r}_{0,1}$、$\boldsymbol{r}_{1,1}$ 的曲线段的切线;
$\boldsymbol{r}_{u,0,0}$ 和 $\boldsymbol{r}_{u,0,1}$ 是一组,表示连接 $\boldsymbol{r}_{0,0}$、$\boldsymbol{r}_{0,1}$ 的曲线段的切线;
$\boldsymbol{r}_{u,1,0}$ 和 $\boldsymbol{r}_{u,1,1}$ 是一组,表示连接 $\boldsymbol{r}_{1,0}$、$\boldsymbol{r}_{1,1}$ 的曲线段的切线

图 8.2 构造曲面片的插值条件

分析 首先用 $\boldsymbol{r}_{0,0}$、$\boldsymbol{r}_{1,0}$、$\boldsymbol{r}_{v,0,0}$ 和 $\boldsymbol{r}_{v,1,0}$ 作为一组初始条件,$\boldsymbol{r}_{0,1}$、$\boldsymbol{r}_{1,1}$、$\boldsymbol{r}_{v,0,1}$ 和 $\boldsymbol{r}_{v,1,1}$ 作为一组初始条件,分别构造 Ferguson 曲线作为“导轨”,即母线,如图 8.3(a)所示。然后,在两条母线上取对应点,在母线之间构造“桥”,即扫掠曲线。扫掠曲线的两端沿着母线移动,即沿母线扫掠,就形成了一个张量积曲面片,这个曲面片插值于图 8.2 中的初始条件。

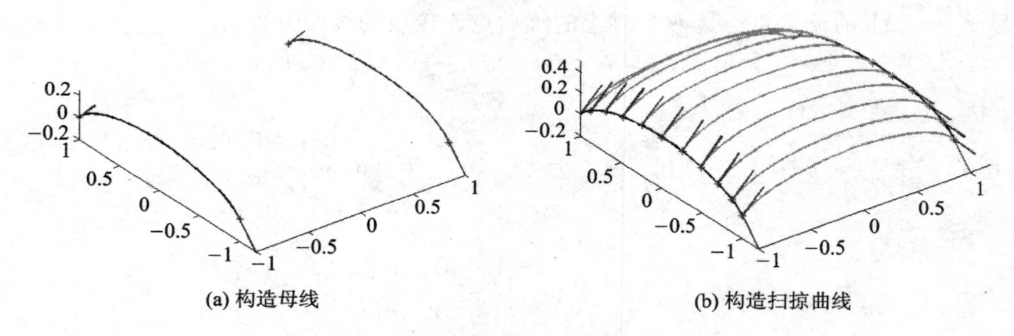

(a) 构造母线　　(b) 构造扫掠曲线

图 8.3 构造 Ferguson 张量积曲面片

下面推导图 8.3(b)中张量积曲面片的表达式。既然把 $\boldsymbol{r}_{0,0}$、$\boldsymbol{r}_{1,0}$、$\boldsymbol{r}_{v,0,0}$ 和 $\boldsymbol{r}_{v,1,0}$ 作为一组初始条件,$\boldsymbol{r}_{0,1}$、$\boldsymbol{r}_{1,1}$、$\boldsymbol{r}_{v,0,1}$ 和 $\boldsymbol{r}_{v,1,1}$ 作为一组初始条件,那么用第 4 章中的方法分别对这两组条件构造 Ferguson 曲线段:

$$\boldsymbol{r}_0(v)=\begin{bmatrix}\boldsymbol{r}_{0,0} & \boldsymbol{r}_{1,0} & \boldsymbol{r}_{v,0,0} & \boldsymbol{r}_{v,1,0}\end{bmatrix}\begin{bmatrix}F_0(v)\\F_1(v)\\G_0(v)\\G_1(v)\end{bmatrix}$$

$$\boldsymbol{r}_1(u)=\begin{bmatrix}\boldsymbol{r}_{0,1} & \boldsymbol{r}_{1,1} & \boldsymbol{r}_{v,0,1} & \boldsymbol{r}_{v,1,1}\end{bmatrix}\begin{bmatrix}F_0(v)\\F_1(v)\\G_0(v)\\G_1(v)\end{bmatrix}$$

就得到了两条如图 8.3 所示的两条母线；再使用 $\boldsymbol{r}_{u,0,0}$ 和 $\boldsymbol{r}_{u,1,0}$ 作为位置矢量，$\boldsymbol{0}$ 和 $\boldsymbol{0}$ 作为相应的“切矢量”构造 Ferguosn 曲线：

$$\boldsymbol{r}_{u0}(v)=\boldsymbol{r}_{u,0,0}F_0(v)+\boldsymbol{r}_{u,1,0}F_1(v)+\boldsymbol{0}G_0(v)+\boldsymbol{0}G_1(v) \tag{8.9}$$

这个 Ferguosn 曲线 $\boldsymbol{r}_{u0}(v)$ 就是 $\boldsymbol{r}_0(v)$ 上的跨界切矢量。类似的，有 $\boldsymbol{r}_1(v)$ 上的跨界切矢量 $\boldsymbol{r}_{u1}(v)$ 为

$$\boldsymbol{r}_{u1}(v)=\boldsymbol{r}_{u,0,1}F_0(v)+\boldsymbol{r}_{u,1,1}F_1(v)+\boldsymbol{0}G_0(v)+\boldsymbol{0}G_1(v) \tag{8.10}$$

把 $\boldsymbol{r}_0(v)$、$\boldsymbol{r}_1(v)$、$\boldsymbol{r}_{u0}(v)$ 和 $\boldsymbol{r}_{u1}(v)$ 看作一组初始条件，再次构造 Ferguosn 曲线，即扫掠曲线：

$$\boldsymbol{r}(u,v)=\begin{bmatrix}F_0(u) & F_1(u) & G_0(u) & G_1(u)\end{bmatrix}\begin{bmatrix}\boldsymbol{r}_0(v)\\ \boldsymbol{r}_1(v)\\ \boldsymbol{r}_{u0}(v)\\ \boldsymbol{r}_{u1}(v)\end{bmatrix} \tag{8.11}$$

在方程(8.11)中，u 连续变化，扫掠曲线连续运动，就形成了一张曲面片。方程(8.11)写成矩阵形式为

$$\boldsymbol{r}(u,v)=\begin{bmatrix}F_0(u) & F_1(u) & G_0(u) & G_1(u)\end{bmatrix}\begin{bmatrix}\boldsymbol{r}_{0,0} & \boldsymbol{r}_{1,0} & \boldsymbol{r}_{v,0,0} & \boldsymbol{r}_{v,1,0}\\ \boldsymbol{r}_{0,1} & \boldsymbol{r}_{1,1} & \boldsymbol{r}_{v,0,1} & \boldsymbol{r}_{v,1,1}\\ \boldsymbol{r}_{u,0,0} & \boldsymbol{r}_{u,1,0} & 0 & 0\\ \boldsymbol{r}_{u,0,1} & \boldsymbol{r}_{u,1,1} & 0 & 0\end{bmatrix}\begin{bmatrix}F_0(v)\\ F_1(v)\\ G_0(v)\\ G_1(v)\end{bmatrix} \tag{8.12}$$

式中，$(u,v)\in[0,1]\times[0,1]$。这就是 Ferguson 在 20 世纪 60 年初给出的构造飞机表面的曲面片，称为 Ferguson 曲面片。若干块曲面片就可以拼合成插值于曲面型值点的复杂曲面。方程(8.12)表示的 Ferguson 曲面片的主要缺陷是，四个角点的混合偏导数是 0，从而导致该曲面片的四个角点是“平点”，即角点的一个无穷小的区域内可以认为该曲面片的形状是“平点”。“平点”问题可以采用经典微分几何的方法进行论证。对于 $\boldsymbol{r}_{i,j}(0,0)$ 处的 Gauss 曲率和平均曲率，经过简单的矩阵运算可以知道：$\boldsymbol{r}_{uu,i,j}(0,0)=0$，$\boldsymbol{r}_{uv,i,j}(0,0)=\boldsymbol{r}_{uv,i,j}(0,0)=0$，$\boldsymbol{r}_{vv,i,j}(0,0)=0$，根据简单计算可以知道，$\boldsymbol{r}_{i,j}(u,v)$ 在参数$(0,0)$处的第二类基本量 $L=M=N=0$。因此，由 Gauss 曲率和平均曲率的计算公式可以知道，$\boldsymbol{r}_{i,j}(u,v)$ 在参数$(0,0)$处的 Gauss 曲率和平均曲率都是 0。这就是说，曲面 $\boldsymbol{r}_{i,j}(u,v)$ 在角点 $\boldsymbol{r}_{i,j}(0,0)$ 的一个邻近区域内，其形状接近于平面。显然，并不是在任何设计场合、平坦的曲面区域都是可以接受的，因此方程(8.12)作为曲面片的表达形式在 CAD 中并不太受欢迎[10]。为此，人们对方程(8.12)进行改进：

$$\boldsymbol{r}(u,v)=\begin{bmatrix}F_0(u) & F_1(u) & G_0(u) & G_1(u)\end{bmatrix}\begin{bmatrix}\boldsymbol{r}_{0,0} & \boldsymbol{r}_{1,0} & \boldsymbol{r}_{v,0,0} & \boldsymbol{r}_{v,1,0}\\ \boldsymbol{r}_{0,1} & \boldsymbol{r}_{1,1} & \boldsymbol{r}_{v,0,1} & \boldsymbol{r}_{v,1,1}\\ \boldsymbol{r}_{u,0,0} & \boldsymbol{r}_{u,1,0} & \boldsymbol{r}_{uv,0,0} & \boldsymbol{r}_{uv,1,0}\\ \boldsymbol{r}_{u,0,1} & \boldsymbol{r}_{u,1,1} & \boldsymbol{r}_{uv,0,1} & \boldsymbol{r}_{uv,1,1}\end{bmatrix}\begin{bmatrix}F_0(v)\\ F_1(v)\\ G_0(v)\\ G_1(v)\end{bmatrix} \tag{8.13}$$

式中，$(u,v)\in[0,1]\times[0,1]$，即认为四个角点的偏导数是存在的。这种改进非常直观，等价于把方程(8.9)和方程(8.10)中基函数的 0 系数改为相应“端点”在 u 参数方向的导数。这样，采用张量积曲面片的构造方法就完成了插值曲面片的构造任务，这样的曲面片不仅插值于

空间中的四个点,还插值于型值点处给定的一阶偏导数和混合偏导数。

8.1.2 Ferguson 曲面片的构造代码

为了对 Ferguson 曲面片有一个更加具体和深刻的认识,下面给出构造 Ferguson 曲面片的代码。

代码 8.1 构造 Fersuon 曲面片

```
function ConstructFergusonBridge()
%根据扫掠原理扫掠构造 Fersuon 曲面片
r00 = [ - 1 1 0];
r10 = [ - 1  - 1 0];
r01  =  [1 1 0];
r11 = [1  - 1 0];
%
rv00  =  [0, - 1,1];
rv10  =  [0, - 1, - 1];
rv01  =  [0, - 1,1];
rv11  =  [0, - 1, - 1];
%
ru00  =  [1,0,1];
ru10  =  [1,0,1];
ru01  =  [1,0, - 1];
ru11  =  [1,0, - 1];
%%%%%规定构造曲面片的条件
N  =  100;
color  =  'b';
EndHidA  =  0;EndHidB  =  1;
pout0  =  FergusonCurvSeg(r00,r10,rv00,rv10,N,color,EndHidA,EndHidB);
%绘制参数三次样条曲线段:r0 起点的位置,r1 终点的位置
%r0c 起点的切矢量,r1c 终点的切矢量,N 是密化点个数
%color 是曲线的颜色,EndHidA 表示是否显示起点的标记
%EndHidB 表示是否显示终点的标记
EndHidA  =  0;EndHidB  =  1;%只显示终点标记,不显示起点标记
hold on
pout1  =  FergusonCurvSeg(r01,r11,rv01,rv11,N,color,EndHidA,EndHidB);
%构造两条母线
%为了让示例图形中的扫掠线清晰,把母线上的密化点等间距稀疏
pout0New = pout0 (1:4,1:10:N + 1);%取矩阵的 1～4 行,对于每一行按照 10 的数字间隔取元素
pout1New = pout1 (1:4,1:10:N + 1);
M  =  length(pout0New(1,:));
%为了让示例图形中的扫掠线清晰,把母线上的密化点等间距稀疏
color  =  'g';
for i = 1:M
    rv0  =  [pout0New(1,i) pout0New(2,i) pout0New(3,i)];
```

```
        rv1 = [pout1New(1,i) pout1New(2,i) pout1New(3,i)];
        v = pout1New(4,i);
        FG = HermitBases(v);
        % 对给定的参数 u,输出 Hermit 基函数,F0,F1,G0,G1
        % 这是本书编者自编的函数
        rv0u = FG(1) * ru00 + FG(2) * ru10;
        rv1u = FG(1) * ru01 + FG(2) * ru11;
        % 采用 Ferguson 曲线的方式对母线构造跨界切矢量
        EndHidA = 1;
        EndHidB = 0;
        if(i>M/2)
            EndHidB = 1;
        end
        hold on
        poutu = FergusonCurvSeg(rv0,rv1,rv0u,rv1u,N,color,EndHidA,EndHidB);
        % 构造扫掠曲线
    end
```

上述代码反映了张量积曲面片的构造过程,比较烦琐。下面基于方程(8.12)给出一个Ferguson 曲面片的构造代码。

代码 8.2 基于张量积的 Ferguson 曲面片的构造

```
function MyFergusonPatch()
% 直接基于 Ferguson 曲面片的方程(8.12)构造曲面片
r00 = [-1 1 0];
r10 = [-1 -1 0];
r01 = [1 1 0];
r11 = [1 -1 0];
rv00 = [0,-1,1];
rv10 = [0,-1,-1];
rv01 = [0,-1,1];
rv11 = [0,-1,-1];
ru00 = [1,0,1];
ru10 = [1,0,1];
ru01 = [1,0,-1];
ru11 = [1,0,-1];
%%%%% 规定构造曲面片的条件
% 制作系数矩阵,为程序的简洁,直接使用三维数组
% CoefM(:,:,1)是所有条件的 x 坐标形成的矩阵,依此类推
CoefM = zeros(4,4,3); % 用 0 来预定义数组的维度
CoefM(1,1,:) = r00;CoefM(1,2,:) = r10;CoefM(2,1,:) = r01;CoefM(2,2,:) = r11;
CoefM(1,3,:) = rv00;CoefM(1,4,:) = rv10;CoefM(2,3,:) = rv01;CoefM(2,4,:) = rv11;
CoefM(3,1,:) = ru00;CoefM(3,2,:) = ru10;CoefM(4,1,:) = ru01;CoefM(4,2,:) = ru11;
i = 1; % 曲面是双变量,初始化双变量的循环指标
for u = 0:0.04:1
```

```
    FGu = HermitBases(u);
    j=1;%曲面是双变量,初始化双变量的循环指标
    for v = 0:0.04:1
        FGv = HermitBases(v)';
        p(i,j,:)=[FGu*CoefM(:,:,1)*FGv,FGu*CoefM(:,:,2)*FGv,FGu*CoefM(:,:,3)*FGv];
        %计算曲面上的密化点
        j=j+1;
    end
    i=i+1;
end
mesh(p(:,:,1),p(:,:,2),p(:,:,3),'facecolor','w','edgecolor','k');
%绘制曲面
```

运行上述代码得到的计算结果如图 8.4 所示。

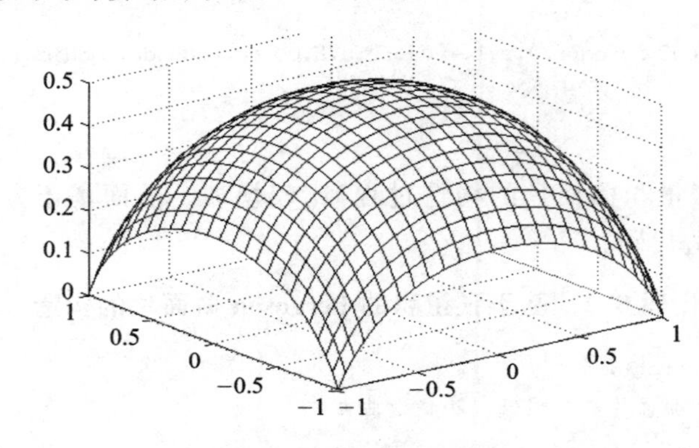

图 8.4　Fergson 曲面片

那么代码 8.1 和代码 8.2 中的构造曲面的条件(即角点位置和切矢量)是如何得到的?在本示例程序中,为了使教学图形更直观形象,编者采用单位球面来设计。在实际应用中,有多种方法,例如在第 3 章图 3.30 就给出了得到曲面片输入数据的构造方法(边界处的法线、角点位置的扭矢)。除了这种方法,在逆向设计中,也可以采用坐标测量机测量点的位置。不过,在实际应用中,我们得到的不是四个点,而是 $m\times n$ 个点。采用 Ferguson 曲面片对 $m\times n$ 个型值点插值的问题将在 8.2 节中介绍。下面继续学习其他形式的张量积曲面片。

8.1.3　Bézier 曲面片

1. 把计算曲面上的点转化为计算曲线上的点

给定空间点阵 $\boldsymbol{V}_{i,j}$, $i=0,1,\cdots,m$; $j=0,1,\cdots,n$,构造张量积曲面为

$$\boldsymbol{r}(u,v)=[B_{0,m}(v),B_{1,m}(v),\cdots,B_{m,m}(v)]\begin{bmatrix}\boldsymbol{V}_{0,0} & \boldsymbol{V}_{0,1} & \cdots & \boldsymbol{V}_{0,n}\\ \boldsymbol{V}_{1,0} & \boldsymbol{V}_{1,1} & \cdots & \boldsymbol{V}_{1,n}\\ \vdots & \vdots & & \vdots\\ \boldsymbol{V}_{m,0} & \boldsymbol{V}_{m,1} & \cdots & \boldsymbol{V}_{m,n}\end{bmatrix}\begin{bmatrix}B_{0,n}(u)\\ B_{1,n}(u)\\ \vdots\\ B_{n,n}(u)\end{bmatrix},\ 0\leqslant u,v\leqslant 1$$

可以简写为

$$r(u,v)=\sum_{i=0}^{m}\sum_{j=0}^{n}V_{i,j}B_{i,m}(v)B_{j,n}(u),\quad 0\leqslant u,v\leqslant 1$$

式中,$B_{i,m}$ 和 $B_{j,n}$ 分别是 Bernstein 基函数。根据前述关于张量积曲面片的定义和计算过程可知,Bézier 曲面片是张量积曲面片。因此,曲面上点的计算可以转化为曲线上点的计算。令

$$r_i(u)=[V_{i,0},V_{i,1},\cdots,V_{i,n}]\begin{bmatrix}B_{0,n}(u)\\B_{1,n}(u)\\\vdots\\B_{n,n}(u)\end{bmatrix}=\sum_{j=0}^{n}V_{i,j}B_{j,n}(u)$$

显然,$r_i(u)$是一条 Bézier 曲线。对于

$$r(u,v)=[B_{0,m}(v),B_{1,m}(v),\cdots,B_{m,m}(v)]\begin{bmatrix}r_0(u)\\r_1(u)\\\vdots\\r_m(u)\end{bmatrix}$$

把 $r_i(u)$看成数据点,$r(u,v)$也是一条 Bézier 曲线。

因此,为了得到 Bézier 曲面上的点 $r(u_0,v_0)$,可如下进行:

(1) 将控制网格每一行上的点看成 Bézier 曲线 $r_i(u)$的控制顶点,采用计算曲线上点的算法计算 $r_i(u_0)$,如图 8.5(a)所示。

(2) 将 $r_i(u_0)$看成 Bézier 曲线 $r(u_0,v)$控制顶点,采用计算曲线上点的算法计算 $r(u_0,v_0)$,如图 8.5(b)所示。

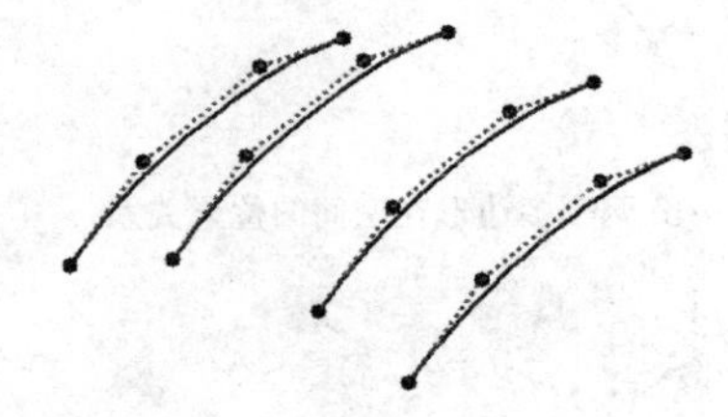

(a) 根据u向各行控制顶点计算行方向曲线

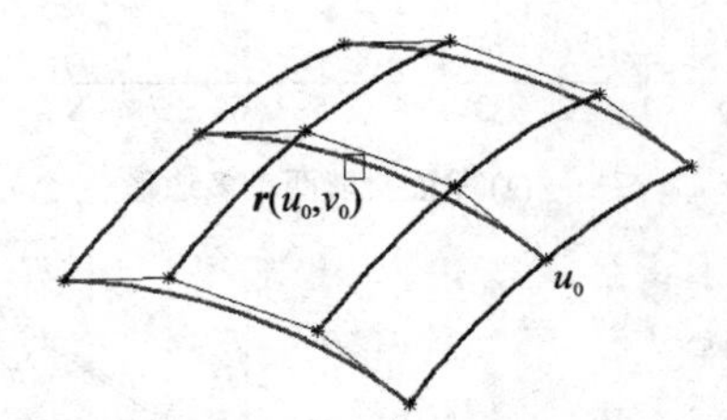

(b) 以各行方向曲线上相应的点为控制点计算曲面上的点

图 8.5　计算 Bézier 曲面上点的过程

根据张量积曲面性质,将

$$r_j(v)=[B_{0,m}(v),B_{1,m}(v),\cdots,B_{m,m}(v)]\begin{bmatrix}V_{0,j}\\V_{1,j}\\\vdots\\V_{m,j}\end{bmatrix}$$

和

$$r(u,v)=[r_0(v),r_1(v),\cdots,r_n(v)]\begin{bmatrix}B_{0,n}(u)\\B_{1,n}(u)\\\vdots\\B_{n,n}(u)\end{bmatrix}$$

看成 Bézier 曲线,然后采用计算曲线上点的算法计算 $\boldsymbol{r}(u_0, v_0)$。

2. Bézier 曲面计算的程序实现

(1) 构造控制网格

对于直接学习曲面造型理论的初学者,通常会对如何方便快捷地构造曲面的控制网格感到困惑。下面给出一种交互式构造三维控制网格的方法。

如图 8.6(a)所示,在 xOy 平面上交互拾取两个多边形。第一个多边形看作 xOz 平面上的多边形,在本程序中作为列方向的多边形;第二个多边形看作 yOz 平面上的多边形,在本程序中作为行方向的多边形,如图 8.6(b)所示。现在,把列方向的多边形 $P_{\rm col}$ 进行 $n+1$ 次平移(假设多边形 $P_{\rm row}$ 有 $n+1$ 个顶点),起点依次与 $P_{\rm row}$ 的顶点 $\boldsymbol{p}_i(i=0,\cdots,n)$ 重合。假设 $P_{\rm col}$ 有 $m+1$ 个顶点,这样每次平移就会有 $m+1$ 个列方向的顶点,总共平移了 $n+1$ 次,这样就可以得到一个具有$(m+1)\times(n+1)$个控制顶点的网格。图 8.6(c)所示为采用这种交互式方法构造的网格。代码 8.3 给出了构造控制网格的代码。

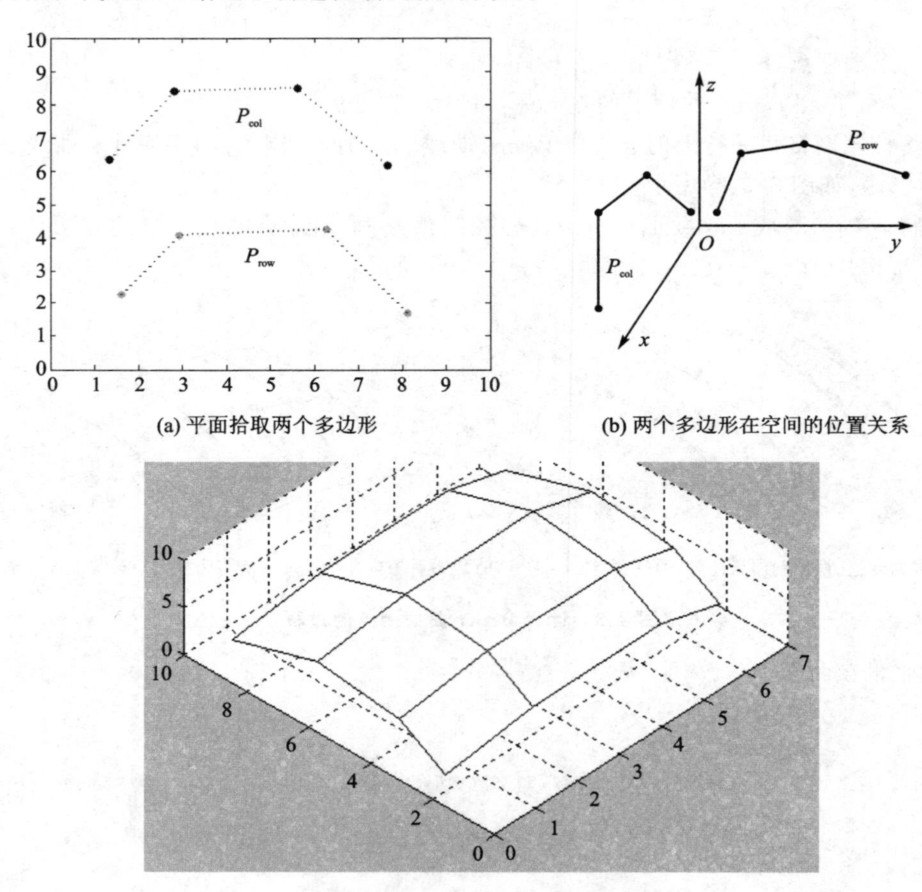

(a) 平面拾取两个多边形　　(b) 两个多边形在空间的位置关系

(c)具有$(m+1)\times(n+1)$个控制顶点的网格

图 8.6　Bézier 曲面构造控制网格

代码 8.3　构造控制网格

```
function [XC,YC,ZC] = PickCtrlMeshs()
```

```
%采用交互式方法构造控制网格
%构造原理参照8.1.3小节中的第2部分
figure%创建一个图形窗口以便绘图
axis([0 10 0 10])                          %在图形窗口中创建二维轴
%x从0到10;y从0到10
but = 1; %but就是button的缩写。初始化鼠标左1中2右3键的标记为左键
n = 0;                                     %初始化选取点的个数
hold on
while but == 1                             %如果单击的是鼠标左键就循环
    n = n + 1;
    [xi,yi,but] = ginput(1);               %每次用鼠标在二维坐标轴axis([0 10 0 10])中
    %选取一个点,输出点的坐标和使用的左1中2右3键的编号
    x(n) = xi;
    y(n) = yi;
    plot(xi,yi,'k.','Markersize',20)      % 画出所捕捉的点
    plot(x,y,'r:','linewidth',2)          % 画出控制多边形
end
%把本次拣选的点作为xOz平面上的点
xcol = x;
zcol = y;
ncol = n;
hold off
clear xx
clear yy
clear point
clear x
clear y
%clear就是清除使用过的内存变量以便后面作为新的变量使用
%否则前后记录的数据可能会引起混淆
but = 1; %but就是button的缩写,初始化鼠标左1中2右3键的标记为左键
n = 0;                                     %初始化选取点的个数
hold on
while but == 1                             %如果单击的是鼠标左键就循环
    n = n + 1;
    [xi,yi,but] = ginput(1);
    x(n) = xi;
    y(n) = yi;
    plot(xi,yi,'c.','Markersize',20)      %画出所捕捉的点
    plot(x,y,'b:','linewidth',2)          %画出控制多边形
end
%把本次拣选的点作为yOz平面上的点
yrow = x;
zrow = y;
nrow = n;
hold off
```

```
%clf%清除当前图形窗口的左右坐标轴和坐标轴下的图元
%以便绘制新的图形
clear xx
clear yy
clear point
clear x
clear y
%clear就是清除使用过的内存变量以便后面作为新的变量使用
%否则前后记录的数据可能会引起混淆
%把列向多边形的起点一次平移到行向多边形的各个顶点的位置
%从而得到拓扑矩阵型点列[XC,YC,ZC]
%这个点列就是要使用的控制多边形
for i = 1:nrow
    for j = 1:ncol
        XC(i,j) = 0 + (xcol(j) - xcol(1));
        YC(i,j) = yrow(i);
        ZC(i,j) = zrow(i) + (zcol(j) - zcol(1));
    end
end
figure%创建一个图形窗口以便绘图
%本程序中有两个figure,程序运行结果中就会有两个图形窗口
mesh(XC,YC,ZC,'facecolor','w','edgecolor','k')
```

给出上述代码的目的有三点:①给出一个方便灵活构造控制网格的方式;②熟悉MATLAB的编程技巧;③熟悉拓扑矩阵型点阵的构造原理。除了代码8.3给出的构造控制网格的方法外,还可以直接采用已知的曲面方程构造控制网格,例如采用方程$z=\sqrt{1-x^2-y^2}$,相关代码可参照第3章关于曲面绘制的代码。实际上,只要把密化点取得稀疏,这些密化点就可以用做本节编程练习的控制顶点。

(2) 把Bézier曲面上点的计算转化为曲线上点的计算

实现代码如下:

代码8.4 采用张量积方法绘制Bézier曲面

```
function BézierTPOne()
%首先交互式构造控制网格
%然后在u参数方向构造母线
%再根据母线得到扫掠曲线从而形成曲面
[XC,YC,ZC] = PickCtrlMeshs();%构造控制顶点
[m,n] = size(XC);%获取控制顶点形成的点阵的行数和列数
%构造并绘制母线
PN = 50;
figure
hold on
for i = 1:m
    [xx,yy,zz] = BézierCurPs(XC(i,:),YC(i,:),ZC(i,:),PN);
```

```
    %XC(i,:),YC(i,:),ZC(i,:)表示第i行的控制顶点
    plot3(XC(i,:),YC(i,:),ZC(i,:),'r:','linewidth',2);
    plot3(XC(i,:),YC(i,:),ZC(i,:),'k.','Markersize',20);
    plot3(xx,yy,zz,'b','linewidth',2);
    %为了使扫掠曲线在绘图窗口中清晰可见,把密化点取得稀疏
    %只取一半数目的点
    midPsx(i,:) = xx(1:2:50);
    midPsy(i,:) = yy(1:2:50);
    midPsz(i,:) = zz(1:2:50);
end
hold off
%构造并绘制母线
%构造并绘制扫掠曲线
N = length(midPsx(1,:));
figure
hold on
for j = 1:N
    [xx,yy,zz] = BézierCurPs(midPsx(:,j)',midPsy(:,j)',midPsz(:,j)',PN);
    %midPsx(:,j)',midPsy(:,j)',midPsz(:,j)'表示在不同的母线上采集的列参数方向的控制点
    plot3(midPsx(:,j),midPsy(:,j),midPsz(:,j),'b:','linewidth',2);
    plot3(midPsx(:,j),midPsy(:,j),midPsz(:,j),'b*');
    plot3(xx,yy,zz,'g','linewidth',2);
end
hold off
%构造并绘制扫掠曲线
```

运行上述代码得到的第3和第4号绘图窗口中的图形如图8.7所示。

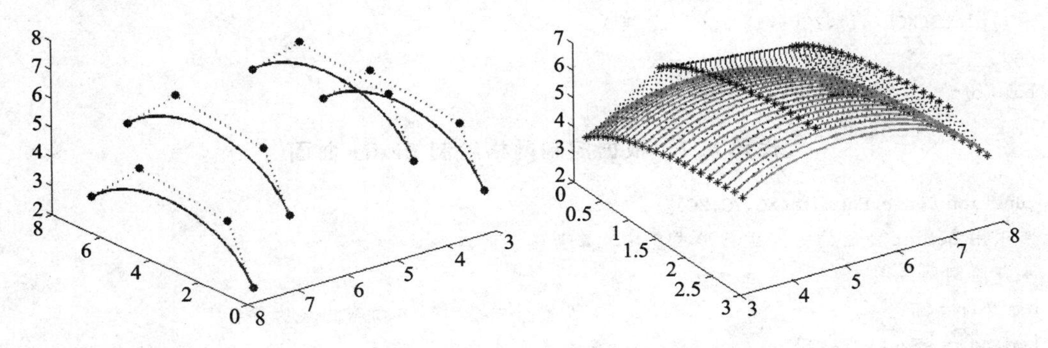

图8.7 代码8.4运行结果

(3) 直接根据矩阵乘积构造曲面

实现代码如下:

代码8.5 根据矩阵相乘的绘制 Bézier 曲面

```
function BézierTPTwo()
%首先交互式构造控制网格
```

```
%再根据矩阵相乘的运算直接计算曲面上的点
[XC,YC,ZC] = PickCtrlMeshs(); %构造控制顶点
[m,n] = size(XC); %获取控制顶点形成的点阵的行数和列数
DrawCtrlMeshLs(XC,YC,ZC);
%画矩阵的控制网格,没有消隐效果
BézierFormula(XC,YC,ZC);
%根据矩阵相乘的运算直接计算曲面上的点并对当前绘图窗口添加
%曲面的网线图
```

上述代码调用的子函数分别如代码 8.6 和代码 8.7 所示。

代码 8.6　绘制控制网格

```
function DrawCtrlMeshLs(XC,YC,ZC)
%消隐有时并不是想要的显示效果
%mesh 函数是带有消隐功能的
%为了使绘制的网格不带有消隐效果,本程序直接采用 plot3 绘制网格
%所谓消隐就是模仿自然的视觉效果,被遮挡的部分不绘制
%这是计算机图形学关于图形真实感处理的内容,本课程的学习者无需深究
figure %控制网格先于曲面绘制所以建立绘图窗口
[m,n] = size(XC); %测量维度
hold on
%绘制行方向的网格线
for i = 1:m
    plot3(XC(i,:),YC(i,:),ZC(i,:),'k')
end
%绘制列方向的网格线
for i = 1:n
    plot3(XC(:,i),YC(:,i),ZC(:,i),'k')
end
hold off
```

代码 8.7　根据控制网格绘制 Bézier 曲面

```
function BézierFormula(XC,YC,ZC)
%采用 Bézier 曲面的矩阵运算形式直接计算曲线上的点
%并绘制网线图
m = 25;n = 25;                          %设置行方向和列方向密化点的数目
[md,nd] = size(XC);                     %测量矩阵维度
for i = 1:m
    u = (i-1)/(m-1);                    %计算此次循环的参变量
    BBu = Berbstein(md-1,u);            %维度减 1 就是曲线次数
    for j = 1:n
        v = (j-1)/(n-1);                %计算此次循环的参变量
        BBv = Berbstein(nd-1,v)';       %维度减 1 就是曲线次数
        x(i,j) = BBu * XC * BBv;
        y(i,j) = BBu * YC * BBv;
```

```
        z(i,j) = BBu * ZC * BBv;          % 采用矩阵运算计算点的坐标
    end
end
hold on
mesh(x,y,z,'facecolor','w','edgecolor','r')
hold off
```

上述代码运行的效果如图 8.8 所示。

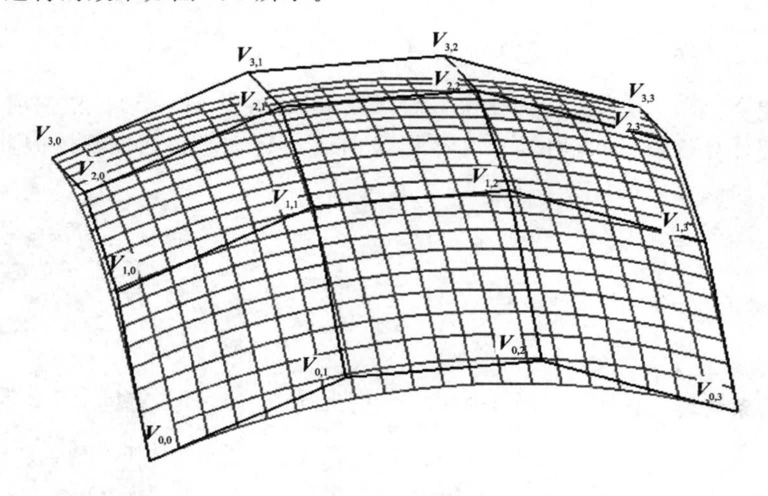

图 8.8　双三次 Bézier 曲面片

3. Bézier 曲面的几何属性

在 CAD 设计中，经常用到 Bézier 曲面的如下几何属性：

(1) 曲面通过最边上 4 个角点，即 $\boldsymbol{r}(0,0)=\boldsymbol{V}_{0,0}$，$\boldsymbol{r}(0,1)=\boldsymbol{V}_{0,3}$，$\boldsymbol{r}(1,0)=\boldsymbol{V}_{3,0}$，$\boldsymbol{r}(1,1)=\boldsymbol{V}_{3,3}$。

(2) 曲面片的边界由最外圈的顶点确定。

(3) 角点信息可由顶点位置矢量表达。角点切矢量为

$$\boldsymbol{r}_u(0,0)=3(\boldsymbol{V}_{1,0}-\boldsymbol{V}_{0,0})$$

$$\boldsymbol{r}_v(0,0)=3(\boldsymbol{V}_{0,1}-\boldsymbol{V}_{0,0})$$

角点混合偏导矢量为

$$\boldsymbol{r}_{uv}(0,0)=9(\boldsymbol{V}_{0,0}-\boldsymbol{V}_{0,1}-\boldsymbol{V}_{1,0}+\boldsymbol{V}_{1,1}) \tag{8.14}$$

第一个和第二个属性可以由控制网格和 Bézier 曲面的相对位置直观看到，第三属性中的切矢量与控制网格的边的联系，也可由控制网格和 Bézier 曲面的相对位置直观看到。从关系式(8.14)可以看到，扭矢除了与边界上的控制顶点相关外，还与内部控制顶点相关，这很好地说明了对于双三次曲面片(见图 8.8)而言，扭矢与曲面片的内部形状相关。现在的商用 CAD 软件中，有很多软件都不直接使用 Bézier 曲面作为自由曲面的数学模型。既然 Bézier 曲面可以看成非均匀 B 样条曲面的特例，就可以设置非均匀 B 样条曲面的端节点为重节点而使非均匀 B 样条曲面来继承 Bézier 曲面的优良几何性质。

8.1.4　均匀双三次 B 样条曲面片

均匀三次 B 样条曲面片是张量积曲面片，其表达式为

$$\boldsymbol{r}(u,v)=[N_{0,3}^J(v),N_{1,3}^J(v),N_{2,3}^J(v),N_{3,3}^J(v)]\begin{bmatrix}\boldsymbol{V}_{0,0} & \boldsymbol{V}_{0,1} & \boldsymbol{V}_{0,2} & \boldsymbol{V}_{0,3}\\ \boldsymbol{V}_{1,0} & \boldsymbol{V}_{1,1} & \boldsymbol{V}_{1,2} & \boldsymbol{V}_{1,3}\\ \boldsymbol{V}_{2,0} & \boldsymbol{V}_{2,1} & \boldsymbol{V}_{2,2} & \boldsymbol{V}_{2,3}\\ \boldsymbol{V}_{3,0} & \boldsymbol{V}_{3,1} & \boldsymbol{V}_{3,2} & \boldsymbol{V}_{3,3}\end{bmatrix}\begin{bmatrix}N_{0,3}^J(u)\\ N_{1,3}^J(u)\\ N_{2,3}^J(u)\\ N_{3,3}^J(u)\end{bmatrix},$$

$$0\leqslant u,v\leqslant 1$$

可以简写为

$$\boldsymbol{r}(u,v)=\sum_{i=0}^{3}\sum_{j=0}^{3}\boldsymbol{V}_{i,j}N_{i,3}^J(v)N_{j,3}^J(u),\quad 0\leqslant u,v\leqslant 1$$

式中,$N_{i,3}^J(v)$和 $N_{j,3}^J(u)$分别是均匀三次 B 样条基函数(参见 6.1 节)。根据前述关于张量积曲面片的定义和计算过程可知,均匀三次 B 样条曲面片是张量积曲面片。因此,曲面上点的计算可以转化为曲线上点的计算。令

$$\boldsymbol{r}_i(u)=[\boldsymbol{V}_{i,0},\boldsymbol{V}_{i,1},\boldsymbol{V}_{i,3},\boldsymbol{V}_{i,4}]\begin{bmatrix}N_{0,3}^J(u)\\ N_{1,3}^J(u)\\ N_{2,3}^J(u)\\ N_{3,3}^J(u)\end{bmatrix}=\sum_{j=0}^{3}\boldsymbol{V}_{i,j}N_{i,3}^J(u)$$

显然,$\boldsymbol{r}_i(u)$是一条均匀三次 B 样条曲线段。于是,对于

$$\boldsymbol{r}(u,v)=[N_{0,3}^J(v),N_{1,3}^J(v),N_{2,3}^J(v),N_{3,3}^J(v)]\begin{bmatrix}\boldsymbol{r}_0(u)\\ \boldsymbol{r}_1(u)\\ \boldsymbol{r}_2(u)\\ \boldsymbol{r}_3(u)\end{bmatrix}$$

把 $\boldsymbol{r}_i(v)$看成数据点,$\boldsymbol{r}(u,v)$也是一条均匀三次 B 样条曲线段。

因此,为了得到均匀双三次曲面上的点 $\boldsymbol{r}(u_0,v_0)$,可如下进行;

(1) 将控制网格每一行上的点看成均匀三次 B 样条曲线段 $\boldsymbol{r}_i(u)$的控制顶点,采用计算曲线上点的算法计算 $\boldsymbol{r}_i(u_0)$,如图 8.9(a)所示。

(2) 将 $\boldsymbol{r}_i(u_0)$看成均匀三次 B 样条曲线段 $\boldsymbol{r}(u_0,v)$控制顶点,采用计算曲线上点的算法计算 $\boldsymbol{r}(u_0,v_0)$,如图 8.9(b)所示。

根据张量积曲面性质,将

$$\boldsymbol{r}_j(v)=[N_{0,3}^J(v),N_{1,3}^J(v),N_{2,3}^J(v),N_{3,3}^J(v)]\begin{bmatrix}\boldsymbol{V}_{0,j}\\ \boldsymbol{V}_{1,j}\\ \boldsymbol{V}_{2,j}\\ \boldsymbol{V}_{3,j}\end{bmatrix}$$

和

$$\boldsymbol{r}(u,v)=[\boldsymbol{r}_0(v),\boldsymbol{r}_1(v),\boldsymbol{r}_2(v),\boldsymbol{r}_3(v)]\begin{bmatrix}N_{0,3}^J(u)\\ N_{1,3}^J(u)\\ N_{2,3}^J(u)\\ N_{3,3}^J(u)\end{bmatrix}$$

看成均匀三次 B 样条曲线段,然后采用计算曲线上点的算法计算 $\boldsymbol{r}(u_0,v_0)$。

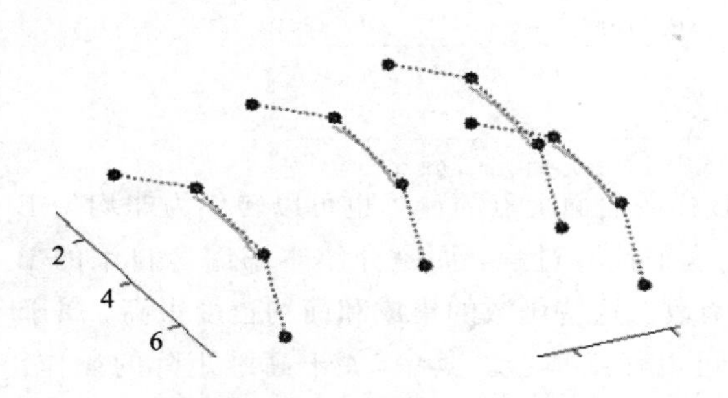

(a) 根据u向各行控制顶点计算行方向曲线

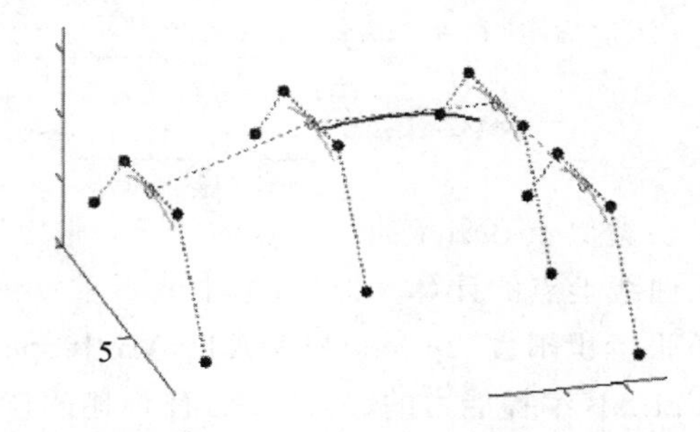

(b) 以各行方向曲线上相应的点为控制点计算曲线上的点

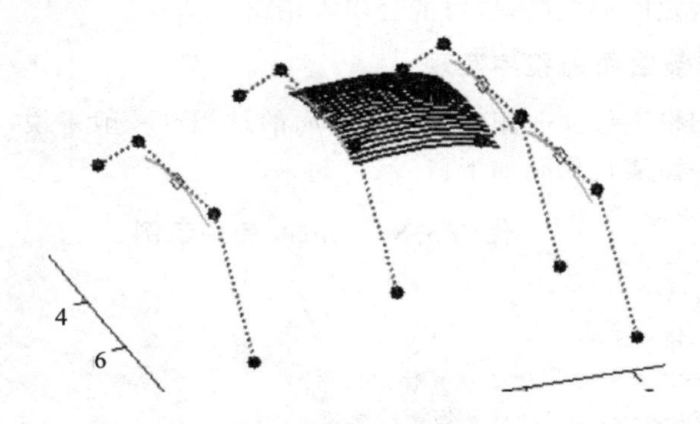

(c) 均匀双三次B样条曲面片

图 8.9　计算均匀三次 B 样条曲面片上点的过程

直接使用均匀三次 B 样条基函数，均匀双三次 B 样条曲面片的实现代码类似于 Bézier 曲面的实现代码。为了使本书论述简洁，这里把均匀双三次 B 样条曲面片的实现代码留给有兴趣的读者练习。

8.1.5　非均匀 B 样条曲面

1. 非均匀 B 样条曲面的表达式

$k\times l$ 次 B 样条曲面可以表示为

$$\boldsymbol{r}(u,v)=[N_{0,l}(v),N_{1,l}(v),\cdots,N_{m,l}(v)]\begin{bmatrix}\boldsymbol{V}_{0,0} & \boldsymbol{V}_{0,1} & \cdots & \boldsymbol{V}_{0,n}\\ \boldsymbol{V}_{1,0} & \boldsymbol{V}_{1,1} & \cdots & \boldsymbol{V}_{1,n}\\ \vdots & \vdots & & \vdots\\ \boldsymbol{V}_{m,0} & \boldsymbol{V}_{m,1} & \cdots & \boldsymbol{V}_{m,n}\end{bmatrix}\begin{bmatrix}N_{0,k}(u)\\ N_{1,k}(u)\\ \vdots\\ N_{n,k}(u)\end{bmatrix},$$

$$(u,v)\in[u_k,u_{n+1}]\times[v_l,v_{m+1}]$$

可以简写为

$$\boldsymbol{r}(u,v)=\sum_{i=0}^{m}\sum_{j=0}^{n}\boldsymbol{V}_{i,j}N_{i,l}(v)N_{j,k}(u),\quad (u,v)\in[u_k,u_{n+1}]\times[v_l,v_{m+1}]$$

式中，控制顶点 $\boldsymbol{V}_{i,j}(i=0,\cdots,m;\ j=0,\cdots,n)$形成控制网格；$N_{j,k}(u)$和 $N_{i,l}(v)$分别是 k 次和 l 次的 B 样条基函数，它们分别由节点矢量

$$\boldsymbol{U}=[\underbrace{u_0,\quad u_1,\quad \cdots\quad u_k}_{\text{前}k+1\text{个节点可取为重节点}},\cdots,u_n,\underbrace{u_{n+1},\quad u_{n+2},\quad \cdots\quad u_{n+k+1}}_{\text{后}k+1\text{个节点可取为重节点}}]$$

$$\boldsymbol{V}=[\underbrace{v_0,\quad v_1,\quad \cdots\quad v_l}_{\text{前}l+1\text{个节点可取为重节点}},\cdots,v_m,\underbrace{v_{m+1},\quad v_{m+2},\quad \cdots\quad v_{m+l+1}}_{\text{后}l+1\text{个节点可取为重节点}}]$$

定义。类似于 Bézier 曲面上点的计算，非均匀 B 样条曲面上点的计算也可以转化为非均匀 B 样条曲线上点的计算。但是,本小节不重复论述这个计算过程，而是介绍本书编者自编的 B 样条张量积函数 tspmak 和 MATLAB 中 spcol 函数。这些函数的集成和简约程度很高，属于 MATLAB 编程能力的提高训练,有兴趣的读者可以仔细体会。其中,关于高维矩阵的操作,与本书的理论论述无关,属于 MATLAB 编程技巧的范围，即使非常有经验的编程人员,如果不仔细琢磨矩阵维度之间的关联,也可能会出现错误。

2. 非均匀 B 样条曲面的程序实现

首先介绍控制网格—母线—扫掠曲线—曲面的过程。一般来说,对于控制顶点较多的曲面建议采用这种方法。实现代码如下：

代码 8.8　spmak 使用示例

```
function MyTspmak()
% 首先交互式构造控制网格
% 然后调用 MATLAB 工具箱中的函数计算样条曲面
[XC,YC,ZC,h] = PickCtrlMesh2(); % 构造控制顶点
% 与前面罗列的函数 PickCtrlMeshs 不同,PickCtrlMesh2 不仅输出
% 其构建的控制网格的坐标,还输出其使用过的图形窗口的句柄 h
% 在 PickCtrlMesh2 不绘制已经建好的网格,仅仅因为交互的需要建立一个图形窗口
% 在程序结束前已经使用 clf 语句清除图形窗口中所有的坐标轴以及坐标轴包含的图元
figure(h) % 把句柄为 h 的窗口作为当前绘图窗口
DrawCtrlMeshL2(XC,YC,ZC);
% 画矩阵的控制网格,没有消隐效果
% 与前面罗列的函数 DrawCtrlMeshLs 不同,这个函数不建立绘图窗口
% 直接在当前窗口中绘图
% 构造 u 参数方向的节点矢量
Ps = [XC(1,:)',YC(1,:)',ZC(1,:)'];
ss = AccuArcL(Ps);
N = length(ss) - 1;
knotsu = [ss(2) ss(2) ss(2) ss(2:N) ss(N) ss(N) ss(N)];
% 构造 v 参数方向的节点矢量
clear Ps
Ps = [XC(:,1),YC(:,1),ZC(:,1)];
ss = AccuArcL(Ps);
N = length(ss) - 1;
knotsv = [ss(2) ss(2) ss(2) ss(2:N) ss(N) ss(N) ss(N)];
% 这里的两个参数方向上的节点矢量是本书编者采用的最简单的节点矢量
% 在有些教材和文献中采用的是行平均法和列平均法取节点矢量
% 这里为了程序的简洁不采用这样的精细而烦琐的方法,如果今后从事本领域的研究
% 会学习到采用行平均法和列平均法取节点矢量
```

```
%本书 8.2.2 小节也讲述了这种精细化的取参数的方法,供有兴趣的读者阅读
clear Ps
Ps(:,:,1) = XC;
Ps(:,:,2) = YC;
Ps(:,:,3) = ZC;
NDPN = 25;MDPN = 25; %规定行参数方向和列参数方向密化点的数目
DensePs = tspmak(knotsu,knotsv,Ps,NDPN,MDPN); %计算密化点
hold on
mesh(DensePs(:,:,1),DensePs(:,:,2),DensePs(:,:,3),'facecolor','w','edgecolor','r');
hold off
```

对上述代码用到的子函数 PickCtrlMesh2 和 DrawCtrlMeshL2 不再罗列，程序中已经进行了说明。核心函数 tspmak 的代码如下：

代码 8.9　利用 spmak 计算曲面上的密化点

```
function DensePs = tspmak(knotsu,knotsv,Ps,NDPN,MDPN)
%本程序根据输入的节点矢量和控制顶点计算曲面上的密化点数目
%以便绘制曲面;NDPN,MDPN 分别是行方向和列方向密化点的数目
%控制顶点 Ps 是 M*N*3 维的数组
%读者应该注意到对于一般的 B 样条曲面或者 Bézier 曲面不可以直接采用
%矩阵运算,因为控制顶点太多时矩阵维度太大会导致计算缓慢甚至内存不够
N = length(knotsu);
su = (knotsu(N-3) - knotsu(4))/(NDPN-1);
u = knotsu(4):su:knotsu(N-3);          %明确定义域取 u 参数方向上的密化参数
N = length(knotsv);
sv = (knotsv(N-3) - knotsv(4))/(MDPN-1);
v = knotsv(4):sv:knotsv(N-3);          %明确定义域取 v 参数方向上的密化参数

M = length(Ps(:,1,1));                 %取得控制顶点的行数

%对每一行计算母线
for i = 1:M
    CtrlPsU = squeeze(Ps(i,:,:))';
    %压缩维度为 1 的矩阵的维
    pp = spmak(knotsu,CtrlPsU);
    uPoints(i,:,:) = spval(pp,u)';
end
%对每一行计算母线
%对母线计算扫掠曲线
N = length(uPoints(1,:,1));
for j = 1:N
    CtrlPsV = squeeze(uPoints(:,j,:))';
    %压缩维度为 1 的矩阵的维
    pp = spmak(knotsv,CtrlPsV);
    DensePs(:,j,:) = spval(pp,v)';
```

```
end
%对母线计算扫掠曲线
%上述代码对矩阵的操作有一定难度,如果初学者觉得难于理解
%可以采用其他方式为 CtrlPsU,CtrlPsV,uPoints,DensePs
%这些矩阵赋值,只是代码可能不太简洁而已
```

运行上述代码后,取得的效果如图 8.10(a)所示。

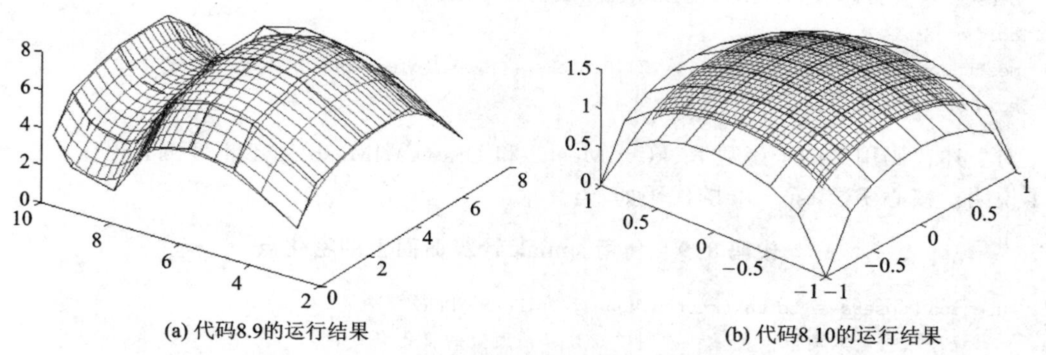

(a) 代码8.9的运行结果　　(b) 代码8.10的运行结果

图 8.10　相关代码的运行结果

下面介绍 MATLAB 中使用 spcol 函数构造曲面。实现代码如下:

代码 8.10　spcol 使用示例

```
function mysurfspmak()
%一个直接使用 B 样条曲面矩阵相乘构造曲面的样例
%spcol(knotsx,kx,xv)是 MATLAB 自带的函数
%本样例只是构造一个显式方程

[xp,yp,zp] = ExampleSemiSph();
%这是一个在半球面上取样点的例子
%为了后续的应用,输出的 xp 和 yp 是向量
%而 zp 是矩阵
[xpm,ypm] = meshgrid(xp,yp);
%meshgrid 是一个很实用的函数。把 x 轴和 y 轴上的离散点进行对应,形成一个栅格点数组
%即(xp(i),yp(j))形式的点阵

%构造曲面的节点矢量指定阶数
nx = length(xp);
ny = length(yp);
knotsx = [xp(1) xp(1) xp xp(nx) xp(nx)];
knotsy = [yp(1) yp(1) yp yp(ny) yp(ny)];
kx = 4;
ky = 4;
%构造曲面的节点矢量指定阶数
%为计算密化点取参数值
nx = length(knotsx);
ny = length(knotsy);
```

```
xv = knotsx(4):(knotsx(nx-3) - knotsx(4))/30:knotsx(nx-3);
yv = knotsy(4):(knotsy(ny-3) - knotsy(4))/30:knotsy(ny-3);
%为计算密化点取参数值
%采用矩阵相乘法得到曲面上的点
%spcol(knotsx,kx,xv)的功能就是构造基函数的行向量和列向量
%这是核心语句
tsp = spcol(knotsx,kx,xv) * zp * spcol(knotsy,ky,yv)';

DrawCtrlMeshL2(xpm,ypm,zp); %绘制控制网格
hold on
[xx,yy] = meshgrid(xv,yv); %构造密化点的栅格
mesh(xx,yy,tsp,'facecolor','w','edgecolor','r')
hold off
```

上述函数调用了一个取样点的子函数。为了方便读者体会 MATLAB 编程的简洁性特点，给出其代码如下：

代码 8.11　meshgrid 的用法

```
function [xp,yp,zp] = ExampleSemiSph()
%这是一个在半球面上取样点的例子
%为了后续的应用，输出的 xp 和 yp 是向量
%而 zp 是矩阵
xp = -1:0.25:1;   %在 x 方向的定义域内取离散点
yp = xp; %在 y 方向的定义域内取离散点
%因为这个例子的特殊性与 x 方向上的离散点一致
[xpp,ypp] = meshgrid(xp,yp);
%meshgrid 是一个很实用的函数。把 x 轴和 y 轴上的离散点进行对应，形成一个栅格点数组
%即(xp(i),yp(j))形式的点阵
zp = sqrt(2 - xpp.*xpp - ypp.*ypp);   %取半球面上各点的 z 坐标
```

代码 8.10 只是一个构造显式非均匀 B 样条曲面的例子，关于如何采用这个函数构造参数曲面的问题，留给感兴趣的读者去解决。该代码的运行结果见图 8.10(b)所示。

8.2　参数样条插值曲面

代码 8.1 和代码 8.2 中的构造曲面的条件(即角点位置和切矢量)是如何得到的？下面解在拓扑矩阵型点列的插值场合计算中间点的切矢量和混合偏导数的方程，由此得到基于 Ferguson 曲面片构造插值曲面的方法。

8.2.1　Ferguson 曲面的构造原理

在 Ferguson 曲面片的实际应用中，需要假设采集到的型值点是如图 8.11(a)所示的拓扑矩阵型点列 $\boldsymbol{r}_{i,j}$ $(i=0,\cdots,m;\ j=0,\cdots,n)$。如果不是这样的形式，则需要进行特殊的数据处理来分块构造，使每个区域上的型值点都具有这种形式。这是特殊处理通常可能包含的比较

复杂的算法和技巧，例如，图 3.35～3.40 所示的构造点阵的过程。由于本书是面向 CAD 建模算法的初级教材，仅面向初学者介绍相关基本概念和基本方法，因此对这些复杂的技巧和算法不进行论述。总之，采用一系列的测量技巧和数据处理技巧，人们在具体的实际应用中可以得到如图 8.11(b)所示的拓扑矩阵型点列。

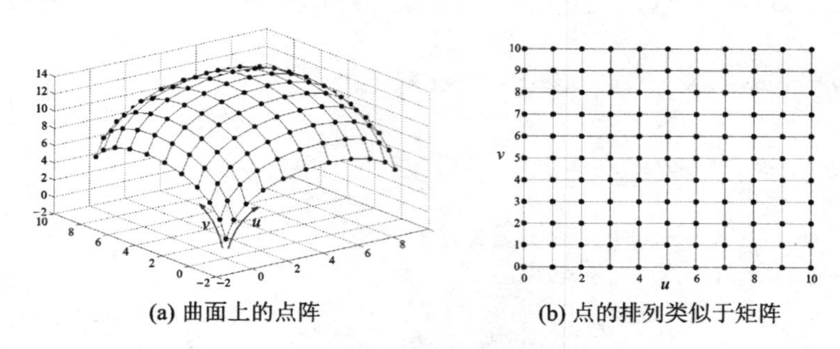

(a) 曲面上的点阵　　(b) 点的排列类似于矩阵

图 8.11　拓扑矩阵型点列

如同构造 Ferguson 曲线时需要计算中间型值点的切矢量一样，在拓扑矩阵型点列的场合，也需要计算中间点的切矢量。为了使下面的讨论变得简单，假设拓扑矩阵型点列的边界点处的切矢量已知。

为了计算切矢量，首先看 u 参数方向，也就是行方向，考虑在每一行上构造 Ferguson 曲线，于是可以计算每一行上 u 参数方向的导数为

$$\boldsymbol{r}_{u,i,j-1}+4\boldsymbol{r}_{u,i,j}+\boldsymbol{r}_{u,i,j+1}=3(\boldsymbol{r}_{i,j+1}-\boldsymbol{r}_{i,j-1}),\quad j=1,\cdots,n-1 \tag{8.15}$$

加上端点条件就可以得到第 i 行上的 $\boldsymbol{r}_{u,i,j}(j=0,\cdots,n)$。注意到这样的方程组共有 $m+1$ 组，即 $i=0,\cdots,m$。全部求解完毕后就得到所有的 $\boldsymbol{r}_{u,i,j}(i=0,\cdots,m;\ j=0,\cdots,n)$，如图 8.12(a)所示。然后考虑 v 参数方向，也就是列方向，考虑在每一列上构造 Ferguson 曲线，于是可以计算每一列上 v 参数方向的导数为

$$\boldsymbol{r}_{v,i-1,j}+4\boldsymbol{r}_{v,i,j}+\boldsymbol{r}_{v,i+1,j}=3(\boldsymbol{r}_{i+1,j}-\boldsymbol{r}_{i-1,j}),\quad i=1,\cdots,m-1 \tag{8.16}$$

加上端点条件就可以得到第 j 列上的 $\boldsymbol{r}_{v,i,j}(i=0,\cdots,m)$。注意到这样的方程组共有 $n+1$ 组，即 $j=0,\cdots,n$。全部求解完毕后就得到所有的 $\boldsymbol{r}_{v,i,j}(i=0,\cdots,m;\ j=0,\cdots,n)$。这样就可以对相邻的四个点采用方程(8.12)构造曲面片了。进一步的，为了采用方程(8.13)构造没有“平点”的曲面，需要四个角点的混合偏导数都不等于 0，因此需要对每个型值点计算混合偏导数。假设拓扑矩阵型点列的四个角点位置的混合偏导数已知，鉴于各个型值点处的 $\boldsymbol{r}_{u,i,j}$ 和 $\boldsymbol{r}_{v,i,j}$ $(i=0,\cdots,m;j=0,\cdots,n)$已经计算出来，考察图 8.12(d)中的矢量 $\boldsymbol{r}_{v,i,j}(i=0,\cdots,m;\ j=0,\cdots,n)$，把第 i 行上的 $\boldsymbol{r}_{v,i,j}(j=0,\cdots,n)$ 当作型值点构造三切矢方程为

$$\boldsymbol{r}_{vu,i,j-1}+4\boldsymbol{r}_{vu,i,j}+\boldsymbol{r}_{vu,i,j+1}=3(\boldsymbol{r}_{v,i,j+1}-\boldsymbol{r}_{v,i,j-1}),\quad j=1,\cdots,n-1 \tag{8.17}$$

为了求解这个方程组，还需要加上边界条件。假设所使用的是切向边界条件，也就是说，要知道 $\boldsymbol{r}_{vu,i,0}$，$\boldsymbol{r}_{vu,i,n}$ 后求解上述方程组，如图 8.12(d)所示。下面讨论如何得到 $\boldsymbol{r}_{vu,i,0}$ $(i=0,\cdots,m)$。$\boldsymbol{r}_{vu,i,n}(i=0,\cdots,m)$的确定方法与之类似。如图 8.12(c)所示，把第一列上的 $\boldsymbol{r}_{u,i,0}(i=0,\cdots,m)$向量作为型值点构造三切矢方程为

$$\boldsymbol{r}_{uv,i-1,0}+4\boldsymbol{r}_{uv,i,0}+\boldsymbol{r}_{uv,i+1,0}=3(\boldsymbol{r}_{u,i+1,0}-\boldsymbol{r}_{u,i-1,0}),\quad i=1,\cdots,m-1 \tag{8.18}$$

指定 $\boldsymbol{r}_{uv,0,0}$ 和 $\boldsymbol{r}_{uv,m,0}$，即给出上述三切矢方程的切向边界条件后即可求解上述方程。类似的，可以得到 $\boldsymbol{r}_{uv,i,n}(i=0,\cdots,m)$。由于我们认为所构造的曲面二阶可微，即在曲面上的任意一

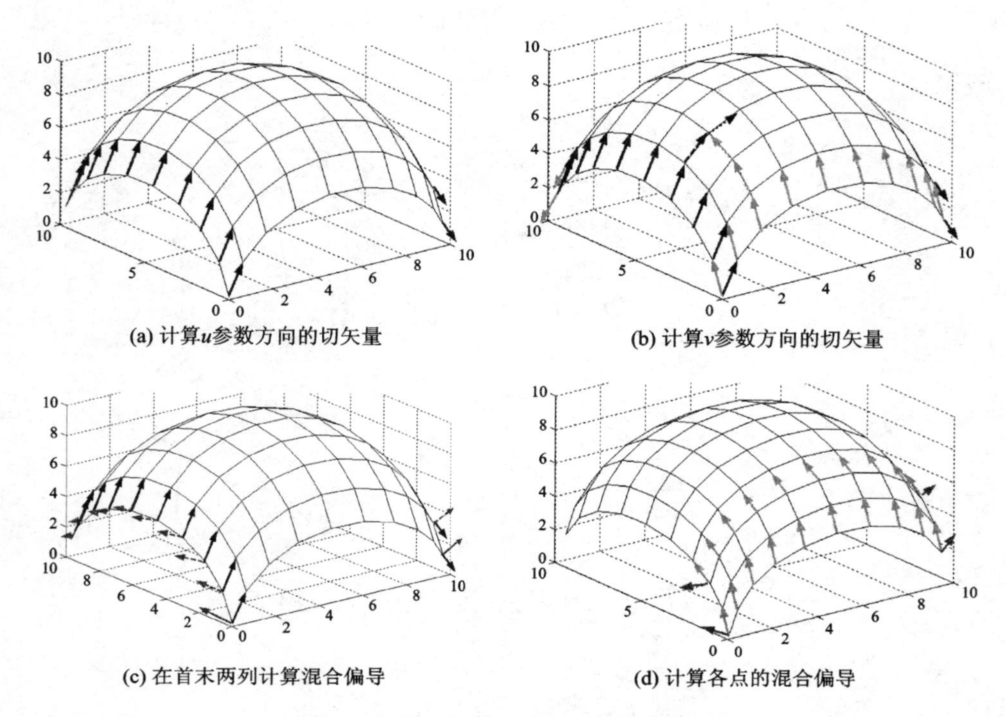

(a) 计算u参数方向的切矢量　(b) 计算v参数方向的切矢量

(c) 在首末两列计算混合偏导　(d) 计算各点的混合偏导

图 8.12　插值三次样条曲面的构造过程

点处有：

$$\boldsymbol{r}_{uv}=\boldsymbol{r}_{vu}$$

就得到了求解方程所需要的边界条件 $\boldsymbol{r}_{vu,i,0}$ 和 $\boldsymbol{r}_{vu,i,n}$（$i=0,\cdots,m$）。通过使用曲面片方程(8.13)，解决了“平点”问题。采用这种方法构造的曲面称为双三次样条曲面。

8.2.2　参数双三次样条曲面的构造原理

双三次样条曲面，对于型值点分布比较均匀的情况可以得到比较好的插值效果，但是当型值点的分布不均匀时，构造的插值曲面的光顺性往往比较差。这一点类似于第 4 章中的 Ferguson 曲线和参数双三次样条曲线的关系，图 4.13 展示了二者插值效果的比较。为了得到光顺性比较好的插值曲面，还需要在双三次样条曲面的基础上引入参数双三次样条曲面。首先，考虑在拓扑矩阵型点列的情况下如何对数据点进行参数化。显然，图 8.11(a)中的点阵在拓扑上等价于图 8.11(b)中的平面结构。采用 4.6 节中的累加弦长参数化方法对每行数据点进行参数化，于是得到参数 $u_{i,j}$（$i=0,\cdots,m$；$j=0,\cdots,n$）。因此，

$$u_j=\sum_{i=0}^{m}u_{i,j}\Big/m$$

同样，采用累加弦长参数化方法对每列的数据点进行参数化，于是得到参数 $v_{i,j}$（$i=0,\cdots,m$；$j=0,\cdots,n$）。因此，

$$v_i=\sum_{j=0}^{n}v_{i,j}\Big/n$$

然后，采用方程(4.10)的形式改写方程(8.15)～方程(8.18)，得到相应的方程如下：

$$\lambda_j^u \boldsymbol{r}_{u,i,j-1} + 2\boldsymbol{r}_{u,i,j} + \mu_j^u \boldsymbol{r}_{u,i,j+1} = \boldsymbol{C}_j^u, \quad j = 1,\cdots,n-1$$

式中：

$$\lambda_j^u = \frac{h_j}{h_{j-1} + h_j}$$

$$\mu_j^u = 1 - \lambda_j^u$$

$$\boldsymbol{C}_j^u = 3\left(\lambda_j^u \frac{\boldsymbol{r}_{i,j} - \boldsymbol{r}_{i,j-1}}{h_{j-1}} + \mu_j^u \frac{\boldsymbol{r}_{i,j+1} - \boldsymbol{r}_{i,j}}{h_j}\right),$$
$$j = 1,2,\cdots,n-1$$

其中，$h_j = u_{j+1} - u_j$。

$$\lambda_i^v \boldsymbol{r}_{v,i-1,j} + 2\boldsymbol{r}_{v,i,j} + \mu_i^v \boldsymbol{r}_{v,i+1,j} = \boldsymbol{C}_i^v, \quad i = 1,\cdots,m-1$$

式中：

$$\lambda_i^v = \frac{k_i}{k_{i-1} + k_i}$$

$$\mu_i^v = 1 - \lambda_i^v$$

$$\boldsymbol{C}_i^v = 3\left(\lambda_i^v \frac{\boldsymbol{r}_{i-1,j} - \boldsymbol{r}_{i,j}}{k_{i-1}} + \mu_i^v \frac{\boldsymbol{r}_{i+1,j} - \boldsymbol{r}_{i,j}}{k_i}\right),$$
$$i = 1,\cdots,m-1$$

其中，$k_i = k_{i+1} - k_i$。

$$\lambda_j^u \boldsymbol{r}_{vu,i,j-1} + 2\boldsymbol{r}_{vu,i,j} + \mu_j^u \boldsymbol{r}_{vu,i,j+1} = \boldsymbol{C}_j^{uv}, \quad j = 1,\cdots,n-1$$

式中：

$$\lambda_j^u = \frac{h_j}{h_{j-1} + h_j}$$

$$\mu_j^u = 1 - \lambda_j^u$$

$$\boldsymbol{C}_j^{uv} = 3\left(\lambda_j^u \frac{\boldsymbol{r}_{v,i,j} - \boldsymbol{r}_{v,i,j-1}}{h_{j-1}} + \mu_j^u \frac{\boldsymbol{r}_{v,i,j+1} - \boldsymbol{r}_{v,i,j}}{h_j}\right),$$
$$j = 1,2,\cdots,n-1$$

其中，$h_j = u_{j+1} - u_j$。

$$\lambda_i^v \boldsymbol{r}_{uv,i-1,0} + 2\boldsymbol{r}_{uv,i,0} + \mu_i^v \boldsymbol{r}_{uv,i+1,0} = \boldsymbol{C}_i^{uv}, \quad i = 1,\cdots,m-1$$

式中：

$$\lambda_i^v = \frac{k_i}{k_{i-1} + k_i}$$

$$\mu_i^v = 1 - \lambda_i^v$$

$$\boldsymbol{C}_i^{uv} = 3\left(\lambda_i^v \frac{\boldsymbol{r}_{u,i-1,0} - \boldsymbol{r}_{u,i,0}}{k_{i-1}} + \mu_i^v \frac{\boldsymbol{r}_{u,i+1,0} - \boldsymbol{r}_{u,i,0}}{k_i}\right),$$
$$i = 1,\cdots,m-2$$

其中，$k_i = v_{i+1} - v_i$。

这样就可以得到角点处的混合偏导 $\boldsymbol{r}_{u,i,j}$，$\boldsymbol{r}_{v,i,j}$ 和 $\boldsymbol{r}_{uv,i,j}$（$i=0,\cdots,m-1$；$j=0,\cdots,n-1$）。定义通过相邻的 4 个型值点 $\boldsymbol{r}_{i,j}$，$\boldsymbol{r}_{i,j+1}$，$\boldsymbol{r}_{i+1,j}$，$\boldsymbol{r}_{i+1,j+1}$（$i=0,\cdots,m-1$；$j=0,\cdots,n-1$）的曲面片为

$$r(u,v)=[F_0(\bar{v}),F_1(\bar{v}),k_iG_0(\bar{v}),k_iG_1(\bar{v})]\begin{bmatrix} r_{i,j} & r_{i,j+1} & r_{u,i,j} & r_{u,i,j+1} \\ r_{i+1,j} & r_{i+1,j+1} & r_{u,i+1,j} & r_{u,i+1,j+1} \\ r_{v,i,j} & r_{v,i,j+1} & r_{uv,i,j} & r_{uv,i,j+1} \\ r_{v,i+1,j} & r_{v,i+1,j+1} & r_{uv,i+1,j} & r_{uv,i+1,j+1} \end{bmatrix}\begin{bmatrix} F_0(\bar{u}) \\ F_1(\bar{u}) \\ h_jG_0(\bar{u}) \\ h_jG_1(\bar{u}) \end{bmatrix}$$

式中：$h_j=u_{j+1}-u_j$，$k_i=v_{i+1}-v_i$，$\bar{u}=u-u_j/h_j$，$\bar{v}=v-v_i/k_i$。

8.2.3　参数样条插值曲面的程序实现

对于初学者，8.2.1 和 8.2.2 两小节属于有一定难度的内容，读者可以有选择地学习。本小节不准备直接根据上述基础理论编制程序，而把 MATLAB 工具箱中的相关函数 csape 介绍给读者。代码如下：

代码 8.12　csape 函数构造插值曲面

```
function mysurfcsape()
% 一个直接使用函数 csape 构造插值参数双三次曲面的样例
% 本样例只是构造一个显式方程
[xp,yp,zp] = ExampleSemiSph();
% 这是一个在半球面上取样点的例子
% 为了后续的应用,输出的 xp 和 yp 是向量
% 而 zp 是矩阵
[xpm,ypm] = meshgrid(xp,yp);            % 构造型值点 x 坐标和 y 坐标的矩阵
sph = csape({xp,yp},zp);                % 计算参数插值三次样条曲面方程
N = 31;
M = N - 1;
sx = (max(xp) - min(xp))/M;
sy = (max(yp) - min(yp))/M;
z = fnval(sph,{min(xp):sx:max(xp),min(yp):sy:max(yp)});
% 根据 x 方向和 y 方向的密化点在曲面上取密化点的 z 值
[x,y] = meshgrid(min(xp):sx:max(xp),min(yp):sy:max(yp));
% 密化点的 x 坐标和 y 坐标
mesh(x,y,z,'facecolor','w','edgecolor','r');
% 绘制型值点以便观察
hold on
plot3(xpm,ypm,zp,'k.','MarkerSize',15);
hold off
axis equal
```

8.3　NURBS 曲面

8.3.1　NURBS 曲面方程

NURBS 曲面方程可以写为

$$r(u,v)=\frac{\sum_{i=0}^{m}\sum_{j=0}^{n}\omega_{i,j}N_{i,l}(v)N_{j,k}(u)\boldsymbol{V}_{i,j}}{\sum_{i=0}^{m}\sum_{j=0}^{n}\omega_{i,j}N_{i,l}(v)N_{j,k}(u)}$$

式中:控制顶点 $\boldsymbol{V}_{i,j}(i=0,\cdots,m;\ j=0,\cdots,n)$形成控制网格;$N_{j,k}(u)$和 $N_{i,l}(v)$分别是 k 次和 l 次的 B 样条基函数,它们分别由节点矢量

$$\boldsymbol{U}=[\underbrace{u_0,\quad u_1,\quad \cdots\quad u_k}_{\text{前}k+1\text{个节点可取为重节点}},\cdots,u_n,\underbrace{u_{n+1},\quad u_{n+2},\quad \cdots\quad u_{n+k+1}}_{\text{后}k+1\text{个节点可取为重节点}}]$$

$$\boldsymbol{V}=[\underbrace{v_0,\quad v_1,\quad \cdots\quad v_l}_{\text{前}l+1\text{个节点可取为重节点}},\cdots,v_m,\underbrace{v_{m+1},\quad v_{m+2},\quad \cdots\quad v_{m+l+1}}_{\text{后}l+1\text{个节点可取为重节点}}]$$

定义;$\omega_{i,j}$ 是与控制顶点 $\boldsymbol{V}_{i,j}$ 相联系的权因子,规定四个角顶点上的权因子 $\omega_{0,0}>0$, $\omega_{m,0}>0$, $\omega_{0,n}>0$,$\omega_{m,n}>0$,其余 $\omega_{i,j}\geqslant0$。

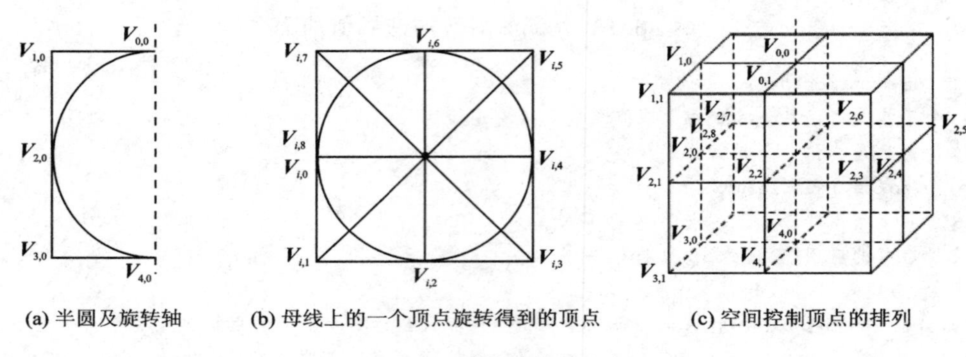

(a) 半圆及旋转轴　(b) 母线上的一个顶点旋转得到的顶点　(c) 空间控制顶点的排列

图 8.13　球面的控制顶点

下面以球面为例介绍旋转面的形成过程。球的构造方法:半圆绕中心轴旋转一周,如图 8.13(a)所示。因此,球的 NURBS 曲面表示为:半圆+整圆,如图 8.13(a)、(b)所示。于是球面控制顶点的空间分布为

$$\begin{bmatrix}\boldsymbol{V}_{0,0} & \boldsymbol{V}_{0,1} & \boldsymbol{V}_{0,2} & \boldsymbol{V}_{0,3} & \boldsymbol{V}_{0,4} & \boldsymbol{V}_{0,5} & \boldsymbol{V}_{0,6} & \boldsymbol{V}_{0,7} & \boldsymbol{V}_{0,8}\\ \boldsymbol{V}_{1,0} & \boldsymbol{V}_{1,1} & \boldsymbol{V}_{1,2} & \boldsymbol{V}_{1,3} & \boldsymbol{V}_{1,4} & \boldsymbol{V}_{1,5} & \boldsymbol{V}_{1,6} & \boldsymbol{V}_{1,7} & \boldsymbol{V}_{1,8}\\ \boldsymbol{V}_{2,0} & \boldsymbol{V}_{2,1} & \boldsymbol{V}_{2,2} & \boldsymbol{V}_{2,3} & \boldsymbol{V}_{2,4} & \boldsymbol{V}_{2,5} & \boldsymbol{V}_{2,6} & \boldsymbol{V}_{2,7} & \boldsymbol{V}_{2,8}\\ \boldsymbol{V}_{3,0} & \boldsymbol{V}_{3,1} & \boldsymbol{V}_{3,2} & \boldsymbol{V}_{3,3} & \boldsymbol{V}_{3,4} & \boldsymbol{V}_{3,5} & \boldsymbol{V}_{3,6} & \boldsymbol{V}_{3,7} & \boldsymbol{V}_{3,8}\\ \boldsymbol{V}_{4,0} & \boldsymbol{V}_{4,1} & \boldsymbol{V}_{4,2} & \boldsymbol{V}_{4,3} & \boldsymbol{V}_{4,4} & \boldsymbol{V}_{4,5} & \boldsymbol{V}_{4,6} & \boldsymbol{V}_{4,7} & \boldsymbol{V}_{4,8}\end{bmatrix}$$

其 $\boldsymbol{U}$ 参数方向上的控制顶点为

$$\boldsymbol{V}_{i,0},\boldsymbol{V}_{i,1},\boldsymbol{V}_{i,2},\boldsymbol{V}_{i,3},\boldsymbol{V}_{i,4},\boldsymbol{V}_{i,5},\boldsymbol{V}_{i,6},\boldsymbol{V}_{i,7},\boldsymbol{V}_{i,8}$$

权因子为

$$\omega_i\cdot[1,\sqrt{2}/2,\ 1,\sqrt{2}/2,\ 1,\sqrt{2}/2,\ 1,\ \sqrt{2}/2,\ 1]$$

节点矢量为

$$\boldsymbol{U}=[0,0,0,1/4,1/4,1/2,1/2,3/4,3/4,1,1,1]$$

$\boldsymbol{V}$ 参数方向上的节点矢量为

$$\boldsymbol{V}=[0,0,0,\ 1/2,1/2,\ 1,1,1]$$

给出以上条件后球面方程可以写为

$$r(u,v)=\frac{\sum_{i=0}^{4}\sum_{j=0}^{8}\omega_{i,j}N_{i,2}(u)N_{j,2}(v)\boldsymbol{V}_{i,j}}{\sum_{i=0}^{4}\sum_{j=0}^{8}\omega_{i,j}N_{i,2}(u)N_{j,2}(v)}$$

图 8.14 所示为 Imageware 软件生成的球面的 IGES 文件。看这个 IGES 文件的 P 区(参数区),在 P 区的第一行,第一个数字是 128,表示 1P 这个区域记录的是一个 NURBS 曲面的数据。其后的 8 和 4 分别表示两个求和符号 $\sum$ 的上标,再往后记录的是两个参数方向上 B 样条曲面的次数,紧接着的是两个参数方向上的节点矢量,最后是权因子和各个顶点的坐标。

```
Imageware IGES Translation                                                   S      1
1H,,1H;,15HSurfacer V10.6 ,38HD:\LSL\CATIASample\sphere-surfacer.igs,        G      1
23HImageware Surfacer 10.6,21HIGES PreProcessor 3.0,16,38,7,307,15,15HSuG      2
rfacer V10.6 ,1.0,2,2HMM,2,0.0253999996930361,14H1090207.171158,0.0001,      G      3
0.0605999986454844,8HJoe User,14HImageware SDRC,10,0,14H1090207.171158;      G      4
     12800000001       0       1       1       0       0        000000001D      1
     128       0       8       22      0                NurbSurf       0D      2
128,8,4,2,2,1,0,0,0,0,0.0,0.0,0.0,0.25,0.25,0.5,0.5,0.75,0.75,               1P      1
1.0,1.0,1.0,0.0,0.0,0.0,0.5,0.5,1.0,1.0,1.0,1.0,                             1P      2
0.707106781186548,1.0,0.707106781186548,1.0,0.707106781186548,               1P      3
1.0,0.707106781186548,1.0,0.707106781186548,0.5,                             1P      4
0.707106781186548,0.5,0.707106781186548,0.5,0.707106781186548,               1P      5
0.5,0.707106781186548,1.0,0.707106781186548,1.0,                             1P      6
0.707106781186548,1.0,0.707106781186548,1.0,0.707106781186548,               1P      7
1.0,0.707106781186548,0.5,0.707106781186548,0.5,                             1P      8
0.707106781186548,0.5,0.707106781186548,0.5,0.707106781186548,               1P      9
1.0,0.707106781186548,1.0,0.707106781186548,1.0,                             1P     10
0.707106781186548,1.0,0.707106781186548,1.0,0.0,0.0,-30.0,0.0,               1P     11
0.0,-30.0,0.0,0.0,-30.0,0.0,0.0,-30.0,0.0,0.0,-30.0,0.0,0.0,                 1P     12
-30.0,0.0,0.0,-30.0,0.0,0.0,-30.0,0.0,0.0,-30.0,30.0,0.0,-30.0,              1P     13
30.0,30.0,-30.0,0.0,30.0,-30.0,-30.0,30.0,-30.0,-30.0,0.0,-30.0,             1P     14
-30.0,-30.0,-30.0,0.0,-30.0,-30.0,30.0,-30.0,-30.0,30.0,0.0,                 1P     15
-30.0,30.0,0.0,0.0,30.0,30.0,0.0,0.0,30.0,0.0,-30.0,30.0,0.0,                1P     16
-30.0,0.0,0.0,-30.0,-30.0,0.0,0.0,-30.0,0.0,30.0,-30.0,0.0,30.0,             1P     17
0.0,0.0,30.0,0.0,30.0,30.0,30.0,30.0,0.0,30.0,30.0,-30.0,30.0,               1P     18
30.0,-30.0,0.0,30.0,-30.0,-30.0,30.0,0.0,-30.0,30.0,30.0,-30.0,              1P     19
30.0,30.0,0.0,30.0,0.0,0.0,30.0,0.0,0.0,30.0,0.0,0.0,30.0,0.0,               1P     20
0.0,30.0,0.0,0.0,30.0,0.0,0.0,30.0,0.0,0.0,30.0,0.0,0.0,30.0,                1P     21
0.0,0.0,30.0,0.0,1.0,0.0,1.0;                                                1P     22
S      1G      4D      2P      22                                                T0000001
```

图 8.14 一个表示球面的 IGES 文件

仿照球面的构造过程,下面讲述一下旋转面的构造。首先在旋转面上构造一条 NURBS 曲线,将其作为旋转母线,让它所在的参数方向是 v 参数方向。其控制顶点为

$$\boldsymbol{V}_0,\boldsymbol{V}_1,\cdots,\boldsymbol{V}_m$$

将 $\boldsymbol{V}_i$ 进行如图 8.13(b)的旋转就得到了第 i 行上的控制顶点:

$$\boldsymbol{V}_{i,0},\boldsymbol{V}_{i,1},\boldsymbol{V}_{i,2},\boldsymbol{V}_{i,3},\boldsymbol{V}_{i,4},\boldsymbol{V}_{i,5},\boldsymbol{V}_{i,6},\boldsymbol{V}_{i,7},\boldsymbol{V}_{i,8}$$

假设 $\boldsymbol{V}_i$ 对应的权因子是 ω_i,那么旋转面第 i 行上的权因子为

$$\omega_i\cdot[1,\sqrt{2}/2,1,\sqrt{2}/2,1,\sqrt{2}/2,1,\sqrt{2}/2,1]$$

将旋转母线的节点矢量作为该旋转面的 v 向节点矢量,该旋转面的 $\boldsymbol{U}$ 向节点矢量为

$$\boldsymbol{U}=[0,0,0,1/4,1/4,1/2,1/2,3/4,3/4,1,1,1]$$

最后要指出的是,这里所讲的是母线旋转整周形成的旋转面。在实际应用中,可能遇到不需要旋转整周的情况。这就出现了另外一个问题:母线旋转任意角度生成的旋转面如何表示。为了不使本书的讨论烦琐,也为了让初学者易于接受本书的论述,这个问题不另外讨论。读者可以结合"任意角度的圆弧如何表示"这一问题进行思考,并查阅相关文献[10]。图 8.15 给出了 CATIA 软件生成旋转面的例子。

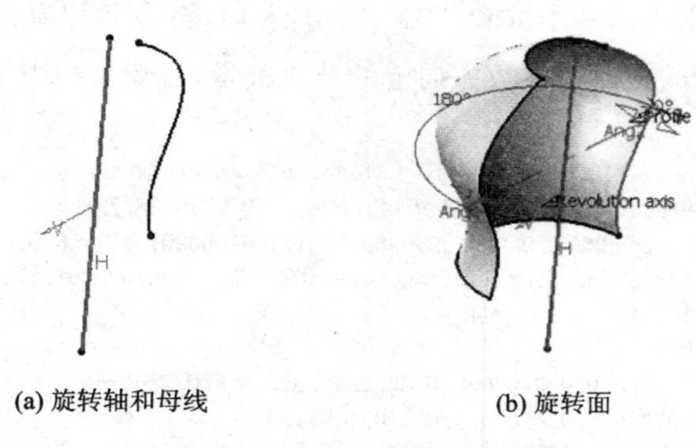

(a) 旋转轴和母线　　　　(b) 旋转面

图 8.15　CATIA 软件生成的一个旋转面

8.3.2　NURBS 曲面的程序实现

与前面的示例代码不同,本小节从子函数的代码开始介绍。构造 NURBS 旋转曲面首先要构造母线,代码 8.13 给出了构造母线的代码。该代码描述的曲线如图 8.15(a)所示。这个代码没有绘制曲线的功能,只是输出定义三次非均匀 B 样条曲线的数据,有兴趣的读者可以尝试利用这些数据绘制曲线。

代码 8.13　在 *xOz* 面上构造一条曲线

```
function [xv,zv,wsv,knotV] = RotateGeneratrixMak()
%为构造旋转面设置母线
%在本例后面的编程中,默认旋转轴是 z 轴,
%所以这里为了形象记录控制顶点的数据是[xv,zv]
%即在编程的认为这是 xOz 面上的曲线
%输出控制顶点在两个坐标轴上的数组,权因子和节点矢量
knotV = [0 0 0 0 0.5 1 1 1 1];                %规定节点矢量
xv(1) = -1/2;                                  %规定控制多边形上的点
zv(1) = 1.2 * (sqrt(3) + 1)/2 + 0.5;
xv(2) = -1;
zv(2) = 1.2 * 0.5 + 0.5;
xv(3) = 0;
zv(3) = 1.2 * 0.5 + 0.5;
xv(4) = 0;
zv(4) = 1.2 * 0 + 0.5;
xv(5) = -0.5;
zv(5) = 1.2 * 0 + 0.5;                         %规定控制多边形上的点
```

```
wsv = ones(1,5);                          %规定权因子
```

我们认为,母线绕 z 轴旋转生成旋转曲面。根据 NURBS 曲面的定义方法,采用九点定义整圆的方法对母线的每个控制点构造纬圆,从而得到 NURBS 曲面的控制顶点和权因子,代码 8.14 给出了这一过程。该代码定义的控制网格如图 8.16(b)所示。

代码 8.14　根据 *xOz* 面上的 NURBS 曲线控制顶点和权因子构造旋转面控制顶点

```
function [CtrlPsx,CtrlPsy,CtrlPsz,ws] = MakRotSurfCtrlPs(xv,zv,wsv)
%母线绕 z 轴旋转得到控制顶点
N = length(xv);
a = sqrt(2)/2;
for i = 1:N
    CtrlPsL = [ - xv(i) 0 zv(i); - xv(i) xv(i) zv(i);0 xv(i) zv(i);xv(i) xv(i) zv(i);...
        xv(i) 0 zv(i);xv(i) - xv(i) zv(i);0 - xv(i) zv(i); - xv(i) - xv(i) zv(i);...
        - xv(i) 0 zv(i)];
    %...表示一行没有写完,续下行
    %采用九点定义整圆的方法定义母线的第 i 个控制顶点旋转形成的整圆
    CtrlPsx(i,:) = CtrlPsL(:,1)';
    CtrlPsy(i,:) = CtrlPsL(:,2)';
    CtrlPsz(i,:) = CtrlPsL(:,3)';%分别取出控制顶点的 x,y,z 坐标,分数组存储
    ws(i,:) = wsv(i) * [1,a,1,a,1,a,1,a,1];%规定权因子
end
```

有了定义一个 NURBS 曲面的全部数据,就可以计算该 NURBS 曲面上顶点并绘制曲面了,如代码 8.15 所示。该代码运行绘制的图形如图 8.16(c)所示。从 NURBS 曲面的表达式和这个代码可以看到,NURBS 曲面本身不是张量积曲面,但是其上的点在齐次坐标下的各个维度的计算可以转化为张量积曲面的计算。

代码 8.15　构造 NURBS 曲面

```
function NURBSRotateSurf()
%构造一个 NURBS 旋转曲面的示例
[xv,zv,wsv,knotV] = RotateGeneratrixMak();%规定母线
[CtrlPsx,CtrlPsy,CtrlPsz,PWs] = MakRotSurfCtrlPs(xv,zv,wsv);
%母线绕 z 轴旋转形成曲面的控制顶点
knotU = [0 0 0,0.25,0.25,0.5,0.5,0.75,0.75,1,1,1];%规定 U 参数方向的节点矢量
kv = 4; ku = 3;%规定 u,v 两个参数方向的阶
densv = 0:0.04:1;densu = 0:0.04:1;%%规定 u,v 两个参数方向的密化点向量
XC = CtrlPsx;YC = CtrlPsy;ZC = CtrlPsz;
%预存储控制顶点,备用,对构造 NURBS 曲面本身不起作用
CtrlPsx = CtrlPsx. * PWs;
CtrlPsy = CtrlPsy. * PWs;
CtrlPsz = CtrlPsz. * PWs;%构造控制顶点的齐次坐标
tspx = spcol(knotV,kv,densv) * CtrlPsx * spcol(knotU,ku,densu)';
tspy = spcol(knotV,kv,densv) * CtrlPsy * spcol(knotU,ku,densu)';
tspz = spcol(knotV,kv,densv) * CtrlPsz * spcol(knotU,ku,densu)';
```

```
tspw = spcol(knotV,kv,densv) * PWs * spcol(knotU,ku,densu)';
%在每一个维度上作为非均匀B样条曲面采集密化点
%这是核心语句
%%%
[m,n] = size(tspx);
for i = 1:m
    for j = 1:n
        tspx(i,j) = tspx(i,j)/tspw(i,j);
        tspy(i,j) = tspy(i,j)/tspw(i,j);
        tspz(i,j) = tspz(i,j)/tspw(i,j);
    end
end%把曲面上的密化点的齐次坐标还原成普通坐标
%DrawCtrlMeshL2(XC,YC,ZC);%绘制控制网格用的,不用时注释掉
hold on
mesh(tspx,tspy,tspz,'facecolor','w','edgecolor','r');
hold off
axis equal%为了图形逼真,采用等轴绘制的模式
```

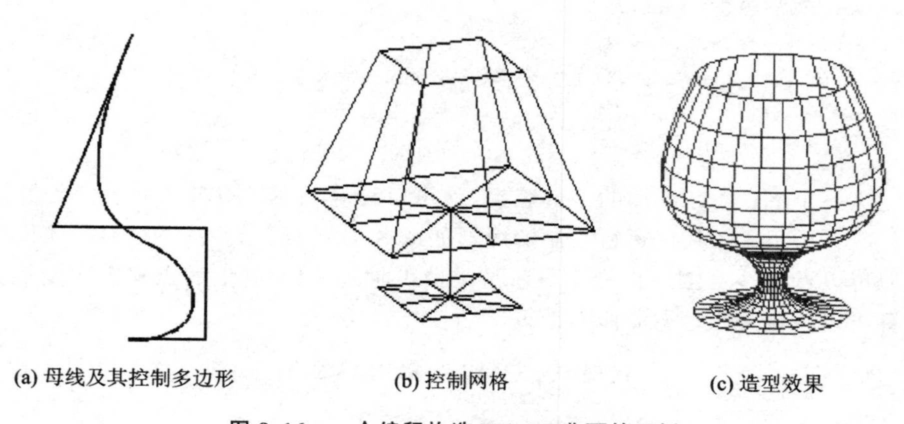

图 8.16　一个编程构造 NURBS 曲面的示例

8.4　Coons 曲面

在造船工业中,人们曾经试图用数学函数表达船体的整个曲面,但经过多年的尝试表明用单一的数学表达式表示如此复杂的曲面几乎是不可能的,因为船体表面除了规则曲面外,还包含更为复杂的自由曲面。20 世纪 60 年代,麻省理工学院教授 Coons 提出并实现了采用分片技术构造复杂曲面的方法。如图 8.17(a)所示,假设对曲面片的设计从四条边界入手。Coons 设计了一种根据这四条边界定义曲面片的方法,人们把这样的曲面片称为 Coons 曲面片。假设根据这四条边界定义的 Coons 曲面片的形状不满足设计要求,而且通过调整这四条边界曲线的形状也不能使曲面满足设计要求,那么添加曲线,将原来的曲面片分为若干小曲面片,然后再考虑添加曲线后形成的曲线网格是否满足设计要求,如果不满足,再进一步添加曲线,得到更小的曲面片分块,直至曲线网对曲面片的控制满足设计要求,如图 8.17 所示。Coons 曲

面构造方法在理论上非常严密，描述能力很强，对自由曲面造型技术的发展产生了深远的影响。

既然已经弄清楚 Coons 方法构造复杂曲面的过程，那么现在的重点就是学习 Coons 曲面片的构造方法。Coons 曲面片的构造方法的实质就是采用首尾相连的四条曲线来构造曲面片，如图 8.17 所示。

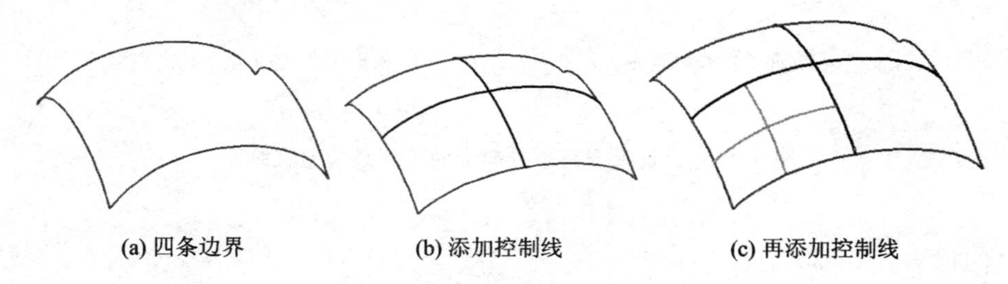

图 8.17　Coons 方法构造复杂曲面分片的思想

8.4.1　简单 Coons 曲面片

1. 基本原理

为了便于学习 Coons 曲面片的构造原理，先简要归纳一下曲面的表示方法与记号。曲面的矢量参数方程为

$$\boldsymbol{r}=\boldsymbol{r}(u,v)=[x(u,v),y(u,v),z(u,v)]$$

令 $v=v_0$，则 $\boldsymbol{r}(u,v_0)$ 是一条以 u 为参数的曲线，称为 u 线，如图 8.18 所示。同理，得到一条 v 线。这样，曲面片的四条边界为 $\boldsymbol{r}(u,0)$，$\boldsymbol{r}(u,1)$，$\boldsymbol{r}(0,v)$，$\boldsymbol{r}(1,v)$。曲面片的 4 个角点为 $\boldsymbol{r}(0,0)$，$\boldsymbol{r}(0,1)$，$\boldsymbol{r}(1,0)$，$\boldsymbol{r}(1,1)$。

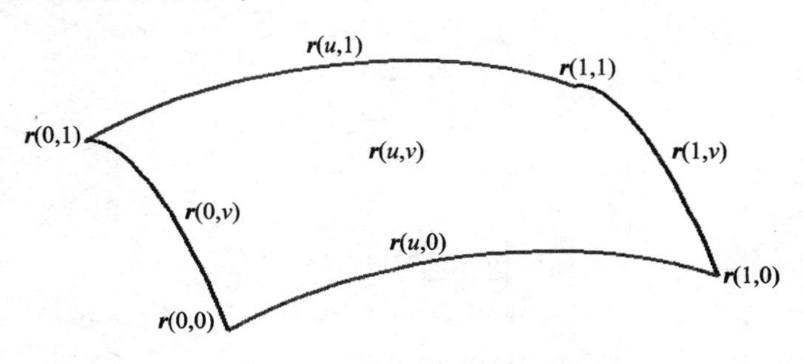

图 8.18　曲面表示法与记号

为了使问题的论述变得简单，先根据两个边界 $\boldsymbol{r}(0,v)$ 和 $\boldsymbol{r}(1,v)$ 构造直纹面（如图 8.19(a)所示）：

$$\boldsymbol{r}_1(u,v)=F_0(u)\boldsymbol{r}(0,v)+F_1(u)\boldsymbol{r}(1,v)$$

然后根据两个边界 $\boldsymbol{r}(u,0)$ 和 $\boldsymbol{r}(u,1)$ 构造直纹面（如图 8.19(b)所示）：

$$\boldsymbol{r}_2(u,v)=F_0(v)\boldsymbol{r}(u,0)+F_1(v)\boldsymbol{r}(u,1)$$

那么给定如图 8.18 所示的四条边界后如何构造曲面呢？一个直观的思路就是让两个曲面片 $\boldsymbol{r}_1(u,v)$ 和 $\boldsymbol{r}_2(u,v)$ 叠加：

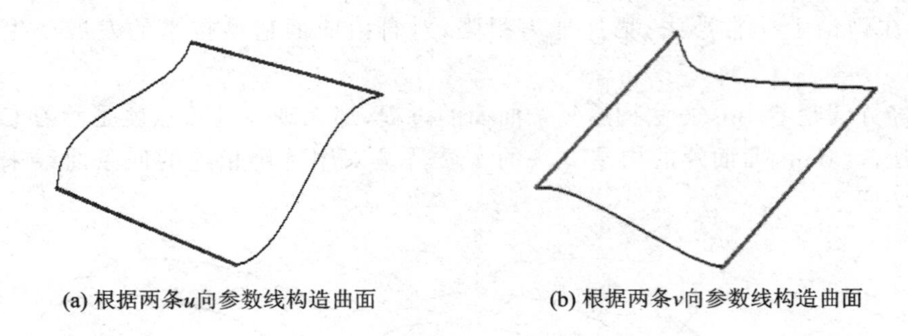

图 8.19　分别根据两个方向上的参数线构造直纹面

$$\boldsymbol{R}(u,v)=\boldsymbol{r}_1(u,v)+\boldsymbol{r}_2(u,v) \tag{8.19}$$

用直观的图形表示见图 8.20。

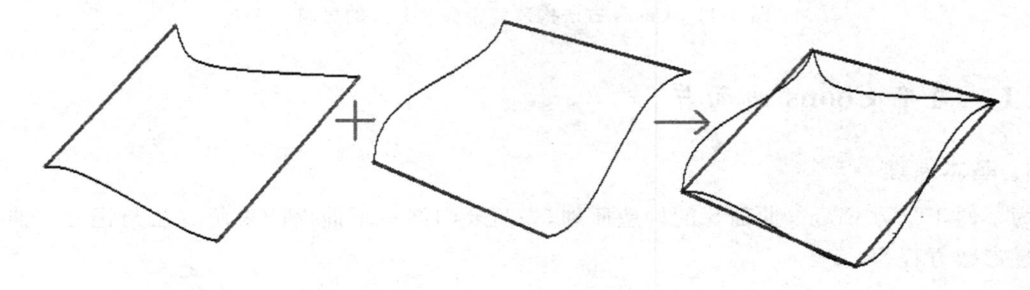

图 8.20　用两个直纹面的简单叠加构造的曲面片多了四条直线边

现在从表达式的角度来讨论图 8.20 中的直线边是如何多出来的。事实上，

$$\boldsymbol{r}_1+\boldsymbol{r}_2=F_0(u)\boldsymbol{r}(0,v)+F_1(u)\boldsymbol{r}(1,v)+F_0(v)\boldsymbol{r}(u,0)+F_1(v)\boldsymbol{r}(u,0)$$

当 $v=0$ 时，有：

$$F_0(v)=1,\quad F_1(v)=0$$

当 $v=1$ 时，有：

$$F_0(v)=0,\quad F_1(v)=1$$

于是，方程(8.19)所表示的曲面的边界曲线为

$$\boldsymbol{R}(u,0)=F_0(u)\boldsymbol{r}(0,0)+F_1(u)\boldsymbol{r}(1,0)+\boldsymbol{r}(u,0)$$

$$\boldsymbol{R}(u,1)=F_0(u)\boldsymbol{r}(0,1)+F_1(u)\boldsymbol{r}(1,1)+\boldsymbol{r}(u,0)$$

显然，与给定的边界曲线 $\boldsymbol{r}(u,0)$ 相比，$\boldsymbol{R}(u,0)$ 多出了 $F_0(u)\boldsymbol{r}(0,0)+F_1(u)\boldsymbol{r}(1,0)$；与给定的边界曲线 $\boldsymbol{r}(u,1)$ 相比，$\boldsymbol{R}(u,1)$ 多出了 $F_0(u)\boldsymbol{r}(0,1)+F_1(u)\boldsymbol{r}(1,1)$。$F_0(u)\boldsymbol{r}(0,0)+F_1(u)\boldsymbol{r}(1,0)$ 和 $F_0(u)\boldsymbol{r}(0,1)+F_1(u)\boldsymbol{r}(1,1)$ 就是图 8.20 中的两条 u 方向的直线边。这说明，经过简单叠加后的曲面片 $\boldsymbol{R}(u,v)$ 并不插值于四个给定的边界。现在考虑对 $\boldsymbol{R}(u,v)$ 进行修改，即采用一定的方法删除边界上的冗余部分后再进行讨论。既然 $\boldsymbol{R}(u,0)$ 和 $\boldsymbol{R}(u,1)$ 多出了直线部分 $F_0(u)\boldsymbol{r}(0,0)+F_1(\mathrm{u})\boldsymbol{r}(1,0)$ 和 $F_0(u)\boldsymbol{r}(0,1)+F_1(u)\boldsymbol{r}(1,1)$，那么构造得出：

$$\boldsymbol{r}_3=F_0(v)[F_0(u)\boldsymbol{r}(0,0)+F_1(u)\boldsymbol{r}(1,0)]+F_1(v)[F_0(u)\boldsymbol{r}(0,1)+F_1(u)\boldsymbol{r}(1,1)]$$

使得

$$\boldsymbol{R}=\boldsymbol{r}_1+\boldsymbol{r}_2-\boldsymbol{r}_3$$

其几何含义如图 8.21 所示。

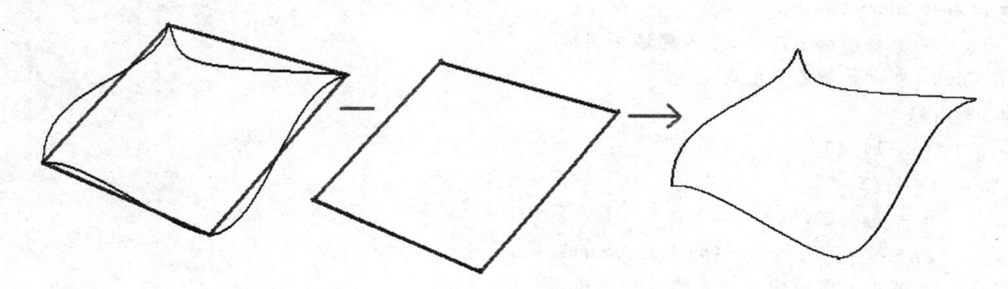

图 8.21　直纹面叠加的曲面片减去由角点信息构造的曲面片得到符合要求的曲面片

经过简单的计算可以知道，$\boldsymbol{R}=\boldsymbol{r}_1+\boldsymbol{r}_2-\boldsymbol{r}_3$ 的四条边界就是给定的四条边界。其中的 $\boldsymbol{R}(u,v)$ 就是要求的 $\boldsymbol{r}(u,v)$，即

$$\boldsymbol{r}=\boldsymbol{r}_1+\boldsymbol{r}_2-\boldsymbol{r}_3 \tag{8.20}$$

将上式写成矩阵形式为

$$\boldsymbol{r}=\boldsymbol{r}_1+\boldsymbol{r}_2-\boldsymbol{r}_3=[\boldsymbol{r}(0,v)\quad \boldsymbol{r}(1,v)]\begin{bmatrix}F_0(u)\\F_1(u)\end{bmatrix}+$$

$$[F_0(v)\quad F_1(v)]\begin{bmatrix}\boldsymbol{r}(u,0)\\\boldsymbol{r}(u,1)\end{bmatrix}-[F_0(v)\quad F_1(v)]\begin{bmatrix}\boldsymbol{r}(0,0)&\boldsymbol{r}(1,0)\\\boldsymbol{r}(0,1)&\boldsymbol{r}(1,1)\end{bmatrix}\begin{bmatrix}F_0(u)\\F_1(u)\end{bmatrix}$$

$$=-[-1\quad F_0(v)\quad F_1(v)]\begin{bmatrix}0&\boldsymbol{r}(0,v)&\boldsymbol{r}(1,v)\\\boldsymbol{r}(u,0)&\boldsymbol{r}(0,0)&\boldsymbol{r}(1,0)\\\boldsymbol{r}(u,1)&\boldsymbol{r}(0,1)&\boldsymbol{r}(1,1)\end{bmatrix}\begin{bmatrix}-1\\F_0(u)\\F_1(u)\end{bmatrix} \tag{8.21}$$

这样定义的曲面片通常称为简单 Coons 曲面片。显然，这种曲面片经过三个几何形体的布尔运算（求和运算和求差运算）得到。这种使用布尔运算构造几何形体的方法称为布尔和方法。容易验证，简单 Coons 曲面片四个角点处的扭矢为 0：

$$\boldsymbol{r}_{uv}(0,0)=\boldsymbol{r}_{uv}(0,1)=\boldsymbol{r}_{uv}(1,0)=\boldsymbol{r}_{uv}(1,1)=0$$

因此，简单 Coons 曲面片四个角点为平点。

2. 程序实现

代码 8.16　构造 Coons 曲面片示例

```
function TestCoonsSurf()
% 本程序是一个构造 Coons 曲面的示例程序
% 四条边界曲线在该函数文件中采用函数的形式给出
% function p = ucurv1(u);function p = ucurv2(u)
% function p = vcurv1(v);function p = vcurv2(v)
% 是边界曲线
% 这四条边界曲线是 x = 1;x = -1;y = 1;y = -1 四个平面截半球面得到的四条曲线
r00 = [-1 -1 1];
r01 = [-1 1 1];
% v 向曲线 vcurv1 的端点
```

```
r10 = [1 -1 1];
r11 = [1 1 1];
%v 向曲线 vcurv2 的端点
%四条边界曲线在后面定义,在本程序中调用
%在 Coons 曲面上采集密化点
for i = 1:41
    v = (i-1)/40;
    for j = 1:41
        u = (j-1)/40;
        pv = (1-u) * vcurv1(v) + u * vcurv2(v);
        %使用 v 向曲线为母线构造母线曲面
        pu = (1-v) * ucurv1(u) + v * ucurv2(u);
        %使用 u 向曲线为母线构造母线曲面
        pb = (1-u) * ((1-v) * r00 + v * r01) + u * ((1-v) * r10 + v * r11);
        %先在 v 参数方向构造母线,再在母线之间构造扫掠曲面,从而形成张量积曲面
        p(i,j,:) = pv + pu - pb; %两个参数方向的母线曲面和张量积曲面进行运算
    end
end
%在 Coons 曲面上采集密化点
%在四条边界上采集密化点
for i = 1:41
    v = (i-1)/40;
    curv1(i,:) = vcurv1(v);
    curv2(i,:) = vcurv2(v);
    u = (i-1)/40;
    curu1(i,:) = ucurv1(u);
    curu2(i,:) = ucurv2(u);
end
%在四条边界上采集密化点
mesh(p(:,:,1),p(:,:,2),p(:,:,3),'facecolor','w','edgecolor','r')
%绘制曲面网线图的同时也绘制四条边界以此说明 Coons 曲面插值于给定的四条边界曲线
hold on
plot3(curv1(:,1),curv1(:,2),curv1(:,3),'k','linewidth',2)
plot3(curv2(:,1),curv2(:,2),curv2(:,3),'k','linewidth',2)
plot3(curu1(:,1),curu1(:,2),curu1(:,3),'b','linewidth',2)
plot3(curu2(:,1),curu2(:,2),curu2(:,3),'b','linewidth',2)
hold off
axis equal

function p = ucurv1(u)
%第一条 u 向边界
x = 2 * (u - 0.5);
y = -1;
z = sqrt(2 - x * x);
p = [x y z];
```

```
function p = ucurv2(u)
%第二条 u 向边界
x = 2 * (u - 0.5);
y = 1;
z = sqrt(2 - x * x);
p = [x y z];

function p = vcurv1(v)
%第一条 v 向边界
x = - 1;
y = 2 * (v - 0.5);
z = sqrt(2 - y * y);
p = [x y z];

function p = vcurv2(v)
%第二条 v 向边界
x = 1;
y = 2 * (v - 0.5);
z = sqrt(2 - y * y);
p = [x y z];
```

运行上述代码,得到的计算结果如图 8.22 所示。

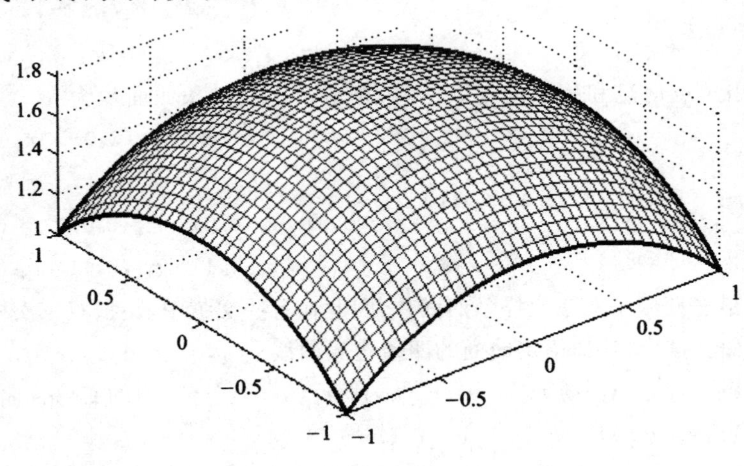

图 8.22　代码 8.16 运行结果

8.4.2　双三次 Coons 曲面片

为了克服简单 Coons 曲面片的缺陷,下面进一步介绍插值于边界曲线 $\boldsymbol{r}(u,0)$、$\boldsymbol{r}(u,1)$、$\boldsymbol{r}(0,v)$、$\boldsymbol{r}(1,v)$和相应跨界切矢 $\boldsymbol{r}_v(u,0)$、$\boldsymbol{r}_v(u,1)$、$\boldsymbol{r}_u(0,v)$、$\boldsymbol{r}_u(1,v)$(如图 8.23 所示)的 Coons 曲面片。

选用 Hermit 基函数作为混合函数,同时依然采用布尔和方法构造曲面。

第一步,利用 Ferguson 曲线段的构造方法,构造 u 向插值曲面为

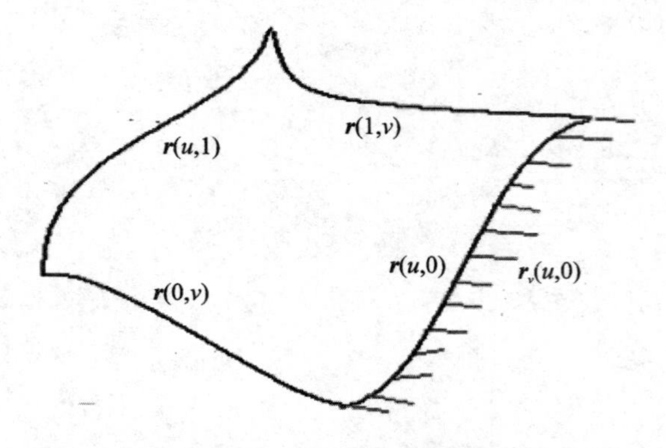

图 8.23 四条边界曲线及一个边界上的跨界切矢

$$\boldsymbol{r}_1(u,v)=[\boldsymbol{r}(0,v)\quad \boldsymbol{r}(0,v)\quad \boldsymbol{r}_u(0,v)\quad \boldsymbol{r}_u(1,v)]\begin{bmatrix}F_0(u)\\F_1(u)\\G_0(u)\\G_1(u)\end{bmatrix}$$

第二步，利用 Ferguson 曲线段的构造方法，构造 v 向插值曲面为

$$\boldsymbol{r}_2(u,v)=[F_0(v)\quad F_1(v)\quad G_0(v)\quad G_1(v)]\begin{bmatrix}\boldsymbol{r}(u,0)\\\boldsymbol{r}(u,1)\\\boldsymbol{r}_v(u,0)\\\boldsymbol{r}_v(u,1)\end{bmatrix}$$

第三步，利用角点信息和相应的导数信息，构造双三次样条曲面片为

$$\boldsymbol{r}_3(u,v)=[F_0(v)\quad F_1(v)\quad G_0(v)\quad G_1(v)]\begin{bmatrix}\boldsymbol{r}(0,0) & \boldsymbol{r}(0,1) & \boldsymbol{r}_u(0,0) & \boldsymbol{r}_u(1,0)\\\boldsymbol{r}(0,1) & \boldsymbol{r}(1,1) & \boldsymbol{r}_u(0,1) & \boldsymbol{r}_u(1,1)\\\boldsymbol{r}_v(0,0) & \boldsymbol{r}_v(1,0) & \boldsymbol{r}_{uv}(0,0) & \boldsymbol{r}_{uv}(1,0)\\\boldsymbol{r}_v(0,1) & \boldsymbol{r}_v(1,1) & \boldsymbol{r}_{uv}(0,1) & \boldsymbol{r}_{uv}(1,1)\end{bmatrix}\begin{bmatrix}F_0(u)\\F_1(u)\\G_0(u)\\G_1(u)\end{bmatrix}$$

由于 Coons 最先使用了双三次样条曲面片，因此在有些文献中，又把双三次样条曲面片称为双三次 Coons 曲面。这样，插值给定曲面的四条边界曲线 $\boldsymbol{r}(u,0)$、$\boldsymbol{r}(u,1)$、$\boldsymbol{r}(0,v)$、$\boldsymbol{r}(1,v)$，以及四条边界处的跨界一阶导矢曲线 $\boldsymbol{r}_v(u,0)$、$\boldsymbol{r}_v(u,1)$、$\boldsymbol{r}_u(0,v)$、$\boldsymbol{r}_u(1,v)$的 Coons 曲面片为

$$\begin{aligned}\boldsymbol{r}(u,v)&=\boldsymbol{r}_1(u,v)+\boldsymbol{r}_2(u,v)-\boldsymbol{r}_3(u,v)\\&=-[-1\quad F_0(v)\quad F_1(v)\quad G_0(v)\quad G_1(v)]\\&\quad\begin{bmatrix}0 & \boldsymbol{r}(v,0) & \boldsymbol{r}(v,1) & \boldsymbol{r}_u(v,0) & \boldsymbol{r}_u(v,1)\\\boldsymbol{r}(u,0) & \boldsymbol{r}(0,0) & \boldsymbol{r}(1,0) & \boldsymbol{r}_u(0,0) & \boldsymbol{r}_u(1,0)\\\boldsymbol{r}(u,1) & \boldsymbol{r}(0,1) & \boldsymbol{r}(1,1) & \boldsymbol{r}_u(0,1) & \boldsymbol{r}_u(1,1)\\\boldsymbol{r}_v(u,0) & \boldsymbol{r}_v(0,0) & \boldsymbol{r}_v(1,0) & \boldsymbol{r}_{uv}(0,0) & \boldsymbol{r}_{uv}(1,0)\\\boldsymbol{r}_v(u,1) & \boldsymbol{r}_v(0,1) & \boldsymbol{r}_v(1,1) & \boldsymbol{r}_{uv}(0,1) & \boldsymbol{r}_{uv}(1,1)\end{bmatrix}\begin{bmatrix}-1\\F_0(u)\\F_1(u)\\G_0(u)\\G_1(u)\end{bmatrix}\end{aligned}\tag{8.22}$$

观察式(8.21)和式(8.22)可以发现，对曲面片满足边界条件的要求提高一阶，曲面方程中的边界信息矩阵就要扩大两阶，并且要多用一对混合函数。此外，可以把边界信息矩阵分解为一系列的子矩阵，不同子矩阵中包含不同类别的信息，如图 8.24 所示。认识了这些规律后，就

能方便地构造出满足更高阶边界条件的 Coons 曲面方程,这正是 Coons 曲面在理论上的一个完美之处。

0	$r(v,0)$	$r(v,1)$	$r_u(v,0)$	$r_u(v,1)$
$r(u,0)$	$r(0,0)$	$r(1,0)$	$r_u(0,0)$	$r_u(1,0)$
$r(u,1)$	$r(0,1)$	$r(1,1)$	$r_u(0,1)$	$r_u(1,1)$
$r_v(u,0)$	$r_v(0,0)$	$r_v(1,0)$	$r_{uv}(0,0)$	$r_{uv}(1,0)$
$r_v(u,1)$	$r_v(0,1)$	$r_v(1,1)$	$r_{uv}(0,1)$	$r_{uv}(1,1)$

图 8.24　构造 Coons 曲面片的矩阵的分块

8.4.3　定义曲面的三种基本方法

目前已经学习了定义曲面的三种方法:

1. 张量积方法

前面学习的 Ferguson 曲面片和双三次样条曲面片、参数双三次曲面片就是用张量积的方法来定义的。把 Hermit 基函数形成的两个张量分别记作 ϕ 和 ψ,这样,ϕ 和 ψ 就是两个线性算子,ϕ 和 ψ 组合在一起就形成一个双变量算子$(\phi\cdot\psi)$,它作用于向量形成的一个张量积为

$$\boldsymbol{r}(u,v)=(\phi\cdot\psi)\begin{bmatrix}\boldsymbol{v}_{0,0} & \boldsymbol{v}_{0,1} & \cdots & \boldsymbol{v}_{0,n-1}\\ \boldsymbol{v}_{1,0} & \boldsymbol{v}_{1,1} & \cdots & \boldsymbol{v}_{1,n-1}\\ \vdots & \vdots & & \vdots\\ \boldsymbol{v}_{m-1,0} & \boldsymbol{v}_{m-1,1} & \cdots & \boldsymbol{v}_{m-1,n-1}\end{bmatrix}$$

在很多情况下,$[\boldsymbol{v}_{i,j}]$也可以是点阵。例如,

$$\boldsymbol{r}(u,v)=[1-v\quad v]\begin{bmatrix}\boldsymbol{r}(0,0) & \boldsymbol{r}(1,0)\\ \boldsymbol{r}(0,1) & \boldsymbol{r}(1,1)\end{bmatrix}\begin{bmatrix}1-u\\ u\end{bmatrix}$$

式中:$(u,v)\in[0,1]\times[0,1]$。Bézier 曲面和 B 样条曲面也是张量积曲面,它们是双变量算子作用于点阵而形成的。

2. 母线法

在方程(8.20)中曲面 $\boldsymbol{r}_1(u,v)$和曲面 $\boldsymbol{r}_2(u,v)$就是母线曲面(Lofted surfaces),飞机、汽车和船舶制造业中长期以来的习惯做法就是用曲面上的一组平面截线来描述曲面,所以母线法是用一组单变量算子对所给的一组截面曲线插值出曲面来。例如,图 8.25 中给出了飞机机翼的一组截面曲线。图 8.26 则是采用 CATIA 软件中的“多截面扫掠”功能构造出的曲面。

图 8.25　飞机机翼上的一组翼肋

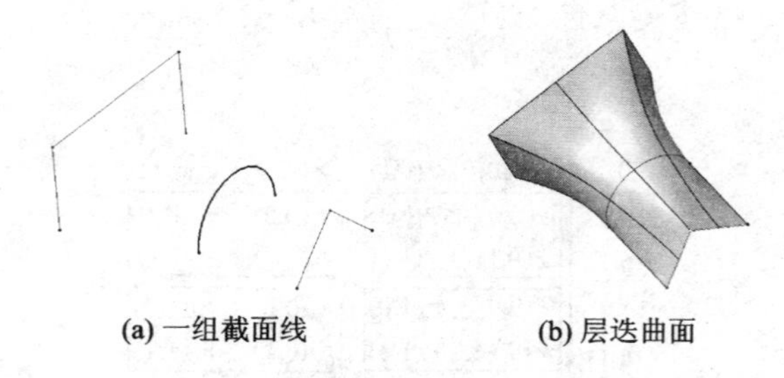

(a) 一组截面线　　(b) 层迭曲面

图 8.26　CATIA 软件中用 Loft(层迭)方法构造出的曲面

母线法可以用数学表达式抽象表示为

$$\boldsymbol{r}(u,v)=\phi\boldsymbol{r}(u,v_i)$$

或

$$\boldsymbol{r}(u,v)=\phi\boldsymbol{r}(u_i,v)$$

因此,母线法是用一组 u 向或 v 向的曲线来定义的。在参数样条曲面片的表达式中,注意到 $\phi[\boldsymbol{v}_{i,j}]$或者 $\psi[\boldsymbol{v}_{i,j}]$形成一组曲线或一组曲线及其上的相关信息。例如,

$$\begin{bmatrix}\boldsymbol{r}(0,0) & \boldsymbol{r}(0,1) & \boldsymbol{r}_v(0,0) & \boldsymbol{r}_v(0,1)\\ \boldsymbol{r}(1,0) & \boldsymbol{r}(1,1) & \boldsymbol{r}_v(1,0) & \boldsymbol{r}_v(1,1)\\ \boldsymbol{r}_u(0,0) & \boldsymbol{r}_u(0,1) & \boldsymbol{r}_{uv}(0,0) & \boldsymbol{r}_{uv}(0,1)\\ \boldsymbol{r}_u(1,0) & \boldsymbol{r}_u(1,1) & \boldsymbol{r}_{uv}(1,0) & \boldsymbol{r}_{uv}(1,1)\end{bmatrix}\begin{bmatrix}F_0(v)\\ F_1(v)\\ G_0(v)\\ G_1(v)\end{bmatrix}$$

就形成两条 v 向曲线及曲线上的跨界导矢。因此,张量积曲面是母线曲面的一个特例。一般来说,因为母线曲面由一组曲线来定义,因此与定义张量积曲面相比较,定义母线曲面需要较多的数据。

3. 布尔和方法

由方程(8.21)或方程(8.22)表示的 Coons 曲面就是布尔和曲面。通常用$\oplus$表示布尔和,因此这类曲面可以表示为

$$\boldsymbol{r}(u,v)=(\phi\oplus\psi)[\boldsymbol{r}(u,v_i),\boldsymbol{r}(u_i,v)]$$

布尔和曲面是用 u 向和 v 向的单变量数据来定义的,即用两个方向上的网格线信息和跨界切矢的信息来定义。但是,布尔和曲面不能用两个参数方向上的母线曲面简单叠加,因为母线法用到了母线上的所有数据,如果将两条母线曲面简单叠加,两组母线交点上的数据就会使用两次,如图 8.20 所示。因此两条母线曲面叠加后,需要减去这些双重数据才能得到正确的曲面,即

$$(\phi\oplus\psi)[\boldsymbol{r}(u,v_i),\boldsymbol{r}(u_i,v)]=\phi[\boldsymbol{r}(u,v_i)]+\psi[\boldsymbol{r}(u_i,v)]-\phi\cdot\psi[\boldsymbol{r}(u_i,v_i)]$$

从图 8.21 中还可以发现,布尔和方法通常为曲线的插值而设计。例如,Coons 曲面是布尔和曲面,图 8.27 所示的双向蒙面曲面[15]也是布尔和曲面。所谓双向蒙面就是在两个参数方向上分别蒙面后将两个蒙面叠加,然后再减去插值于网格曲线交点的曲面。

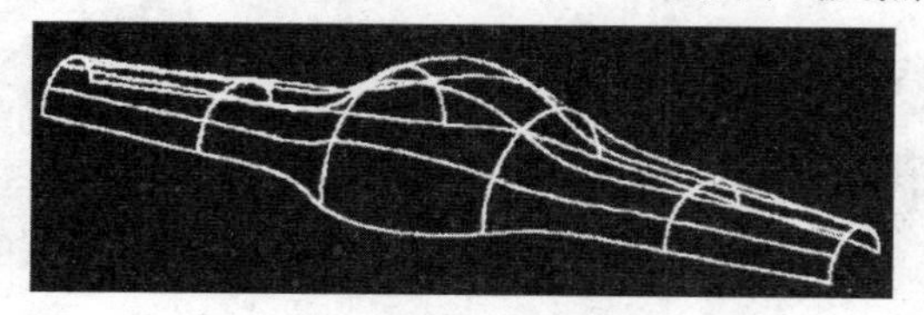

图 8.27　双向蒙面曲面

8.5　CATIA 中的曲面创建和操作

在本节介绍的曲面创建和曲面操作的方法中，有些在“线架构与曲面设计”模块中，有些在“自由造型”模块中，有些操作二者都有。进入“线架构与曲面设计”模块的操作和进入“自由造型”模块的操作在第 7 章已经介绍过。编写本节的目的有两个：一是了解本章所介绍的基础理论知识的应用，二是结合本章介绍的基础理论了解 CATIA 软件相关功能的基本用法。

1. 拉　伸

“拉伸(Extrude)”这个功能在“线架构与曲面设计”和“自由造型”两个模块中都有。在“线架构与曲面设计” 模块中，拉伸功能的使用方法如下：

(1) 绘制曲线(绘制方法在本书第 7 章已经介绍)。这里在草图中创建一条曲线，选择的平面是 *XY* 平面。然后绘制一条直线以便作为以后的拉伸方向，选择草图绘制的平面是 *XZ* 平面。

(2) 单击“拉伸 (Extrude)”图标，弹出“拉伸曲面定义”对话框，如图 8.28(a)所示。选择拉伸的轮廓，再选择拉伸的方向。可以选择一条直线将其方向作为拉伸方向，也可以选择一个平面将其法线方向作为拉伸方向。

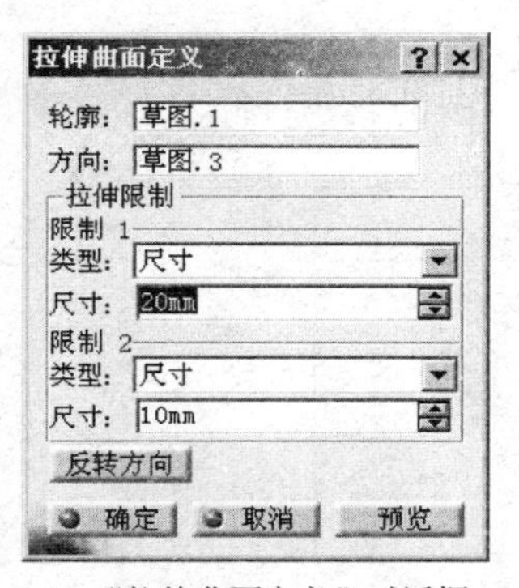

(a) “拉伸曲面定义” 对话框

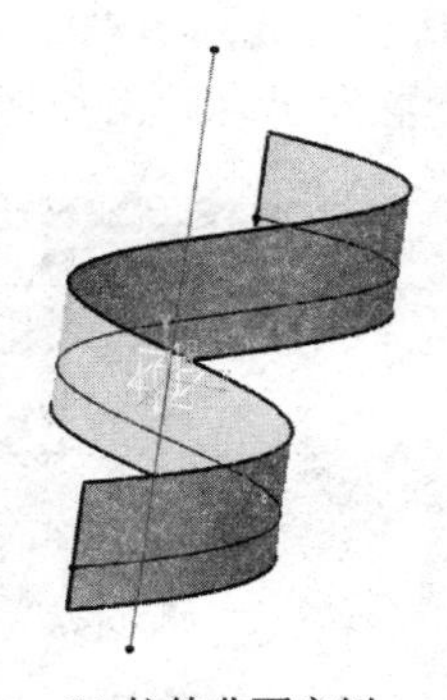

(b) 拉伸曲面实例

图 8.28　曲面拉伸

(3) 通过修正曲面的“拉伸限制”可以增减拉伸面的大小。界面中共有“限制 1”和“限制 2”两个限制，各位于轮廓两侧的两个方向上，输入数值后就会各自向外延伸。如果输入负值就会向反方向缩减。图 8.28(b)给出了拉伸的图形。

2. 旋　转

“旋转(Revolve)”这个功能在“线架构与曲面设计”和“自由造型”两个模块中都有。在“线架构与曲面设计” 模块中，旋转功能的使用方法如下：

(1) 绘制曲线(绘制方法在本书第 7 章已经介绍)。这里在草图中创建一条曲线，选择的平面是 *XY* 平面。然后绘制一条直线以便作为以后的旋转轴，选择草图绘制的平面是 *XY* 平面。

(2) 单击“旋转 (Revolve)”图标 ，弹出“旋转曲面定义”对话框，如图 8.29(a)所示。选择旋转的轮廓，再选择旋转轴。

(3) 通过修正曲面的“角限制”可以增减拉伸面的大小。界面中共有“角度 1”和“角度 2”两个限制，输入数值后就会沿着逆时针和顺时针方向增加曲面。图 8.29(b)给出了旋转后得

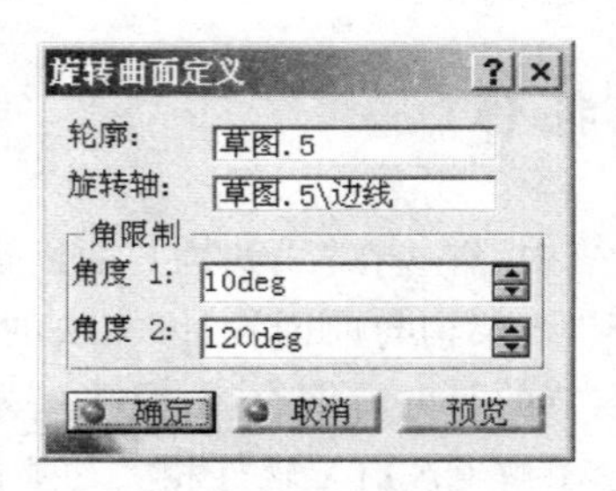

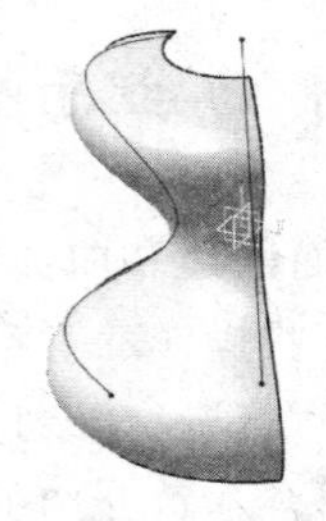

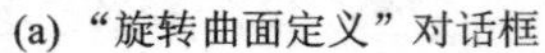

(a) “旋转曲面定义”对话框　　(b) 旋转曲面实例

图 8.29　旋转曲面

到的图形。

3. 扫　掠

“扫掠(Sweep)”这个功能在“线架构与曲面设计”和“自由造型”两个模块中都有。不过,在这两个模块中,构造方法的设置有较大的差别。在“线架构与曲面设计”模块中的“显式扫掠”功能与“自由造型”模块中的“简单扫掠”功能是类似的。本书仅介绍这两个类似的功能供初学者入门,对其他功能读者可以在学会使用这里介绍的功能后慢慢体会。在“线架构与曲面设计”模块中,扫掠功能的使用方法如下:

(1) 利用草图功能分别设计出如图 8.30(a)所示的轮廓(圆)和引导线。

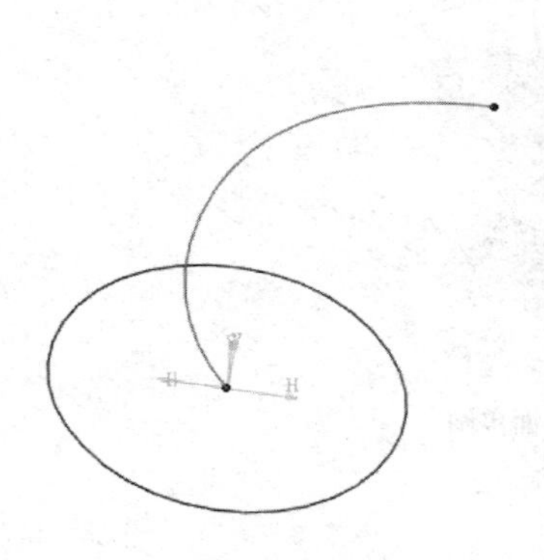

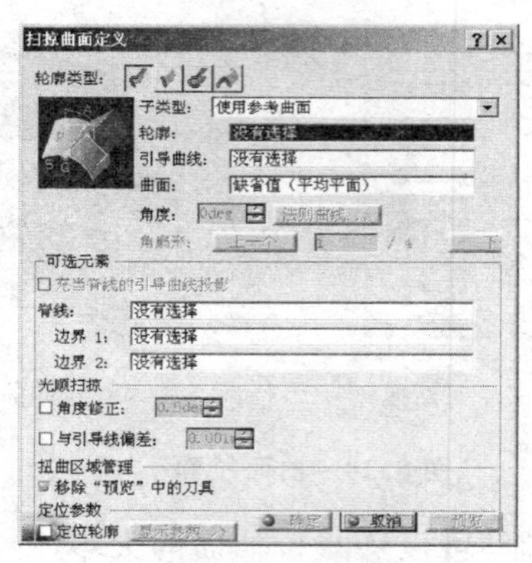

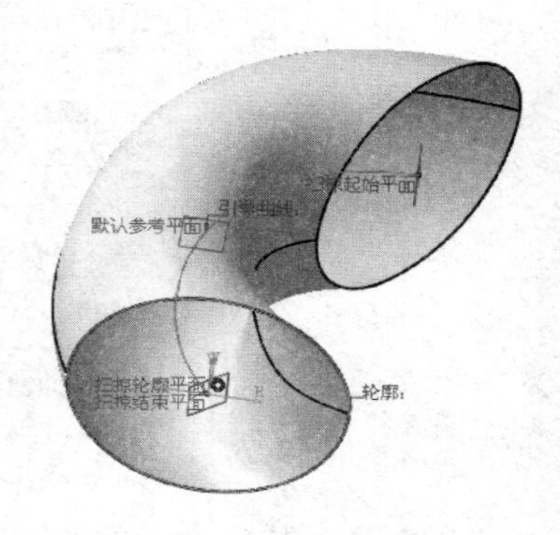

(a) 轮廓和引导线　　(b) “扫掠曲面定义”对话框　　(c) 扫掠曲面实例

图 8.30　扫掠曲面

(2) 单击“扫掠 (Sweep)”图标,弹出“扫掠曲面定义”对话框,如图 8.30(b)所示。选择扫掠的轮廓,再选择引导线后显示出如图 8.30(c)所示的预览形状。

(3) 在对话框“可选元素”选项组中提供了更多的设置条件,“脊线”提供扫掠曲面的结构,即在扫掠过程中得到的截面沿着脊线按一定的方式排布,这与引导曲线的用意并不完全一样,引导曲线是几何元素行进的轨迹。CATIA 的默认设置是把引导曲线当成脊线。

4. 蒙　面

“蒙面”又称“迭层”或“多截面扫掠”,它以渐进变形的方式产生连接曲面。“蒙面”功能在“线架构与曲面设计”模块中,其用法如下:

(1) 用“线框”工具栏中的“平面”功能生成四个平面，如图 8.31(a)所示。然后用“草图”功能在每个平面上生成截面曲线。再利用“草图”的功能生成一条曲线作为脊线。这里生成的脊线是一条直线，如图 8.31(a)所示。

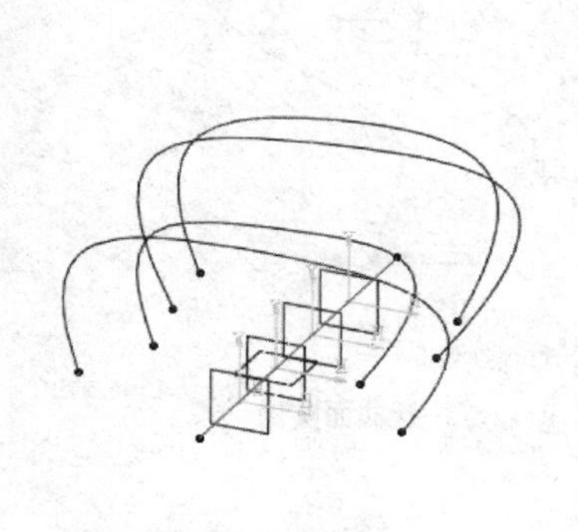

(a) 轮廓和脊线

(b) “多截面扫掠定义”对话框

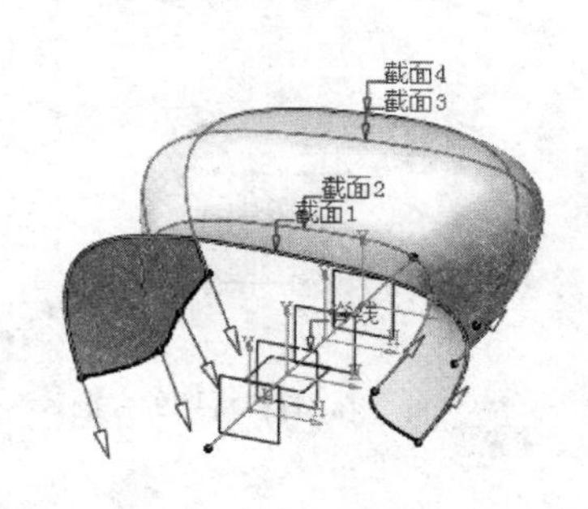

(c) 蒙面曲面实例

图 8.31　蒙面曲面

(2) “多截面曲面定义”对话框如图 8.31(b)所示。其中，“引导线”功能是引导曲面的边线；“脊线”功能则用来引导曲面的伸展方向；“耦合”功能主要是控制曲面在两个轮廓之间的延伸状况，如图 8.32 所示。

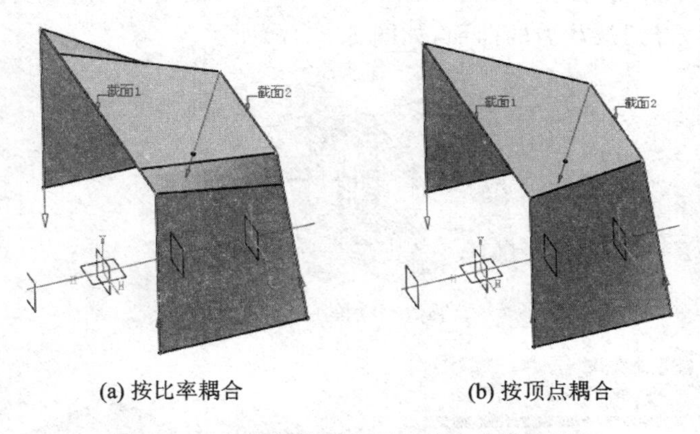

(a) 按比率耦合　　(b) 按顶点耦合

图 8.32　生成多截面曲面时对应方式的耦合

5. 混　合

曲面“混合(blend)”称为“桥接曲面”或“连接曲面”，其用途是连接两个独立的曲面。它通过曲面的边缘来生成新曲面，这个新曲面是两个独立曲面之间的过渡。“混合”功能在“自由造型”中与之类似的功能是“连接曲面”。“混合”功能在“线架构与曲面设计”模块中，其用法如下：

(1) 通过平面等距生成 XY 平面的一个等距面。在 XY 平面上作一个平面片，在等距面上做一个平面片。然后通过“拉伸”功能分别生成两个平面片，如图 8.33(a)所示。

(2) 单击“桥接曲面”按钮，弹出“桥接曲面定义”对话框，如图 8.33(b)所示。依次选择“第一曲线”“第一支持面”“第二曲线”“第二支持面”四个基本元素，这里默认的两个连续阶都是相切。容易发现，这个功能类似于曲线桥接的功能。

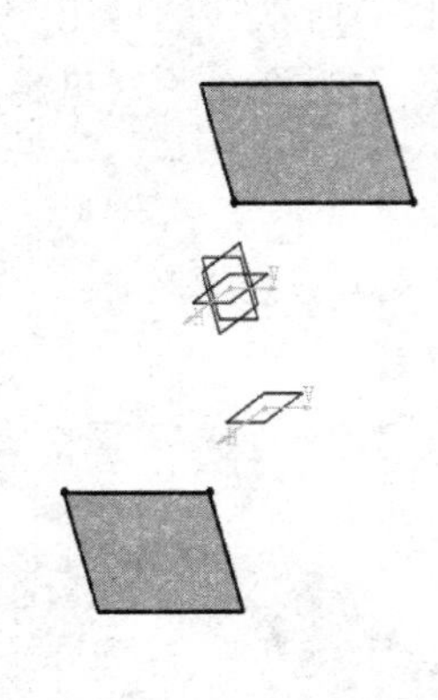

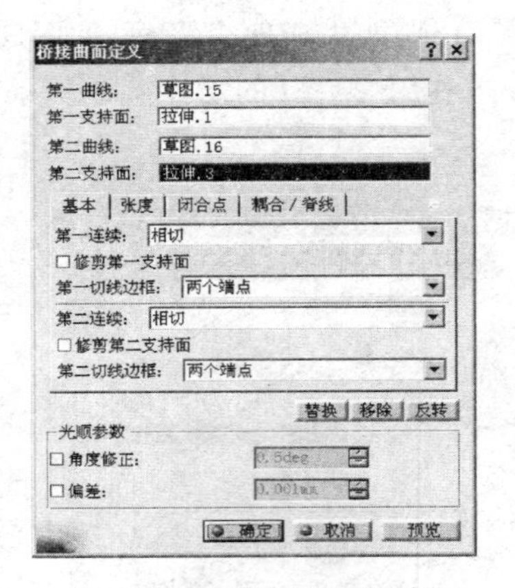

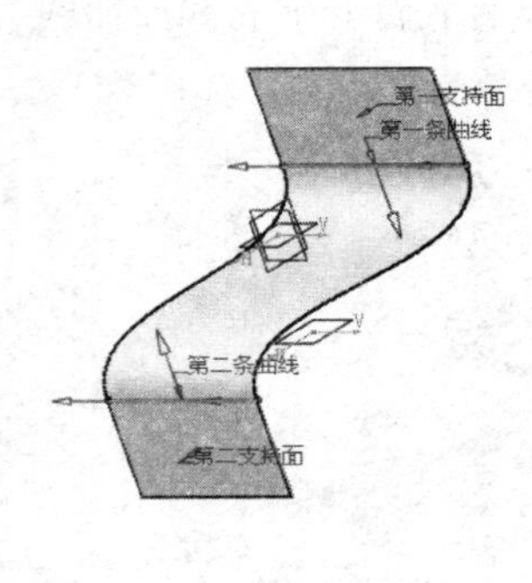

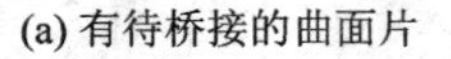

(a) 有待桥接的曲面片　　(b) “桥接曲面定义”对话框　　(c) 桥接曲面实例

图 8.33　桥接曲面

6. 分　割

“分割”又称曲面的裁剪。在“线架构与曲面设计”模块中称为“分割”,在“自由造型”模块中与之类似的功能是“曲面切割”。“分割”功能在“线架构与曲面设计”模块中,其用法如下:

(1) 用草图在 XY 平面上绘制一条曲线,然后将该曲线拉伸成曲面,如图 8.34(a)所示。

(2) 用草图在 XZ 平面上绘制一个矩形,然后将该矩形投影到拉伸曲面上,如图 8.34(a)所示。

(3) 单击“曲面分割”的按钮,弹出如图 8.34(b)所示的对话框,依次选择各相关几何元素,单击“确定”按钮,得到被裁剪的曲面,如图 8.34(c)所示。

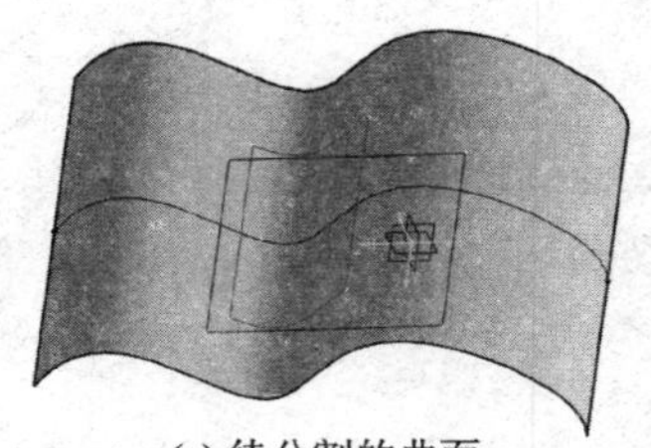

(a) 待分割的曲面

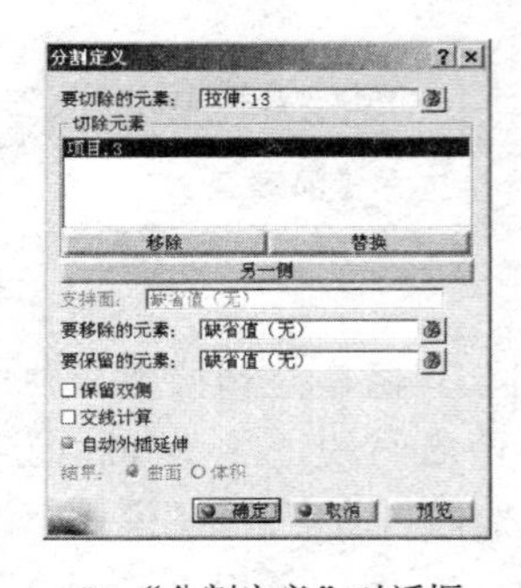

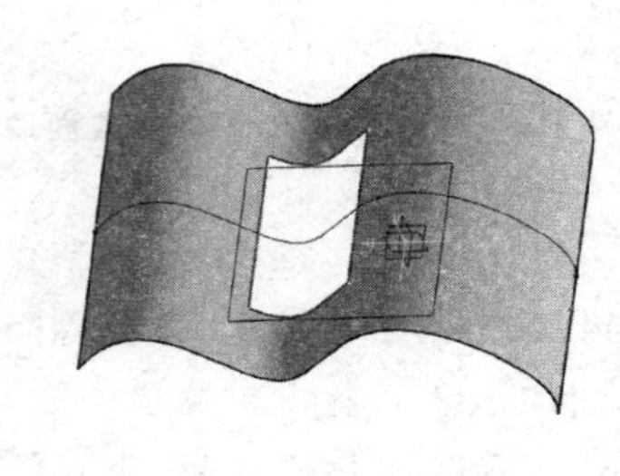

(b) “分割定义”对话框　　(c) 被分割后的曲面

图 8.34　曲面分割

7. 网状曲面

“网状曲面”功能在“自由造型”模块中,其用法如下:

(1) 建立如图 8.35(a)所示的网状曲线。建立的方式是在图 8.35(a)所示的 6 个面上创建点，然后构造插值于点的样条曲线。

(2) 单击“网状曲面”按钮，弹出如图 8.35(b)所示的对话框，然后依次选择轮廓和引导线。在这个功能中，曲面由经向的“引导线”和纬向的“轮廓”构成，所以先单击对话框中“引导线”字样，然后按住 Ctrl 键，选择要作为“引导线”的曲线。然后单击对话框中的“轮廓”字样，再按住 Ctrl 键，选择要作为“轮廓”的曲线。

(3) 设置完成后，单击“应用”按钮可以预览曲面的形状，如图 8.35(c)所示。

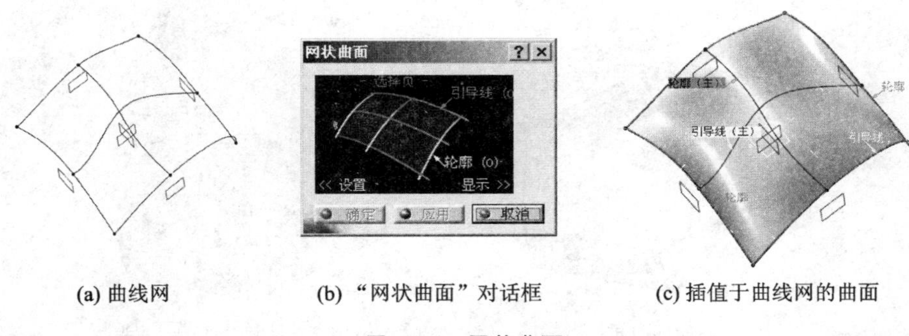

(a) 曲线网　　(b) “网状曲面”对话框　　(c) 插值于曲线网的曲面

图 8.35　网状曲面

8. 填　充

“填充(Fill)”功能在“自由造型”模块中，其用法如下：

(1) 建立三个拉伸曲面。建立的方式是先定义点，“点类型”选为“平面上”，以便鼠标交互式选点，如图 8.36(a)所示。然后根据点建立直线段，分别作为拉伸轮廓和拉伸方向，得到如图 8.36(b)所示的三个拉伸曲面。

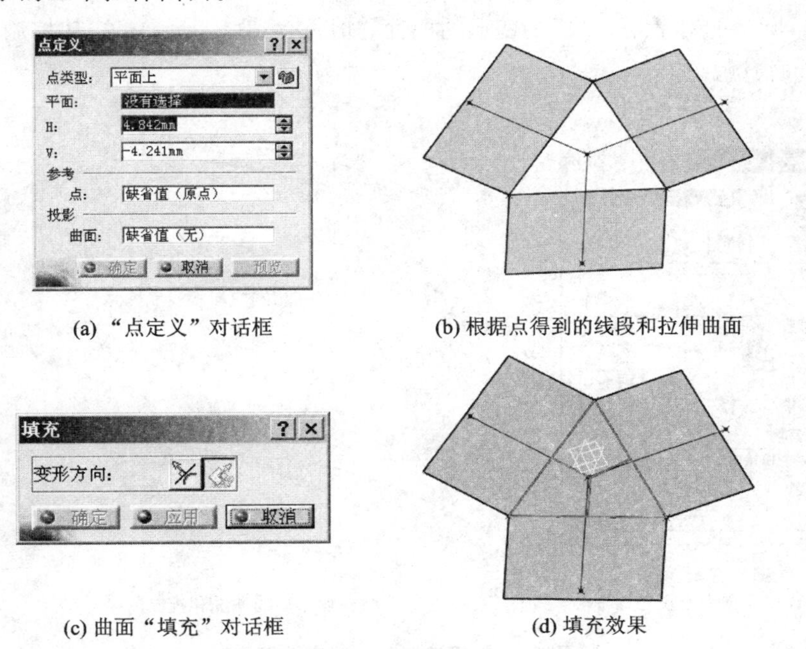

(a) “点定义”对话框　　(b) 根据点得到的线段和拉伸曲面

(c) 曲面“填充”对话框　　(d) 填充效果

图 8.36　曲面填充

(2) 进入“自由造型”模块,单击“填充”按钮,弹出如图 8.36(c)所示的对话框,然后依次选择填充曲面的各个边。单击“应用”按钮,可以预览填充效果,如图 8.36(d)所示。

图 8.36(c)中的“变形方向”是让使用者设置变形方向,如建立图 8.37(a)所示的拉伸曲面。然后按逆时针方向拣选填充曲面的各个边,再单击“应用”按钮,即可看到图 8.37(b)所示的效果,用光标指向该曲面顶部的箭头,即圆圈内的双向箭头。箭头所指就是变形方向。当选择指南针方向作为变形方向时,可按 F5 键更改方向。

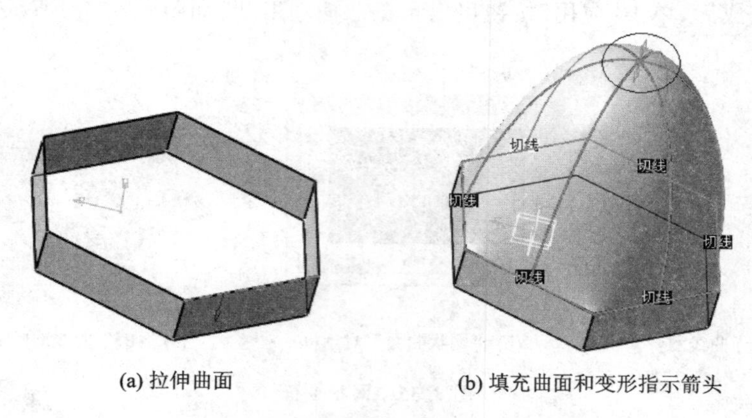

(a) 拉伸曲面　　(b) 填充曲面和变形指示箭头

图 8.37　填充曲面的变形(拉动箭头即可)

9. 控制顶点修正

“控制顶点修正”功能在“自由造型”模块中,其用法如下:

(1) 建立一条自由曲线,拉伸该曲线形成一个曲面。

(2) 单击“形状修改(shape modification)”工具栏中“控制顶点(control point)”按钮,弹出如图 8.38(a)所示的对话框,选择要变形的曲面,如图 8.38(b)所示。拉动控制顶点就可以看到曲面变形的情况。

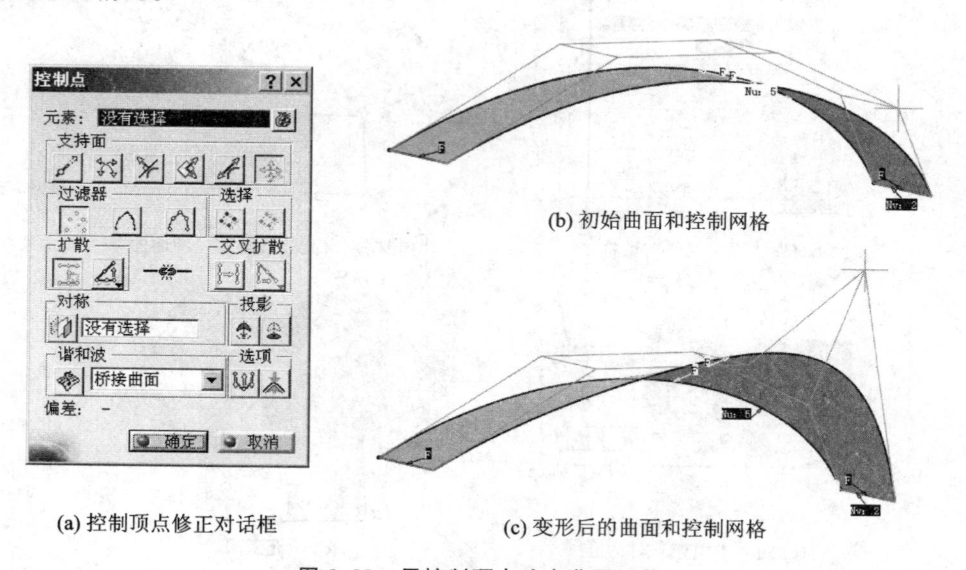

(a) 控制顶点修正对话框　　(b) 初始曲面和控制网格　　(c) 变形后的曲面和控制网格

图 8.38　用控制顶点改变曲面形状

再给出一个控制顶点较多的例子，如图 8.39 所示。该曲面是利用“网格曲面”功能构造出的曲面。

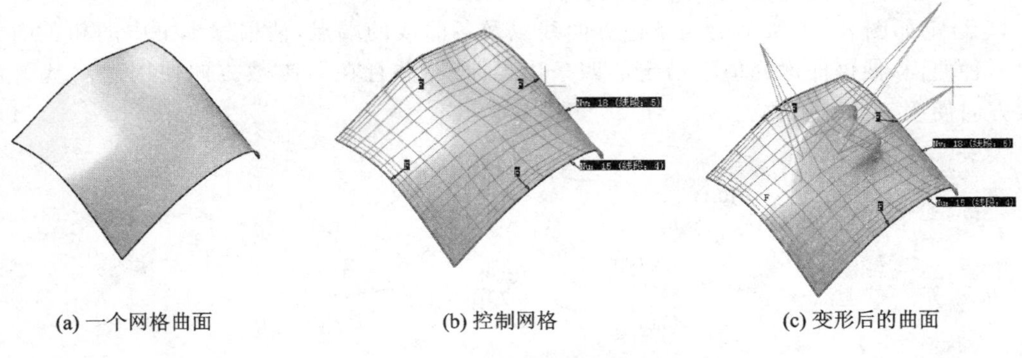

(a) 一个网格曲面　　(b) 控制网格　　(c) 变形后的曲面

图 8.39　控制顶点变形实例

10. 曲面分析

“曲面分析”功能在“线架构与曲面设计”模块和“自由造型”模块中都有，但是“自由造型”模块中的分析功能要完善一些。这里仅讲述曲率分析，入门后，读者可以根据帮助文档或相关参考书了解其他分析功能。首先建立一个如图 8.39(a)所示的曲面。单击“曲面曲率分析(Surface Curvature Analysis)”按钮，弹出如图 8.40(a)、(b)所示的对话框。选中要分析的曲面，再在图 8.40(b)所示的对话框中单击“使用最小最大”按钮，这样曲率的最小值为红色，最大值为紫色，其他各值为各插值颜色。可以得到曲面的 Gaussian 曲率图，如图 8.40(c)所示。

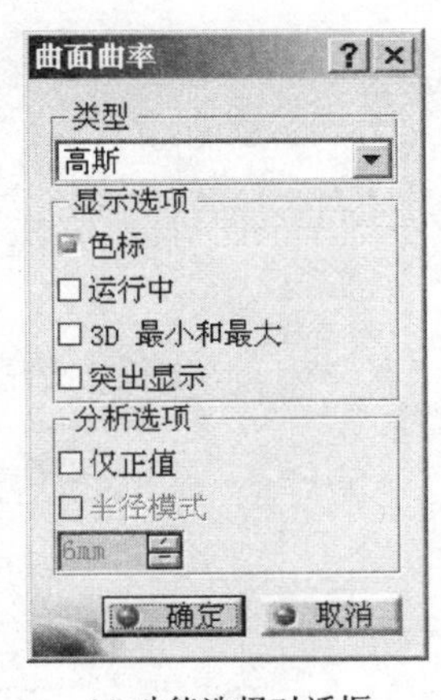

(a) 功能选择对话框

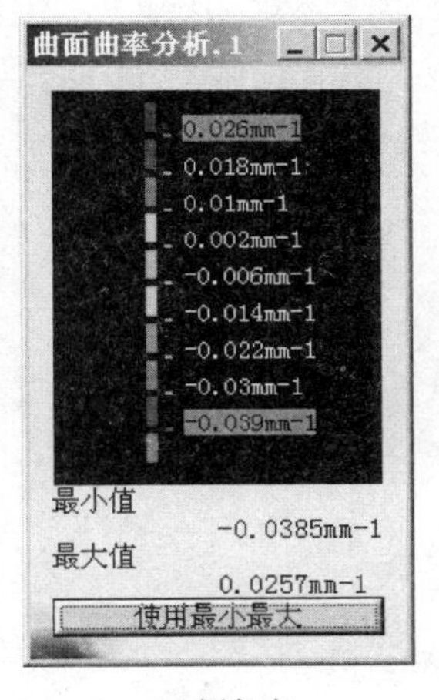

(b) 颜色表

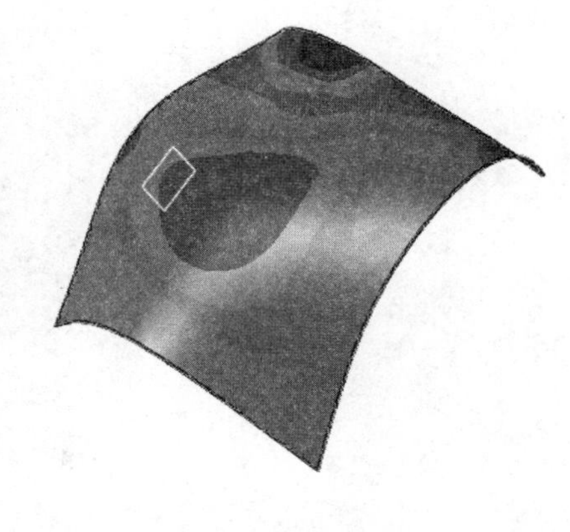

(c) 曲面的Gaussian曲率分布图

图 8.40　曲率分析

思考与练习

1. (1) 假设有四个点 $\boldsymbol{p}_0[1\ 1\ 0]$、$\boldsymbol{p}_1[-1\ 1\ 0]$、$\boldsymbol{p}_2[-1\ -1\ 0]$和 $\boldsymbol{p}_3[1\ -1\ 0]$，请写出这四个点形成的四边形所围成的平面片的方程。

(2) 当 $\boldsymbol{p}_0$、$\boldsymbol{p}_1$、$\boldsymbol{p}_2$ 和 $\boldsymbol{p}_3$ 是任意点时,请写出一个通过这四个点的曲面片的方程。

2. 什么是参数双三次样条曲面片的扭矢？如果扭矢为 0 曲面片有何形状特点？

3. 什么是张量积曲面？什么是母线曲面？请举例说明。

4. 给定如图 8.41 所示的四条边界曲线以及各曲线的端点,请根据本书中的相关内容设计出一种曲面,使该曲面插值于给定的四条边界曲线,并且在 u 参数方向使用一次基函数,v 参数方向使用三次基函数。

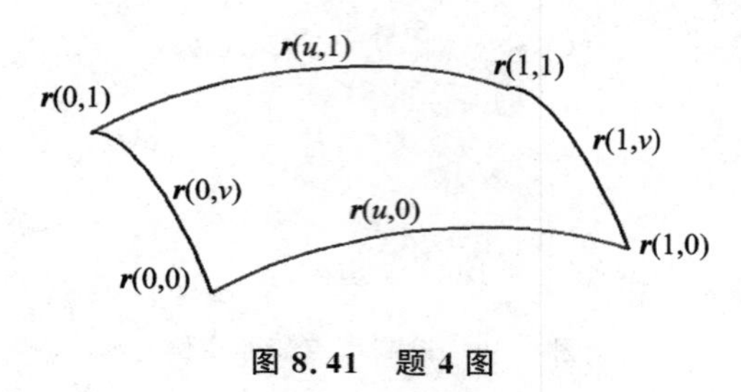

图 8.41　题 4 图

第 9 章　特征建模

特征建模是 CAD 建模的重要方法。当前很多 CAD/CAM 系统都借助“特征”这个概念展现给软件操作者直观的建模方式。而且，特征建模也给软件开发者带来直观的数据管理思路。可以认为一个 CAD 模型就是一系列特征的集合，其中几何特征是所有其他特征的基础。曲线和曲面形成的具有一定设计和制造含义的几何实体就是几何特征。特征的其他内涵或者更深层次的内涵对于初学者来说是一个比较抽象的内容，而且工件各个特征之间的依存关系比较复杂，甚至各个几何特征之间的数据关联也是复杂而深刻的，因此本章仅论述特征这一概念的基本内涵，并且结合 CATIA 软件的操作向读者展示特征这一概念在软件设计和建模操作中的应用，将“特征建模”以图的方式形象地展现出来。本章的内容只是让初学者接触特征建模这个概念，关于更深层次的内容和内涵，需要进一步学习和探讨。

9.1　特征建模概述

特征建模是 CAD/CAM 技术的发展和应用到达一定程度的产物，是设计和生产自动化程度提高的必然结果。基于特征的建模是实现 CAD/CAPP 集成最有效的建模方法之一。前面介绍的产品的实体模型仅包含产品的几何信息。实际上，在设计和制造过程中，描述产品的数据还应包含其他信息，如材料信息，尺寸、形状公差信息，热处理及表面粗糙度信息和刀具信息等。特征的概念就是为准确描述这些信息而产生的。由于特征是面向实际的生产实践活动而出现的概念，所以人们往往根据不同的生产实践需要从不同的角度来描述特征，这就必然导致特征概念的不统一。自 20 世纪 70 年代末特征的概念出现以来，至今还没有一个统一而完整的定义。比较一致的意见是“特征具有属性，与设计和制造活动相关，并含有工程意义和基本几何实体或信息的集合”[16]。这是一个内涵宽泛而且抽象的定义，它强调特征是与设计和制造活动有关的几何实体，因而是面向设计和制造的。同时，这个定义还强调特征含有工程意义的信息，反映设计者和制造者的意图。

不同的应用领域形成了众多不同的特征定义，由此也形成了不同的特征分类标准。考虑到实际应用背景和实现上的方便，通常采用如图 9.1 所示的特征分类标准[17]。特征可分为造型特征和面向过程的特征。造型特征是指那些实际构造出零部件模型的特征，可分为形状特征和装配特征。面向过程的特征与设计制造的过程相关，但不参与产品几何形状的构造，可分为材料特征、精度特征、性能分析特征和补充特征[16,17]。

各种特征类型的描述如下：

(1) 形状特征：描述某个有一定工程意义的几何形状信息，是其他非几何信息的载体。形状特征还可以分为主特征、辅特征以及基准特征。

(2) 装配特征：表达零件的装配关系，以及在装配过程中所需的信息。

(3) 材料特征：描述材料的类型、性能和热处理等信息。

(4) 精度特征：描述几何形状和尺寸的许可变动量。

(5) 性能分析特征:表达零件在性能分析时所用的信息。

(6) 补充特征:也称管理特征,描述产品的管理信息。

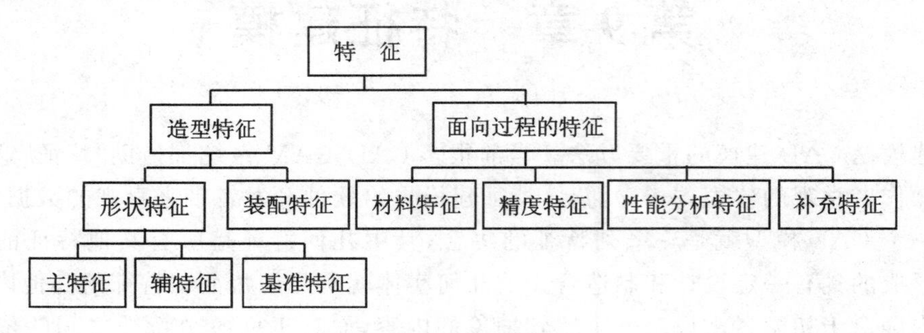

图 9.1 特征的分类

形状特征是CAD中所关注的最重要的特征。其中,主特征是用来构造零件的基本几何形体,有时又称为基本形状特征,其主要特点是其存在及其空间位置不受其他形状特征存在的影响。因此可认为它是独立特征。这些特征主要包括孔类、凸台类、筋类、槽类及自定义类的形状特征。在CATIA软件中,基于草图的特征和基于面的特征可以认为是主特征。辅特征又称为辅助形状特征,它是依附在一个或几个基本形状特征之上的各种形状特征。辅助形状特征的主要特点是它们不能独立存在,其所依附的形状特征一旦消失或变化,它必随之消失或变化。因此它不是独立特征。对于基准特征,它实际上是数学意义上的点、线、面或坐标系。常见的基准特征主要有:基准点、基准线、基准面和零件坐标系。这是一类特殊的特征,它们不同于基本或辅助形状特征,任何一个基本或辅助形状特征的增加或减少都会影响零件的形状和体积的变化,而基准特征不存在这种影响,其作用主要是用以帮助生成某些基本形状特征[17]。通常形状特征的分类如图9.2所示。注意,这里对形状特征的分类描述是为了让初学者结合CATIA软件对特征有一个形象直观的认识,而不刻意追求理论或概念上的完全严谨。

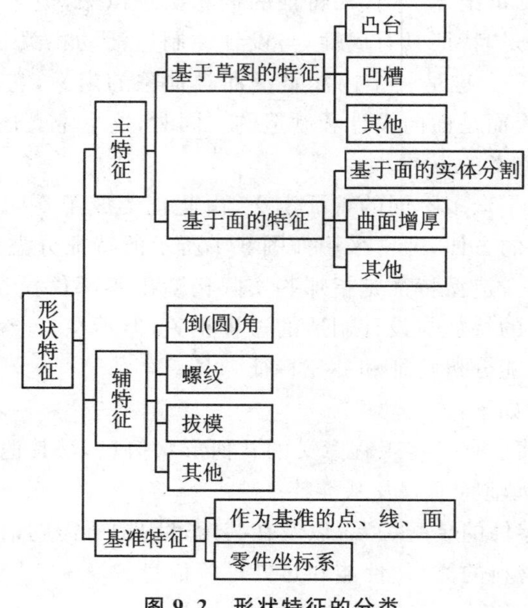

图 9.2 形状特征的分类

再来介绍 CATIA 软件中的特征树，如图 9.3 所示。特征树类似于 CSG 树，它记录着形成几何模型的各种几何元素，反映了通过基本几何元素构造零件的过程。例如在图 9.3 中，草图、边界、曲线等都作为“特征”记录在特征树中。因此，为了便于理解，我们认为，在“特征树”中，“特征”这个概念的内涵与图 9.2 中“特征”这个概念的内涵是有差异的。在本书中，我们认为这是两个不同的概念，“特征树”只是一个形象的名词。有的文献中也将“特征树”称为“结构树”[18]。需要指出的是，在有的文献中[16,17]，认为“特征树”中的“特征”就是构成零件的特征。通过特征树，可以递归地将零件的几何模型分解成多个基本“特征”（即基本的几何元素，如点、线、面），零件的几何模型通过这些几何元素逐层组合而成。这是一种很合理的解释。不过再次强调，本书中的特征建模基于图 9.2 讲解，希望读者不要把这两个特征的概念混淆。这样处理的好处是：在诸多的“特征”概念中，结合一个具体而形象的“特征”进行讲解，不会使初学者感到无所适从。在 CATIA 软件中，“特征建模”的功能菜单可以体现图 9.2 的思路，因此下面基于这个功能菜单来讲述特征建模的基本概念。

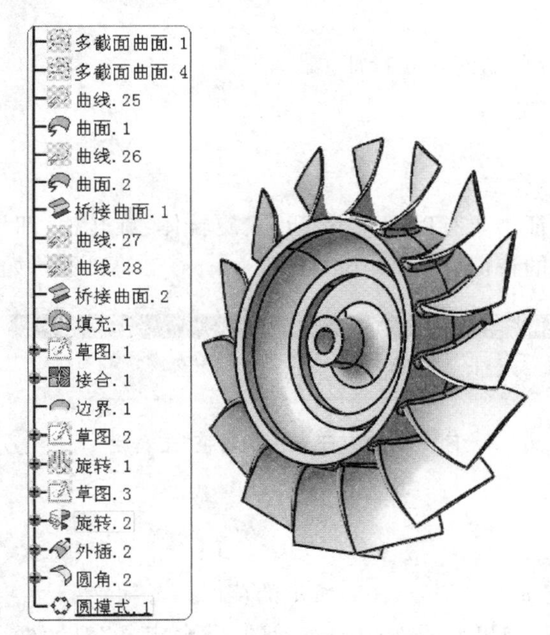

图 9.3　CATIA 软件设计中的特征树

CATIA 软件中包含以下三个关于特征的概念：

基础特征：又称基于草图的特征，由草图轮廓经过拉伸、旋转或其他操作而形成的第一个特征。

特征：基于曲面的特征就属于此类，由草图/曲面或已经存在的特征而创建。

修饰特征：从属于基础特征或特征的辅助特征，如螺纹、拔模等。

此外，还有“关联几何体”，即经过布尔运算可将其装配到零件中的特征组合。“关联几何体”的操作属于高级操作，读者可以在熟悉本书讲述的基本操作后，结合软件说明书熟悉其他操作。

CATIA 软件的零件设计模块很好地体现了基于特征的设计思想。零件设计模块具有以下特点：

(1) 设计者基于草图和特征设计零件,可以在设计过程中和设计完成后进行参数化处理,并且对特征进行操作管理。

(2) 将以特征为基础的工具集和布尔运算结合,提供灵活的解决方案,允许多种设计方法。

(3) 该模块主要由以下三类菜单组成:基本特征创建、特征修饰与操作、特征分析和辅助工具。

进入“零件设计 (Part Design)”工作台的步骤如下:

选择“文件 (File)”→“新建 (New)”(或者单击“新建 (New)”图标按钮)。

弹出“新建 (New)”对话框,选择所需的文档类型。在“类型列表 (List of Types)”字段中,选择“零件 (Part)”选项。

单击“确定 (OK)”按钮。默认情况下,“启用混合设计 (Enable hybrid design)”选项被选中,这意味着可在几何体中插入线框和曲面元素。为便于设计,建议不要在会话中更改此选项。

下面讨论在该工作台上如何建立特征。

9.2 基础特征

CATIA 中的基础特征主要有以下几类:凸台、旋转体、旋转槽、凹坑、肋等,这些建立基础特征的功能在“基于草图的特征(Sketch Based Features)”工具栏中,如图 9.4 所示。

图 9.4 “基于草图的特征”工具栏

9.2.1 创建凸台

(1) 在 XY 面上建立如图 9.5(a)、(b)所示的草图。

(2) 单击“凸台”按钮,弹出如图 9.5(c)所示的“凸台定义”对话框,选中要拉伸的轮廓,调整对话框中的参数,经过预览符合要求后单击“确定”按钮,得到如图 9.5(d)所示的凸台。

9.2.2 创建凹槽

(1) 创建一个凸台,并在凸台上表面创建如图 9.6(a)所示的轮廓。

(2) 单击“凹槽”图标按钮,弹出如图 9.6(b)所示的“凹槽定义”对话框,选择轮廓和参数后得到如图 9.6(c)所示的预览效果。单击“确定”按钮后建立的凹槽如图 9.6(d)所示。

这里介绍的只是创建凹槽的基本功能。其他的高级功能有“创建多长度凹槽”“创建拔模圆角凹槽”,读者可以在入门后自己体会这些功能的用法。本章对其他功能的介绍也是如此,即通常只介绍基本的用法。

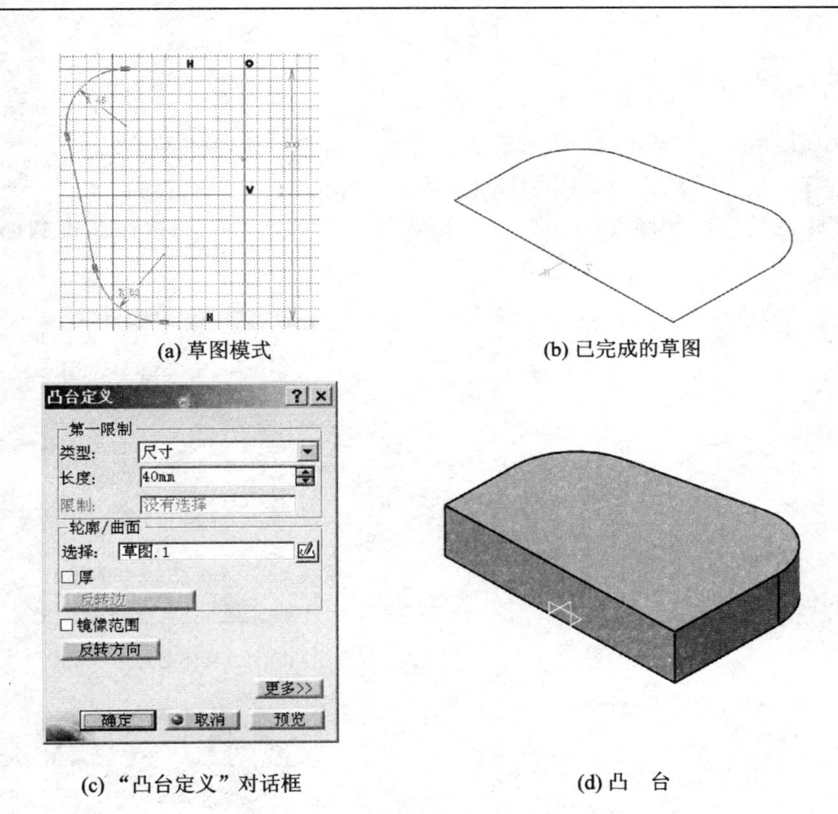

(a) 草图模式　　(b) 已完成的草图

(c) “凸台定义”对话框　　(d) 凸　台

图 9.5　创建凸台的过程

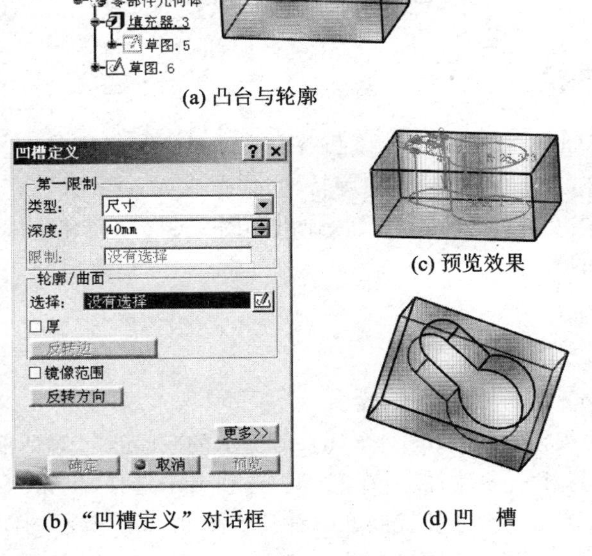

(a) 凸台与轮廓

(b) “凹槽定义”对话框　　(c) 预览效果　　(d) 凹　槽

图 9.6　创建凹槽的过程

9.2.3 创建旋转体

(1) 建立如图 9.7(a)所示的草图。在这个草图中包括一个垂直的旋转轴。

(2) 退出草图模式后单击“旋转体”按钮,弹出如图 9.7(b)所示的对话框。

(3) 选择轮廓后弹出如图 9.7(c)所示的预览效果。单击“确定”按钮后得到如图 9.7(d)所示的旋转体。

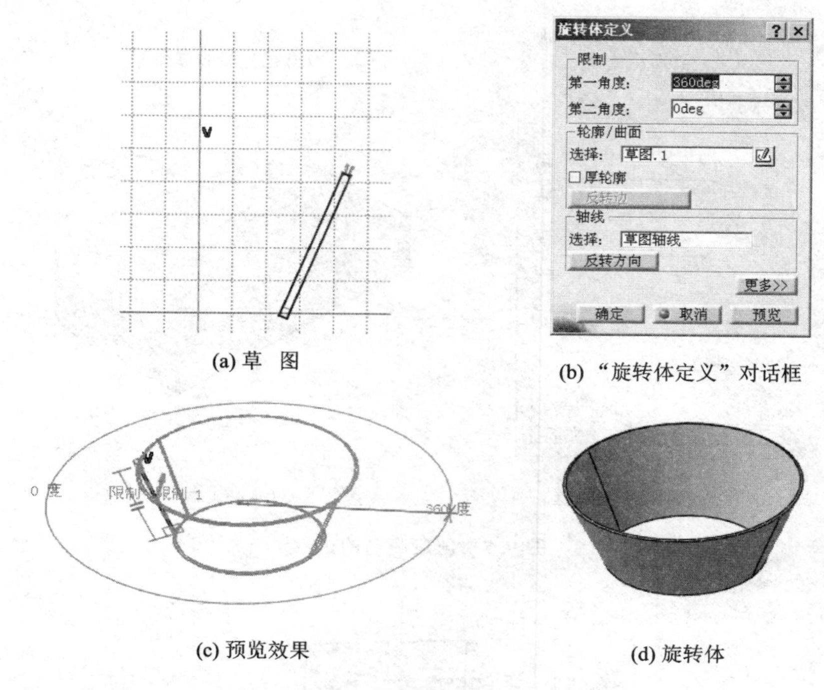

(a) 草　图

(b) “旋转体定义”对话框

(c) 预览效果

(d) 旋转体

图 9.7　创建旋转体的过程

9.2.4 创建旋转槽

(1) 建立如图 9.8(a)所示的凸台。该凸台的底面是 XY 面上的圆。

(2) 在 YZ 面上建立一个旋转轮廓和旋转轴,如图 9.8(b)所示。

(3) 退出草图模式,单击“旋转槽”按钮,弹出如图 9.8(c)所示的对话框。设定相关参数后得到如图 9.8(d)所示的形状。

9.2.5 创建孔

(1) 建立如图 9.9(a)所示的一个凸台。

(2) 单击创建孔的按钮,弹出如图 9.9(b)(c)所示的“孔定义”对话框。首先在“延伸”选项卡中选择“盲孔”,并设置相关参数;然后在“类型”选项卡中选择“倒钻”,并设置相关参数;最后在凸台上选择起始面。单击“预览”按钮,可以看到如图 9.9(d)所示的图形。相关参数设置完毕后得到如图 9.9(e)所示的孔。此外,单击“直径(Diameter)”字段右侧的图标,还可定义孔直径的公差尺寸。

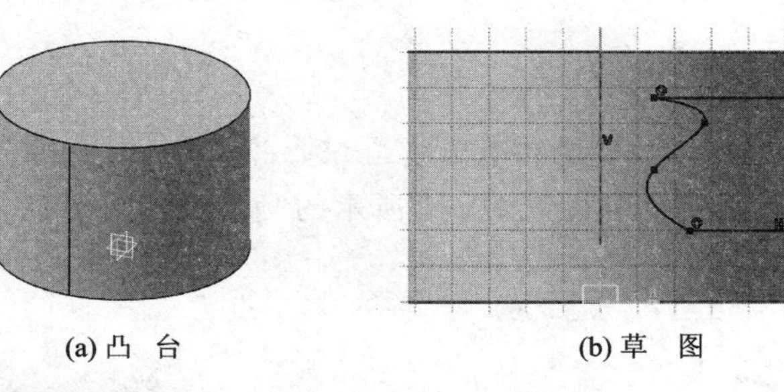

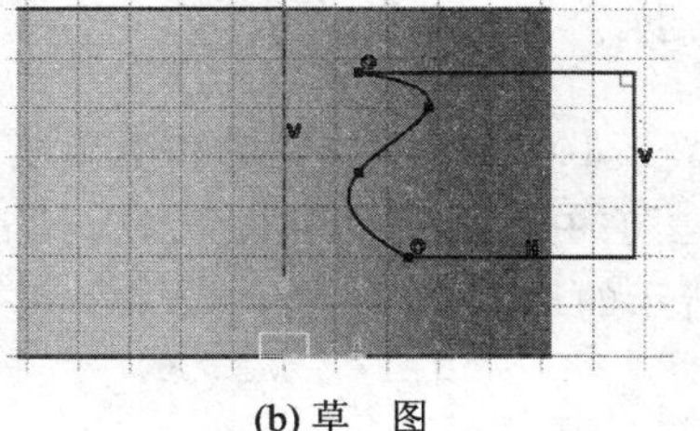

(a) 凸　台　　　(b) 草　图

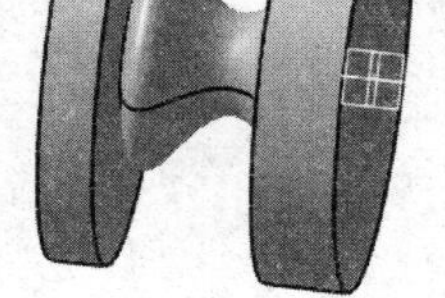

(c) “旋转槽定义”对话框　　　(d) 旋转槽

图 9.8　创建旋转槽的过程

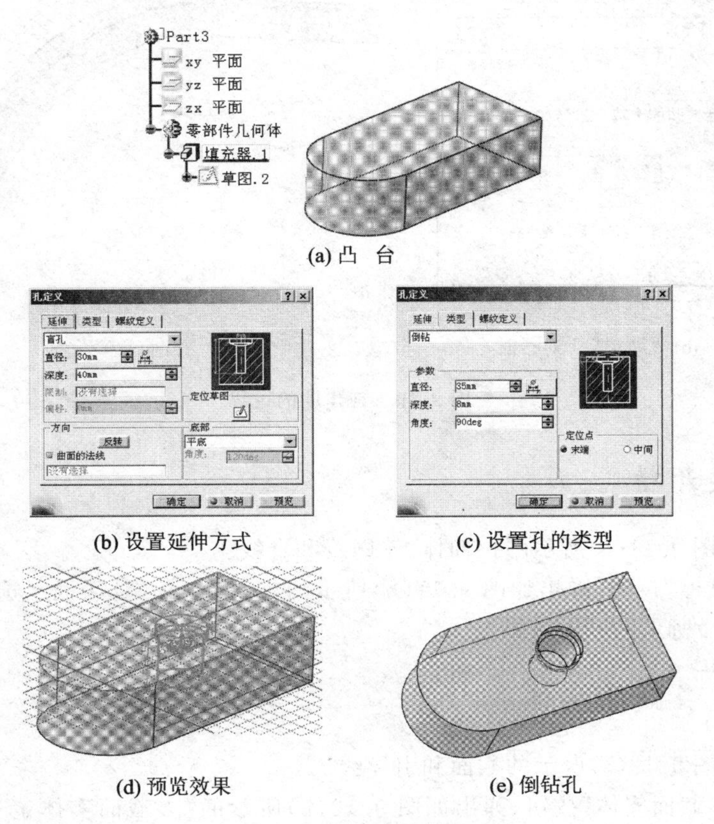

(a) 凸　台

(b) 设置延伸方式　　　(c) 设置孔的类型

(d) 预览效果　　　(e) 倒钻孔

图 9.9　创建孔的过程

9.2.6 创建肋

(1) 建立如图9.10(a)所示的轮廓和引导线。

(2) 单击创建肋的按钮,弹出如图9.10(b)所示的"肋定义"对话框。设定相关参数后得到如图9.10(c)所示的形状。

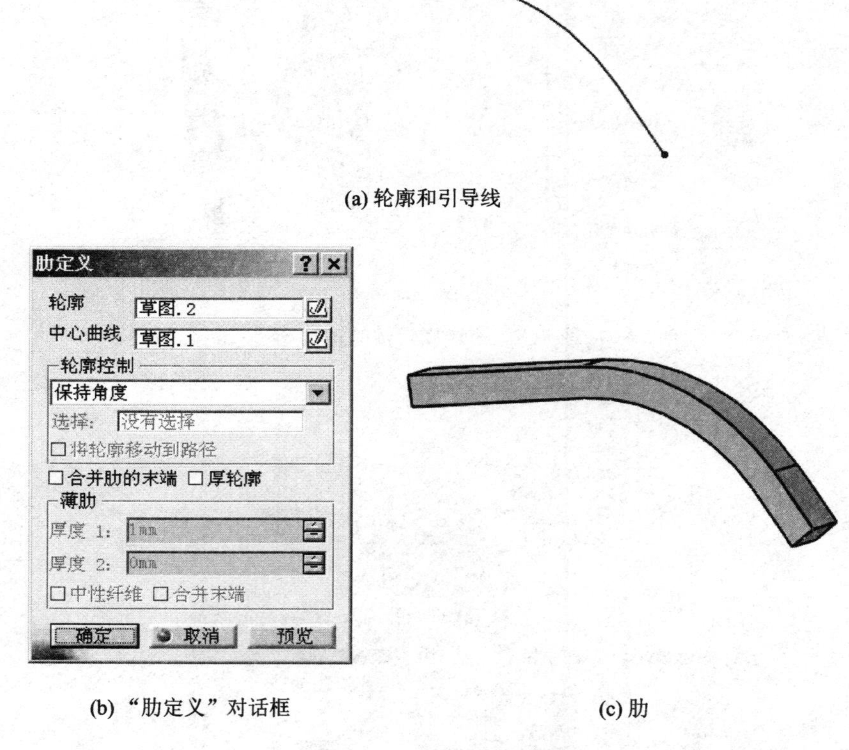

(a) 轮廓和引导线

(b) "肋定义"对话框

(c) 肋

图9.10 创建肋的过程

9.2.7 创建开槽

(1) 建立如图9.11(a)所示的拉伸体、轮廓线和脊线。

(2) 单击"开槽"按钮,弹出如图9.11(b)所示的"开槽定义"对话框。选择轮廓和脊线后得到如图9.11(c)所示的开槽效果。

9.2.8 创建多截面实体

(1) 建立如图9.12(a)所示的截面和引导线。

(2) 单击"多截面实体"按钮,弹出如图9.12(b)所示的"多截面实体定义"对话框。依次选择截面线和引导线后得到如图9.12(c)所示的形状预览效果。

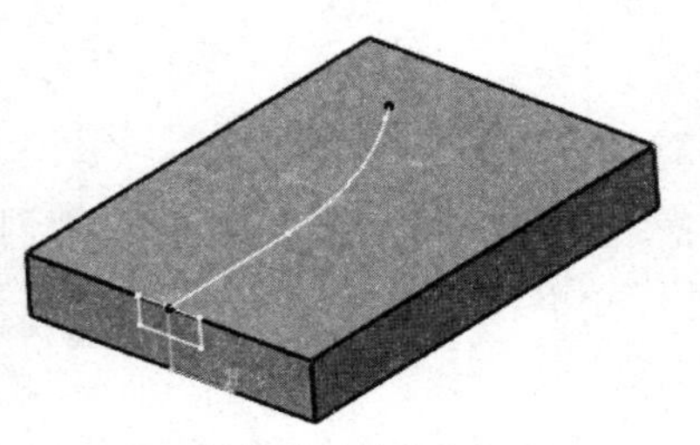

(a) 拉伸体、轮廓和脊线

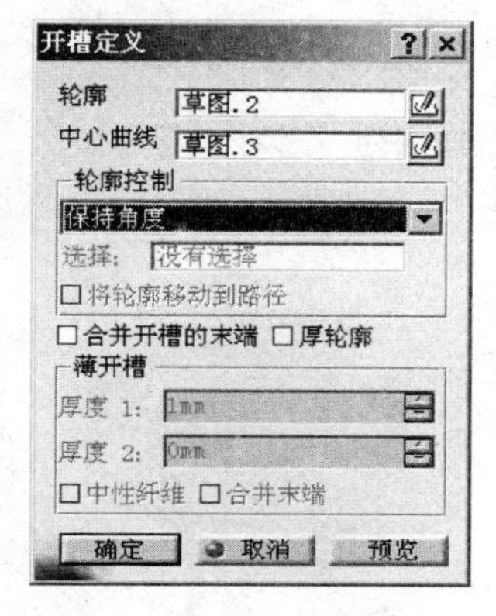

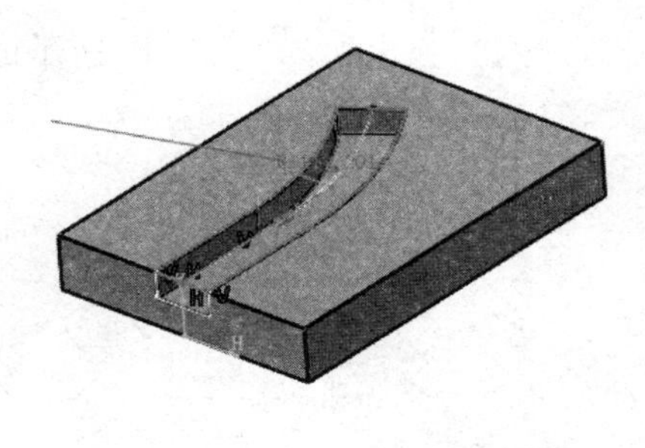

(b) “开槽定义”对话框　　　　(c) 预览效果

图 9.11　创建开槽的过程

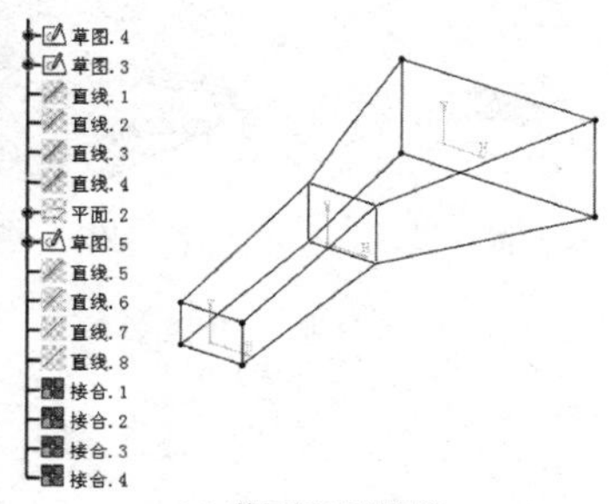

(a) 截面和引导线

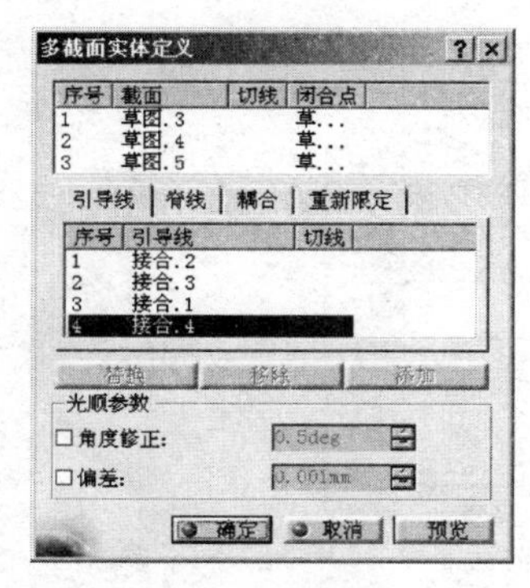

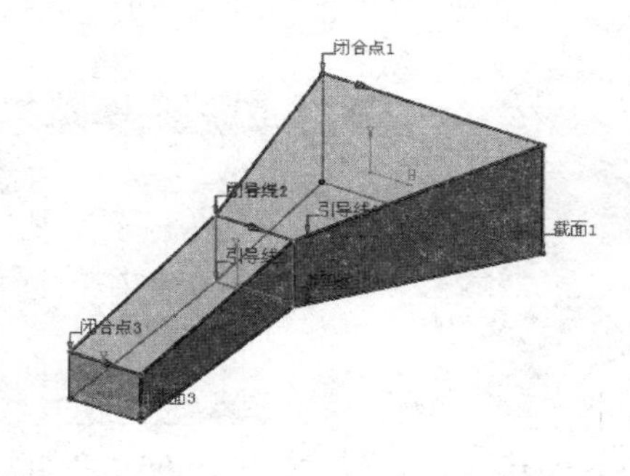

(b) “多截面实体定义”对话框　　　　(c) 预览效果

图 9.12　创建多截面实体的过程

9.3 特　征

“基于曲面的特征”工具栏包括“创建分割”、“创建厚曲面”、“创建封闭曲面”和“创建缝合曲面”几个主要功能。下面分别进行介绍。

9.3.1 创建分割

(1) 建立如图 9.13(a)所示的拉伸体和曲面。要求用这个曲面来修剪这个拉伸体,使得拉伸体的上表面变为这个曲面的形状。

(2) 单击“分割”按钮,弹出如图 9.13(b)所示的“分割定义”对话框。选中分割元素为曲面后,得到如图 9.13(c)所示的分割效果。

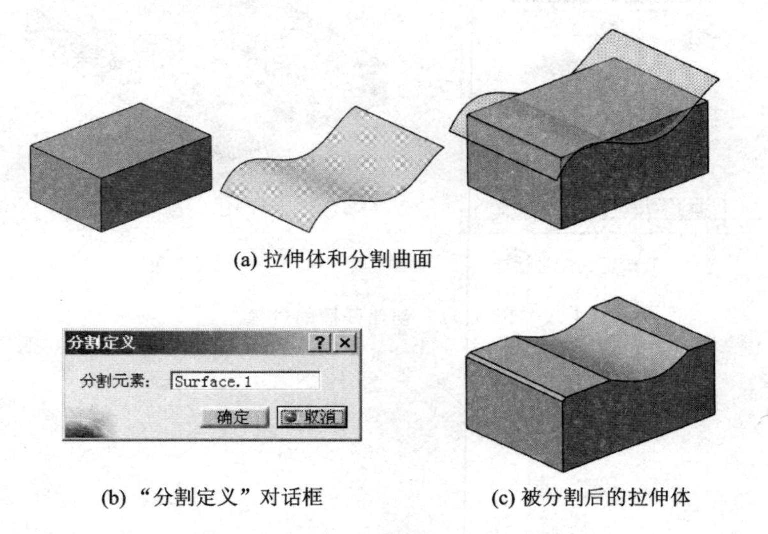

(a) 拉伸体和分割曲面

(b) “分割定义”对话框　　(c) 被分割后的拉伸体

图 9.13　创建分割的过程

9.3.2 创建厚曲面

(1) 建立如图 9.14(a)所示的一个拉伸曲面。

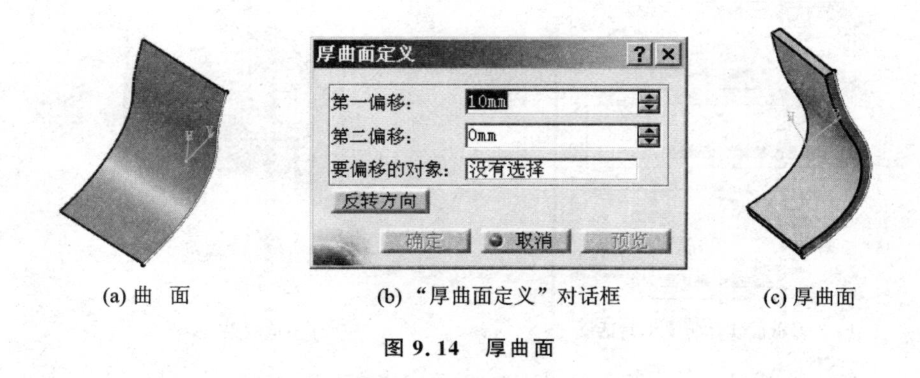

(a) 曲　面　　(b) “厚曲面定义”对话框　　(c) 厚曲面

图 9.14　厚曲面

(2) 单击“厚曲面”按钮,得到如图 9.14(b)所示的“厚曲面定义”对话框。确定相关参数后得到如图 9.14(c)所示的厚曲面。

9.3.3 创建封闭曲面

(1) 建立如图 9.15(a)所示的开曲面。

(2) 单击“曲面封闭”按钮,弹出如图 9.15(b)所示的“Close Surface 定义”对话框,选择封闭对象后得到如图 9.15(c)所示的封闭曲面。

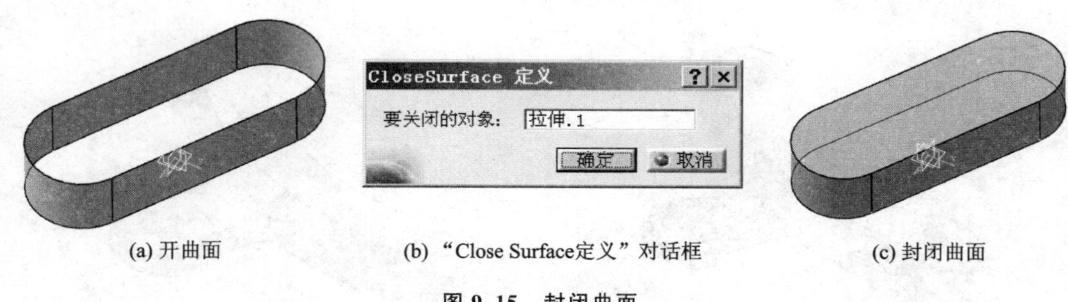

(a) 开曲面　(b) “Close Surface定义”对话框　(c) 封闭曲面

图 9.15 封闭曲面

9.3.4 创建缝合曲面

(1) 建立如图 9.16(a)所示的零件和连接曲面。

(2) 单击“曲面缝合”按钮并选择图 9.16(a)中的结合曲面后,得到如图 9.16(c)所示的零件。通过比较图(b)和图(c)可以看到,缝合是将曲面和几何体组合的布尔运算。此功能通过修改实体的曲面来添加或移除材料。

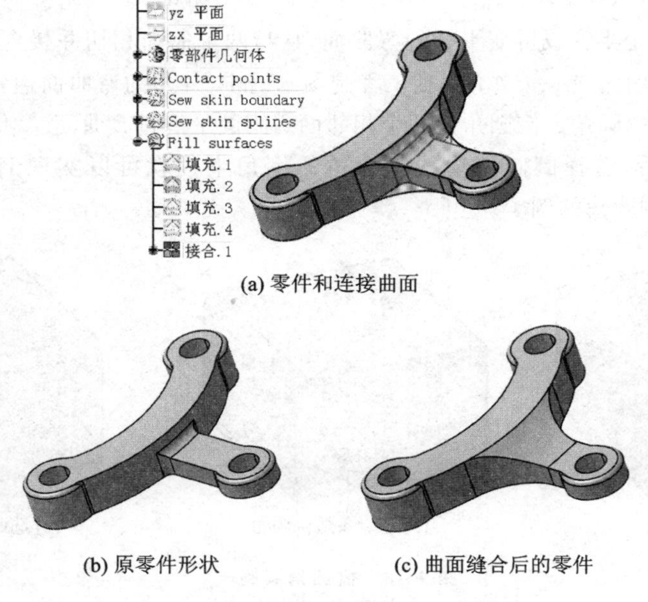

(a) 零件和连接曲面

(b) 原零件形状　(c) 曲面缝合后的零件

图 9.16 经曲面缝合后的零件

(3) 如果只选择了要移除的面,如图 9.17 所示,则仅仅会在指定面上添加材料。

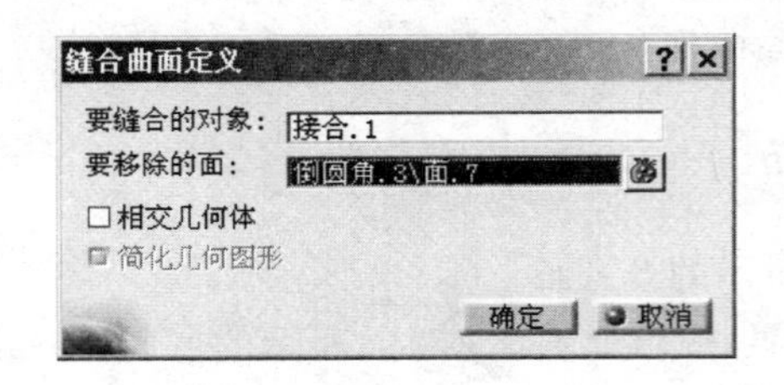

(a) “缝合曲面定义”对话框

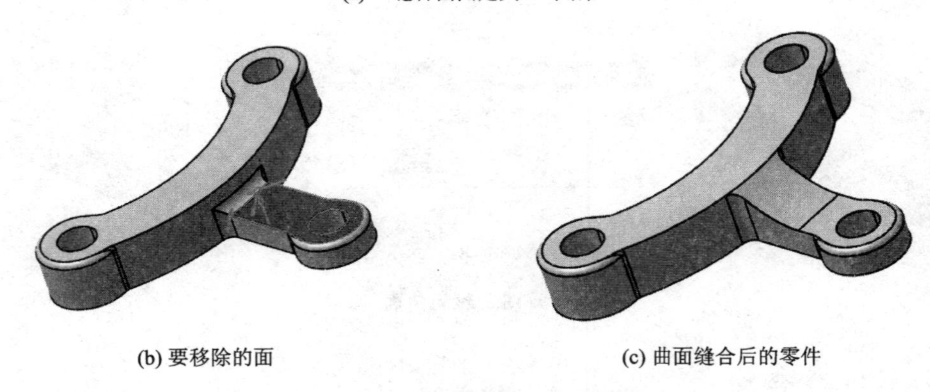

(b) 要移除的面

(c) 曲面缝合后的零件

图 9.17 带“移除面”选项的曲面缝合

9.4 修饰特征

9.4.1 创建倒圆角

圆角是指具有固定半径或可变半径的弯曲面,它与两个曲面相切并接合这两个曲面。这三个曲面共同形成一个内角或一个外角。在工程制图术语中,外角的弯曲面通常称为外圆角,而内角的弯曲面通常称为内圆角。倒圆角是两个相邻面之间的平滑过渡曲面。“倒圆角”的操作比较简单,单击相关按钮后,选择倒圆角边线和合适的倒角半径就可以实现倒圆角。图 9.18 和图 9.19 给出了两个倒圆角的例子。

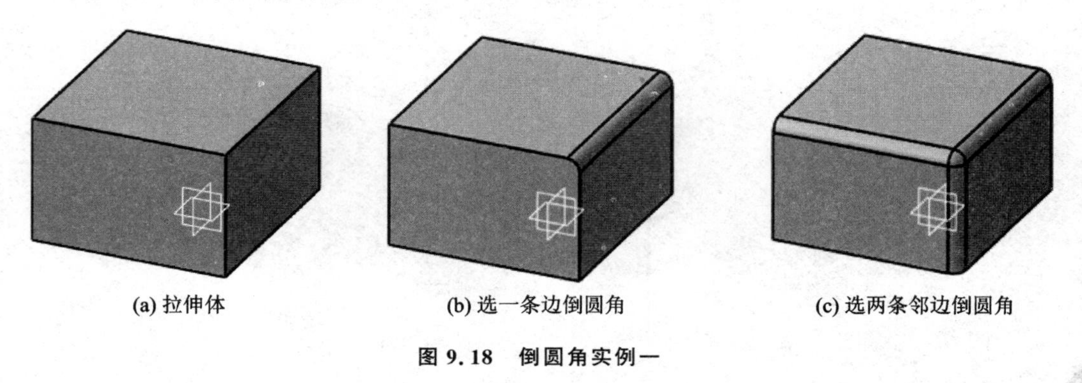

(a) 拉伸体

(b) 选一条边倒圆角

(c) 选两条邻边倒圆角

图 9.18 倒圆角实例一

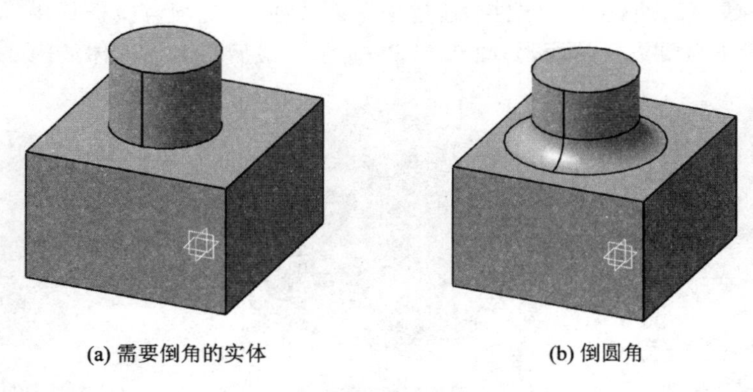

(a) 需要倒角的实体　　(b) 倒圆角

图 9.19　倒圆角实例二

9.4.2　创建倒角

倒角的创建包含从选定边线上移除或添加平截面，以便在共用此边线的两个原始面之间创建斜曲面。通过沿一条或多条边线拓展可获得倒角。"倒角"的操作比较简单，单击相关按钮后，选择倒角边线和合适的倒角长度和角度就可以实现倒角。

9.4.3　创建拔模

拔模就是使几何体具有一定的锥度。拔模的方式有多种，这里仅介绍基本拔模。

(1) 建立如图 9.18(a)所示的需要拔模的几何体。

(2) 单击拔模按钮，弹出如图 9.20(a)所示的对话框。注意选择完拔模的面以后还要选择中性面。中性面就是锥体的上表面。图 9.20 中给出了一个面、两个面和三个面的拔模情况。

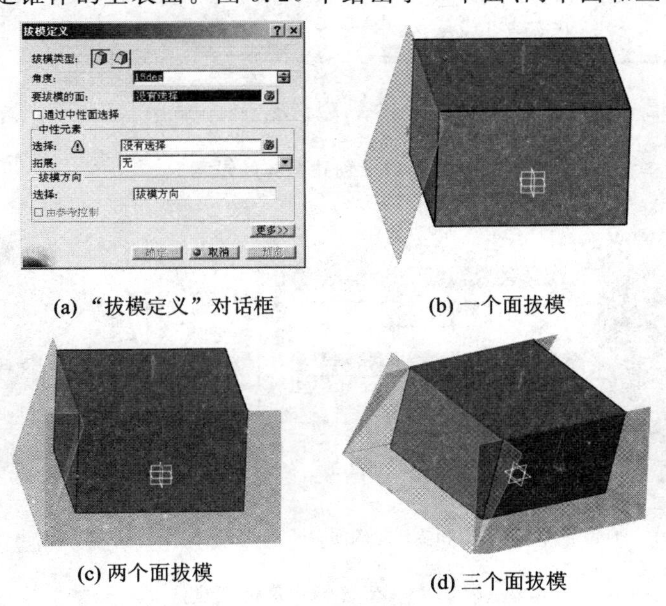

(a) "拔模定义"对话框　　(b) 一个面拔模

(c) 两个面拔模　　(d) 三个面拔模

图 9.20　拔模实例一

(3) 对于要拔模的面,也可以选择“通过中性面选择”复选项直接选择中性面,系统自动把中性面的邻接面作为要拔模的面,如图 9.21(b)所示。最后得到的锥体如图 9.21(c)所示。

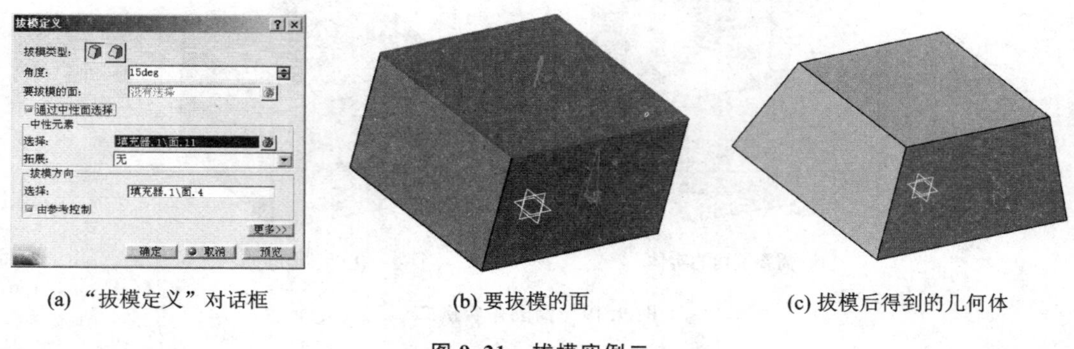

(a) “拔模定义”对话框　　(b) 要拔模的面　　(c) 拔模后得到的几何体

图 9.21　拔模实例二

9.4.4　创建盒体

“创建盒体”又称“抽壳”,其操作比较简单。在弹出的“抽壳定义”对话框(如图 9.22(a)所示)中,填入合适的参数并选择抽壳的面后,就可以完成抽壳的操作。注意,其中的外侧厚度是指各个面向外延伸的厚度,如图 9.23 所示。

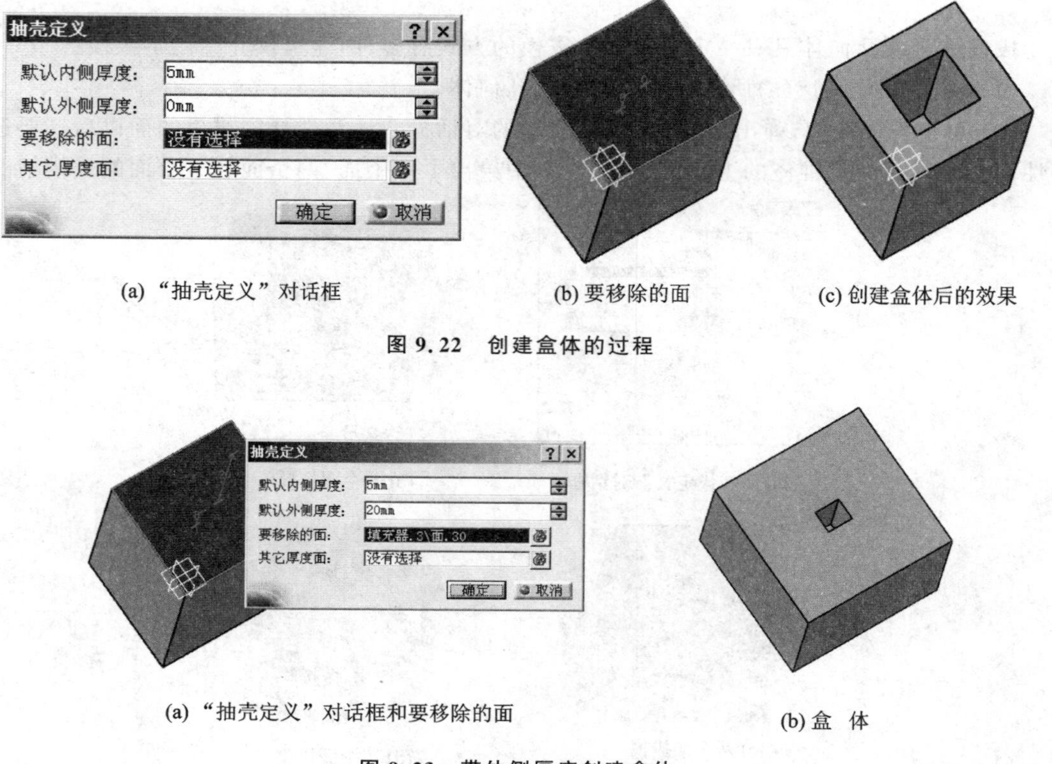

(a) “抽壳定义”对话框　　(b) 要移除的面　　(c) 创建盒体后的效果

图 9.22　创建盒体的过程

(a) “抽壳定义”对话框和要移除的面　　(b) 盒　体

图 9.23　带外侧厚度创建盒体

除了上面介绍的一些修饰特征外，还有其他一些修饰特征，例如厚度、螺纹、移除面等，如图 9.24 所示。本书之所以介绍上面这些修饰特征，是因为这些特征是一些基础而典型的特征，而且几何外形的变化显著、直观；另外，一些创建特征功能的使用方法和含义也可能需要解释，例如，“拔模定义”对话框中的“通过中性面选择”复选项，“抽壳定义”对话框中的“默认外侧厚度”。读者可以在熟悉这些基本特征功能的用法后，通过说明书熟悉其他功能的用法。

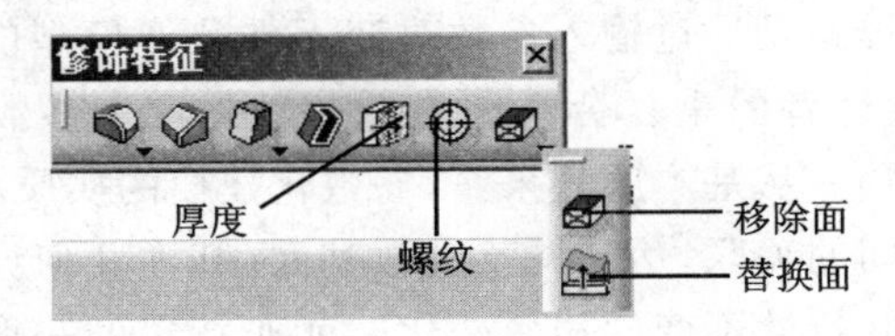

图 9.24　“修饰特征”工具栏

第10章 参数化建模

参数化建模的基本思路是通过输入参数改变工件几何模型的形状，以提高建模的速度和自动化程度，减少工件设计者的重复劳动和降低劳动强度。参数化建模是CAD造型系统发展到一定阶段的必然产物。从基本原理来看，参数化建模的实质就是：利用工件几何模型基本几何元素（点、边、面）之间的关联，达到调整少数基元（基本几何元素）的外形参数使得其他基元外形自动发生保持关联特性不变的相应变化。就非特定的一般工件而言，设计出一个具有普遍适用性的参数化建模算法和相关软件是一个比较困难的任务，因为这涉及三个方面的工作：①明确几何外形和相关造型参数的关联机理，选择相关参数作为用户界面输入参数；②明确几何元素之间的关联方式和机理，并根据其关联方式不变的原则设计出方程组，以计算一个基元的某个造型参数变化后，本基元的其他参数和其他基元的各造型参数如何变化；③构造出来的方程组是否满足求解条件，如何求解。正是因为参数化建模的深层次机理是一个困难的问题[19]，本书编者认为初学者了解参数化建模的概念即可，关于更深层次的理解和应用，还需要进一步学习和探讨。本章在论述参数化建模这一概念的基本内涵的基础上，结合CATIA软件的操作向读者展示参数化建模这一概念在软件设计和建模操作中的应用，以便将“参数化建模”以具体形象的方式展现出来。

10.1 参数化建模技术概述

参数化建模又称尺寸驱动的建模，即通过修改尺寸标注或者其他与形状相关的参数来实现对产品几何模型的修改。也就是说，参数化建模的驱动机制为参数，通过修改参数就可以改变产品的几何形状。采用参数化建模方法有两个优点：①可以使设计人员从大量而烦琐的绘图工作中解脱出来，大大提高建模速度；②参数化建模是一种系列化产品的设计方法，通过修改参数就可以得到不同的产品模型。现在举一个例子来说明参数化建模与普通建模的区别。假设有一个如图10.1所示的钣金件，其轮廓为$ABCA$。如果按照普通建模的方法，该钣金件轮廓的设计过程如下：

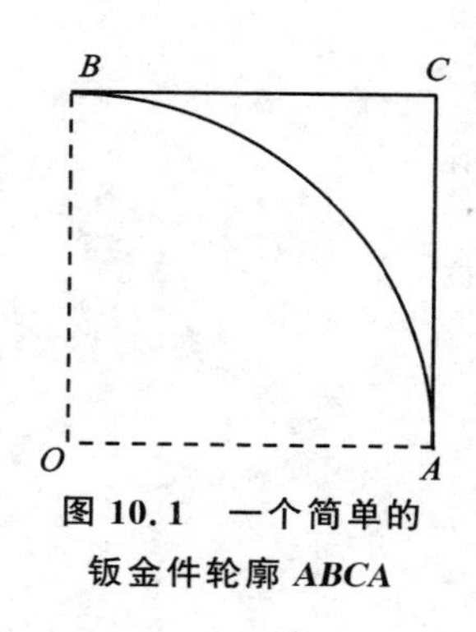

图10.1 一个简单的钣金件轮廓ABCA

(1) 设定一点O，过O点作线段OA平行于x轴，$|OA|=$圆半径R；

(2) 以O为圆心，A为起点作1/4圆弧，圆弧终了点是B点；

(3) 过B点作BC平行且等于OA；

(4) 连接CA。

如果改变圆半径R，则上述过程要重复一遍。

如果采用参数化建模方法，该钣金件轮廓的设计过程如下：

(1) 求以圆点为圆心，半径为R的圆Γ；

(2) 求 Γ 与 x 正半轴的交点 A，与 y 正半轴交点 B；

(3) 过 A 点作直线 L_1 与圆 Γ 相切，过 B 点作直线 L_2 与圆 Γ 相切；

(4) 求 L_1 与 L_2 的交点 C；

(5) $ABCA$ 为零件轮廓线。

显然，如果采用上述过程建立一个设计软件，那么当改变圆的半径 R 时，软件系统就可以进行自动推理和计算，从而自动生成一个新的零件轮廓。因此，采用这样的参数化建模方法，既大大减少了绘图的工作量，又快速生成了同类产品。

对于参数化建模方法，读者最熟悉的可能是基于草图的参数化建模方法。这种方法的基本思想是先以草图的形式快速绘制出图形，即只表示图元之间的相互关系而不考虑图元的准确位置，然后进行必要的尺寸标注，最后形成一个由所标注的尺寸控制的准确模型。这种方法也称为尺寸驱动参数化方法。此外，基于辅助线的参数化方法也是常用的参数化方法。例如，在凸台上打一个孔，可以通过孔的轴线与凸台边界的位置来确定孔的位置，如图 10.2 所示。CATIA 软件将特征建模与参数化建模结合起来，通过修改参数可以修改特征。图 10.2 所示的就是通过修改参数来修改特征的例子。

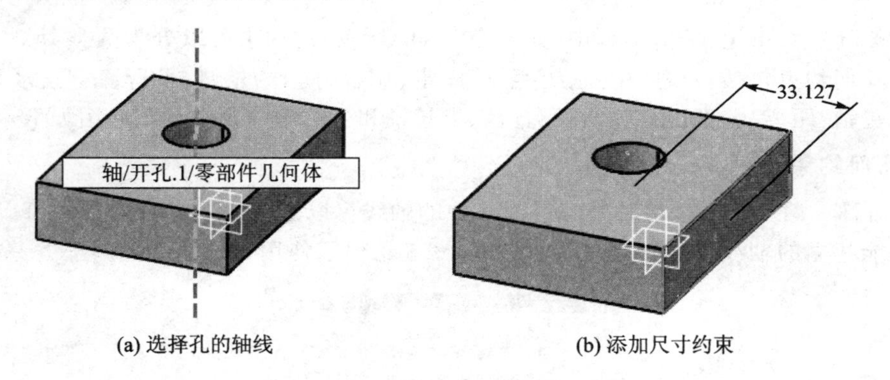

图 10.2　通过修改参数来定位特征

约束是参数化建模的核心，参数化建模就是通过约束来实现的。约束通常分为尺寸约束和几何约束。CATIA 软件中常用的驱动图形变化的参数包括：利用系统参数与尺寸约束驱动图形、利用用户参数和公式驱动图形。下面对这几种参数驱动方式分别进行介绍。

10.2　草图中的参数化建模

草图中的参数化建模能在草图设计时，将设计人员输入的尺寸约束作为特征参数保存起来，并且在此后的设计中可视化地对它进行修改，从而达到最直接的参数驱动建模的目的。尺寸驱动是参数驱动的基础，尺寸约束是实现尺寸驱动的前提。CATIA V5 的尺寸约束的特点是将形状和尺寸联合起来考虑，通过尺寸约束来实现对几何形状的控制。草图修改可通过编辑系统参数直接驱动几何形状的改变，为三维参数驱动提供基础。施加几何约束的过程称为尺寸标注。在进行标注以前，通常还需要对几何元素施加几何约束，以明确几何元素之间的相对位置关系。这样，通过添加少数尺寸标注，就可以由系统自动推理其他诸多元素的尺寸，从而达到由少数参数来驱动几何形状变化的目的。另外，对于定义几何形状来说，几何约束也是必不可少的。例如,为了定义一个矩形,必须添加垂直约束;否则,即使在四条边上进行尺寸标注,也可能是平行四边形。CATIA V5 的草图中的约束工具如图 10.3(b)所示。

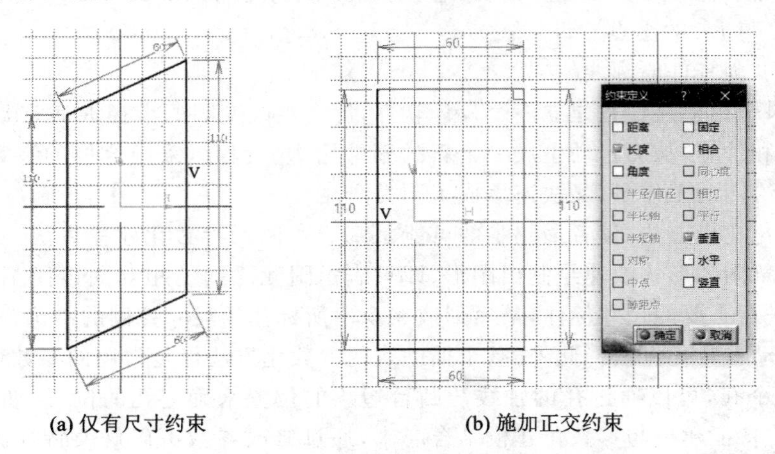

(a) 仅有尺寸约束　　(b) 施加正交约束

图 10.3　有几何约束与没有几何约束的差别

在 CATIA“约束定义”对话框中(如图 10.3(b)所示)的约束可以分为两类:尺寸约束和几何约束。几何约束包括:对称、中点、等距点、固定、相合、同心、相切、平行、正交、水平和垂直。尺寸约束包括:距离、长度、角度、半径/直径、半长轴和半短轴。现在分别介绍如下:

1. 几何约束

(1) 对称　两个元素按照轴线对称。其中的轴线可以是 V 轴或者 H 轴,也可以是自己使用轴线功能建立的轴线,如图 10.4 所示。图 10.5 给出了使用对称功能的例子。

图 10.4　创建轴线

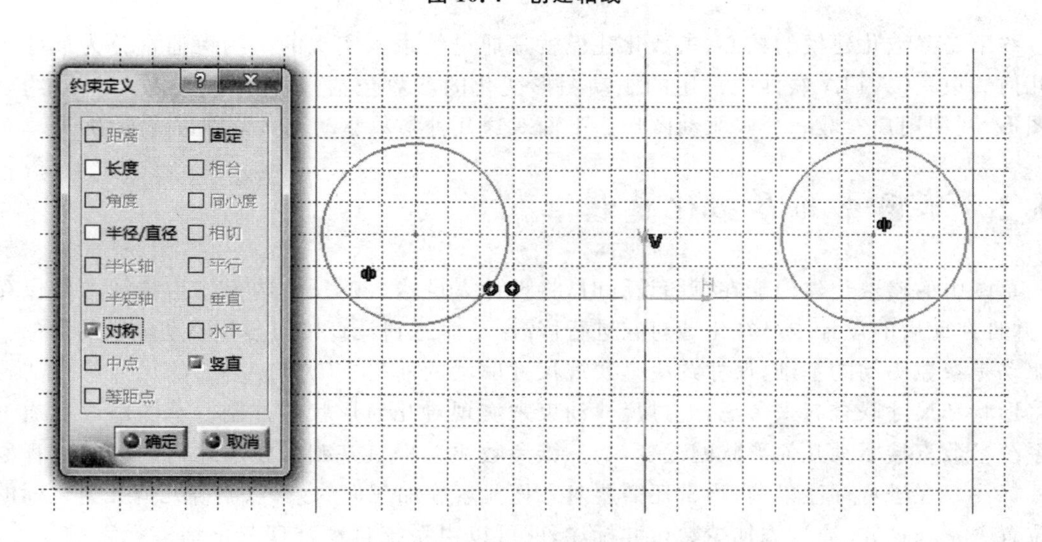

图 10.5　对称功能的使用

（2）中点　定义点的位置与直线的两个端点等距。

（3）等距点　定义点与之前选取的两个点或者两条相交直线或者两条平行直线等距。注意最后选取的元素是要等距的点。图 10.6 所示为使用“等距点”约束的例子。

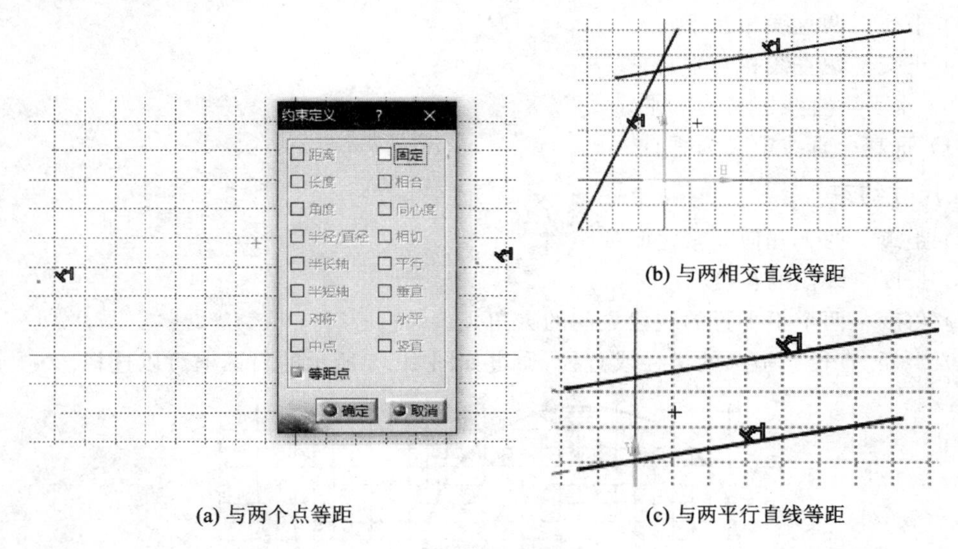

(a) 与两个点等距　(b) 与两相交直线等距　(c) 与两平行直线等距

图 10.6　等距点

（4）固定　下面是不同几何元素的固定特性。

● 点：固定位置。
● 直线：固定角度。
● 弧或圆：固定半径及中心位置。

图 10.7 给出了几种元素的固定。固定后的直线可以改变长度。同样，固定后的圆弧也可以改变长度。

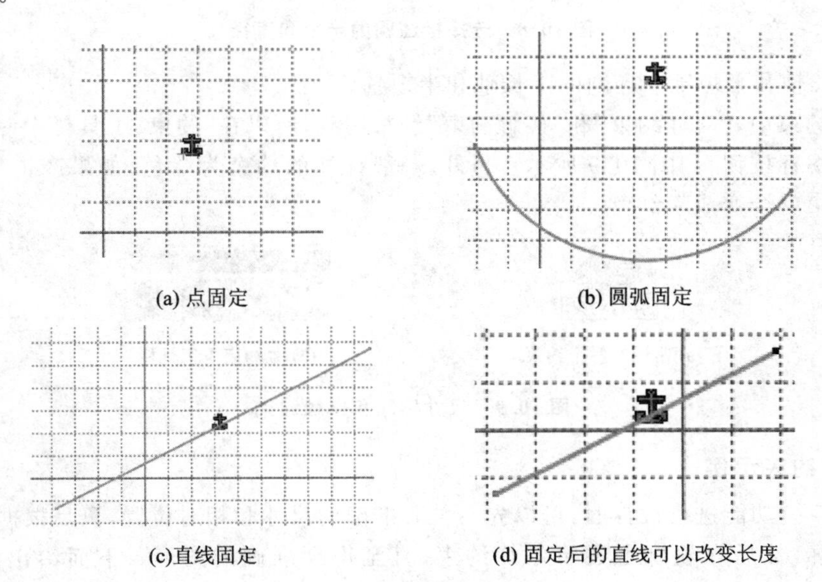

(a) 点固定　(b) 圆弧固定　(c)直线固定　(d) 固定后的直线可以改变长度

图 10.7　几种元素的固定

(5) 相合　指两个点重合、两条直线段的端点重合、点在直线上或者两条直线段重合。

(6) 同心　两个圆弧的圆心相同。

(7) 相切　直线与圆弧或者圆弧与圆弧相切。

(8) 平行　两直线相互平行。

(9) 正交　两直线相互垂直。

(10) 水平　直线定义为水平。

(11) 垂直　直线定义为垂直。

2. 尺寸约束

(1) 距离　两个几何元素之间的距离。

(2) 长度　线段的长度。

(3) 角度　两个不平行的线段之间的夹角。

(4) 半径/直径　指圆的半径或直径,通过如图 10.8 所示的对话框可以选择。

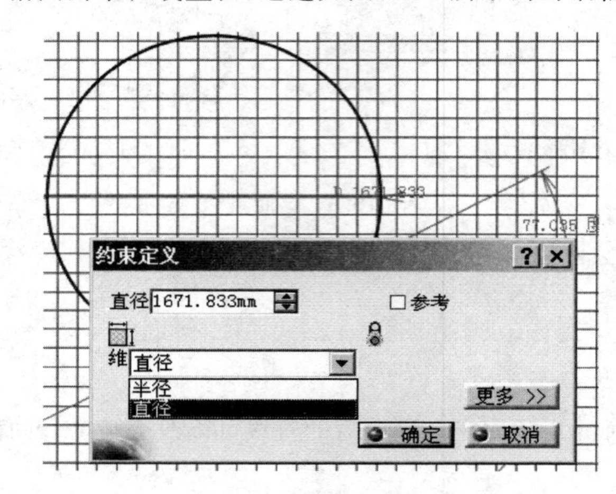

图 10.8　选择标注圆的半径和直径

(5) 半长轴和半短轴　椭圆的半长轴和半短轴。

在各种约束中,“尺寸约束”和“接触约束”经常用到,所以在“约束”工具栏中专门为这两个功能设置了图标按钮,如图 10.9 所示。另外,一般标注的约束为绿色,如果产生了过约束,则新添加的约束就会变成粉红色。

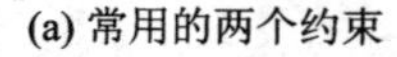
(a) 常用的两个约束

(b) “约束”工具栏

图 10.9　尺寸标注和接触约束

3. 添加约束示例

在使用草图功能进行设计时,可以先不关心准确的尺寸和相对位置,只是根据构思得到一个大致的轮廓,然后在轮廓上逐步添加约束,直至得到准确的图形。下面给出一个简单的例子。

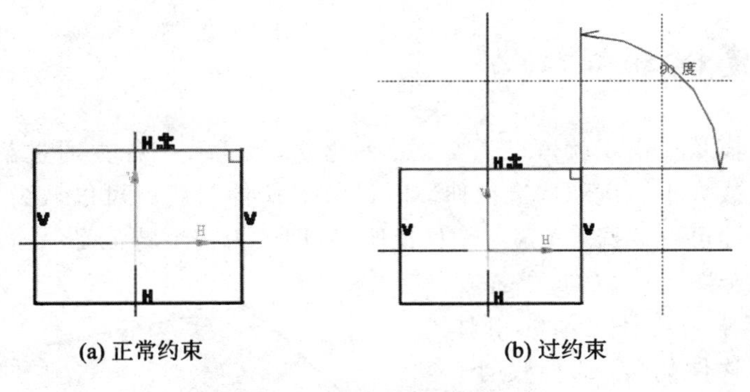

(a) 正常约束　　(b) 过约束

图 10.10　正常约束和过约束

(1) 构造几个圆圈以及线段,其大致位置如图 10.11(a)所示。
(2) 添加同心约束。
(3) 添加相切约束,如图 10.11(b)所示。
(4) 添加水平和垂直约束,如图 10.11(c)所示。
(5) 添加标注尺寸,如图 10.11(d)所示。

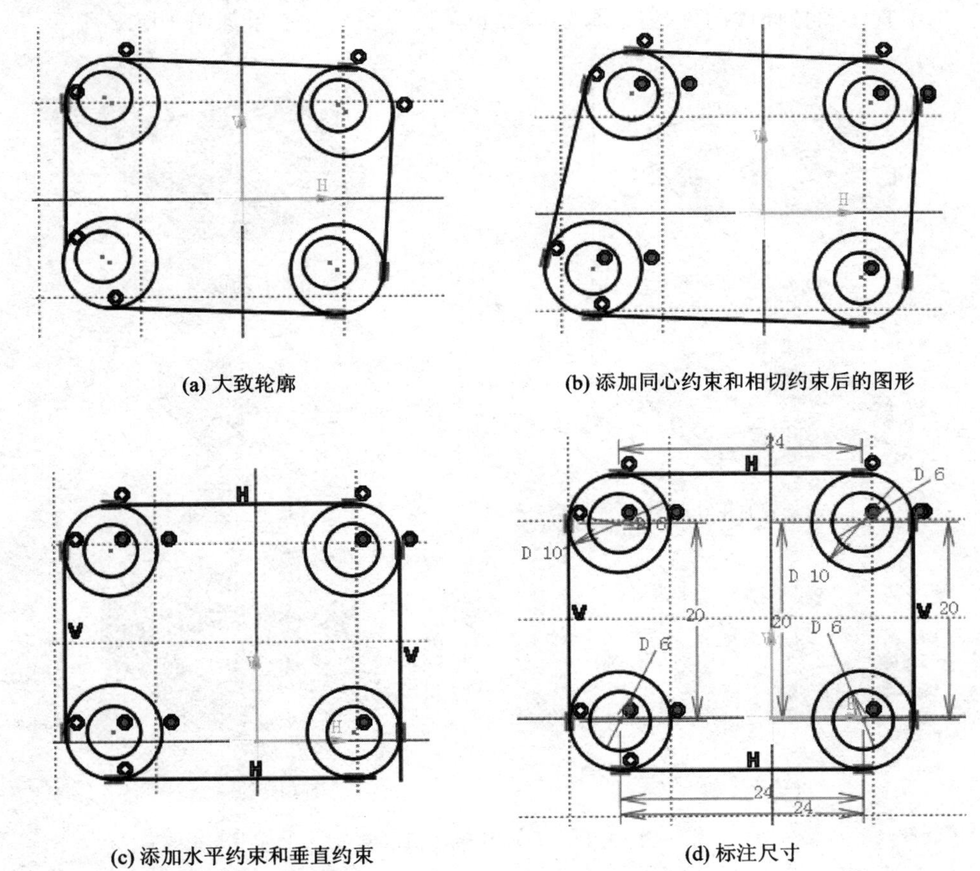

(a) 大致轮廓　　(b) 添加同心约束和相切约束后的图形

(c) 添加水平约束和垂直约束　　(d) 标注尺寸

图 10.11　草图设计示例

10.3 特征建模与参数化

可以说特征建模从一出现就体现了参数化的思想,因为我们往往通过某些参数来修改或者设置特征的形状或大小。例如构造拉伸体时设置的拉伸长度就可以认为是参数。不过,本节关于参数化的论述可以依据 CATIA 软件说明书,即认为一个特征是一个基本图元,通过设置参数来实现对这个图元的控制,或者改变所选中的几何元素与特征之间的相对位置。在 CATIA 软件的“零部件设计”工作台上约束的设置方式和约束的类型与草图设计类似。现在通过一个简单的例子来说明特征建模中约束的设置。

图 10.12 待添加约束的特征和几何元素

(1) 分别构造一个拉伸体和一条直线如图 10.12 所示,注意拉伸体的轮廓和草图中的直线分两次进入草图模式构造。

(2) 选中直线和拉伸体的一条边,分别施加相关约束得到的效果如图 10.13 所示。

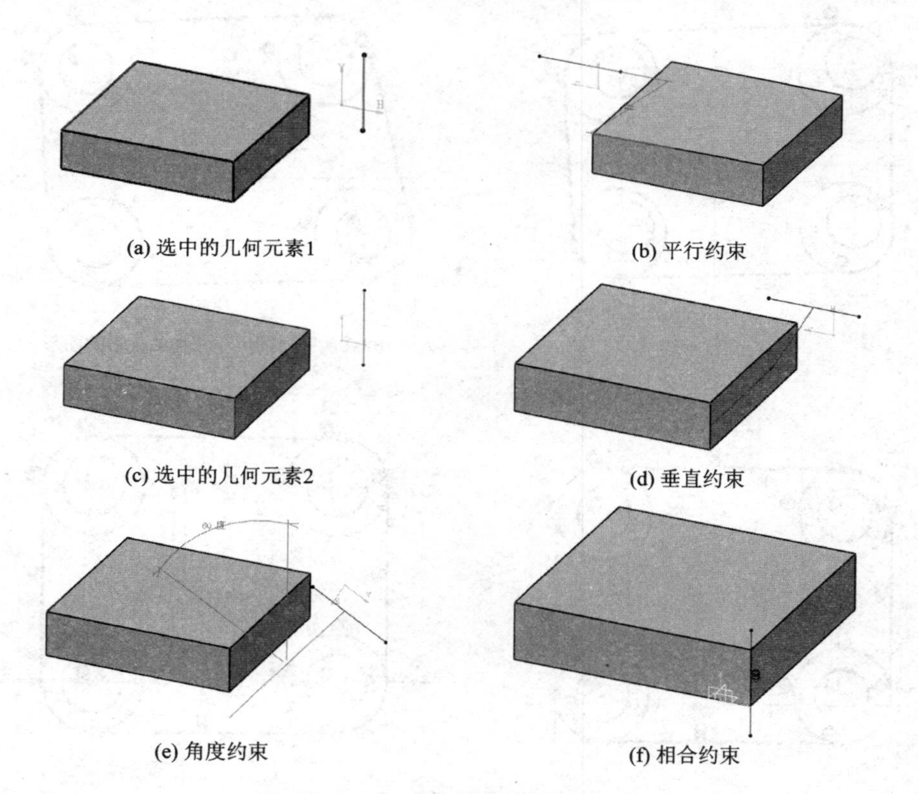

图 10.13 几何约束应用示例

如果在图 10.13(a)所示的拉伸体上打一个孔,则可以通过约束来控制孔的位置,如图 10.14 所示。

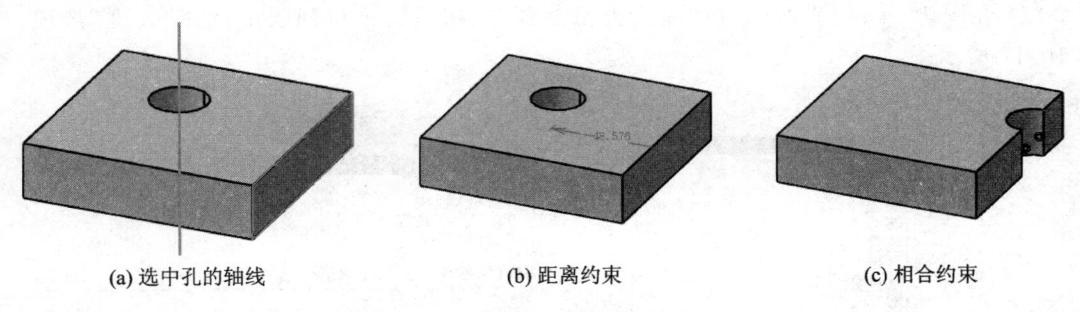

(a) 选中孔的轴线　　(b) 距离约束　　(c) 相合约束

图 10.14　通过约束控制孔的位置

为了选中图 10.14(a)中的轴,可以采用如下方式:

(1) 用光标在模型上寻找,在图形上显示如图 10.15 所示的整个孔的虚线轮廓。

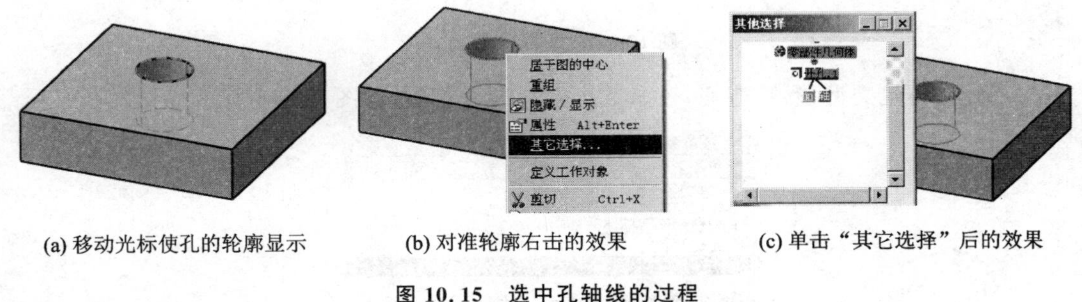

(a) 移动光标使孔的轮廓显示　　(b) 对准轮廓右击的效果　　(c) 单击“其它选择”后的效果

图 10.15　选中孔轴线的过程

(2) 对准该虚线轮廓右击,该孔被选中,并弹出快捷菜单,如图 10.15(b)所示。

(3) 单击“其它选择”,弹出如图 10.15(c)所示的对话框。在对话框中单击“轴”就可以选中如图 10.14(a)所示的轴线了。

10.4　利用用户参数和公式驱动图形

CATIA V5 不仅具有系统定义的参数,而且还有用户自定义参数。设计人员通过用户自定义参数和公式的工具,可以很方便地定制出客户所要的各种各样的参数以及约束这些参数的公式。下面给出一个用户参数驱动几何模型变化的例子。

(1) 单击“工具”→“公式”,弹出如图 10.16 所示的对话框。

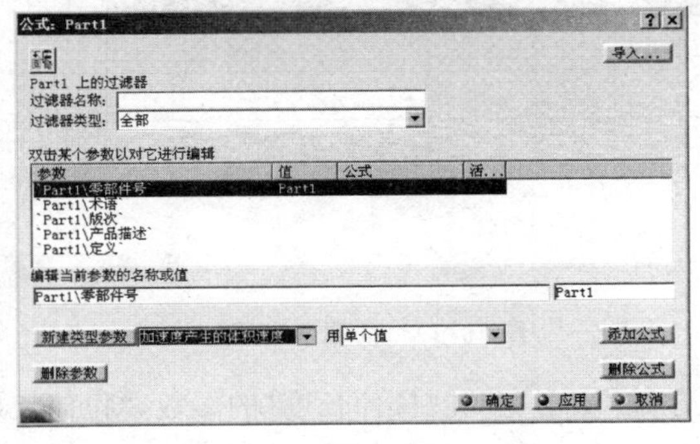

图 10.16　公式编辑对话框

(2) 在图 10.16 的界面中,在"新建类型参数"按钮后的下拉列表中选择"长度"选项,如图 10.17 所示。

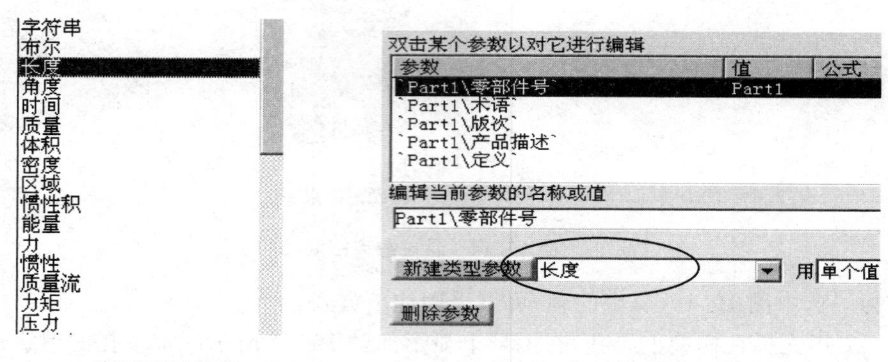

(a) 参数类型拉选框　　　　(b) 选择"新建类型参数"的参数

图 10.17　选择参数类型

(3) 单击"新建类型参数"按钮,该参数出现在参数表中,如图 10.18 所示。

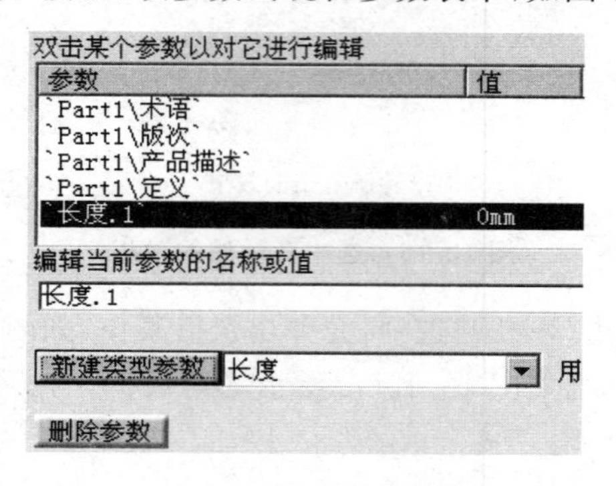

图 10.18　添加新参数后的对话框

(4) 编辑当前参数的名称和值,单击"应用"按钮,参数表中该参数的名称和值被修改,如图 10.19 所示。

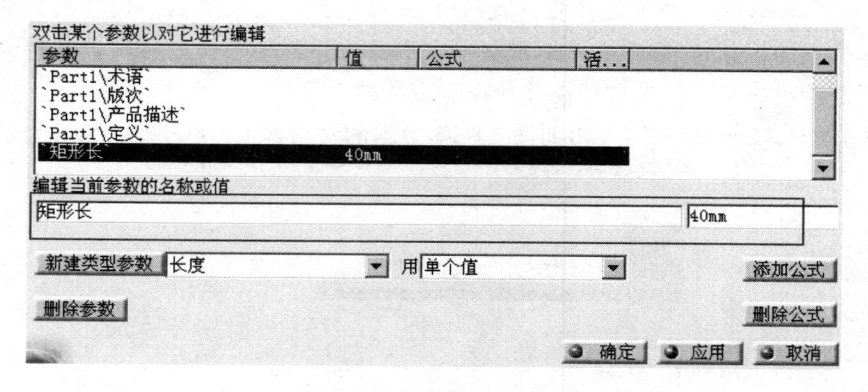

图 10.19　编辑参数属性

(5) 按照类似的方式添加"矩形宽"和"拉伸长度"的参数,"拉伸长度"的值可以不设置,如图 10.20 所示。

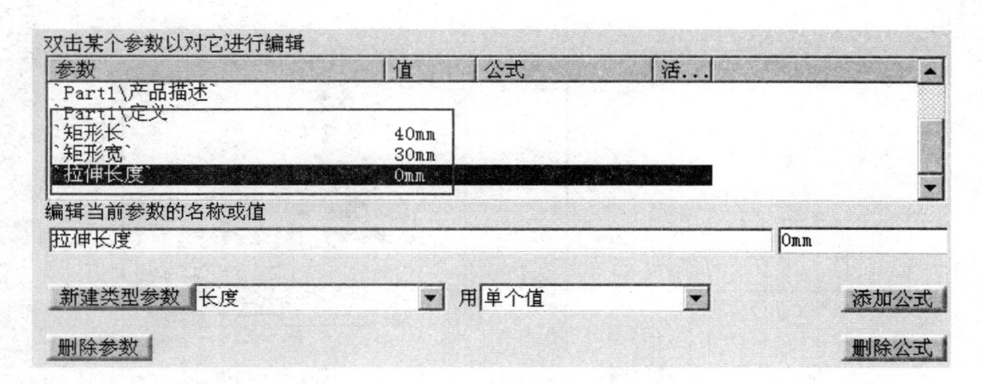

图 10.20　添加的新参数

(6) 当前光标条在"拉伸长度"上，对拉伸长度添加计算公式。单击"添加公式"按钮，弹出如图 10.21 所示的对话框。注意，其中的变量"矩形长"、"矩形宽"通过双击变量名称得到。然后单击"确定"按钮构造完成需要的所有参数。

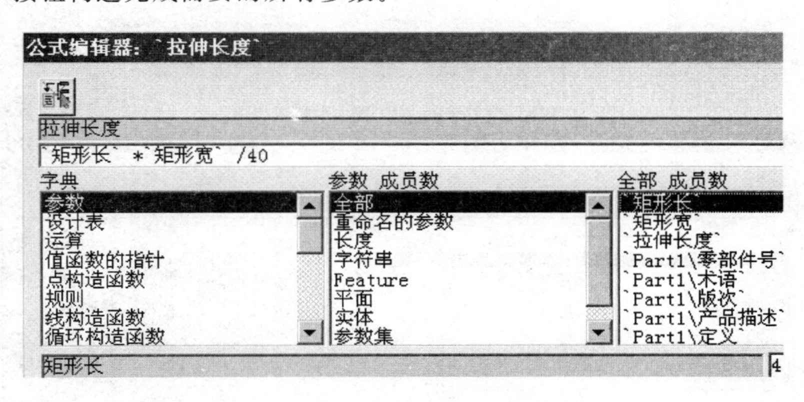

图 10.21　对拉伸长度添加计算公式

(7) 在草图状态下构造一个矩形，为其长和宽添加尺寸约束，如图 10.22(a)所示。

(8) 双击长度的约束，弹出如图 10.22(b)所示的对话框。

(9) 对准数值框中反白显示的数字右击，弹出如图 10.22(c)所示的快捷菜单。

(10) 单击快捷菜单中的"编辑公式"选项，弹出如图 10.22(d)所示的对话框。

(11) 用选择变量名称的方式，在公式栏中输入变量，如图 10.22(e)所示。单击"确定"按钮完成矩形长度的变量设置。

(12) 用类似的方式设置矩形宽度为步骤(5)中设置的"矩形宽"。完成变量联系后的矩形如图 10.23 所示。

(13) 退出草图模式，选择构造"拉伸体"的按钮，然后在拉伸体对话框中用类似步骤(9)～(11)的方式设置拉伸长度为步骤(5)中设置的"拉伸长度"。

(14) 检查变量设置是否生效。再次单击"工具"→"公式"，进入参数编辑对话框，改变"矩形宽"的值(如图 10.24 所示)，单击"确定"按钮后，拉伸体的形状如图 10.25 所示。拉伸体的形状按要求变化，变量设置生效。

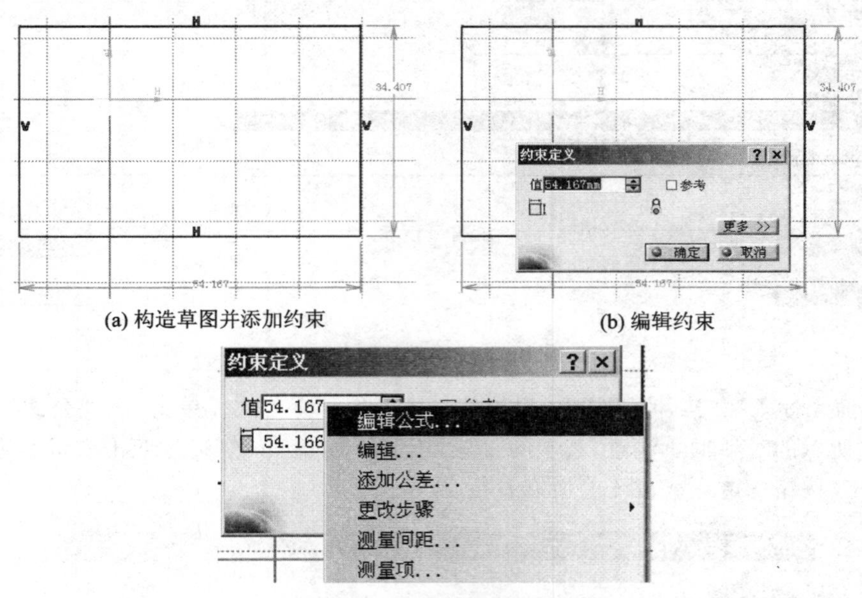

(a) 构造草图并添加约束　　(b) 编辑约束

(c) 对准数字右击弹出的快捷菜单

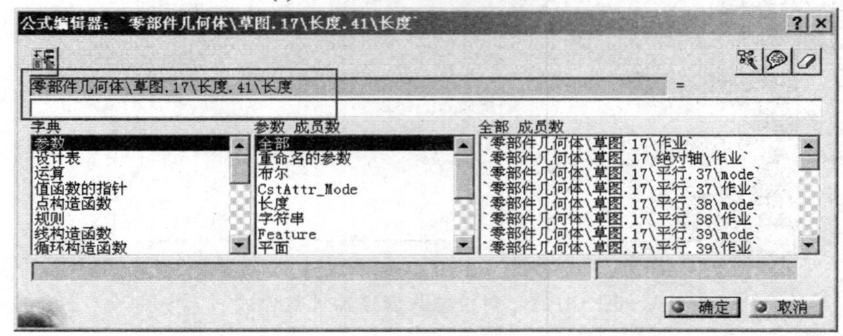

(d) 公式编辑对话框

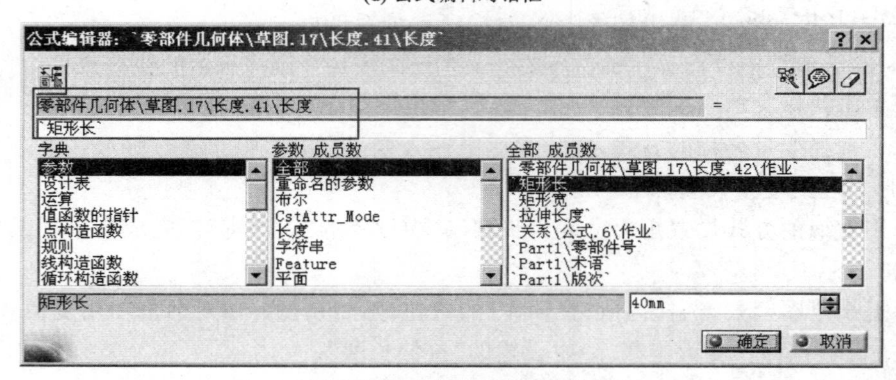

(e) 矩形长度与相关用户参数联系

图 10.22　将用户参数与草图联系

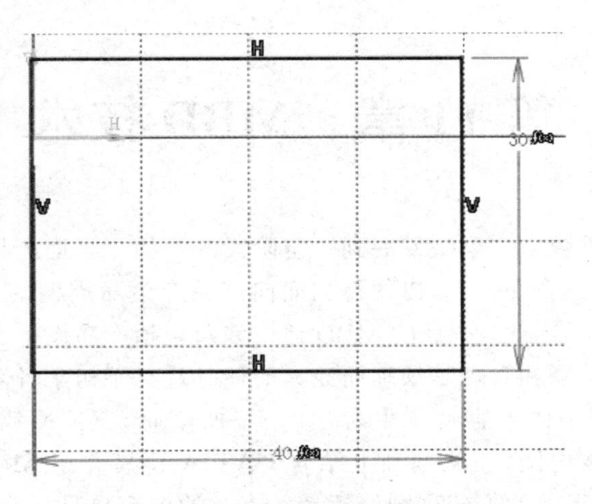

图 10.23　添加用户参数后的草图

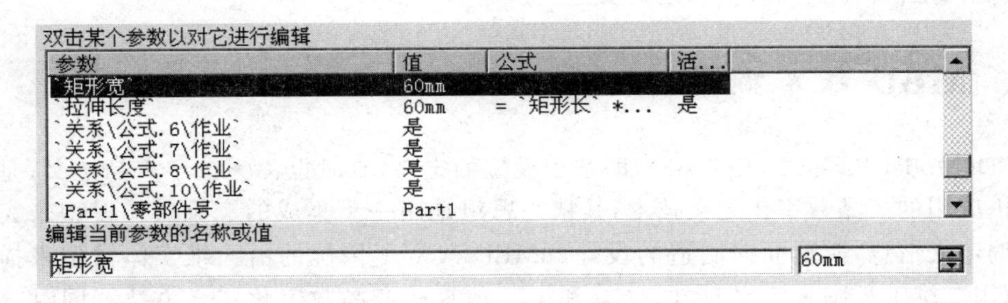

图 10.24　编辑参数

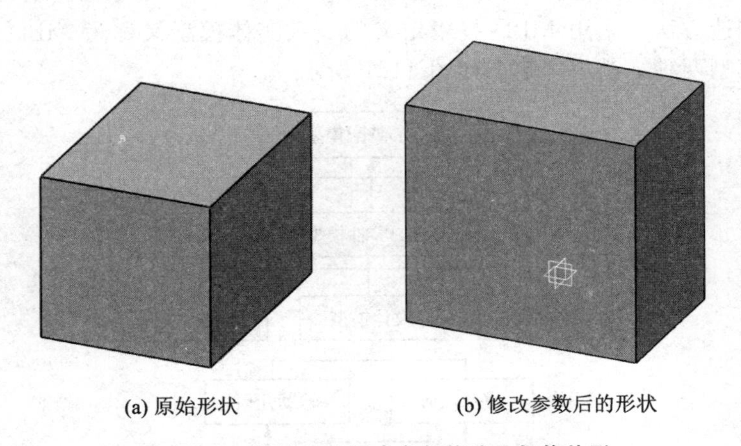

(a) 原始形状　　(b) 修改参数后的形状

图 10.25　通过修改用户参数修改几何体外形

第 11 章　MBD 技术

MBD 是产品的三维数字化模型发展到一定阶段的产物。它把产品的几何模型、属性标注和属性数据管理有机地结合在一起，以便得到面向产品全生命周期的、完整的、可以直观形象展现给用户的产品数据。因此，产品的 MBD 建模涉及包括产品设计、制造、使用、维护等各个环节，这些数据之间的关联和管理是烦琐而庞大的任务。对于初学者来说，短时间内学习一个没有具体应用对象的理论体系容易产生所学内容“抽象而空洞”的错觉。因此，本章仅介绍 MBD 的基本概念和基本内涵，在此基础上结合 CATIA 建模介绍 MBD 的标注方式，以便把 MBD 这个概念以具体、形象的方式展现给读者。本章的内容只是让初学者接触 MBD 这个概念，关于更深层次的内容和内涵，还需要进一步学习和探讨[19]。

11.1　MBD 技术概述

MBD(Model Based Definition)，即基于模型的定义，有时也称为数字产品定义，是一种面向计算机应用的产品数字化定义技术，其核心思想是用一个集成的三维实体模型来完整地表达产品的定义信息，实现面向制造的设计。MBD 改变了传统的由三维实体模型来描述几何信息，而用二维工程图来定义尺寸、公差和工艺信息的产品数字化定义方法。同时，MBD 使三维实体模型成为生产制造过程中的唯一依据，改变了传统以二维工程图纸为主，而以三维实体模型为辅的制造方法。采用 MBD 技术定义的三维实体模型又称为 MBD 数据集，分为装配模型和零件模型两种。其组织定义如图 11.1 所示[19]。

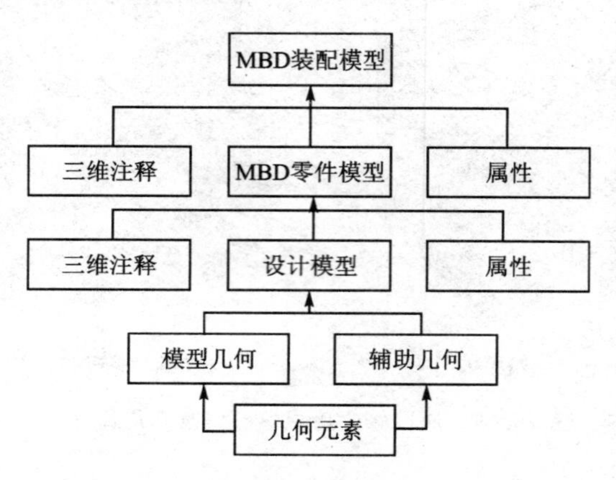

图 11.1　MBD 数据集的组织定义

MBD 零件模型一般由设计模型、三维注释和属性组成。设计模型以简单几何元素构成，并用三维图形的方式描述了产品几何形状信息。三维注释和属性统称为非几何信息，前者包含了产品的尺寸与公差范围、制造工艺和精度要求等生产必需的工艺约束信息，后者则表达了产品的原材料规范、分析数据、测试需求等产品内置信息。而 MBD 装配模型则是由一系列

MBD 零件模型组成的装配零件列表加上以文字表达的非几何信息(包括配合公差、物料清单(BOM, Bill of Material) 表等)组成。应用 MBD 技术后,通常需要考虑以下问题[20]:

(1) 在三维模型中,如何充分利用三维模型所具备的表现力,提供便于用户理解且更具效率的设计信息表达形式?

(2) 设计人员在建立产品的三维模型后,如何对三维模型进行全面定义,即如何将原有二维工程图中产品的视图方向、剖面、尺寸、精度特征、技术要求等信息,以制造部门能够接受的方式,进行规范表达、标注和显示?

(3) 如何保证设计意图向后续工作的正确传递?采用何种载体、何种形式进行 MBD 数据集的管理?

为了解决上述问题,现有 MBD 技术通常根据投影原理、标准或有关规定,按正等轴测位置放置表示工程对象的三维模型,并采用必要的注释、属性信息等技术对三维模型尺寸、公差范围、制造工艺和精度要求等属性进行记录和标注。在此基础上,还对视图角度、字体与比例、指引线和基准线的表达方式、尺寸的注法、精度特征的表示、剖面线的绘制和图样的简化等显示方式进行规定。本节将基于三维注释的标注方式进行介绍,以便读者对 MBD 模型的内涵和建构方式有一个初步的了解。

11.2　MBD 建模过程介绍

11.2.1　视图的确定

由轴承座的工程图分析可知,在三维图样中,只需要两个视图(正等轴测显示的主视图以及全剖视图)就能够清楚地表达轴承座的结构,如图 11.2 所示。

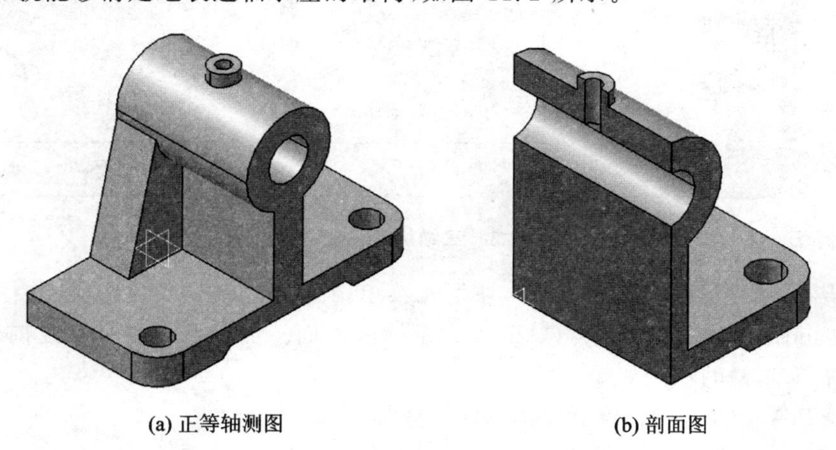

(a) 正等轴测图　　(b) 剖面图

图 11.2　轴承座三维图样的视图确定

CATIA 软件中完成三维建模后,建立视图的一般步骤如下:

(1) 创建正等轴测视图

单击底栏的"等轴测视图"图标按钮,系统自动将建立好的实体以等轴测视图的形式展示出来。

(2) 创建剖视图

单击 CATIA 工具栏右侧的“分割”图标按钮 ,分割元素。选择 yz 平面,选择分割的方向,单击“确定”按钮,实体便被 yz 平面剖开,单击底栏的“正等轴测视图”图标按钮,将剖视图正等轴测显示。

11.2.2 三维标注

在使用 CATIA 自带的标注功能标注尺寸及线性公差前,需要按照国标对字体、尺寸标注等的要求,对标注进行设置。打开 CATIA V5 软件,单击菜单栏的“工具”,选择下拉菜单中的“选项”,弹出“选项”对话框,单击机械设计下的 Functional Tolerancing and Annotation 选项,进入三维标注的设置界面,如图 11.3 所示。按照需要对各个选项卡进行设置。

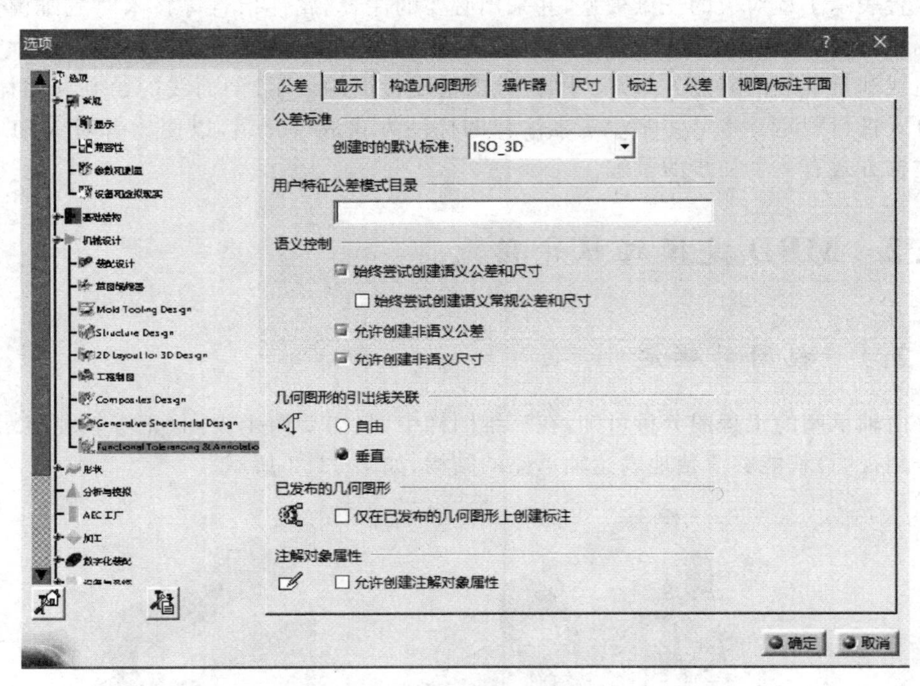

图 11.3 三维标注设置界面

设置完毕后,单击菜单栏的“开始”,在下拉菜单中选择“机械设计”选项,选择 Functional Tolerancing and Annotation,进入 CATIA 三维标注界面。在该界面中打开之前创建的三维实体。部分右工具栏的功能如图 11.4 所示。

使用 CATIA 软件进行三维标注的具体步骤如下:

(1) 创建标注位面

在进行标注之前,先要定义标注位面,之后的尺寸标注只能在创建的标注位面上标注。标注位面分为正面视图、截面图和剖面图。可以通过单击 CATIA 右工具栏中的 图标的下三角选择需要的标注位面类型,然后按照消息区的提示选择想要作为标注平面的面,系统自动弹出如图 11.5 所示的对话框,检查无误后单击“确定”按钮,便成功创建一个标注位面。事先做好规划,需要多少标注位面便建立多少。

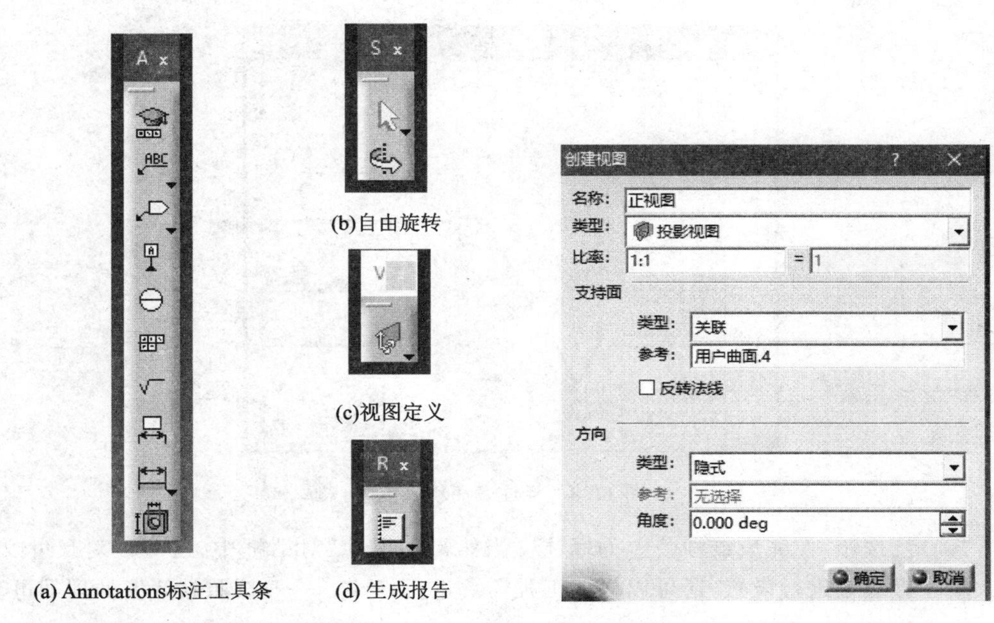

图 11.4　常用工具条介绍　　　　**图 11.5　“创建视图”对话框**

(2) 创建标注

图 11.4(a)所示的工具栏便是标注工具条。选择该工具条中的按钮，按照消息区的提示选择需要标注的部分，便可以完成尺寸的标注。若需要标注基准平面，单击按钮，按照消息区提示选择作为基准的平面，在弹出的如图 11.6 所示的对话框中输入基准平面的名称，完成基准平面的建立。标注几何公差时，单击按钮，按照提示选择需要标注几何公差的面或线，在弹出的如图 11.7 所示的对话框中输入数据，单击“确定”按钮，便可完成形位公差的标注。标注表面粗糙度时，单击按钮，按照提示选择需要标注表面粗糙度的面，在弹出的如图 11.8 所示的对话框中填入数据，便可完成对表面粗糙度的标注。

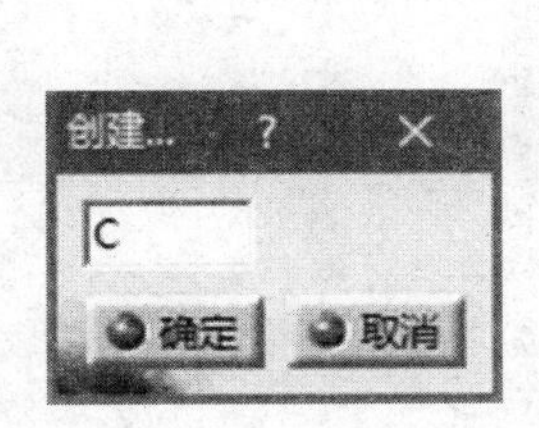

图 11.6　创建基准面

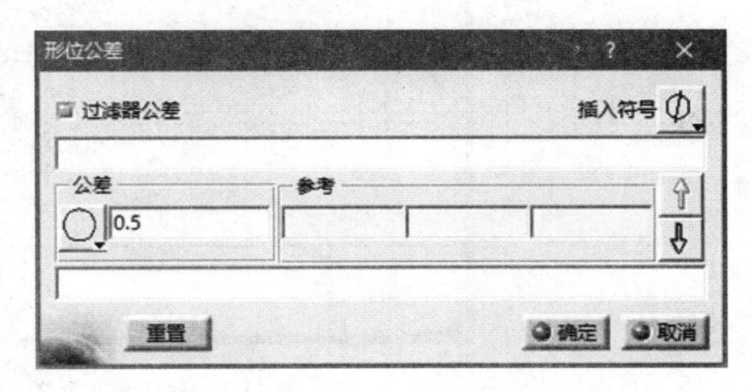

图 11.7　创建几何公差

(3) 属性修改

对于需要标注线性公差的尺寸，可以右击该尺寸，在弹出的快捷菜单中单击“属性”，在弹出的“属性”对话框中可以对线性公差进行标注，如图 11.9 所示。按照加工要求输入上下偏

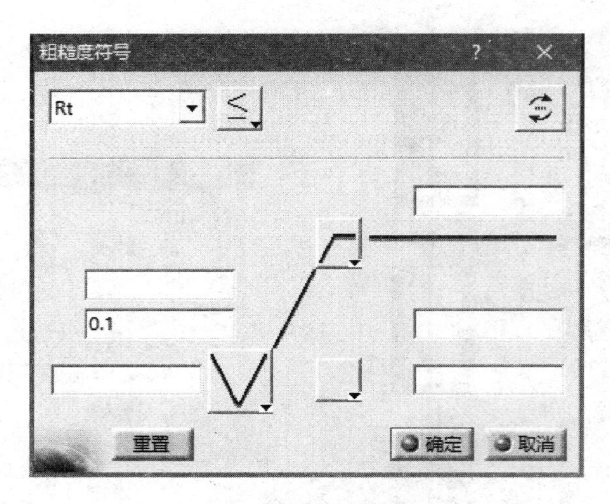

图 11.8　标注表面粗糙度

差,单击"确定"按钮,便完成线性公差的标注。当然,在"属性"对话框中,还可以对尺寸文本、尺寸线、尺寸界线等进行设置,还可以根据工程需要进行修改。一般按照默认值处理即可。

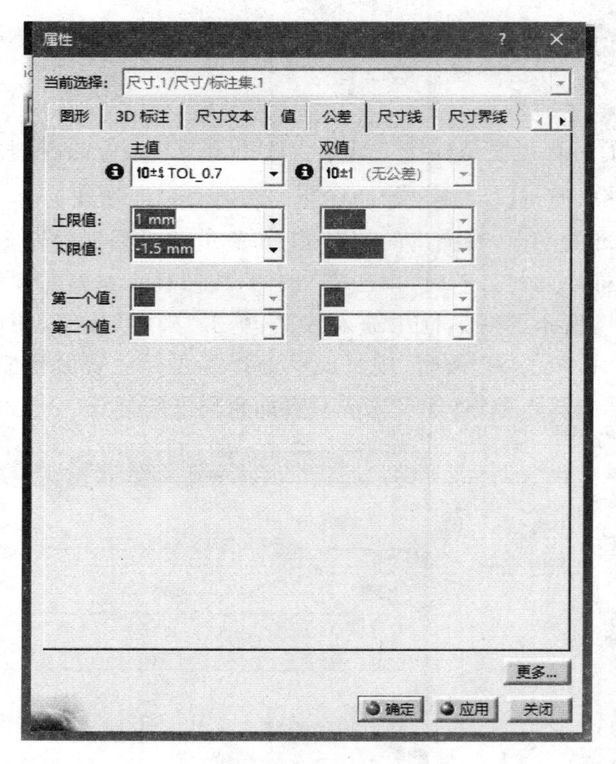

图 11.9　标注属性修改

对于技术要求等注释文字,可以用注释的方式标注在图形区域的空白处,最终的标注效果如图 11.10 所示。

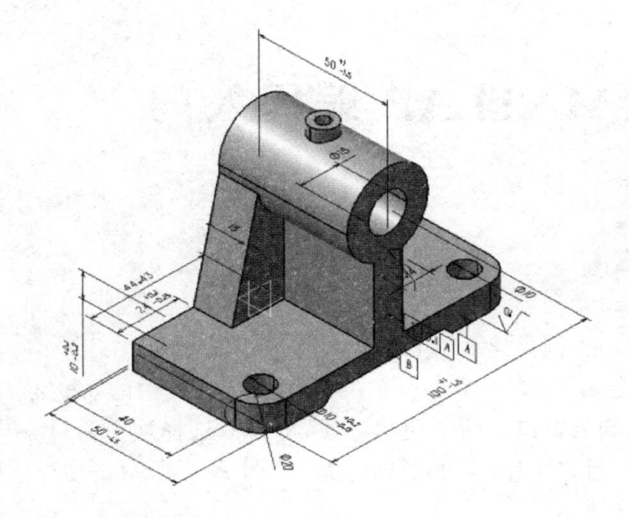

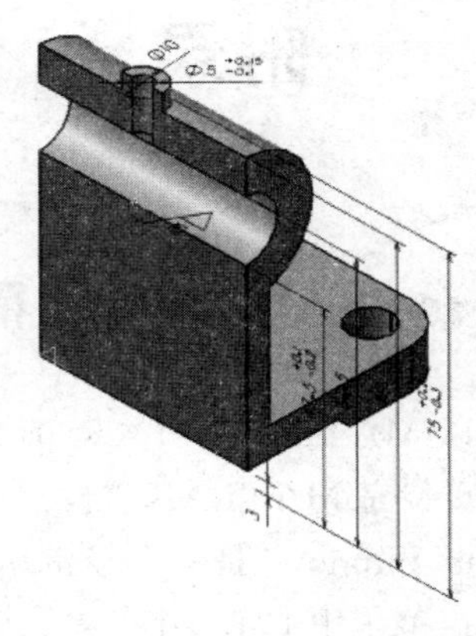

图 11.10　技术要求的标注效果图

附录 A　MATLAB 编程入门

A.1　初识 MATLAB 界面

本书以 MATLAB 2014(R2014a)为例讲述 MATLAB 的基本使用方法。

(1) 安装完 MATLAB 软件后会出现如图 A.1 所示的界面。注意其中的“命令行窗口”(Command Window)是一个经常用到的窗口。为了使用方便,可以只选择这个窗口:单击“布局”,在下拉菜单中取消“当前文件夹”和“工作区”两项的选择,如图 A.2 所示。这样,就只剩下当前的“仅命令行窗口”,如图 A.3 所示。

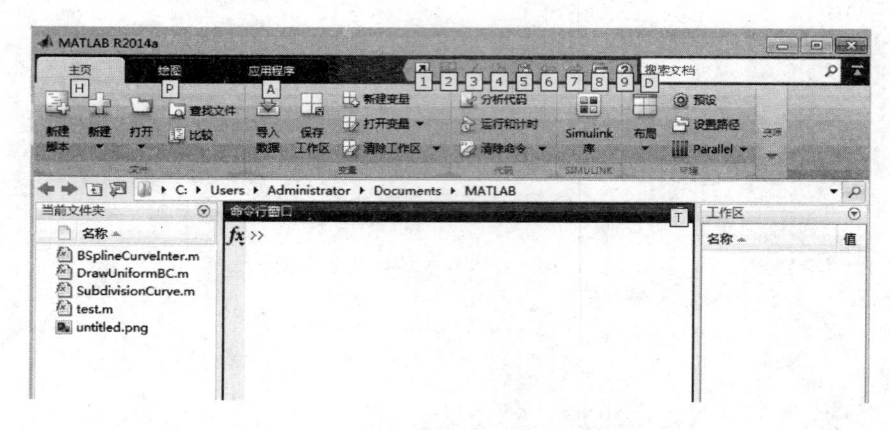

图 A.1

图 A.2

图 A.3

(2) 选择当前目录。如图 A.3 所示，其中方框内的路径是默认目录。单击图 A.4 圆圈内的下三角按钮，出现最近用过的目录。为了制作程序，在 E 盘上建立一个目录，把这个目录设置为当前目录，如图 A.5 所示。

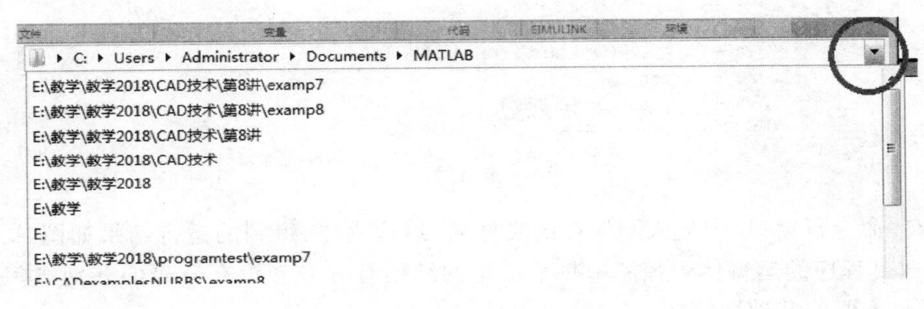

图 A.4

图 A.5

(3) 进入编程界面。如图 A.3 所示，选择“新建脚本”菜单项，弹出程序编制窗口，如图 A.6 所示。这就是编制 MATLAB 程序用的窗口。

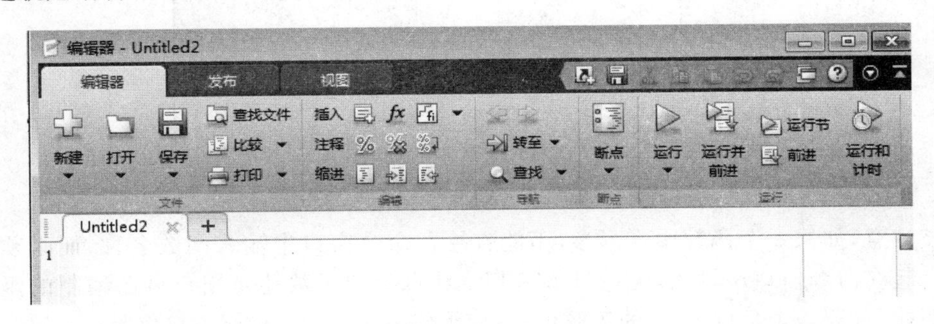

图 A.6

(4) 第一个 MATLAB 程序。在程序编制窗口中编制第一个程序,如图 A.7 所示。保存该文件时,让程序名与文件名一致。在 MATLAB 中,不一致也是可以的。不过,让程序名与文件名一致是一个良好的编程习惯,可以避免混淆。这样文件就保存在了第 2 步中选择的当前目录下。

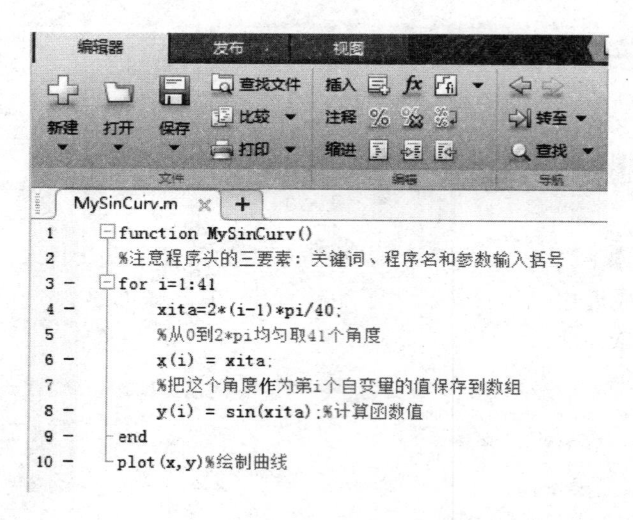

图 A.7

(5) 在"命令行窗口"中输入刚保存的文件名,运行程序,得到的运行结果如图 A.8 所示。读者可以通过程序的运行体验程序中每个语句的结尾有分号和没有分号的差别,这是 MATLAB 编程最重要的基础性技巧。

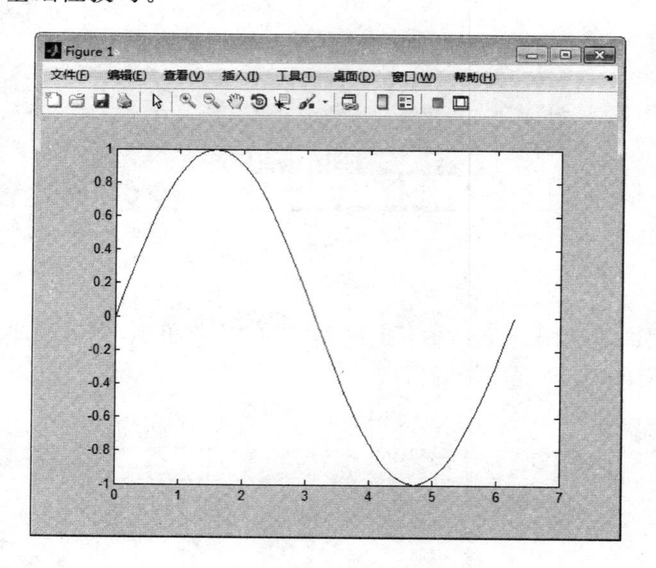

图 A.8

应该注意,如果一个函数中有形参,不能直接在命令窗口中输入函数名称,而必须连同形参的值一起在命令窗口中输入,无论是 MATLAB 自带的函数还是用户自己编制的函数都是这样。例如,计算一个角度 pi/9 的正弦值,就应该输入 sin(pi/9),而不仅仅是 sin。

A.2　子函数及其调用

在 MATLAB 中,子函数与调用它的函数通常放在同一个文件夹中。例如,首先做一个函数,如图 A.9 所示。再做一个函数 MySqrtCurv3(),如图 A.10 所示。在“命令窗口”中输入刚保存的文件名 MySqrtCurv3,运行程序,得到运行结果。如果一个子函数不被其他函数调用,仅被本程序文件内部的函数使用,则可以把子函数与调用它的函数放在同一个程序文件中,如图 A.11 所示。

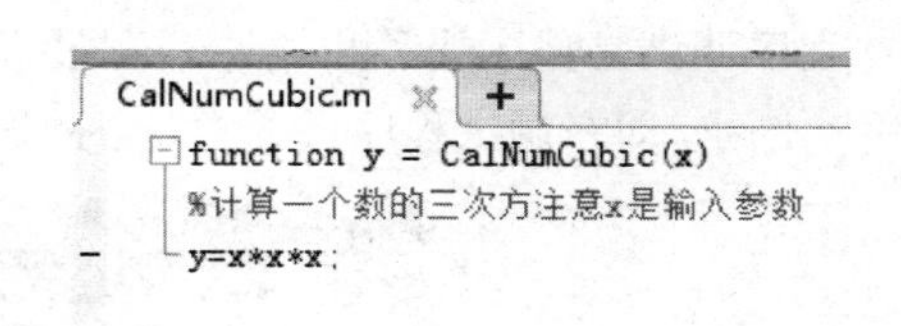

图 A.9

```
CalNumCubic.m  MySqrtCurv3.m
function MySqrtCurv3()
%一个调用本目录中子函数的示例
for i=1:41
    xita=2*(i-1)*pi/40;
    %从0到2*pi均匀取41个角度
    xita = CalNumCubic(xita);
    %调用子函数得到计算结果把计算结果赋值给本身
    x(i) = xita;
    %把这个角度作为第i个自变量的值保存到数组
    y(i) = sqrt(xita);%计算函数值
end
plot(x,y)%绘制曲线
```

图 A.10

```
MySqrtCurv3.m
1      function MySqrtCurv3()
2      %一个调用本目录中子函数的示例
3  -   for i=1:41
4  -       xita=2*(i-1)*pi/40;
5          %从0到2*pi均匀取41个角度
6  -       xita = CalNumCubic(xita);
7          %调用子函数得到计算结果把计算结果赋值给本身
8  -       x(i) = xita;
9          %把这个角度作为第i个自变量的值保存到数组
10 -       y(i) = sqrt(xita);%计算函数值
11 -   end
12 -   plot(x,y)%绘制曲线
13
14     function y = CalNumCubic(x)
15     %计算一个数的三次方注意x是输入参数
16 -   y=x*x*x;
```

图 A.11

A.3 断点设置与程序调试

程序调试是程序编写和软件开发过程中必不可少的环节。本节介绍一个重要的程序调试工具——断点,即在调试程序过程中,程序按照语句顺次执行时暂时停止的位置,如图 A.12 所示。

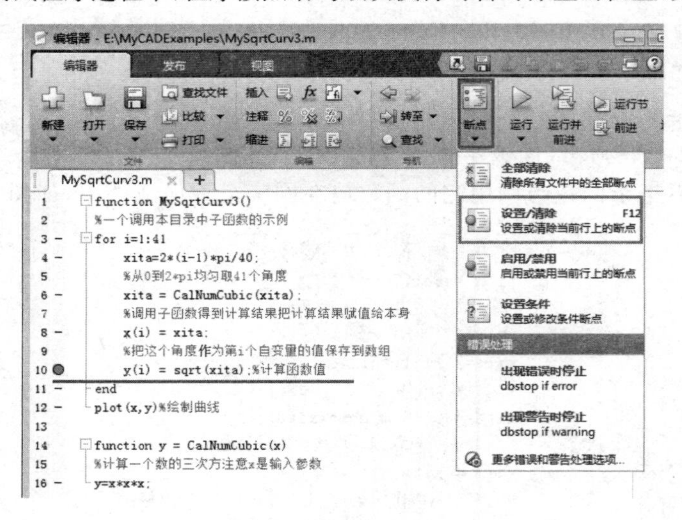

图 A.12

当设置断点后,程序执行到断点所在的行就暂时停止,以便程序调试者检查相关变量的值,如图 A.13 所示。在图中的情况下,为了观察变量的值,可以在编辑窗口直接将光标放在相关变量的位置上,系统立即弹出淡黄色小窗口显示变量的值,如图 A.13(c)所示;或者在命令窗口直接输入该变量名称,命令窗口即显示该变量的值。实际上,命令窗口可以让我们对内存中的现有变量进行任何处理,包括用绘图函数显示变量的值。

```
9       %把这个角度作为第i个自变量的值保存到数组
10      y(i) = sqrt(xita);%计算函数值
```

(a) 编辑窗口断点位置的截图

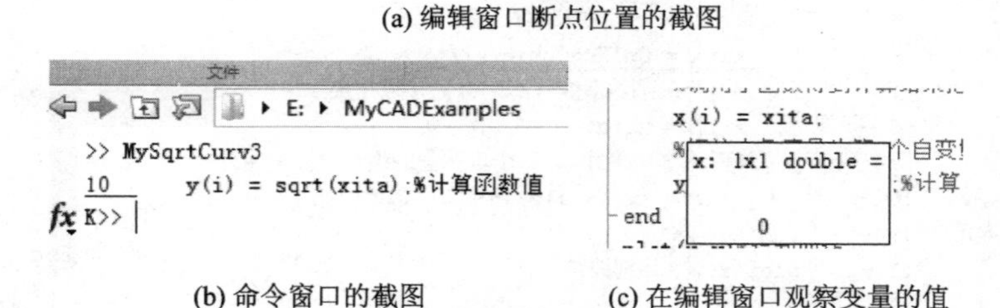

(b) 命令窗口的截图　　(c) 在编辑窗口观察变量的值

图 A.13　程序执行遇到断点时的编辑窗口和命令窗口

有了上述入门的知识,就可以结合本书每章的示例程序,开启您的 MATLAB 学习之旅了。读者应该注意,本书是讲授 CAD 技术的教材,而不是详细讲述 MATLAB 中各个函数使用方法的教材。在本书中,MATLAB 只是一个编程工具。因此,如果读者在阅读本书示例程序的过程中如果发现用法不清楚的语句和函数,最好通过网络搜索引擎、MATLAB 中的 help 命令(在命令窗口中直接键入 help 函数名)、专门论述 MATLAB 编程的书籍等方法来明确相关用法。为了方便读者学习,本书的示例程序尽可能使用注释语句解释相关函数的用法。

参考文献

[1] 佚名. ACIS 内核和 Parasolid 内核的来龙去脉与比较[EB/OL]. (2009). http://tieba.baidu.com/p/2280488379.

[2] 佚名. 国产 CAD 的发展史[EB/OL]. (2014). https://blog.csdn.net/hunter_wwq/article/details/39928641.

[3] 苏步青,刘鼎元. 计算几何[M]. 上海:上海科学技术出版社,1980.

[4] 詹海生,李广鑫,马志欣. 基于 ACIS 的几何造型技术与系统研发[M]. 北京:清华大学出版社,2002.

[5] 朱心雄. 自由曲线曲面造型技术[M]. 北京:科学出版社,2000.

[6] 周海. 细分曲面造型技术研究[D]. 南京:南京航空航天大学,2004.

[7] 李燕元,王小平,王志国,等. 管道曲面广义螺旋线的构造算法[J]. 宇航材料工艺, 2010, 5: 27-32.

[8] 刘胜兰. 逆向工程中自由曲面与规则曲面重建关键技术研究[D]. 南京:南京航空航天大学,2004.

[9] 吴大任. 微分几何讲义[M]. 北京:高等教育出版社,2014.

[10] 施法中. 计算机辅助几何设计与非均匀有理 B 样条[M]. 北京:高等教育出版社,2001.

[11] Schoenberg I J. On spline function[M]. New York: Inequalities, Academic press, 1967.

[12] Zorin D, Schröder P. Subdivision for Modeling and Animation[C]. Computer Graphics, Annual Conference Series(ACM SIGGRAPH). SIGGRAPH 99 Course Notes, 1999.

[13] 黄翔,李迎光. 数控编程理论、技术与应用[M]. 北京:清华大学出版社,2006.

[14] 陈维桓. 微分几何引论[M]. 北京:高等教育出版社,2013.

[15] 张乐年,周来水,周儒荣. 基于复杂截线的 NURBS 双向蒙皮造型方法[J]. 航空学报, 1997, 18(3): 304-309.

[16] 胡文伟. 特征建模与特征识别及其在 CAD/CAPP 集成中的应用[D]. 南京:南京航空航天大学, 2006.

[17] 潘志毅. 基于特征联系的 CAD 快速建模[D]. 南京:南京航空航天大学,2005.

[18] 刘子建,叶南海. 现代 CAD 基础与应用技术[M]. 长沙: 湖南大学出版社, 2004.

[19] 戴春来. 参数化设计理论的研究[D]. 南京:南京航空航天大学,2002.

[20] 潘康华. 基于 MBD 的机械产品三维设计标准关键技术与应用研究[D]. 北京:机械科学研究总院, 2012.